前　言

自2001年首次出版以来，《全国造价工程师执业资格考试应试指南》（以下简称《指南》）已经伴随参加全国造价工程师执业资格考试的业界同仁走过了23个考季。在此期间，教材经过了九次改版，《指南》也经历了从五科合订（2001—2004年版）到五个分册（2005年版至今）的演变。从体例的革新到内容的充实，23年来《指南》的参编教师始终本着精益求精、服务考生和对读者负责的原则，每年投入大量时间到编写工作中。

随着2023年版《全国一级造价工程师职业资格考试培训教材》的改版，《指南》参编教师第一时间结合教材变动内容对《指南》进行了改编，在保留了全面、系统贯彻考点体例逻辑框架基础上，既反映了2023年版教材的变化，又满足了帮助考生复习的需求。

回顾过往，《指南》在与广大读者、业界同仁交流互动中不断地完善、充实。2004年，全国造价工程师执业资格考试教材第三次改版后，具有多年造价工程师执业资格考试培训与研究经验的教师团队对《指南》从编写思路、体例设计、题目选排等方面进行了全面改版升级。2005年，我们在以前各版《指南》的基础上将各考试科目的合订本拆分为五个分册，并补充了新出台的有关文件，方便考生根据所报考的科目自主选择图书，2006年，根据新教材的内容对《指南》进行了充实和修改，得到了广大考生的认可和大力支持。2007、2008年，组织编者对考试涉及《建设项目经济评价方法与参数》（第三版）的内容进行研讨，征求资深的考前培训教师的意见，将《建设项目经济评价方法与参数》（第三版）的相关内容补充到《指南》中，为方便考生备考《建设项目经济评价方法与参数》（第三版）的相关内容提供了便利，满足了考生的迫切需求。

2009年，《全国造价工程师执业资格考试培训教材》第五次改版后，《指南》参编教师针对教材内容和结构上的变动进行了多次研讨，并将学习与研讨的收获和体会充分落实到2009年版《指南》的编写与修订中。2010年，对《指南》进行了体例和内容的全面升级，充分适应了考试综合性强、考核重点突出的变化趋势。此后，2011年版和2012年版《指南》又在2010年版《指南》的基础上进行了内容的更新和形式的调整。

2013年，住房和城乡建设部组织编写了新版《全国造价工程师执业资格考试大纲》，并经人力资源和社会保障部审定。新大纲改变了考试科目名称，对科目内容和结构也做了重要调整。全国造价工程师执业资格考试培训教材编审委员会根据新大纲的要求，对 2009 年版《全国造价工程师执业资格考试培训教材》进行了全面修订，形成了 2013 年版《全国造价工程师执业资格考试培训教材》。新教材的主要修订内容包括：一是对教材名称做了更改并调整了相关内容；二是增加了考核实际能力的知识点，删除了部分基本概念的内容；三是增加了最新出台涉及工程造价管理的法律、法规和相关规定的内容，补充了新的工程计价业务的内容；四是将《建设工程技术与计量（安装工程)》选考部分由原来的三个专业合并为管道和设备工程、电气和自动化控制工程两个专业。

2014、2015 年，全国造价工程师执业资格考试仍沿用 2013 年版考试大纲，对《建设工程计价》和《建设工程造价案例分析》两本教材进行了修订，主要根据《关于印发〈建筑安装工程费用项目组成〉的通知》（建标〔2013〕44 号)、《建筑工程施工发包与承包计价管理办法》（住建部令 2013 年第 16 号）和《建设工程工程量清单计价规范》GB 50500—2013 对相关内容进行了调整与修订。2016 年，《指南》的编写教师就《关于做好建筑业营改增建设工程计价依据调整准备工作的通知》（建办标〔2016〕4 号)、《关于全面推开营业税改征增值税试点的通知》（财税〔2016〕36 号）两个重要文件进行了学习研讨，为适应 2017 年版教材改版做了充分的准备工作。

2017 年，《全国造价工程师执业资格考试培训教材》再次改版，《指南》参编教师在深入研习教材的基础上，对 2017 年版《指南》进行了全面修订与编写。2018 年，《指南》参编教师根据读者反馈信息及意见、建议，对 2017 年版《指南》进行了认真修订和增补，并与出版社的编辑同志进行了多次交流，组织了若干专题研讨会，使各科目之间实现了较为深入的横向沟通，为 2018 年版《指南》的编写做了大量基础性工作。

2018 年，住房城乡建设部、交通运输部、水利部、人力资源社会保障部联合印发了《造价工程师职业资格制度规定》和《造价工程师职业资格考试实施办法》（建人〔2018〕67 号)，将造价工程师分为一级造价工程师和二级造价工程师。随后住房和城乡建设部、交通运输部、水利部组织有关专家，在总结以往全国造价工程师执业资格考试大纲实施经验的基础上，制定了《全国一级造价工程师职业资格考试大纲》（2019 年版）和《全国二级造价工程师职业资格考试大纲》（2019 年版)，并经人力资源社会保障部审定。

2019 年，《指南》全体参编教师深入研讨新政策、新考纲，对各科目的变化趋势进行了分析与预测，在此基础上针对一级造价工程师职业资格考试的要求，对 2019 年版《指南》进行了全面修订与改编。

2020 年，参编老师克服新冠疫情的影响，充分利用线上资源查阅资料、讨论沟通，重点对标《住房和城乡建设部关于修改〈工程造价咨询企业管理办法〉〈注册造价工程师管理办法〉的决定》（住建部第50号令）的相关内容，以最快的速度完成了《指南》的修订工作。

2021年，国家有关部门先后颁布了一系列工程建设法律法规及规定，主要包括《中华人民共和国民法典》（以下简称《民法典》）、《最高人民法院关于审理建设工程施工合同纠纷案件适用法律问题的解释（一）》（法释〔2020〕25号）、《建设项目工程总承包合同（示范文本）》（GF-2020-0216）、《关于取消工程造价咨询企业资质审批　加强事中事后监管的通知》（建办标〔2021〕26号）等，进一步完善了工程建设法律法规体系。在上述背景下，2021年版《全国一级造价工程师职业资格考试培训教材》以新增文件为依据进行了修订。2021年版《指南》全体参编教师根据教材修订内容，与各科编辑进行深入交流沟通，积极采纳读者反馈意见和建议，对《指南》进行了修订与改编。

2022年，《指南》全体参编教师针对城乡建设绿色发展的新要求、新趋势，开展多次专题研讨会，分析近年来各科试题的变化和走向，并结合读者和编辑的建议，完成了《指南》的修订工作。

2023年，中国计划出版社《指南》编辑团队专程赴天津理工大学调研，就创新融合出版模式、满足《指南》读者新需求展开了深入、建设性交流。全体参编教师针对2023年版教材修订内容，重点就《关于完善建设工程价款结算有关办法》（财建〔2022〕183号）、《企业安全生产费用提取和使用管理办法》（财资〔2022〕136号）、《关于严格执行招标投标法规制度进一步规范招标投标行为的若干意见》（发改法规〔2022〕1117号）、《建设项目工程总承包计价规范》T/CCEAS 001—2022（中价协〔2022〕53号）等内容组织专门研讨，为2023年版《指南》修订做了充分的前期工作准备。

2024年版《指南》主要特点如下：

● 反映新版教材变化，捕捉新增考点动态。

● 每科目复习导言点明该课程总体变化趋势及命题走向。

● 知识架构勾勒出整章清晰轮廓，使考生明确各知识点在整个章节体系中的地位和作用，形成脉络分明的复习主线。

● 经典考题剖析以考点为核心，将各章节知识点重新组合，以近年考题为切入点，重点阐释各知识点的潜在联系，明示各种题型组合。

● 难题解析部分选取具有代表性的多考点难题进行详细解析，向考生传授正确的解题思路和规范的解题步骤。

● 案例分析部分增加了历年考试真题结构分析，将每章历年试题情况细化为若干知识点的形式，使每章各年的考查内容一目了然；增加对题型模块组合思路的图形演示，帮助考生理解各知识模块的关联性，形成清晰、完整的解题逻辑链条；在此基础上对各章的案例题重新进行了整合，为考生充分展现案例分析科目特有的多模块组合题型，满足考生备考要求。

- 每科目后附模拟自测题，囊括了全部考核要点，便于考生临考练兵，查缺补漏。

在各位参编教师数月辛勤工作的努力下，《指南》将以崭新的风格、合理的编排与广大考生见面，各部分具体参编人员如下：

建设工程造价管理：夏立明；

建设工程计价：柯洪；

建设工程技术与计量（土木建筑工程）：吴静、李毅佳；

建设工程技术与计量（安装工程）：赵斌、郭迺琦；

建设工程造价案例分析：王亦虹、李丽红、胡秀芳。

在与中国计划出版社合作的 20 多年中，我们深深地被他们严谨的工作态度和孜孜以求的专业精神所感动，在此向所有为《指南》得以顺利、迅捷出版而付出辛勤劳动的有关同志表示衷心的谢意。另外，《指南》部分内容参考了业内同仁出版的著作和教材，一并表示感谢。

《指南》编写人员虽然对稿件几度推敲和校阅，但由于水平和能力所限，终归会有不遂人愿之处，恳请长期以来给予我们支持和关注的广大业界读者一如既往地对我们的疏漏之处进行批评和指正。

《指南》编者

2024 年 5 月

兑换增值服务说明

为了提供更优质、更高效的知识服务，我社为购买正版造价工程师考试用书的读者提供网上视频增值服务，由专业老师对考试的相关内容进行讲解，帮助读者掌握理解，提高应试水平。网上增值服务使用方法如下：

1. 计算机用户

访问 weike.jhpress.com → 注册用户并登录 → 进入个人中心点击“兑换增值服务” → 输入封面二维码涂层下的 20 位数字，验证兑换 → 在个人中心“我的增值服务包”享受增值服务

2. 移动端用户

扫描上面微课程二维码 → 关注“计划社微课程”服务号 → 点击菜单“我的服务”—“兑换增值服务” → 扫描或输入封面二维码涂层下的 20 位数字，验证兑换 → 在个人中心“我的增值服务包”享受增值服务

注：增值服务从兑换之日起 12 个月内有效，提供形式为在线观看。如果输入卡号或扫码后无法通过验证，请及时与我社联系。

3. 联系我们

客服微信：

客服电话：400 670 6390（工作日 9：00—17：00）

网上增值服务如有不完善之处，敬请广大读者提出宝贵意见和建议！

目　　录

复 习 导 言

一、2024 年版《指南》的特点

《建设工程造价管理》是全国一级造价工程师职业资格考试中的一门基础理论课程，目前使用的教材，仍然沿用 2013 年调整后的教材结构，2017 年对教材进行了局部修订，2019 年和 2020 年按照新出台的文件修订了教材，2021 年重点按照《民法典》合同编对教材内容进行了较大调整。2023 年对教材内容的修改主要集中在第一章、第三章和第六章。

2024 年版《指南》仍然以全面系统复习、增强考生答题准确性和加快答题速率为目的，作者对全国一级造价工程师职业资格考试沿革与考试趋势进行了充分研究，在已有版本的基础上，针对"应试视角"中的若干问题，结合近几年考试题目的特征，尤其是 2023 年考题的较大变化，又进行了系统梳理，追求适应考试变化规律、内容和形式更加便于考生阅读、提高复习效率的目标。主要特点如下：

● 保持了近几年的编排结构，突出考题与教材各个知识点针对性分析，方便考生阅读；

● 对各章的要求和考核重点进行针对性知识点集成，以帮助考生方便梳理教材内容，提升阅读效率；

● 针对经典考题剖析部分，强化了解析系统性，节省考生的阅读时间；通过分析近几年考题，提升考题在复习中的引导作用；

● 基于作者对考试的重点预测和复习覆盖性要求，编制并修订了难题解析；

● 强调《指南》应试指导的作用，分析近几年考题，对部分考点点评进行修改，以帮助考生更加突出重点地掌握应试内容；

● 方便考生对教材考点更加有效率地训练，将以前版本 5 套模拟题压缩为 3 套模拟题。

二、近几年考题的特点

作者在很多场合都提到一个观点："任何模拟题、练习题都无法与考题比拟，考题是出题专家们的知识与智慧的结晶，是考生复习过程的目标导引。"《指南》通过对考题的解析，帮助考生读懂重点内容和训练答题能力。

1. 填空式题目增加——记住

➢ 建设工程项目投资决策后，控制工程造价的关键在于（　　）。

A. 工程设计　　　　B. 工程施工

C. 材料设备采购　　　　D. 施工招标

➢ 对于大型复杂的产品，应用价值工程的重点应在产品的（　　）阶段。

A. 研究设计　　　　B. 生产制造

C. 质量检验　　　　D. 使用维护

2. 需要理解的内容，有时考试的知识点似乎“偏”——知其然，还需知其所以然

➢ 某工程划分为 3 个施工过程，4 个施工段组织流水施工，流水节拍见下表，则该工程流水施工工期为（　　）天。

流水节拍表　　单位：天

施工过程	施工段及流水节拍			
	1	2	3	4
Ⅰ	4	5	3	4
Ⅱ	3	2	3	2
Ⅲ	4	3	5	4

A. 22　　B. 23　　C. 26　　D. 27

➢ 下列关于价值工程的说法中，正确的有（　　）。

A. 价值工程是将产品的价值、功能和成本作为一个整体同时考虑

B. 价值工程的核心是对产品进行功能分析

C. 价值工程的目标是以最低生产成本实现产品的基本功能

D. 提高价值最为理想的途径是降低产品成本

E. 价值工程中的功能是指对象能够满足某种要求的一种属性

3. 类比型考试题目比较多——比较是复习的有效方法

➢ 下列方法中，可用于编制施工项目成本计划的是（　　）。

A. 时间序列法　　B. 技术进步法

C. 流程图法　　D. 分层法

➢ 在价值工程活动中，可用来选择价值工程对象的方法是（　　）。

A. 挣值分析法　　B. 时间序列分析法

C. 回归分析法　　D. 百分比分析法

4. 计算题——计算量趋于适中，但需要理解题目所用计算公式的含义

➢ 某企业在第一年初向银行借款 300 万元用于购置设备，贷款年有效利率为 8%，每半年计息一次，今后 5 年内每年 6 月底和 12 月底等额还本付息，则该企业每次偿还本息（　　）万元。

A. 35.46　　B. 36.85　　C. 36.99　　D. 37.57

➢ 某公司发行票面总额为 300 万元的优先股股票，筹资费费率为 5%，年股息率为 15%，公司所得税税率为 25%，则其资金成本率为（　　）。

A. 11.84%　　B. 15.00%　　C. 15.79%　　D. 20.00%

5. 多个知识点集成为一道考题——经常表现为多点集成形式的考题

➢ 互斥型方案经济效果评价的准则有（　　）。

A. 增量投资收益率大于基准收益率，则投资额大的方案为优选方案

B. 增量投资回收期小于基准投资回收期，则投资额小的方案为优选方案

C. 增量投资内部收益率大于基准收益率，则投资额大的方案为优选方案

D. 内部收益率大于基准收益率，则内部收益率大的方案为优选方案

E. 投资收益率大于基准收益率，则投资收益率大的方案为优选方案

➢ 关于施工成本管理各项工作之间关系的说法，正确的是（　　）。

A. 成本计划能对成本控制的实施进行监督

B. 成本核算是成本计划的基础

C. 成本预算是实现成本目标的保证

D. 成本分析为成本考核提供依据

6. 一个知识点考核两项内容——需要区别相关的内容

➢ 在下列投资方案经济效果评价指标中，属于投资方案盈利能力动态指标的是（　　）。

A. 内部收益率和投资收益率　　B. 净现值率和利息备付率

C. 净现值率和内部收益率　　D. 净现值和总投资利润率

➢ 在项目融资过程中，发出项目融资建议书和控制项目风险分别属于（　　）阶段的工作内容。

A. 投资决策分析和融资结构分析

B. 融资谈判和融资执行

C. 融资结构分析和融资执行

D. 融资决策分析和融资谈判

7. 需要推理、演算才能完成的题目——经常表现为因果类型或程序类型的考题

➢ 某产品的功能现实成本为 5 000 元，目标成本为 4 500 元，该产品分为三个功能区，各功能重要性系数和功能现实成本见下表。

功能区	功能重要性系数	功能现实成本/元
F_1	0.34	2 000
F_2	0.42	1 900
F_3	0.24	1 100

应用价值工程时，优先选择的改进对象依次为（　　）。

A. $F_1—F_2—F_3$　　B. $F_1—F_3—F_2$

C. $F_2—F_3—F_1$　　D. $F_3—F_1—F_2$

➢ 某建设项目以财务净现值为指标进行敏感性分析的有关数据见下表，则按净现值确定的敏感程度由大到小的顺序为（　　）。

序号	项目	变化幅度		
		−10%	0	+10%
①	建设投资	914.93 万元	861.44 万元	807.94 万元
②	营业收入	703.08 万元	861.44 万元	1 019.80 万元
③	经营成本	875.40 万元	861.44 万元	847.47 万元

A. ①—②—③　　B. ②—①—③　　C. ②—③—①　　D. ③—②—①

上述例题，是作者在多年从事造价工程师培训工作基础上精选的一些题目，从类型的掌控视角具有一定的代表意义，说明了考题的典型表现形式，为考生如何阅读、掌握各个部分内容提供一些应试思路。

三、2023 年考题特点分析

2023 年考题与近几年考题比较，基本保持了过去的考核内容，但部分考题的综合性特征凸显，考生需要比较长时间的思考才能回答，难以“一眼看出”正确答案。2023 年考题主要特点如下：

（1）第一章、第二章和第五章仍然是近几年经常考核的内容，考题形式也是近几年采用的考核方式。

（2）第三章考核的知识点与近几年比较没有多大变化，但一道题考核的内容多了，考核的知识范围宽了；考题形式除了近几年常用的考核方式外，增加了题目的思考空间。

（3）第四章考核，无论是分数，还是难度，以及思考空间，与近十几年考题比较，在 2023 年都有所增加，尤其是第二节投资方案经济效果评价考核 12 分，例如 31～33 题、71 题和 72 题，很难一眼看出正确答案，要求考生基本概念、原理清楚，需要动手计算，或综合思考，考题的干扰项更加突出了“干扰”特征。

（4）第六章题目与近几年考点范围基本一致，但个别考题内容考生比较生疏，又不容易掌握，如 2022 年考题 78 题、79 题，2023 年 53 题、78 题，但考核形式仍然保留了近几年的方式。

（5）考分在各章节的分布与近两年比较有些差异，第一章和第二章考核分数略有增加，第三章分数大幅度减少，第四章分数增加，第五章和第六章考核分数基本持平。统计近几年考分，感觉各年考分分布随意性趋势加大，或许会增加考生的复习工作量。

四、2021 年、2022 年和 2023 年考题分数分布

知识点	2021 年考题分数分布					2022 年考题分数分布					2023 年考题分数分布				
	单项选择题		多项选择题		比率/%	单项选择题		多项选择题		比率/%	单项选择题		多项选择题		比率/%
	题数	分值	题数	分值		题数	分值	题数	分值		题数	分值	题数	分值	
第一章　工程造价管理及其基本制度															
工程造价的基本内容						1	1	1	2	3	1	1	1	2	3
工程造价管理的组织和内容	1	1	1	2	3	1	1			1	1	1	1	2	3
工程造价专业人员管理制度	1	1			1						1	1			1

续表

知识点	2021年考题分数分布					2022年考题分数分布					2023年考题分数分布				
	单项选择题		多项选择题		比率/%	单项选择题		多项选择题		比率/%	单项选择题		多项选择题		比率/%
	题数	分值	题数	分值		题数	分值	题数	分值		题数	分值	题数	分值	
工程造价咨询管理制度	1	1			1			1	2	2	1	1			1
工程造价管理的发展			1	2	2	1	1			1	1	1			1
本章合计	3	3	2	4	7	3	3	2	4	7	5	5	2	4	9
第二章　相关法律法规															
建筑法及相关条例	2	2			2	2	2	1	2	4	2	2	1	2	4
招标投标法及其实施条例	2	2	1	2	4	2	2			2	2	2	1	2	4
政府采购法及其实施条例			1	2	2	1	1			1	1	1			1
《民法典》合同编及价格法	3	3			3	2	2	1	2	4	2	2	1	2	4
本章合计	7	7	2	4	11	7	7	2	4	11	7	7	3	6	13
第三章　工程项目管理															
工程项目管理概述	2	2			2	4	4	1	2	6	2	2	1	2	4
工程项目的组织	2	2	1	2	4	2	2	1	2	4	2	2	1	2	4
工程项目的计划与控制	4	4	2	4	8	2	2	1	2	4	2	2			2
流水施工组织方法	1	1	1	2	3	3	3	1	2	5	2	2			2
工程网络计划技术	4	4	1	2	6	3	3	1	2	5	2	2	1	2	4
工程项目合同管理	2	2			2	2	2			2	1	1	1	2	3
工程项目信息管理	1	1			1	1	1			1	1	1			1
本章合计	16	16	5	10	26	17	17	5	10	27	12	12	4	8	20

续表

知识点	2021年考题分数分布					2022年考题分数分布					2023年考题分数分布				
	单项选择题		多项选择题		比率/%	单项选择题		多项选择题		比率/%	单项选择题		多项选择题		比率/%
	题数	分值	题数	分值		题数	分值	题数	分值		题数	分值	题数	分值	
第四章　工程经济															
资金的时间价值及其计算	3	3	1	2	5	2	2	1	2	4	3	3			3
投资方案经济效果评价	5	5	1	2	7	6	6	1	2	8	6	6	3	6	12
价值工程	2	2	1	2	4	2	2	1	2	4	2	2	1	2	4
工程寿命周期成本分析	1	1			1	1	1			1	1	1			1
本章合计	11	11	3	6	17	11	11	3	6	17	12	12	4	8	20
第五章　工程项目投融资															
工程项目资金来源	4	4	1	2	6	5	5	1	2	7	5	5	1	2	7
工程项目融资	3	3	1	2	5	3	3	1	2	5	3	3	1	2	5
与工程项目有关的税收及保险规定	3	3	1	2	5	3	3	1	2	5	4	4	1	2	6
本章合计	10	10	3	6	16	11	11	3	6	17	12	12	3	6	18
第六章　工程建设全过程造价管理															
决策阶段造价管理	3	3	2	4	7	2	2	2	4	6	3	3	1	2	5
设计阶段造价管理	2	2			2			2	4	4	2	2	1	2	4
发承包阶段造价管理	3	3	2	4	7	2	2	1	2	4	3	3	1	2	5
施工阶段造价管理	4	4	1	2	6	4	4	1	2	6	3	3	1	2	5
竣工阶段造价管理	1	1			1	1	1			1	1	1			1
本章合计	13	13	5	10	23	9	9	6	12	21	12	12	4	8	20

总之，从应试复习的视角，《指南》全面系统的特征满足了考生的需要。《指南》作为应试复习的指导用书，从考点分数分布和考题类型两个视角切入，重新梳理了教材内容，以知识点为“导引”重新分配了考题或练习题。期盼对考生能够起到“指南”的作用。

第一章　工程造价管理及其基本制度

考 纲 要 求

1. 工程造价的基本内容；
2. 工程造价管理的组织和内容；
3. 造价工程师管理制度；
4. 工程造价咨询管理制度；
5. 国内外工程造价管理发展。

本章知识架构

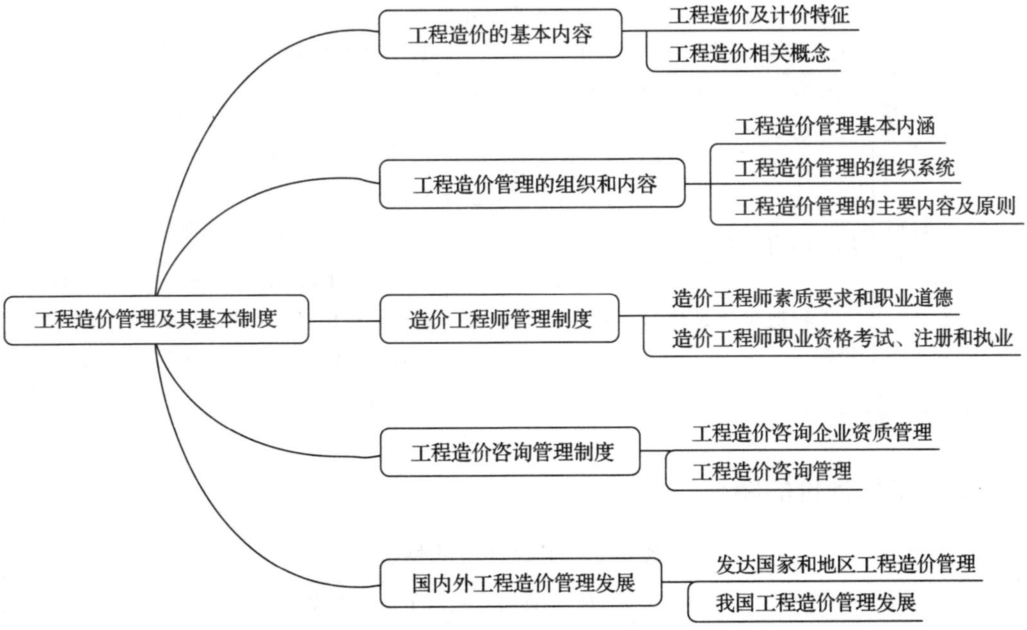

考点与题型详解

考点一：工程造价的基本内容

点评：工程造价的基本概念是重要的基础内容，对该内容考核的频次很高。近年多集中在对工程造价计价特征的考核；考生应注意区别静态投资与动态投资的构成，这是经常考核的内容。

知识要点集成

一、工程造价的含义

表 1-1 工程造价的含义

<table>
<tr><td rowspan="5">工程造价含义</td><td rowspan="3">概念</td><td colspan="2">工程造价通常是指工程项目在建设期（预计或实际）支出的建设费用。由于所处的角度不同，工程造价有不同的含义</td></tr>
<tr><td>第一种含义</td><td>第二种含义</td></tr>
<tr><td>从投资者（业主）角度分析，工程造价是指建设一项工程预期开支或实际开支的全部固定资产投资费用</td><td>从市场交易角度分析，工程造价是指在工程发承包交易活动中形成的建筑安装工程费用或建设工程总费用</td></tr>
<tr><td rowspan="2">特别注意</td><td>投资者为了获得投资项目的预期效益，需要对项目进行策划决策、建设实施（设计、施工）直至竣工验收等一系列活动。在上述活动中所花费的全部费用，即构成工程造价</td><td>工程造价的这种含义是指以建设工程这种特定的商品形式作为交易对象，通过招标投标或其他交易方式，在多次预估的基础上，最终由市场形成的价格</td></tr>
<tr><td>工程造价就是建设工程固定资产总投资</td><td>这里的工程既可以是整个建设工程项目，也可以是其中一个或几个单项工程或单位工程，还可以是其中一个或几个分部工程，如建筑安装工程、装饰装修工程等</td></tr>
</table>

二、工程计价的特征

表 1-2 工程计价的特征

<table>
<tr><td rowspan="2">工程计价特征</td><td>计价的单件性</td><td>建筑产品的单件性特点决定了每项工程都必须单独计算造价</td></tr>
<tr><td>计价的多次性</td><td>工程项目需要按程序进行策划决策和建设实施，工程计价也需要在不同阶段多次进行，以保证工程造价计算的准确性和控制的有效性。多次计价是一个逐步深入和细化，不断接近实际造价的过程。包括投资估算、设计概算、修正概算、施工图预算、合同价、工程结算和竣工决算等阶段</td></tr>
</table>

续表 1-2

工程计价特征	计价的组合性	建设项目的组合性决定了工程计价的逐步组合过程。工程造价的组合过程是：分部分项工程造价→单位工程造价→单项工程造价→建设项目总造价
	计价方法的多样性	工程项目的多次计价有其各不相同的计价依据，每次计价的精确度要求也各不相同，由此决定了计价方法的多样性。例如，投资估算方法有设备系数法、生产能力指数估算法等；概预算方法有单价法和实物法等
	计价依据的复杂性	工程造价的影响因素较多，决定了工程计价依据的复杂性

注：计价的多次性特征的具体内容：

（1）投资估算：是指在项目建议书和可行性研究阶段通过编制估算文件预先测算的工程造价。投资估算是进行项目决策、筹集资金和合理控制造价的主要依据。

（2）设计概算：是指在初步设计阶段，根据设计意图，通过编制设计概算文件，预先测算的工程造价。与投资估算相比，设计概算的准确性有所提高，但受投资估算的控制。设计概算一般又可分为：建设项目总概算、各单项工程综合概算、各单位工程概算。

（3）修正概算：是指在技术设计阶段（如果有），根据技术设计要求，通过编制修正概算文件预先测算的工程造价。修正概算是对初步设计概算的修正和调整，比工程概算准确，但受工程概算控制。

（4）施工图预算：是指在施工图设计阶段，根据施工图纸，通过编制预算文件预先测算的工程造价。施工图预算比设计概算或修正概算更为详尽和准确，但同样要受前一阶段工程造价的控制。目前，有些工程项目在招标时需要确定最高投标限价（标底），以限制最高投标报价。

（5）合同价：是指在工程发承包阶段通过签订合同所确定的价格。合同价属于市场价格，它是由发承包双方根据市场行情通过招投标等方式达成一致、共同认可的成交价格。但应注意：合同价并不等同于最终结算的实际工程造价。由于计价方式不同，合同价的内涵也会有所不同。

（6）工程结算：工程结算包括施工过程中的中间结算和竣工验收阶段的竣工结算。工程结算需要按实际完成的合同范围内合格工程量考虑，同时按合同调价范围和调价方法，对实际发生的工程量增减、设备和材料价差等进行调整后确定结算价格。工程结算反映的是工程项目实际造价。工程结算文件一般由承包单位编制，由发包单位审查，也可委托工程造价咨询机构进行审查。

（7）竣工决算：是指工程竣工决算阶段，以实物数量和货币指标为计量单位，综合反映竣工项目从筹建开始到项目竣工交付使用为止的全部建设费用。竣工决算文件一般是由建设单位编制，上报相关主管部门审查。

三、工程造价的相关概念

表 1-3　工程造价的相关概念

工程造价的相关概念	静态投资	静态投资是指不考虑物价上涨、建设期贷款利息等影响因素的建设投资。静态投资包括：建筑安装工程费、设备和工器具购置费、工程建设其他费、基本预备费，以及因工程量误差而引起的工程造价增减值等
	动态投资	动态投资是指考虑物价上涨、建设期贷款利息等影响因素的建设投资。动态投资除包括静态投资外，还包括建设期贷款利息、涨价预备费等。相比之下，动态投资更符合市场价格运行机制，使投资估算和控制更加符合实际

续表 1-3

工程造价的相关概念	建设项目总投资	建设项目总投资是指为完成工程项目建设，在建设期（预计或实际）投入的全部费用总和。建设项目按用途可分为生产性建设项目和非生产性建设项目。生产性建设项目总投资包括固定资产投资和流动资产投资两部分；非生产性建设项目总投资只包括固定资产投资，不含流动资产投资
	固定资产投资	固定资产投资是投资主体为达到预期收益的资金垫付行为。建设项目固定资产投资也就是建设项目工程造价，二者在量上是等同的

注：1. 静态投资与动态投资密切相关。动态投资包含静态投资，静态投资是动态投资最主要的组成部分，也是动态投资的计算基础。

2. 建设项目固定资产投资也就是建设项目工程造价，二者在量上是等同的。其中，建筑安装工程投资也就是建筑安装工程造价，二者在量上也是等同的。从这里也可以看出工程造价两种含义的同一性。

经典考题剖析

一、2023 年考题

1. 下列建设工程投资构成中，属于静态投资的是（　　）。

A. 铺底流动资金　　B. 基本预备费

C. 建设期贷款利息　　D. 涨价预备费

答案：B

［解析］静态投资是指不考虑物价上涨、建设期贷款利息等影响因素的建设投资。静态投资包括：建筑安装工程费、设备和工器具购置费、工程建设其他费、基本预备费，以及因工程量误差而引起的工程造价增减值等。选项 A 属于流动资金的一部分，不属于建设投资。选项 C、D 属于动态投资。

2. 关于建设工程计价特征的说法，正确的是（　　）。

A. 建设项目的组合性决定了工程计价的单件性

B. 工程多次计价，是一个逐步深入、不断细化的过程

C. 工程合同价并非等同于最终结算的实际工程价

D. 工程多次计价均有其各不相同的计价依据

E. 工程造价按单位工程造价分部分项工程造价组合

答案：B、C、D

［解析］选项 A，建筑产品的单件性特点决定了每项工程都必须单独计算造价。选项 E，工程造价的组合过程是：分部分项工程造价—单位工程造价—单项工程造价—建设项目总造价。选项 B、C、D 均是教材中语句。

二、2022 年考题

1. 某工程项目的建设投资为 1 800 万元，建设期贷款利息为 200 万元，建筑安装工程费为 1 000 万元，设备和工器具购置费为 500 万元，流动资产投资为 300 万元。从

业主角度分析，该项目的工程造价是（　　）万元。

A. 1 500　　B. 1 800　　C. 2 000　　D. 2 300

答案：C

［解析］从投资者（业主）角度分析，工程造价是指建设一项工程预期开支或实际开支的全部固定资产投资费用，而不是建设工程总投资。固定资产投资＝建设投资＋建设期贷款利息＝1 800＋200＝2 000（万元）。

2. 在工程项目设计阶段形成的计价文件有（　　）。

A. 投资估算　　B. 设计概算

C. 修正概算　　D. 施工预算

E. 施工图预算

答案：B、C、E

［解析］在工程项目设计阶段形成的计价文件包括设计概算、修正概算和施工图预算。

工程概算：是指在初步设计阶段，根据设计意图，通过编制工程概算文件，预先测算的工程造价。

修正概算：是指在技术设计阶段，根据技术设计要求，通过编制修正概算文件预先测算的工程造价。

施工图预算：是指在施工图设计阶段，根据施工图纸，通过编制预算文件预先测算的工程造价。施工图预算比工程概算或修正概算更为详尽和准确，但同样要受前一阶段工程造价的控制。

三、其他年份考题

1. 工程计价的依据有多种不同类型，其中工程单价的计算依据有（　　）。

A. 材料价格　　B. 投资估算指标

C. 机械台班费　　D. 人工单价

E. 概算定额

答案：A、C、D

［解析］工程单价计算依据包括人工单价、材料价格、材料运杂费、机械台班费等。选项B、E属于人工、材料、机械等实物消耗量计算依据。本题考核的内容是近20年首次考核，这是一处非常容易出题的知识点。

2. 工程计价是一个逐步组合的过程，正确的造价组合过程是（　　）。

A. 单位工程造价→分部分项工程造价→单项工程造价

B. 单位工程造价→单项工程造价→分部分项工程造价

C. 分部分项工程造价→单位工程造价→单项工程造价

D. 分部分项工程造价→单项工程造价→单位工程造价

答案：C

［解析］建设项目的组合性决定了工程计价的逐步组合过程。工程造价的组合过程是：分部分项工程造价→单位工程造价→单项工程造价→建设项目总造价。

3. 以下属于静态投资的是（　　）。

A. 涨价预备费　　B. 基本预备费

C. 建设期贷款利息　　　　D. 资金的时间价值

答案：B

［解析］静态投资包括：建筑安装工程费、设备和工器具购置费、工程建设其他费、基本预备费，以及因工程量误差而引起的工程造价增减值等。

考点二：工程造价管理的组织和内容

点评：全面造价管理是近几年每年都考核的内容，考生应注重基本概念的理解；工程造价的主要内容和原则也是重点考核内容。本考点近几年分值占比较高。

知识要点集成

一、全面造价管理

表 1-4　全面造价管理

全寿命期造价管理	建设工程全寿命期造价是指建设工程初始建造成本和建成后的日常使用及拆除成本之和，包括策划决策、建设实施、运行维护及拆除回收等各阶段费用
全过程造价管理	全过程造价管理是指覆盖建设工程策划决策及建设实施各阶段的造价管理。包括：策划决策阶段的项目策划、投资估算、项目经济评价、项目融资方案分析；设计阶段的限额设计、方案比选、概预算编制；招投标阶段的标段划分、发承包模式及合同形式的选择、最高投标限价或标底编制；施工阶段的工程计量与结算、工程变更控制、索赔管理；竣工验收阶段的结算与决算等
全要素造价管理	控制建设工程造价不仅仅是控制建设工程本身的建造成本，还应同时考虑工期成本、质量成本、安全与环保成本的控制，从而实现工程成本、工期、质量、安全、环保的集成管理
全方位造价管理	建设工程造价管理不仅仅是建设单位或承包单位的任务，还应是政府建设主管部门、行业协会、建设单位、设计单位、施工单位以及有关咨询机构的共同任务

二、工程造价管理的主要内容及原则

表 1-5　工程造价管理的主要内容及原则

主要内容	（1）工程项目策划阶段：按照有关规定编制和审核投资估算，经有关部门批准，即可作为拟建工程项目的控制造价；基于不同的投资方案进行经济评价，作为工程项目决策的重要依据。 （2）工程设计阶段：在限额设计、优化设计方案的基础上编制和审核工程概算、施工图预算。对于政府投资工程而言，经有关部门批准的工程概算，将作为拟建工程项目造价的最高限额。 （3）工程发承包阶段：进行招标策划，编制和审核工程量清单、招标控制价或标底，确定投标报价及其策略，直至确定承包合同价。 （4）工程施工阶段：进行工程计量及工程款支付管理，实施工程费用动态监控，处理工程变更和索赔。 （5）工程竣工阶段：编制和审核工程结算，编制竣工决算，处理工程保修费用等

续表 1-5

原则	（1）以设计阶段为重点的全过程造价管理。工程造价管理贯穿于工程建设全过程的同时，应注重工程设计阶段的造价管理。工程造价管理的关键在于前期决策和设计阶段，而在项目投资决策后，控制工程造价的关键就在于设计。 （2）主动控制与被动控制相结合。立足于调查—分析—决策基础之上的偏离—纠偏—再偏离—再纠偏的控制是一种被动控制，这样做只能发现偏离，不能预防可能发生的偏离。为尽量减少甚至避免目标值与实际值的偏离，还必须立足于事先主动采取控制措施，实施主动控制。 （3）技术与经济相结合。要有效地控制工程造价，应从组织、技术、经济等多方面采取措施。从组织上采取措施，包括明确项目组织结构，明确造价控制人员及其任务，明确管理职能分工；从技术上采取措施，包括重视设计多方案选择，严格审查初步设计、技术设计、施工图设计、施工组织设计，深入研究节约投资的可能性；从经济上采取措施，包括动态比较造价的计划值与实际值，严格审核各项费用支出，采取对节约投资的有力奖励措施等。 应该看到，技术与经济相结合是控制工程造价最有效的手段

经典考题剖析

一、2023 年考题

1. 建设工程全要素造价管理的核心是按照优先性原则，协调和平衡（　　）之间的对立统一关系。

A. 工期、质量、安全、环保与成本

B. 人工费、材料费与施工机具使用费

C. 直接工程费、措施费与间接费

D. 施工技术、施工组织与施工成本

答案：A

[解析] 全要素造价管理的核心是按照优先性原则，协调和平衡工期、质量、安全、环保与成本之间的对立统一关系。考生应该注意，教材所说的建设工程全要素是指工程项目管理目标，即工期、质量、安全、环保与成本，而选项 B、C、D 也属于“要素”，但不是项目管理目标。

2. 为有效控制建设工程造价，采取的技术措施有（　　）。

A. 重视设计方案选择

B. 明确工程造价管理职能分工

C. 严格审核多项费用支出

D. 明确工程造价控制人员任务

E. 严格审查施工组织设计

答案：A、E

[解析] 技术措施包括重视设计多方案选择，严格审查初步设计、技术设计、施工图设计、施工组织设计，深入研究节约投资的可能性。选项 B、D 属于组织措施。选项 C 属于经济措施。

二、2022年考题

下列造价管理做法中体现全寿命期造价管理思想的是（　　）。

A. 将建造成本、工期成本、质量成本纳入造价管理

B. 建设单位、施工单位及有关咨询机构协同进行造价管理

C. 将工程项目建成后的日常使用及拆除成本纳入造价管理

D. 将工程项目从开工到竣工验收各阶段均作为造价管理重点

答案：C

［**解析**］建设工程全寿命期造价是指建设工程初始建造成本和建成后的日常使用成本之和，包括策划决策、建设实施、运行维护及拆除回收等各阶段费用。选项A体现了全要素造价管理的思想，选项B体现了全方位造价管理思想，选项D体现了全过程造价管理思想。

三、2021年考题

1. 为有效控制造价，业主应将工程造价管理重点放在（　　）阶段。

A. 招标和结算　　B. 决策和设计

C. 设计和施工　　D. 招标和竣工验收

答案：B

［**解析**］工程造价管理的关键在于决策和设计阶段，而在项目投资决策后，控制工程造价的关键就在于设计。

2. 技术与经济相结合是控制工程造价的最有效手段，下列工程造价控制中，属于技术措施的有（　　）。

A. 明确造价控制人员的任务

B. 开展设计的多方案比选

C. 审查施工组织设计

D. 对节约投资给予奖励

E. 通过审查施工图设计研究节约投资的可能性

答案：B、C、E

［**解析**］从组织上采取措施，包括明确项目组织结构，明确造价控制人员及其任务，明确管理职能分工；从技术上采取措施，包括重视设计多方案选择，严格审查初步设计、技术设计、施工图设计、施工组织设计，深入研究节约投资的可能性；从经济上采取措施，包括动态比较造价的计划值与实际值，严格审核各项费用支出，采取对节约投资的有力奖励措施等。选项A属于组织措施，选项D属于经济措施。

四、其他年份考题

1. 建设工程造价管理的关键是在（　　）阶段。

A. 设计和施工　　B. 施工和竣工结算

C. 招标和施工　　D. 前期决策和设计

答案：D

［**解析**］建设工程造价管理的关键在于前期决策和设计阶段，而在项目投资决策后，

控制工程造价的关键就在于设计。选项 A、B、C 没有干扰性。

2. 政府部门、行业协会、建设单位、施工企业及咨询机构通过协调工作，共同完成工程造价控制任务，属于建设工程全面造价管理中的（　　）。

A. 全过程造价管理　　B. 全方位造价管理

C. 全寿命周期造价管理　　D. 全要素造价管理

答案：B

[**解析**] 建设工程造价管理不仅仅是建设单位或承包单位的任务，还应是政府建设主管部门、行业协会、建设单位、设计单位、施工单位以及有关咨询机构的共同任务。全方位造价管理是站在管理主体视角定义，而选项 D 是站在被管理对象视角定义。

3. 下列工作中，属于工程招投标阶段造价管理内容的是（　　）。

A. 承发包模式选择　　B. 融资方案设计

C. 组织实施模式选择　　D. 索赔方案设计

答案：A

[**解析**] 全过程造价管理是指覆盖建设工程策划决策及建设实施各阶段的造价管理。包括：策划决策阶段的项目策划、投资估算、项目经济评价、项目融资方案分析；设计阶段的限额设计、方案比选、概预算编制；招投标阶段的标段划分、发承包模式及合同形式的选择、招标控制价或标底编制；施工阶段的工程计量与结算、工程变更控制、索赔管理；竣工验收阶段的结算与决算等。

4. 按照国际造价管理联合会（International Cost Engineering Council，ICEC）给出的定义，全面造价管理是指有效地利用专业知识与技术对（　　）进行筹划与控制。

A. 过程　　B. 资源

C. 成本　　D. 盈利

E. 风险

答案：B、C、D、E

[**解析**] 按照国际造价管理联合会给出的定义，全面造价管理是指有效地利用专业知识与技术，对资源、成本、盈利和风险进行筹划和控制。

考点三：造价工程师管理制度

点评：2019 年版教材针对本考点修订是根据《造价工程师职业资格制度规定》完成的，与 2017 年版教材相比，修改的篇幅比较大。2020 年《住房和城乡建设部关于修改〈工程造价咨询企业管理办法〉〈注册造价工程师管理办法〉的决定》与《造价工程师职业资格制度规定》的内容不冲突，或者说没有涉及修改 2019 年版教材的内容，有关对《注册造价工程师管理办法》修改的其他详细内容在此不一一列出。2023 年版教材对一级造价工程师的报考条件又进行了修改。

知识要点集成

一、造价工程师的概念与考试专业类别

表 1-6 造价工程师的概念与考试专业类别

造价工程师的概念	造价工程师是指通过职业资格考试取得中华人民共和国造价工程师职业资格证书，并经注册后从事建设工程造价工作的专业技术人员。根据《造价工程师职业资格制度规定》，国家设置造价工程师准入类职业资格，纳入国家职业资格目录。工程造价咨询企业应配备造价工程师，工程建设活动中有关工程造价管理岗位按需要配备造价工程师。造价工程师分为一级造价工程师和二级造价工程师
考试专业类别	造价工程师职业资格考试专业科目分为 4 个专业类别，即：土木建筑工程、交通运输工程、水利工程和安装工程，考生在报名时可根据实际工作需要选择其一

二、造价工程师的注册与执业

表 1-7 造价工程师的注册

一般管理	国家对造价工程师职业资格实行执业注册管理制度。取得造价工程师职业资格证书且从事工程造价相关工作的人员，经注册方可以造价工程师名义执业。 住房城乡建设部、交通运输部、水利部分别负责一级造价工程师注册及相关工作。各省、自治区、直辖市住房城乡建设、交通运输、水利行政主管部门按专业类别分别负责二级造价工程师注册及相关工作
执业管理	造价工程师执业时应持注册证书和执业印章。注册证书、执业印章样式以及注册证书编号规则由住房城乡建设部会同交通运输部、水利部统一制定

表 1-8 造价工程师的执业

执业纪律	造价工程师不得同时受聘于两个或两个以上单位执业，不得允许他人以本人名义执业，严禁“证书挂靠”。出租出借注册证书的，依据相关法律法规进行处罚；构成犯罪的，依法追究刑事责任
一级造价工程师执业范围	（1）项目建议书、可行性研究投资估算与审核，项目评价造价分析； （2）建设工程设计概算、施工（图）预算的编制和审核； （3）建设工程招标投标文件工程量和造价的编制与审核； （4）建设工程合同价款、结算价款、竣工决算价款的编制与管理； （5）建设工程审计、仲裁、诉讼、保险中的造价鉴定，工程造价纠纷调解； （6）建设工程计价依据、造价指标的编制与管理； （7）与工程造价管理有关的其他事项
二级造价工程师执业范围	（1）建设工程工料分析、计划、组织与成本管理，施工图预算、设计概算的编制； （2）建设工程量清单、最高投标限价、投标报价的编制； （3）建设工程合同价款、结算价款和竣工决算价款的编制
责任	造价工程师应在本人工程造价咨询成果文件上签章，并承担相应责任。工程造价咨询成果文件应由一级造价工程师审核并加盖执业印章

经典考题剖析

说明：教材针对本知识点进行了较大修改，为了帮助考生训练本知识点的内容，加入了一些作者自编的其他题目。

一、2023年考题

根据《造价工程师职业资格制度规定》，下列工作内容中，属于一级造价工程师执业范围的是（　　）。

A. 审批工程投资估算　　B. 实施工程竣工审计

C. 编制工程设计概算　　D. 仲裁工程造价纠纷

答案：C

［**解析**］一级造价工程师执业范围包括建设项目全过程的工程造价管理与咨询等，具体工作内容有：

（1）项目建议书、可行性研究投资估算与审核，项目评价造价分析。

（2）建设工程设计概算、施工（图）预算的编制和审核。

（3）建设工程招标投标文件工程量和造价的编制与审核。

（4）建设工程合同价款、结算价款、竣工决算价款的编制与管理。

（5）建设工程审计、仲裁、诉讼、保险中的造价鉴定，工程造价纠纷调解。

（6）建设工程计价依据、造价指标的编制与管理。

（7）与工程造价管理有关的其他事项。

需要说明的是，一级造价工程师执业范围都是工程咨询性质的工作，而选项A、B、D不是工程咨询性质的工作。

二、2021年考题

下列关于造价工程师执业的说法，正确的是（　　）。

A. 造价工程师可同时在两家单位执业

B. 取得造价工程师职业资格证后即可以个人名义执业

C. 造价工程师执业应持注册证书和执业印章

D. 造价工程师只可允许本单位从事造价工作的其他人员以本人名义执业

答案：C

［**解析**］选项A，造价工程师不得同时受聘于两个或两个以上单位执业。选项B，取得造价工程师职业资格证书且从事工程造价相关工作的人员，经注册方可以造价工程师名义执业。选项C，造价工程师执业时应持注册证书和执业印章。选项D，造价工程师不得允许他人以本人名义执业。

三、其他题目

1. 二级造价工程师的工作内容有（　　）。

A. 编制项目投资估算　　B. 编制最高投标限价

C. 审查工程清单　　D. 审核工程结算

答案：B

［**解析**］二级造价工程师主要协助一级造价工程师开展相关工作，可独立开展以下具体工作：

（1）建设工程工料分析、计划、组织与成本管理，施工图预算、设计概算的编制；

（2）建设工程量清单、最高投标限价、投标报价的编制；

（3）建设工程合同价款、结算价款和竣工决算价款的编制。

选项 A，投资估算的编制属于前期工作内容，二级造价工程师不能胜任；选项 C、D，审查类工作不属于二级造价工程师的工作范畴。

2. 按照我国现有规定，下列关于造价工程师注册的说法，正确的是（　　）。

A. 住房城乡建设部负责全部一级造价工程师的注册工作

B. 各省、自治区、直辖市住房城乡建设部门和交通运输部、水利部负责二级造价工程师的注册工作

C. 造价工程师执业时应持注册证书和执业印章

D. 造价工程师执业时应持职业资格证书

答案：C

［**解析**］住房城乡建设部、交通运输部、水利部分别负责一级造价工程师注册及相关工作。各省、自治区、直辖市住房城乡建设、交通运输、水利行政主管部门按专业类别分别负责二级造价工程师注册及相关工作。造价工程师执业时应持注册证书和执业印章。

考点四：工程造价咨询管理制度

点评：本考点针对 2022 年版教材又进行了调整，删除了全过程工程咨询内容。从应试的角度看，可考核的内容重点在“工程造价咨询业务范围”和“法律责任”。

知识要点集成

表 1-9　工程造价咨询管理

业务承接	业务范围	工程造价咨询业务范围	（1）建设项目建议书及可行性研究投资估算、项目经济评价报告的编制和审核； （2）建设项目概预算的编制与审核，并配合设计方案比选、优化设计、限额设计等工作进行工程造价分析与控制； （3）建设项目合同价款的确定（包括招标工程工程量清单和标底、投标报价的编制和审核）；合同价款的签订与调整（包括工程变更、工程洽商和索赔费用的计算）与工程款支付，工程结算、竣工结算和决算报告的编制与审核等； （4）工程造价经济纠纷的鉴定和仲裁的咨询； （5）提供工程造价信息服务等。 工程造价咨询企业可以为项目投资决策和建设实施提供全过程或者若干阶段的管理和服务

续表 1-9

业务承接	咨询合同及其履行	《建设工程造价咨询合同（示范文本）》由三部分组成，即：协议书、通用条件和专用条件。协议书主要用来明确合同当事人和约定合同当事人的基本合同权利义务。通用条件包括下列内容： （1）词语定义、语言、解释顺序与适用法律； （2）委托人的义务； （3）咨询人的义务； （4）违约责任； （5）支付； （6）合同变更、解除与终止； （7）争议解决； （8）其他。 工程造价成果文件应当由执行咨询业务的注册造价工程师签字、加盖个人执业印章
	跨省区承接业务	工程造价咨询企业跨省、自治区、直辖市承接工程造价咨询业务的，应当自承接业务之日起 30 日内到建设工程所在地省、自治区、直辖市人民政府建设主管部门备案
行为准则与信用制度	行为准则	（1）执行国家的宏观经济政策和产业政策，遵守国家和地方的法律、法规及有关规定，维护国家和人民的利益。 （2）接受工程造价咨询行业自律组织业务指导，自觉遵守行业规定和各项制度，积极参加行业组织的业务活动。 （3）具有独立执业能力和工作条件，以精湛的专业技能和良好的职业操守，竭诚为客户服务。 （4）按照公平、公正和诚信的原则开展业务，认真履行合同，依法独立自主开展经营活动，努力提高经济效益。 （5）靠质量、靠信誉参加市场竞争，杜绝无序和恶性竞争；不得利用与行政机关、社会团体以及其他经济组织的特殊关系搞业务垄断。 （6）以人为本，鼓励员工更新知识，掌握先进的技术手段和业务知识，采取有效措施组织、督促员工接受继续教育。 （7）不得在解决经济纠纷的鉴证咨询业务中分别接受双方当事人的委托。 （8）不得阻挠委托人委托其他工程造价咨询单位参与咨询服务；共同提供服务的工程造价咨询单位之间应分工明确，密切协作，不得损害其他单位的利益和名誉。 （9）保守客户的技术和商务秘密
	信用制度	工程造价咨询企业应当按照有关规定，向监管部门及行业组织提供真实、准确、完整的工程造价咨询企业信用档案信息。工程造价咨询企业信用档案应当包括：工程造价咨询企业的基本情况、业绩、良好行为、不良行为等内容。违法行为、被投诉举报处理、行政处罚等情况应当作为工程造价咨询企业的不良记录记入其信用档案。任何单位和个人均有权查阅信用档案

续表 1-9

法律责任	经营违规责任	跨省、自治区、直辖市承接业务不备案的，由县级以上地方人民政府住房城乡建设主管部门或者有关专业部门给予警告，责令限期改正；逾期未改正的，可处以5 000元以上2万元以下的罚款
	其他违规责任	工程造价咨询企业有下列行为之一的，由县级以上地方人民政府住房城乡建设主管部门或者有关专业部门给予警告，责令限期改正，并处以1万元以上3万元以下的罚款： （1）同时接受招标人和投标人或两个以上投标人对同一工程项目的工程造价咨询业务； （2）以给予回扣、恶意压低收费等方式进行不正当竞争； （3）转包承接的工程造价咨询业务； （4）法律、法规禁止的其他行为

经典考题剖析

一、2023年考题

《建设工程造价咨询合同（示范文本）》由（　　）组成。

A. 中标通知书、通用条件和专用条件

B. 中标通知书、协议书和通用条件

C. 协议书、专用条件和履约保函格式

D. 协议书、通用条件和专用条件

答案：D

[解析]《建设工程造价咨询合同（示范文本）》由三部分组成，即协议书、通用条件和专用条件。

二、2022年考题

工程造价咨询企业违反规定的情形有（　　）。

A. 跨省承揽业务，在25日内完成备案

B. 同时接受两个投标人对同一工程项目的造价咨询业务

C. 同时接受招标人和投标人对同一工程项目的造价咨询业务

D. 转包承接的工程造价咨询业务

E. 收取低微的费用参与工程投标

答案：B、C、D（E）

[解析] 选项A，工程造价咨询企业跨省、自治区、直辖市承接工程造价咨询业务的，应当自承接业务之日起30日内到建设工程所在地省、自治区、直辖市人民政府建设主管部门备案。

选项 B、C、D，工程造价咨询企业有下列行为之一的，由县级以上地方人民政府住房城乡建设主管部门或者有关专业部门给予警告，责令限期改正，并处以 1 万元以上 3 万元以下的罚款：

（1）同时接受招标人和投标人或两个以上投标人对同一工程项目的工程造价咨询业务；

（2）以给予回扣、恶意压低收费等方式进行不正当竞争；

（3）转包承接的工程造价咨询业务；

（4）法律、法规禁止的其他行为。

选项 E，题干中刻意说“收取低微的费用”参与工程投标，有违反《招标投标法》“投标人不得以低于成本的报价竞标”嫌疑，应属于法律、法规禁止的其他行为。若在实际考试中遇到类似难以确定的多项选择题选项，建议考生不选择。

三、2021 年考题

下列工程造价咨询企业的行为中，属于违规行为的是（　　）。

A. 向工程造价行业组织提供工程造价企业信用档案信息

B. 在工程造价成果文件上加盖有企业名称、资质等级及证书编号的执业印章并由执行咨询业务的注册造价工程师签字、加盖个人执业印章

C. 跨省承接工程造价业务，并自承接业务之日起 30 日内到建设工程所在地省人民政府建设主管部门备案

D. 同时接受招标人和投标人对同一工程项目的工程造价咨询业务

答案：D

［**解析**］选项 A、C 不属于违规行为。选项 D，同时接受招标人和投标人或两个以上投标人对同一工程项目的工程造价咨询业务，由县级以上地方人民政府住房城乡建设主管部门或者有关专业部门给予警告，责令限期改正，并处 1 万元以上 3 万元以下的罚款。选项 B，工程造价咨询企业已经取消资质认定。

四、其他年份考题

1. 根据《工程造价咨询企业管理办法》，属于工程造价咨询业务范围的工作有（　　）。

A. 项目经济评价报告编制　　B. 工程竣工决算报告编制

C. 项目设计方案比选　　D. 工程索赔费用计算

E. 项目概预算审批

答案：A、B、D

［**解析**］工程造价咨询业务范围包括：

（1）建设项目建议书及可行性研究投资估算、项目经济评价报告的编制和审核；

（2）建设项目概预算的编制与审核，并配合设计方案比选、优化设计、限额设计等工作进行工程造价分析与控制；

（3）建设项目合同价款的确定（包括招标工程工程量清单和标底、投标报价的编制和审核）；合同价款的签订与调整（包括工程变更、工程洽商和索赔费用的计算）与工程款支付，工程结算、竣工结算和决算报告的编制与审核等；

(4) 工程造价经济纠纷的鉴定和仲裁的咨询；

(5) 提供工程造价信息服务等。

工程造价咨询企业可以对建设项目的组织实施进行全过程或者若干阶段的管理和服务。

2. 工程造价咨询企业跨省、自治区、直辖市承接工程造价咨询业务的，应当自承接业务之日起（　　）日内到建设工程所在地省、自治区、直辖市人民政府建设主管部门备案。

A. 30　　　　B. 15

C. 20　　　　D. 10

答案：A

[解析] 工程造价咨询企业跨省、自治区、直辖市承接工程造价咨询业务的，应当自承接业务之日起30日内到建设工程所在地省、自治区、直辖市人民政府建设主管部门备案。

3. 跨省、自治区、直辖市承接业务不备案的，由县级以上地方人民政府住房城乡建设主管部门或者有关专业部门给予警告，责令限期改正；逾期未改正的，可处以（　　）的罚款。

A. 5 000 元以下　　　　B. 2 万元以下

C. 5 000 元以上 2 万元以下　　　　D. 1 万元以上 3 万元以下

答案：C

[解析] 跨省、自治区、直辖市承接业务不备案的，由县级以上地方人民政府住房城乡建设主管部门或者有关专业部门给予警告，责令限期改正；逾期未改正的，可处以5 000 元以上 2 万元以下的罚款。

考点五：国内外工程造价管理发展

点评： 本考点通常只考核 1 分，个别年份考多选题；其考核的内容通常是“发达国家和地区工程造价管理的特点”，2023 年在“代表性国家和地区的工程造价管理”考核 1 分。本考点篇幅大，考核分数低，很难把握考核内容，建议考生尽可能地熟悉已考核过的题目，通过这些题目掌握对应的相关内容。

知识要点集成

表 1-10　代表性国家和地区的工程造价管理

英国	英国工料测量师行经营的内容较为广泛，涉及建设工程全寿命期各个阶段，主要包括：项目策划咨询、可行性研究、成本计划和控制、市场行情的趋势预测；招投标活动及施工合同管理；建筑采购、招标文件编制；投标书分析与评价，标后谈判，合同文件准备；工程施工阶段成本控制，财务报表，洽商变更；竣工工程估价、决算，合同索赔保护；成本重新估计；对承包商破产或被并购后的应对措施；应急合同财务管理，后期物业管理等

续表 1-10

美国	美国联邦政府没有主管建筑业的政府部门，因而也没有主管工程造价咨询业的专门政府部门，工程造价咨询业完全由行业协会管理。工程造价咨询业涉及多个行业协会，如美国土木工程师协会、总承包商协会、建筑标准协会、工程咨询业协会、国际工程造价促进会等。 美国工程造价管理具有以下特点： （1）完全市场化的工程造价管理模式； （2）具有较完备的法律及信誉保障体系； （3）具有较成熟的社会化管理体系； （4）拥有现代化管理手段
日本	工程积算制度是日本工程造价管理所采用的主要模式。工程造价咨询行业由日本政府建设主管部门和日本建筑积算协会统一进行业务管理和行业指导。其中，政府建设主管部门负责制定发布工程造价政策、相关法律法规、管理办法，对工程造价咨询业的发展进行宏观调控。 日本建筑积算协会主要的服务范围是：推进工程造价管理的研究；工程量计算标准的编制、建筑成本等相关信息的收集、整理与发布；专业人员的业务培训及个人执业资格准入制度的制定与具体执行等。 工程造价咨询公司在日本被称为工程积算所，主要由建筑积算师组成。工程积算所一般对委托方提供以工程造价管理为核心的全方位、全过程的工程咨询服务
中国香港地区	在中国香港地区，专业保险在工程造价管理中得到了较好应用。 工料测量师事务所已发展为可对工程建设全过程进行成本控制，并影响建筑设计事务所和承包商的专业服务类公司。政府对工料测量师事务所合伙人有严格要求，要求公司的合伙人必须具有较高的专业知识和技能，并获得相关专业学会颁发的注册测量师执业资格，否则，领不到公司营业执照，无法开业经营。 专业学会是众多测量师事务所、专业人士之间相互联系和沟通的纽带

表 1-11　发达国家和地区工程造价管理的特点

	美　国	英　国
政府的间接调控	对政府投资工程则采用两种方式：一是由政府设专门机构对工程进行直接管理。美国各地方政府都设有相应的管理机构，如纽约市政府的综合开发部（DGS）、华盛顿政府的综合开发局（GSA）等都是代表各级政府专门负责管理建设工程的机构。二是通过公开招标委托承包商进行管理。美国法律规定，所有的政府投资工程都要进行公开招标，特定情况下（涉及国防、军事机密等）可邀请招标和议标	对政府投资工程采取集中管理的办法，按政府的有关面积标准、造价指标，在核定的投资范围内进行方案设计、施工设计，实施目标控制，不得突破。如遇非正常因素，宁可在保证使用功能的前提下降低标准，也要将造价控制在额度范围内

续表 1-11

	美　国	英　国
有章可循的计价依据	联邦政府和地方政府没有统一的工程造价计价依据和标准，一般根据积累的工程造价资料，并参考各工程咨询公司有关造价的资料，对各自管辖的政府工程制订相应的计价标准，作为工程费用估算的依据。通过定期发布工程造价指南进行宏观调控与干预。有关工程造价的工程量计算规则、指标、费用标准等，一般是由各专业协会、大型工程咨询公司制订的	工程量的测算方法和标准都是由专业学会或协会进行负责。由英国皇家测量师学会（RICS）组织制订的《建筑工程工程量计算规则》（SMM）作为工程量计算规则，是参与工程建设各方共同遵守的计量、计价的基本规则，在英国及英联邦国家被广泛应用与借鉴。2012 年，RICS 又发布了《新测量规则》（New Rules of Measurement，NRM）逐步取代 SMM 系列，成为建筑工程计量和工程量清单编制的主流规则。其目的是规范工程成本管理流程，将工料测量与工程采购结合起来，采用“自始至终法”保持建设工程全寿命期的一致性。NRM 系列由三部分组成：NRM1 为项目各阶段成本估算和成本规划的指导，NRM2 为工料测量算法及编制工程量清单的要求，NRM3 为维护修缮时的工料测量要求
多渠道的工程造价信息	建筑造价指数一般由一些咨询机构和新闻媒介来编制，在多种造价信息来源中，工程新闻记录（Engineering News Record，ENR）造价指标是比较重要的一种。编制 ENR 造价指数的目的是准确地预测建筑价格，确定工程造价。它是一个加权总指数，由构件钢材、波特兰水泥、木材和普通劳动力四种个体指数组成。ENR 共编制两种造价指数——建筑造价指数和房屋造价指数。这两个指数在计算方法上基本相同，区别仅体现在计算总指数中的劳动力要素不同。ENR 指数资料来源于 20 个美国城市和 2 个加拿大城市，ENR 在这些城市中派有信息员，专门负责收集价格资料和信息。ENR 总部则将这些信息员收集到的价格信息和数据汇总，并在每个星期四计算并发布最近的造价指数	—
造价工程师的动态估价	工程造价的估算主要由设计部门或专业估价公司来承担，造价工程师（Cost Engineer）在具体编制工程造价估算时，除了考虑工程项目本身的特征因素（如项目拟采用的独特工艺和新技术、项目管理方式、现有场地条件以及资源获得的难易程度等）外，一般还对项目进行较为详细的风险分析，以确定适度的预备费	业主对工程的估价一般要委托工料测量师行来完成。在估价时，工料测量师行将不同设计阶段提供的拟建工程项目资料与以往同类工程项目对比，结合当前建筑市场行情，确定项目单价。对于未能计算的项目（或没有对比对象的项目），则以其他建筑物的造价分析得来的资料补充

续表 1-11

	美　国	英　国
通用的合同文本	美国建筑师学会（AIA）的合同条件体系更为庞大，分为 A、B、C、D、F、G 系列。其中，A 系列是关于发包人与承包人之间的合同文件；B 系列是关于发包人与提供专业服务的建筑师之间的合同文件；C 系列是关于建筑师与提供专业服务的顾问之间的合同文件；D 系列是建筑师行业所用的文件；F 系列是财务管理表格；G 系列是合同和办公管理表格。AIA 系列合同条件的核心是“通用条件”。采用不同的计价方式时，只需选用不同的“协议书格式”与“通用条件”结合	英国有着一套完整的建设工程标准合同体系，包括 JCT（JCT 公司）合同体系、ACA（咨询顾问建筑师协会）合同体系、ICE（土木工程师学会）合同体系、皇家政府合同体系。JCT 合同体系是英国的主要合同体系之一，主要通用于房屋建筑工程。JCT 合同体系本身又是一个系统的合同文件体系，它针对房屋建筑中不同的工程规模、性质、建造条件，提供各种不同的文本，供业主在发包、采购时选择
重视实施过程中的造价控制	造价工程师十分重视工程项目具体实施过程中的控制和管理，对于建设工程的各分部分项工程都有详细的成本计划，美国的建筑承包商是以各分部分项工程的成本详细计划为依据来检查工程造价计划的执行情况。对于工程实施阶段实际成本与计划目标出现偏差的工程项目，首先按照一定标准筛选成本差异，然后进行重要成本差异分析，并填写成本差异分析报告表，由此反映出造成此项差异的原因、此项成本差异对项目其他成本项目的影响、拟采取的纠正措施以及实施这些措施的时间、负责人及所需条件等	—

经典考题剖析

一、2023 年考题

在美国完全市场化的工程造价管理模式下，工程造价并非无章可循，美国建筑标准协会（CSI）发布的适用于大多数建筑工程的统一造价标准是（　　）。

A. 工程分项细目划分标准及编码体系

B. 工程分项细目划分标准及计算规则

C. 工程计算规则及编码体系

D. 工程计算规则及工程定额

答案：A

［**解析**］美国有一套统一的工程分项细目划分标准及编码体系，如美国建筑标准协

会（CSI）发布的 Masterformat、Uniformat 及 OmniClass 等。这些工程分类和编码体系应用于大多数建筑工程。该题目考核的是代表性国家和地区的工程造价管理中的内容，是近 20 年首次考核，过去均考核的是发达国家和地区工程造价管理的特点。

二、2022 年考题

在完善的保险制度下，发达国家和地区的工程造价咨询企业所采用的典型经营模式是（　　）。

A. 合伙制　　B. 股份制　　C. 上市制　　D. 私有制

答案：A

［解析］在完善的工程保险制度下的合伙制是目前发达国家和地区的工程造价咨询企业所采用的典型经营模式。

三、2021 年考题

美国的工程造价估算中，管理费和利润一般是在某些费用基础上按照一定比例计算，费用包括（　　）。

A. 人工费　　B. 材料费

C. 设备购置费　　D. 机械使用费

E. 开办费

答案：A、B、D

［解析］美国工程造价估算中的人工费由基本工资和附加工资两部分组成。材料费和机械使用费均以现行的市场行情或市场租赁价作为造价估算的基础，并在人工费、材料费和机械使用费总额的基础上按照一定的比例（一般为 10%左右）再计提管理费和利润。

四、其他年份考题

1. 为了确定工程造价，美国工程新闻记录（ENR）编制的造价指数是由（　　）个体指数加权组成的。

A. 机械工人　　B. 波特兰水泥

C. 普通劳动力　　D. 构件钢材

E. 木材

答案：B、C、D、E

［解析］美国工程新闻记录（ENR）造价指数是一个加权总指数，由构件钢材、波特兰水泥、木材和普通劳动力四种个体指数组成。

2. 美国有关工程造价的定额、指标、费用标准等一般是由（　　）制订的。

A. 政府建设主管部门　　B. 土木工程师学会

C. 各专业协会、大型工程咨询公司　　D. 建筑师学会

答案：C

［解析］在美国，有关工程造价的工程量计算规则、指标、费用标准等，一般是由各专业协会、大型工程咨询公司制订的。

3. 美国工程造价估算中，材料费和机械使用费估算的基础是（　　）。

A. 现行市场行情或市场租赁价　　B. 联邦政府公布的商业信息价
C. 现行材料及设备供应商报价　　D. 预计项目实施时的市场价

答案：A

[解析] 美国工程造价估算中的人工费由基本工资和附加工资两部分组成。其中，附加工资项目包括管理费、保险金、劳动保护金、退休金、税金等。材料费和机械使用费均以现行的市场行情或市场租赁价作为造价估算的基础，并在人工费、材料费和机械使用费总额的基础上按照一定的比例（一般为10%左右）再计提管理费和利润。

4. 美国建筑师学会（AIA）合同条件体系中的核心是（　　）。

A. 财务管理表格　　B. 专用条件
C. 合同管理表格　　D. 通用条件

答案：D

[解析] AIA合同条件体系的核心是通用条件。

5. 英国完整建设工程标准合同体系中适用于房屋建筑工程的是（　　）合同体系。

A. ICE　　B. ACA
C. JCT　　D. AIA

答案：C

[解析] JCT是英国的主要合同体系之一，主要通用于房屋建筑工程。

难 题 解 析

一、单项选择题

1. 工程项目的多次计价是一个（　　）的过程。

A. 逐步分解和组合，逐步汇总概算造价
B. 逐步深化和细化，逐步接近实际造价
C. 逐步分析和测算，逐步确定投资估算
D. 逐步确定和控制，逐步积累竣工结算价

答案：B

[解题要点] 多次计价是个逐步深化、逐步细化和逐步接近实际造价的过程。

2. 静态投资包括建筑安装工程费、设备和工器具购置费、工程建设其他费和（　　）。

A. 预备费　　B. 基本预备费
C. 涨价预备费　　D. 未明确项目准备金

答案：B

[解题要点] 静态投资是指不考虑物价上涨、建设期贷款利息等影响因素的建设投资。静态投资包括：建筑安装工程费、设备和工器具购置费、工程建设其他费、基本预备费，以及因工程量误差而引起的工程造价增减值等。

3. 对于政府投资项目而言，作为拟建工程项目策划决策的控制造价是经有关部门批准的（　　）。

A. 投资估算　　B. 初步设计总概算
C. 施工图预算　　D. 承包合同价

答案：A

[解题要点] 工程项目策划阶段：按照有关规定编制和审核投资估算，经有关部门批准，即可作为拟建工程项目策划决策的控制造价；基于不同的投资方案进行经济评价，作为工程项目决策的重要依据。

4. 建设工程全寿命期造价是指建设工程的（　　）之和。

A. 初始建造成本与建成后的日常使用成本　　B. 建筑安装成本与报废拆除成本

C. 土地实用成本与建筑安装成本　　D. 基本建设投资与更新改造投资

答案：A

[解题要点] 建设工程全寿命期造价是指建设工程初始建造成本和建成后的日常使用成本之和，包括策划决策、建设实施、运行维护及拆除回收等各阶段费用。

5. 全面造价管理是指有效地利用专业知识和技术，对（　　）进行筹划和控制。

A. 资源、成本、盈利和风险

B. 工期、质量、成本和风险

C. 质量、安全、成本和盈利

D. 工期成本、质量成本、安全成本、环境成本

答案：A

[解题要点] 按照国际造价管理联合会（International Cost Engineering Council，ICEC）给出的定义，全面造价管理（Total Cost Management ，TCM）是指有效地利用专业知识与技术，对资源、成本、盈利和风险进行筹划和控制。

6. 某项目的建筑安装工程费为 560 万元，设备和工器具购置费为 330 万元，工程建设其他费为 133 万元，基本预备费为 102 万元，涨价预备费为 55 万元，建设期贷款利息为 59 万元（没有固定资产投资方向调节税），则静态投资为（　　）万元。

A. 1 023　　B. 1 125

C. 1 180　　D. 1 239

答案：B

[解题要点] 建设项目静态投资包括建筑工程安装费、设备和工器具购置费、工程建设其他费、基本预备费，故只能选 B。

7. 下列工作中，属于工程招投标阶段造价管理内容的是（　　）。

A. 承发包模式选择　　B. 融资方案设计

C. 组织实施模式选择　　D. 索赔方案设计

答案：A

[解题要点] 全过程造价管理是指覆盖建设工程策划决策及建设实施各个阶段的造价管理。包括：前期决策阶段的项目策划、投资估算、项目经济评价、项目融资方案分析；设计阶段的限额设计、方案比选、概预算编制；招标投标阶段的标段划分、承包发包模式及合同形式的选择、标底编制；施工阶段的工程计量与结算、工程变更控制、索赔管理；竣工验收阶段的竣工结算与决算等。

8. 根据《注册造价工程师管理办法》，注册造价工程师应在其执业活动中形成的工程造价成果文件上（　　）。

A. 加盖人名章和执业印章　　B. 签字并加盖单位公章

C. 加盖执业印章和单位公章　　D. 签字并加盖执业印章

答案：D

[解题要点] 注册造价工程师应当在本人承担的工程造价成果文件上签字并盖章。修改经注册造价工程师签字盖章的工程造价成果文件，应当由签字盖章的注册造价工程师本人进行。注册造价工程师本人因特殊情况不能进行修改的，应当由其他注册造价工程师进行修改，并签字盖章；修改工程造

价成果文件的注册造价工程师对修改部分承担相应的法律责任。

9. 工程造价咨询企业以给予回扣、恶意压低收费等方式进行不正当竞争行为的，应处以罚款的数额为（　　）。

A. 1万元以上3万元以下　　B. 5 000元以上2万元以下

C. 5 000元以上3万元以下　　D. 1万元以上2万元以下

答案：A

［**解题要点**］工程造价咨询企业有下列行为之一的，由县级以上地方人民政府住房城乡建设主管部门或者有关专业部门给予警告，责令限期改正，并处以1万元以上3万元以下的罚款：

（1）同时接受招标人和投标人或两个以上投标人对同一工程项目的工程造价咨询业务；

（2）以给予回扣、恶意压低收费等方式进行不正当竞争；

（3）转包承接的工程造价咨询业务；

（4）法律、法规禁止的其他行为。

二、多项选择题

1. 下列关于一级造价工程师执业范围的说法，正确的是（　　）。

A. 一级造价工程师执业范围是建设项目全寿命周期的工程造价管理与咨询

B. 建设工程招标投标文件编制是一级造价工程师执业范围之一

C. 一级造价工程师执业范围包括建设工程计价依据的编制

D. 工程造价纠纷调解是一级造价工程师执业范围之一

E. 建设工程限额设计是一级造价工程师执业范围之一

答案：C、D

［**解题要点**］一级造价工程师执业范围包括建设项目全过程的工程造价管理与咨询等，具体工作内容有：

（1）项目建议书、可行性研究投资估算的编制与审核，项目评价造价分析；

（2）建设工程设计概算、施工（图）预算的编制和审核；

（3）建设工程招标投标文件工程量和造价的编制与审核；

（4）建设工程合同价款、结算价款、竣工决算价款的编制与管理；

（5）建设工程审计、仲裁、诉讼、保险中的造价鉴定，工程造价纠纷调解；

（6）建设工程计价依据、造价指标的编制与管理；

（7）与工程造价管理有关的其他事项。

2. 下列各项中属于动态投资而不属于静态投资的是（　　）。

A. 涨价预备费　　B. 因工程量误差而引起的工程造价增减值

C. 基本预备费　　D. 建设期贷款利息

E. 工程建设其他费

答案：A、D

［**解题要点**］静态投资是指不考虑物价上涨、建设期贷款利息等影响因素的建设投资。静态投资包括：建筑安装工程费、设备和工器具购置费、工程建设其他费、基本预备费，以及因工程量误差而引起的工程造价增减值等。动态投资是指考虑物价上涨、建设期贷款利息等影响因素的建设投资。动态投资除包括静态投资外，还包括建设期贷款利息、涨价预备费等。

3. 下列关于工程造价咨询企业信用制度管理的说法，正确的是（　　）。

A. 工程造价咨询企业应当按照有关规定，向投资主管部门提供信用档案信息

B. 违约行为应记入信用档案

C. 任何单位和个人均有权查阅信用档案

D. 个人查阅信用档案需经主管部门批准

E. 行政处罚等情况应当作为工程造价咨询企业的不良记录记入其信用档案

答案：C、E

［**解题要点**］工程造价咨询企业应当按照有关规定，向监管部门及行业组织提供真实、准确、完整的工程造价咨询企业信用档案信息。工程造价咨询企业信用档案应当包括：工程造价咨询企业的基本情况、业绩、良好行为、不良行为等内容。违法行为、被投诉举报处理、行政处罚等情况应当作为工程造价咨询企业的不良记录记入其信用档案。任何单位和个人均有权查阅信用档案。

第二章　相关法律法规

考 纲 要 求

1. 相关法律：建筑法、招标投标法、政府采购法、《民法典》合同编、价格法的有关内容；

2. 相关法规：建设工程质量管理条例、建设工程安全生产管理条例、招标投标法实施条例、政府采购法实施条例的有关内容。

本章知识架构

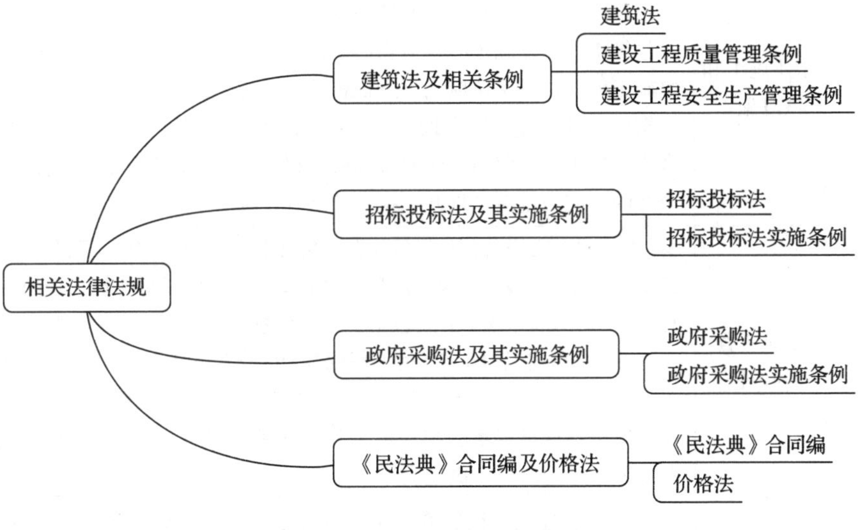

考点与题型详解

考点一：建筑法及相关条例

点评：本考点是重点考核的内容，《建筑法》比较集中在建筑许可考核，关于《建设工程质量管理条例》和《建设工程安全生产管理条例》内容的考题不是很难，其考核内容、题目形式等，考生可以参照经典考题剖析的题目重点复习。

知识要点集成

一、建筑法

表 2-1 建筑法

建筑许可	施工许可证的申领		除国务院建设行政主管部门确定的限额以下的小型工程外，建筑工程开工前，建设单位应当按照国家有关规定向工程所在地县级以上人民政府建设行政主管部门申请领取施工许可证。按照国务院规定的权限和程序批准开工报告的建筑工程，不再领取施工许可证。 申请领取施工许可证，应当具备如下条件：①已办理建筑工程用地批准手续；②依法应当办理建设工程规划许可证的，已经取得建设工程规划许可证；③需要拆迁的，其拆迁进度符合施工要求；④已经确定建筑施工单位；⑤有满足施工需要的资金安排、施工图纸及技术资料；⑥有保证工程质量和安全的具体措施
	施工许可证的有效期限		建设单位应当自领取施工许可证之日起 3 个月内开工。因故不能按期开工的，应当向发证机关申请延期；延期以两次为限，每次不超过 3 个月。既不开工又不申请延期或者超过延期时限的，施工许可证自行废止
	中止施工和恢复施工		在建的建筑工程因故中止施工的，建设单位应当自中止施工之日起 1 个月内，向发证机关报告，并按照规定做好建设工程的维护管理工作。 建筑工程恢复施工时，应当向发证机关报告；中止施工满 1 年的工程恢复施工前，建设单位应当报发证机关核验施工许可证。 按照国务院有关规定批准开工报告的建筑工程，因故不能按期开工或者中止施工的，应当及时向批准机关报告情况。因故不能按期开工超过 6 个月的，应当重新办理开工报告的批准手续
建筑工程发包与承包	建筑工程的发包		建筑工程发包分为招标发包和直接发包两类。提倡对建筑工程实行总承包，禁止将建筑工程肢解发包。建筑工程的发包单位可以将建筑工程的勘察、设计、施工、设备采购一并发包给一个工程总承包单位。但是，不得将应当由一个承包单位完成的建筑工程肢解成若干部分发包给几个承包单位。 按照合同约定，建筑材料、建筑构配件和设备由工程承包单位采购的，发包单位不得指定承包单位购入用于工程的建筑材料、建筑构配件和设备或者指定生产厂、供应商
	建筑工程的承包	承包资质	承包建筑工程的单位应当持有依法取得的资质证书，并在其资质等级许可的业务范围内承揽工程。禁止建筑施工企业超越本企业资质等级许可的业务范围或者以任何形式用其他建筑施工企业的名义承揽工程。禁止建筑施工企业以任何方式允许其他单位或个人使用本企业的资质证书、营业执照，以本企业的名义承揽工程
		联合承包	大型建筑工程或结构复杂的建筑工程，可以由两个以上的承包单位联合共同承包。共同承包的各方对承包合同的履行承担连带责任。两个以上不同资质等级的单位实行联合共同承包的，应当按照资质等级低的单位的业务许可范围承揽工程

续表 2-1

建筑工程发包与承包	建筑工程的承包	工程分包	建筑工程总承包单位可以将承包工程中的部分工程发包给具有相应资质条件的分包单位。但是，除总承包合同中已约定的分包外，必须经建设单位认可。施工总承包的，建筑工程主体结构的施工必须由总承包单位自行完成。建筑工程总承包单位按照总承包合同的约定对建设单位负责；分包单位按照分包合同的约定对总承包单位负责。总承包单位和分包单位就分包工程对建设单位承担连带责任
		禁止行为	禁止承包单位将其承包的全部建筑工程转包给他人，或将其承包的全部建筑工程肢解以后以分包的名义分别转包给他人。禁止总承包单位将工程分包给不具备资质条件的单位。禁止分包单位将其承包的工程再分包
建筑工程监理	实施建筑工程监理前，建设单位应当将委托的工程监理单位、监理的内容及监理权限，书面通知被监理的建筑施工企业。工程监理人员发现工程设计不符合建筑工程质量标准或者合同约定的质量要求的，应当报告建设单位要求设计单位改正；认为工程施工不符合工程设计要求、施工技术标准和合同约定的，有权要求建筑施工企业改正		
建筑安全生产管理	施工现场安全由建筑施工企业负责。实行施工总承包的，由总承包单位负责。分包单位向总承包单位负责，服从总承包单位对施工现场的安全生产管理。建筑施工企业必须为从事危险作业的职工办理意外伤害保险，支付保险费。 涉及建筑主体和承重结构变动的装修工程，没有设计方案的，不得施工		
建筑工程质量管理	交付竣工验收的建筑工程，必须符合规定的建筑工程质量标准，有完整的工程技术经济资料和经签署的工程保修书，并具备国家规定的其他竣工条件		

二、建设工程质量管理条例

表 2-2　建设工程质量管理条例

建设单位的质量责任和义务	工程发包	建设单位应当将工程发包给具有相应资质等级的单位。建设单位不得将建设工程肢解发包。 建设单位应当依法对工程建设项目的勘察、设计、施工、监理以及与工程建设有关的重要设备、材料等的采购进行招标。不得迫使承包方以低于成本的价格竞标，不得任意压缩合理工期；不得明示或者暗示设计单位或者施工单位违反工程建设强制性标准，降低建设工程质量。 建设单位必须向有关的勘察、设计、施工、工程监理等单位提供与建设工程有关的原始资料。原始资料必须真实、准确、齐全
	施工图设计文件审查	施工图设计文件未经审查批准的，不得使用

续表 2-2

建设单位的质量责任和义务	工程监理	下列建设工程必须实行监理： （1）国家重点建设工程； （2）大、中型公用事业工程； （3）成片开发建设的住宅小区工程； （4）利用外国政府或者国际组织贷款、援助资金的工程； （5）国家规定必须实行监理的其他工程
	工程施工	（1）建设单位在领取施工许可证或者开工报告前，应当按照国家有关规定办理工程质量监督手续。 （2）按照合同约定，由建设单位采购建筑材料、建筑构配件和设备的，建设单位应当保证建筑材料、建筑构配件和设备符合设计文件和合同要求。建设单位不得明示或者暗示施工单位使用不合格的建筑材料、建筑构配件和设备。 （3）涉及建筑主体和承重结构变动的装修工程，建设单位应当在施工前委托原设计单位或者具有相应资质等级的设计单位提出设计方案；没有设计方案的，不得施工。房屋建筑使用者在装修过程中，不得擅自变动房屋建筑主体和承重结构
	工程竣工验收	建设工程竣工验收应当具备下列条件： （1）完成建设工程设计和合同约定的各项内容； （2）有完整的技术档案和施工管理资料； （3）有工程使用的主要建筑材料、建筑构配件和设备的进场试验报告； （4）有勘察、设计、施工、工程监理等单位分别签署的质量合格文件； （5）有施工单位签署的工程保修书。 建设工程竣工验收后，及时向建设行政主管部门或者其他有关部门移交建设项目档案
勘察、设计单位的质量责任和义务	工程承揽	从事建设工程勘察、设计的单位应当依法取得相应等级的资质证书，并在其资质等级许可的范围内承揽工程。禁止勘察、设计单位超越其资质等级许可的范围或者以其他勘察、设计单位的名义承揽工程。禁止勘察、设计单位允许其他单位或者个人以本单位的名义承揽工程。勘察、设计单位不得转包或者违法分包所承揽的工程
	勘察设计	勘察、设计单位必须按照工程建设强制性标准进行勘察、设计，并对其勘察、设计的质量负责。勘察单位提供的地质、测量、水文等勘察成果必须真实、准确。设计单位应当根据勘察成果文件进行建设工程设计。设计文件应当符合国家规定的设计深度要求，注明工程合理使用年限。注册建筑师、注册结构工程师等注册执业人员应当在设计文件上签字，对设计文件负责。设计单位还应当就审查合格的施工图设计文件向施工单位做出详细说明。

续表 2-2

勘察、设计单位的质量责任和义务	勘察设计	设计单位在设计文件中选用的建筑材料、建筑构配件和设备，应当注明规格、型号、性能等技术指标，其质量要求必须符合国家规定的标准。除有特殊要求的建筑材料、专用设备、工艺生产线等外，设计单位不得指定生产厂、供应商。 设计单位还应当参与建设工程质量事故分析，并对因设计造成的质量事故，提出相应的技术处理方案
施工单位的质量责任和义务	工程承揽	施工单位应当依法取得相应等级的资质证书，并在其资质等级许可的范围内承揽工程。禁止施工单位超越本单位资质等级许可的业务范围或者以其他施工单位的名义承揽工程；禁止施工单位允许其他单位或者个人以本单位的名义承揽工程；施工单位不得转包或者违法分包工程
	工程施工	施工单位对建设工程的施工质量负责。施工单位应当建立质量责任制，确定工程项目的项目经理、技术负责人和施工管理负责人。施工单位还应当建立健全教育培训制度，加强对职工的教育培训；未经教育培训或者考核不合格的人员，不得上岗作业。 建设工程实行总承包的，总承包单位应当对全部建设工程质量负责；建设工程勘察、设计、施工、设备采购的一项或者多项实行总承包的，总承包单位应当对其承包的建设工程或者采购的设备的质量负责。 总承包单位依法将建设工程分包给其他单位的，分包单位应当按照分包合同的约定对其分包工程的质量向总承包单位负责，总承包单位与分包单位对分包工程的质量承担连带责任。 施工单位必须按照工程设计图纸和施工技术标准施工，不得擅自修改工程设计，不得偷工减料。施工单位在施工过程中发现设计文件和图纸有差错的，应当及时提出意见和建议
	质量检验	施工单位必须按照工程设计要求、施工技术标准和合同约定，对建筑材料、建筑构配件、设备和商品混凝土进行检验，检验应当有书面记录和专人签字；未经检验或者检验不合格的，不得使用。施工人员对涉及结构安全的试块、试件以及有关材料，应当在建设单位或者工程监理单位监督下现场取样，并送具有相应资质等级的质量检测单位进行检测。 施工单位还必须建立健全施工质量的检验制度，严格工序管理，做好隐蔽工程的质量检查和记录。隐蔽工程在隐蔽前，施工单位应当通知建设单位和建设工程质量监督机构。施工单位对施工中出现质量问题的建设工程或者竣工验收不合格的建设工程，应当负责返修
工程监理单位的质量责任和义务	业务承担	工程监理单位应当依法取得相应等级的资质证书，并在其资质等级许可的范围内承担工程监理业务。禁止工程监理单位超越本单位资质等级许可的范围或者以其他工程监理单位的名义承担工程监理业务；禁止工程监理单位允许其他单位或者个人以本单位的名义承担工程监理业务；工程监理单位不得转让工程监理业务

续表 2-2

工程监理单位的质量责任和义务	监理工作实施	工程监理单位应当依照法律、法规以及有关技术标准、设计文件和建设工程承包合同，代表建设单位对施工质量实施监理，并对施工质量承担监理责任。 工程监理单位应当选派具备相应资格的总监理工程师和监理工程师进驻施工现场。监理工程师应当按照工程监理规范的要求，采取旁站、巡视和平行检验等形式，对建设工程实施监理。未经监理工程师签字，建筑材料、建筑构配件和设备不得在工程上使用或者安装，施工单位不得进行下一道工序的施工。未经总监理工程师签字，建设单位不拨付工程款，不进行竣工验收
工程质量保修	工程质量保修制度	建设工程实行质量保修制度。建设工程承包单位在向建设单位提交工程竣工验收报告时，应当向建设单位出具质量保修书。质量保修书中应当明确建设工程的保修范围、保修期限和保修责任等。建设工程的保修期，自竣工验收合格之日起计算。 如果建设工程在保修范围和保修期限内发生质量问题，施工单位应当履行保修义务，并对造成的损失承担赔偿责任。如果建设工程在超过合理使用年限后需要继续使用，产权所有人应当委托具有相应资质等级的勘察、设计单位鉴定，并根据鉴定结果采取加固、维修等措施，重新界定使用期
	工程最低保修期限	在正常使用条件下，建设工程最低保修期限为：①基础设施工程、房屋建筑的地基基础工程和主体结构工程，为设计文件规定的该工程合理使用年限；②屋面防水工程、有防水要求的卫生间、房间和外墙面的防渗漏，为 5 年；③供热与供冷系统，为 2 个采暖期、供冷期；④电气管道、给排水管道、设备安装和装修工程，为 2 年。其他工程的保修期限由发包方与承包方约定
监督管理	工程质量监督检查	县级以上人民政府建设行政主管部门和其他有关部门履行监督检查职责时，有权采取下列措施： （1）要求被检查的单位提供有关工程质量的文件和资料； （2）进入被检查单位的施工现场进行检查； （3）发现有影响工程质量的问题时，责令改正
	工程竣工验收备案	建设单位应当自建设工程竣工验收合格之日起 15 日内，将建设工程竣工验收报告和规划、公安消防、环保等部门出具的认可文件或者准许使用文件报建设行政主管部门或者其他有关部门备案
	工程质量事故报告	建设工程发生质量事故，有关单位应当在 24 小时内向当地建设行政主管部门和其他有关部门报告。对重大质量事故，事故发生地的建设行政主管部门和其他有关部门应当按照事故类别和等级向当地人民政府和上级建设行政主管部门和其他有关部门报告。特别重大质量事故的调查程序按照国务院有关规定办理。任何单位和个人对建设工程的质量事故、质量缺陷都有权检举、控告、投诉

三、建设工程安全生产管理条例

表 2-3 建设工程安全生产管理条例

<table>
<tr><td>建设单位的安全责任</td><td colspan="2">建设单位应当向施工单位提供施工现场及毗邻区域内供水、排水、供电、供气、供热、通信、广播电视等地下管线资料，气象和水文观测资料，相邻建筑物和构筑物、地下工程的有关资料，并保证资料的真实、准确、完整。
建设单位不得对勘察、设计、施工、工程监理等单位提出不符合建设工程安全生产法律、法规和强制性标准规定的要求，不得压缩合同约定的工期；不得明示或者暗示施工单位购买、租赁、使用不符合安全施工要求的安全防护用具、机械设备、施工机具及配件、消防设施和器材。
建设单位在编制工程概算时，应当确定建设工程安全作业环境及安全施工措施所需费用；在申请领取施工许可证时，应当提供建设工程有关安全施工措施的资料。
依法批准开工报告的建设工程，建设单位应当自开工报告批准之日起 15 日内，将保证安全施工的措施报送建设工程所在地的县级以上地方人民政府建设行政主管部门或者其他有关部门备案。
建设单位应当将拆除工程发包给具有相应资质等级的施工单位，还应当在拆除工程施工 15 日前，将下列资料报送建设工程所在地的县级以上地方人民政府建设行政主管部门或者其他有关部门备案：①施工单位资质等级证明；②拟拆除建筑物、构筑物及可能危及毗邻建筑的说明；③拆除施工组织方案；④堆放、清除废弃物的措施。实施爆破作业的，应当遵守国家有关民用爆炸物品管理的规定</td></tr>
<tr><td rowspan="3">勘察、设计、工程监理及其他有关单位的安全责任</td><td>勘察单位的安全责任</td><td>勘察单位应当按照法律、法规和工程建设强制性标准进行勘察，提供的勘察文件应当真实、准确，满足建设工程安全生产的需要。
勘察单位在勘察作业时，应当严格执行操作规程，采取措施保证各类管线、设施和周边建筑物、构筑物的安全</td></tr>
<tr><td>设计单位的安全责任</td><td>设计单位应当按照法律、法规和工程建设强制性标准进行设计，防止因设计不合理导致生产安全事故的发生。
设计单位应当考虑施工安全操作和防护的需要，对涉及施工安全的重点部位和环节在设计文件中注明，并对防范生产安全事故提出指导意见。采用新结构、新材料、新工艺的建设工程和特殊结构的建设工程，设计单位应当在设计中提出保障施工作业人员安全和预防生产安全事故的措施建议。设计单位和注册建筑师等注册执业人员应当对其设计负责</td></tr>
<tr><td>工程监理单位的安全责任</td><td>工程监理单位应当审查施工组织设计中的安全技术措施或者专项施工方案是否符合工程建设强制性标准。工程监理单位在实施监理过程中，如发现存在安全事故隐患，应当要求施工单位整改；情况严重的，应当要求施工单位暂时停止施工，并及时报告建设单位。施工单位如拒不整改或者不停止施工，工程监理单位应当及时向有关主管部门报告</td></tr>
</table>

续表 2-3

勘察、设计、工程监理及其他有关单位的安全责任	机械设备配件供应单位的安全责任	为建设工程提供机械设备和配件的单位，应当按照安全施工的要求配备齐全有效的保险、限位等安全设施和装置。出租的机械设备和施工机具及配件，应当具有生产（制造）许可证、产品合格证。出租单位应当对出租的机械设备和施工机具及配件的安全性能进行检测，在签订租赁协议时，应当出具检测合格证明。禁止出租检测不合格的机械设备和施工机具及配件
	施工机械设施安装单位的安全责任	在施工现场安装、拆卸施工起重机械和整体提升脚手架、模板等自升式架设设施，必须由具有相应资质的单位承担。安装、拆卸上述机械和设施，应当编制拆装方案、制订安全施工措施，并由专业技术人员现场监督。安装完毕后，安装单位应当自检，出具自检合格证明，并向施工单位进行安全使用说明，办理验收手续并签字。如上述机械和设施的使用达到国家规定的检验检测期限，必须经具有专业资质的检验检测机构检测。检验检测机构应当出具安全合格证明文件，并对检测结果负责。经检测不合格的，不得继续使用
施工单位的安全责任	工程承揽	施工单位从事建设工程的新建、扩建、改建和拆除等活动，应当具备国家规定的注册资本、专业技术人员、技术装备和安全生产等条件，依法取得相应等级的资质证书，并在其资质等级许可的范围内承揽工程
	安全生产责任制度	施工单位主要负责人依法对本单位的安全生产工作全面负责。施工单位应当建立健全安全生产责任制度，制定安全生产规章制度和操作规程，保证本单位安全生产条件所需资金的投入，对所承担的建设工程进行定期和专项安全检查，并做好安全检查记录。 施工单位的项目负责人应当由取得相应执业资格的人员担任，对建设工程项目的安全施工负责，落实安全生产责任制度、安全生产规章制度和操作规程，确保安全生产费用的有效使用，并根据工程的特点组织制定安全施工措施，消除安全事故隐患，及时、如实报告生产安全事故。 建设工程实行施工总承包的，由总承包单位对施工现场的安全生产负总责。总承包单位依法将建设工程分包给其他单位的，分包合同中应当明确各自的安全生产方面的权利、义务。总承包单位和分包单位对分包工程的安全生产承担连带责任。分包单位应当服从总承包单位的安全生产管理，如分包单位不服从管理导致生产安全事故，由分包单位承担主要责任
	安全生产管理费用	施工单位对列入建设工程概算的安全作业环境及安全施工措施所需费用，应当用于施工安全防护用具及设施的采购和更新、安全施工措施的落实、安全生产条件的改善，不得挪作他用

续表 2-3

施工单位的安全责任	施工现场安全管理	施工单位应当设立安全生产管理机构，配备专职安全生产管理人员。专职安全生产管理人员负责对安全生产进行现场监督检查。发现安全事故隐患，应当及时向项目负责人和安全生产管理机构报告；对违章指挥、违章操作应当立即制止。专职安全生产管理人员的配备办法由国务院建设行政主管部门会同国务院其他有关部门制定
	安全生产教育培训	施工单位的主要负责人、项目负责人、专职安全生产管理人员应当经建设行政主管部门或者其他有关部门考核合格后方可任职。施工单位应当建立健全安全生产教育培训制度，应当对管理人员和作业人员每年至少进行一次安全生产教育培训，其教育培训情况记入个人工作档案。安全生产教育培训考核不合格的人员，不得上岗。 作业人员进入新的岗位或者新的施工现场前，应当接受安全生产教育培训。未经教育培训或者教育培训考核不合格的人员，不得上岗作业。施工单位在采用新技术、新工艺、新设备、新材料时，应当对作业人员进行相应的安全生产教育培训。 垂直运输机械作业人员、安装拆卸工、爆破作业人员、起重信号工、登高架设作业人员等特种作业人员，必须按照国家有关规定经过专门的安全作业培训，并取得特种作业操作资格证书后，方可上岗作业
	安全技术措施和专项施工方案	施工单位应当在施工组织设计中编制安全技术措施和施工现场临时用电方案，对下列达到一定规模的危险性较大的分部分项工程编制专项施工方案，并附具安全验算结果，经施工单位技术负责人、总监理工程师签字后实施，由专职安全生产管理人员进行现场监督：①基坑支护与降水工程；②土方开挖工程；③模板工程；④起重吊装工程；⑤脚手架工程；⑥拆除、爆破工程；⑦国务院建设行政主管部门或者其他有关部门规定的其他危险性较大的工程。上述所列工程中涉及深基坑、地下暗挖工程、高大模板工程的专项施工方案，施工单位还应当组织专家进行论证、审查。 建设工程施工前，施工单位负责项目管理的技术人员应当对有关安全施工的技术要求向施工作业班组、作业人员做出详细说明，并由双方签字确认
	施工现场安全防护	施工单位应当在施工现场入口处、施工起重机械、临时用电设施、脚手架、出入通道口、楼梯口、电梯井口、孔洞口、桥梁口、隧道口、基坑边沿、爆破物及有害危险气体和液体存放处等危险部位，设置明显的符合国家标准的安全警示标志。施工单位应当根据不同施工阶段和周围环境及季节、气候的变化，在施工现场采取相应的安全施工措施。如施工现场暂时停止施工，施工单位应当做好现场防护，所需费用由责任方承担，或者按照合同约定执行。 施工单位应当向作业人员提供安全防护用具和安全防护服装，并书面告知危险岗位的操作规程和违章操作的危害。作业人员有权对施工现场的作业条件、作业程序和作业方式中存在的安全问题提出批评、检举和控告，有权拒绝违章指挥和强令冒险作业。在施工中发生危及人身安全的紧急情况时，作业人员有权立即停止作业或者在采取必要的应急措施后撤离危险区域。作业人员应当遵守安全施工的强制性标准、规章制度和操作规程，正确使用安全防护用具、机械设备等

续表 2-3

施工单位的安全责任	施工现场卫生、环境与消防安全管理	施工单位应当将施工现场的办公、生活区与作业区分开设置，并保持安全距离；办公、生活区的选址应当符合安全性要求。职工的膳食、饮水、休息场所等应当符合卫生标准。施工单位不得在尚未竣工的建筑物内设置员工集体宿舍。施工现场临时搭建的建筑物应当符合安全使用要求。 施工单位对因建设工程施工可能造成损害的毗邻建筑物、构筑物和地下管线等，应当采取专项防护措施。施工单位应当遵守有关环境保护法律、法规的规定，在施工现场采取措施，防止或者减少粉尘、废气、废水、固体废弃物、噪声、振动和施工照明对人和环境的危害和污染。在城市市区内的建设工程，施工单位应当对施工现场实行封闭围挡。 施工单位应当在施工现场建立消防安全责任制度，确定消防安全责任人，制定用火、用电、使用易燃易爆材料等各项消防安全管理制度和操作规程，设置消防通道、消防水源，配备消防设施和灭火器材，并在施工现场入口处设置明显标志
	施工机具设备安全管理	施工单位采购、租赁的安全防护用具、机械设备、施工机具及配件，应当具有生产（制造）许可证、产品合格证，并在进入施工现场前进行查验。 施工现场的安全防护用具、机械设备、施工机具及配件必须由专人管理，定期进行检查、维修和保养，建立相应的资料档案，并按照国家有关规定及时报废。 施工单位在使用施工起重机械和整体提升脚手架、模板等自升式架设设施前，应当组织有关单位进行验收，也可以委托具有相应资质的检验检测机构进行验收；如使用承租的机械设备和施工机具及配件，应由施工总承包单位、分包单位、出租单位和安装单位共同进行验收，验收合格后方可使用。《特种设备安全监察条例》规定的施工起重机械，在验收前应当经有相应资质的检验检测机构监督检验合格。 施工单位应当自施工起重机械和整体提升脚手架、模板等自升式架设设施验收合格之日起 30 日内，向建设行政主管部门或者其他有关部门登记。登记标志应当置于或者附着于该设备的显著位置
监督管理	安全施工措施的审查	建设行政主管部门在审核发放施工许可证时，应当对建设工程是否有安全施工措施进行审查，对没有安全施工措施的，不得颁发施工许可证。 建设行政主管部门或者其他有关部门对建设工程是否有安全施工措施进行审查时，不得收取费用
	安全监督检查权力	县级以上人民政府负有建设工程安全生产监督管理职责的部门在各自的职责范围内履行安全监督检查职责时，有权采取下列措施： （1）要求被检查单位提供有关建设工程安全生产的文件和资料； （2）进入被检查单位施工现场进行检查； （3）纠正施工中违反安全生产要求的行为； （4）对检查中发现的安全事故隐患，责令立即排除；重大安全事故隐患排除前或者排除过程中无法保证安全的，责令从危险区域内撤出作业人员或者暂时停止施工

续表 2-3

生产安全事故的应急救援和调查处理	生产安全事故应急救援	县级以上地方人民政府建设行政主管部门应当根据本级人民政府的要求，制定本行政区域内建设工程特大生产安全事故应急救援预案。 施工单位应当制定本单位生产安全事故应急救援预案，建立应急救援组织或者配备应急救援人员，配备必要的应急救援器材、设备，并定期组织演练。施工单位应当根据建设工程施工的特点、范围，对施工现场易发生重大事故的部位、环节进行监控，制定施工现场生产安全事故应急救援预案。实行施工总承包的，由总承包单位统一组织编制建设工程生产安全事故应急救援预案，工程总承包单位和分包单位按照应急救援预案，各自建立应急救援组织或者配备应急救援人员，配备救援器材、设备，并定期组织演练
	生产安全事故调查处理	施工单位发生生产安全事故时，应当按照国家有关伤亡事故报告和调查处理的规定，及时、如实地向负责安全生产监督管理的部门、建设行政主管部门或者其他有关部门报告；特种设备发生事故的，还应当同时向特种设备安全监督管理部门报告。接到报告的部门应当按照国家有关规定，如实上报。实行施工总承包的建设工程，由总承包单位负责上报事故。 发生生产安全事故后，施工单位应当采取措施防止事故扩大，保护事故现场。需要移动现场物品时，应当做出标记和书面记录，妥善保管有关证物

经典考题剖析

一、2023 年考题

1. 建设单位申请领取建筑工程施工许可证时，对工程建设资金条件的要求是(　　)。

A. 开工当年施工所需资金已到位

B. 有满足施工需要的资金安排

C. 建设单位已向施工单位支付工程预付款

D. 到位资金不低于施工承包合同价款的 30%

答案：B

[**解析**] 申请领取施工许可证，应当具备下列条件：

(1) 已办理建筑工程用地批准手续；

（2）依法应当办理建设工程规划许可证的，已取得建设工程规划许可证；

（3）需要拆迁的，其拆迁进度符合施工要求；

（4）已经确定建筑施工企业；

（5）有满足施工需要的资金安排、施工图纸及技术资料；

（6）有保证工程质量和安全的具体措施。

2. 对于工程设计文件中选用的通用设备，设计单位可以规定或指定该设备的事项是（ ）。

A. 价格 B. 生产厂 C. 供应商 D. 型号

答案：D

［解析］设计单位在设计文件中选用的建筑材料、建筑构配件和设备，应当注明规格、型号、性能等技术指标，其质量要求必须符合国家规定的标准。除有特殊要求的建筑材料、专用设备、工艺生产线等外，设计单位不得指定生产厂、供应商。

3. 根据《建设工程安全生产管理条例》，施工现场专职安全生产管理人员的安全责任有（ ）。

A. 确保安全生产费用的有效使用 B. 对安全生产进行现场监督检查

C. 及时报告发现的安全事故隐患 D. 立即制止违章指挥、违章操作

E. 向作业人员详细说明安全要求

答案：B、C、D

［解析］选项 B、C、D，专职安全生产管理人员负责对安全生产进行现场监督检查。发现安全事故隐患，应当及时向项目负责人和安全生产管理机构报告；对违章指挥、违章操作，应当立即制止。选项 A 是施工单位项目负责人的责任。选项 E，建设工程施工前，施工单位负责项目管理的技术人员应当对有关安全施工的技术要求向施工作业班组、作业人员作出详细说明，并由双方签字确认。

二、2022 年考题

1. 根据现行国家标准《建设工程监理规范》GB/T 50319 的要求，监理工程师对建设工程实施监理的形式包括（ ）。

A. 旁站、巡视和班组自检 B. 巡视、平行检验和班组自检

C. 平等检验、班组互检和旁站 D. 旁站、巡视和平行检验

答案：D

［解析］根据现行国家标准《建设工程监理规范》GB/T 50319 的要求，工程监理单位应当选派具备相应资格的总监理工程师和监理工程师进驻施工现场。监理工程师应当按照该标准的要求，采取旁站、巡视和平行检验等形式，对建设工程实施监理。

2. 设备安装和装修工程最低保修期限为（ ）年。

A. 2 B. 5 C. 3 D. 4

答案：A

［解析］建设工程最低保修期限：电气管道、给排水管道、设备安装和装修工程，为 2 年。

3. 施工、勘察、设计、监理单位资质等级划分的依据包括（　　）。

A. 注册资本　　B. 专业技术人员

C. 项目业绩　　D. 办公场所

E. 员工人数

答案：A、B、C

［**解析**］针对从业资格中的单位资质，《建筑法》规定：从事建筑活动的施工、勘察、设计和监理单位，按照其拥有的注册资本、专业技术人员、技术装备、已完成的建筑工程业绩等资质条件，划分为不同的资质等级，经资质审查合格，取得相应等级的资质证书后，方可在其资质等级许可的范围内从事建筑活动。

三、2021 年考题

1. 建筑装饰工程公司取得施工许可证后，由于建设方原因，决定延期 8 个月再开工，下列关于施工许可证有效期的说法，正确的是（　　）。

A. 许可证被发证机关收回

B. 进行一次核验后，可以持续使用

C. 第 3 个月申请延期 3 个月，第 6 个月再申请延期 3 个月

D. 直接废止

答案：C

［**解析**］建设单位应当自领取施工许可证之日起 3 个月内开工。因故不能按期开工的，应当向发证机关申请延期；延期以两次为限，每次不超过 3 个月。既不开工又不申请延期或者超过延期时限的，施工许可证自行废止。

2. 下列建筑设计单位的做法，正确的是（　　）。

A. 拒绝建设单位提出的违反相关规定降低工程质量的要求

B. 按照建设单位要求在设计文件中指定设备供应商

C. 不予理睬发现的施工单位擅自修改工程设计进行施工的行为

D. 在设计文件中对选用的建筑材料和设备只注明了规格，未注明技术性能

答案：A

［**解析**］选项 A，建设单位不得以任何理由要求建筑设计单位或建筑施工单位违反法律、行政法规和建筑工程质量、安全标准，降低工程质量，建筑设计单位和建筑施工单位应当拒绝建设单位的此类要求。选项 B、D，设计单位在设计文件中选用的建筑材料、建筑构配件和设备，应当注明规格、型号、性能等技术指标，其质量要求必须符合国家规定的标准。除有特殊要求的建筑材料、专用设备、工艺生产线等外，设计单位不得指定生产厂、供应商。选项 C，勘察、设计单位必须按照工程建设强制性标准进行勘察、设计，并对其勘察、设计的质量负责；施工单位必须按照工程设计图纸和施工技术标准施工，不得擅自修改工程设计。基于此，设计单位“不予理睬发现的施工单位擅自修改工程设计进行施工的行为”是欠妥当的。

四、其他年份考题

1. 根据《建筑法》，建筑工程由多个承包单位联合共同承包的，关于承包合同履行

责任的说法，正确的是（　　）。

A. 由牵头承包方承担主要责任

B. 由资质等级高的承包方承担主要责任

C. 由承包各方承担连带责任

D. 按承包各方投入比例承担相应责任

答案：C

［**解析**］联合承包。大型建筑工程或结构复杂的建筑工程，可以由两个以上的承包单位联合共同承包。共同承包的各方对承包合同的履行承担连带责任。两个以上不同资质等级的单位实行联合共同承包的，应当按照资质等级低的单位的业务许可范围承揽工程。

2. 根据《建设工程安全生产管理条例》，施工单位对列入建设工程概算的安全作业环境及安全施工措施所需费用，应当用于（　　）。

A. 采购施工安全防护用具

B. 缴纳职工工伤保险费

C. 支付从事危险作业人员津贴

D. 更新施工安全防护设施

E. 改善安全生产条件

答案：A、D、E

［**解析**］施工单位对列入建设工程概算的安全作业环境及安全施工措施所需费用，应当用于施工安全防护用具及设施的采购和更新、安全施工措施的落实、安全生产条件的改善，不得挪作他用。

3. 根据《建设工程质量管理条例》，建设工程竣工验收应具备的条件有（　　）。

A. 有完整的技术档案和施工管理资料

B. 有勘察、设计、施工、工程监理单位分别签署的质量合格文件

C. 有施工单位签署的工程保修书

D. 有工程结清证明文件

E. 有工程使用的主要建筑材料的进场试验报告

答案：A、B、C、E

［**解析**］建设工程竣工验收应当具备下列条件：

(1) 完成建设工程设计和合同约定的各项内容；

(2) 有完整的技术档案和施工管理资料；

(3) 有工程使用的主要建筑材料、建筑构配件和设备的进场试验报告；

(4) 有勘察、设计、施工、工程监理等单位分别签署的质量合格文件；

(5) 有施工单位签署的工程保修书。

4. 根据《建设工程安全生产管理条例》，下列安全生产责任中，属于建设单位安全责任的有（　　）。

A. 确定建设工程安全作业环境及安全施工措施所需费用并纳入工程概算

B. 对采用新结构的建设工程，提出保障施工作业人员安全的措施建议

C. 拆除工程施工前，将拟拆除建筑物的说明、拆除施工组织方案等资料报有关部门备案

D. 建立健全安全生产责任制度，制定安全生产规章制度和操作规程

E. 对达到一定规模的危险性较大的分部分项工程编制专项施工方案，并附具安全验算结果

答案：A、C

［**解析**］选项 A，建设单位在编制工程概算时，应当确定建设工程安全作业环境及安全施工措施所需费用。选项 C，拟拆除建筑物、构筑物及可能危及毗邻建筑的说明，拆除施工组织方案，堆放、清除废弃物的措施等资料，由建设单位报送建设工程所在地的县级以上地方人民政府建设行政主管部门或者其他有关部门备案。选项 B 是设计单位的安全责任，选项 D、E 是施工单位的安全责任。

考点二：招标投标法及其实施条例

点评： 本考点多数情况考核两道题，分数为 2～4 分；通常是《招标投标法》考核 1 分，题目非常简单，《招标投标法实施条例》考核 1～3 分，题目分布可以参照本书经典考题剖析题目所反映的内容复习，题型基本是历年考核的形式。

知识要点集成

一、招标投标法

表 2-4　招标投标法

<table>
<tr><td>招标范围</td><td colspan="2">《招标投标法》规定，在中华人民共和国境内进行下列工程建设项目（包括项目的勘察、设计、施工、监理以及与工程建设有关的重要设备、材料等的采购），必须进行招标：
（1）大型基础设施、公用事业等关系社会公共利益、公众安全的项目；
（2）全部或者部分使用国有资金投资或者国家融资的项目；
（3）使用国际组织或者外国政府贷款、援助资金的项目</td></tr>
<tr><td rowspan="3">招标</td><td>招标方式</td><td>招标分为公开招标和邀请招标两种方式。招标人采用公开招标方式的，应当发布招标公告。招标人采用邀请招标方式的，应当向 3 个以上具备承担招标项目的能力、资信良好的特定法人或者其他组织发出投标邀请书。
招标公告或投标邀请书应当载明招标人的名称和地址，招标项目的性质、数量、实施地点和时间以及获取招标文件的办法等事项</td></tr>
<tr><td>招标文件</td><td>招标文件不得要求或者标明特定的生产供应者以及含有倾向或者排斥潜在投标人的其他内容。招标人对已发出的招标文件进行必要的澄清或者修改的，应当在招标文件要求提交投标文件截止时间至少 15 日前，以书面形式通知所有招标文件收受人。该澄清或者修改的内容为招标文件的组成部分</td></tr>
<tr><td>其他</td><td>依法必须进行招标的项目，自招标文件开始发出之日起至投标人提交投标文件截止之日止，最短不得少于 20 日</td></tr>
</table>

续表 2-4

投标	投标文件	根据招标文件载明的项目实际情况，投标人如果准备在中标后将中标项目的部分非主体、非关键工程进行分包的，应当在投标文件中载明。在招标文件要求提交投标文件的截止时间前，投标人可以补充、修改或者撤回已提交的投标文件，并书面通知招标人。补充、修改的内容为投标文件的组成部分。 投标人少于 3 个的，招标人应当依照《招标投标法》重新招标
	联合投标	由同一专业的单位组成的联合体，按照资质等级较低的单位确定资质等级。 联合体各方应当签订共同投标协议，明确约定各方拟承担的工作和责任，并将共同投标协议连同投标文件一并提交给招标人。联合体中标的，联合体各方应当共同与招标人签订合同，就中标项目向招标人承担连带责任
	其他	投标人不得以低于成本的报价竞标
开标、评标、中标	开标	开标应当在招标人的主持下，在招标文件确定的提交投标文件截止时间的同一时间、招标文件中预先确定的地点公开进行。应邀请所有投标人参加开标
	评标	评标由招标人依法组建的评标委员会负责。 评标委员会由招标人的代表和有关技术、经济等方面的专家组成，成员人数为 5 人以上单数。其中，技术、经济等方面的专家不得少于成员总数的 2/3。一般招标项目可以采取随机抽取方式，特殊招标项目可以由招标人直接确定。 中标人的投标应当符合下列条件之一： （1）能够最大限度地满足招标文件中规定的各项综合评价标准； （2）能够满足招标文件的实质性要求，并且经评审的投标价格最低。但是，投标价格低于成本的除外。 评标委员会经评审，认为所有投标都不符合招标文件要求的，可以否决所有投标。 评标委员会完成评标后，应当向招标人提出书面评标报告，并推荐合格的中标候选人。招标人据此确定中标人。招标人也可以授权评标委员会直接确定中标人。在确定中标人前，招标人不得与投标人就投标价格、投标方案等实质性内容进行谈判
	中标	招标人和中标人应当自中标通知书发出之日起 30 日内，按照招标文件和中标人的投标文件订立书面合同。招标文件要求中标人提交履约保证金的，中标人应当提交。依法必须进行招标的项目，招标人应当自确定中标人之日起 15 日内，向有关行政监督部门提交招标投标情况的书面报告

二、招标投标法实施条例

表 2-5　招标投标法实施条例

招标	招标范围和方式	（1）国有资金占控股或者主导地位的依法必须进行招标的项目，应当公开招标；但有下列情形之一的，可以邀请招标： 1）技术复杂、有特殊要求或者受自然环境限制，只有少量潜在投标人可供选择； 2）采用公开招标方式的费用占项目合同金额的比例过大。 （2）有下列情形之一的，可以不进行招标： 1）需要采用不可替代的专利或者专有技术； 2）采购人依法能够自行建设、生产或者提供； 3）已通过招标方式选定的特许经营项目投资人依法能够自行建设、生产或者提供； 4）需要向原中标人采购工程、货物或者服务，否则将影响施工或者功能配套要求； 5）国家规定的其他特殊情形	
	招标代理机构	招标代理机构在招标人委托的范围内开展招标代理业务，任何单位和个人不得非法干涉。招标人应当与被委托的招标代理机构签订书面委托合同，合同约定的收费标准应当符合国家有关规定。招标代理机构不得在所代理的招标项目中投标或者代理投标，也不得为所代理的招标项目的投标人提供咨询	
	招标文件与资格审查	资格预审公告和招标公告	（1）公开招标的项目，应当依照《招标投标法》和《招标投标法实施条例》的规定发布招标公告、编制招标文件。招标人采用资格预审办法对潜在投标人进行资格审查的，应当发布资格预审公告、编制资格预审文件。 （2）依法必须进行招标的项目的资格预审公告和招标公告，应当在国务院发展改革部门依法指定的媒介发布。指定媒介发布依法必须进行招标的项目的境内资格预审公告、招标公告，不得收取费用。编制依法必须进行招标的项目的资格预审文件和招标文件，应当使用国务院发展改革部门会同有关行政监督部门制定的标准文本。 （3）招标人应当按照资格预审公告、招标公告或者投标邀请书规定的时间、地点发售资格预审文件或者招标文件。资格预审文件或者招标文件的发售期不得少于 5 日。招标人发售资格预审文件、招标文件收取的费用应当限于补偿印刷、邮寄的成本支出，不得以营利为目的。 （4）如潜在投标人或者其他利害关系人对资格预审文件有异议，应当在提交资格预审申请文件截止时间 2 日前提出；如对招标文件有异议，应当在投标截止时间 10 日前提出。招标人应当自收到异议之日起 3 日内做出答复；做出答复前，应当暂停招标投标活动。 （5）如招标人编制的资格预审文件、招标文件的内容违反法律、行政法规的强制性规定，违反公开、公平、公正和诚实信用原则，影响资格预审结果或者潜在投标人投标，依法必须进行招标的项目的招标人应当在修改资格预审文件或者招标文件后重新招标

续表 2-5

招标	招标文件与资格审查	资格预审	(1) 招标人应当合理确定提交资格预审申请文件的时间。依法必须进行招标的项目提交资格预审申请文件的时间，自资格预审文件停止发售之日起不得少于5日。 (2) 资格预审应当按照资格预审文件载明的标准和方法进行。国有资金占控股或者主导地位的依法必须进行招标的项目，招标人应当组建资格审查委员会审查资格预审申请文件。 (3) 资格预审结束后，招标人应当及时向资格预审申请人发出资格预审结果通知书。未通过资格预审的申请人不具有投标资格。通过资格预审的申请人少于3个的，应当重新招标。 (4) 招标人可以对已发出的资格预审文件或者招标文件进行必要的澄清或者修改。如澄清或者修改的内容可能影响资格预审申请文件或者投标文件编制，招标人应当在提交资格预审申请文件截止时间至少3日前，或者投标截止时间至少15日前，以书面形式通知所有获取资格预审文件或者招标文件的潜在投标人；不足3日或者15日的，招标人应当顺延提交资格预审申请文件或者投标文件的截止时间。 (5) 如招标人采用资格后审办法对投标人进行资格审查，应当在开标后由评标委员会按照招标文件规定的标准和方法对投标人的资格进行审查
	招标工作的实施	禁止投标限制	招标人如对招标项目划分标段，应当遵守《招标投标法》的有关规定，不得利用划分标段限制或者排斥潜在投标人。依法必须进行招标的项目的招标人不得利用划分标段规避招标。 招标人不得以不合理的条件限制、排斥潜在投标人或者投标人。招标人有下列行为之一的，属于以不合理条件限制、排斥潜在投标人或者投标人： (1) 就同一招标项目向潜在投标人或者投标人提供有差别的项目信息； (2) 设定的资格、技术、商务条件与招标项目的具体特点和实际需要不相适应或者与合同履行无关； (3) 依法必须进行招标的项目以特定行政区域或者特定行业的业绩、奖项作为加分条件或者中标条件； (4) 对潜在投标人或者投标人采取不同的资格审查或者评标标准； (5) 限定或者指定特定的专利、商标、品牌、原产地或者供应商； (6) 依法必须进行招标的项目非法限定潜在投标人或者投标人的所有制形式或者组织形式； (7) 以其他不合理条件限制、排斥潜在投标人或者投标人。 招标人不得组织单个或者部分潜在投标人踏勘项目现场

续表 2-5

招标	招标工作的实施	总承包招标	招标人可以依法对工程以及与工程建设有关的货物、服务全部或者部分实行总承包招标。以暂估价（指总承包招标时不能确定价格而由招标人在招标文件中暂时估定的工程、货物、服务的金额）形式包括在总承包范围内的工程、货物、服务属于依法必须进行招标的项目范围且达到国家规定规模标准的，应当依法进行招标
		两阶段招标	第一阶段，投标人按照招标公告或者投标邀请书的要求提交不带报价的技术建议，招标人根据投标人提交的技术建议确定技术标准和要求，编制招标文件。 第二阶段，招标人向在第一阶段提交技术建议的投标人提供招标文件，投标人按照招标文件的要求提交包括最终技术方案和投标报价的投标文件。如招标人要求投标人提交投标保证金，应当在第二阶段提出
		投标有效期	招标人应当在招标文件中载明投标有效期。投标有效期从提交投标文件的截止之日起算
		投标保证金	如招标人在招标文件中要求投标人提交投标保证金，投标保证金不得超过招标项目估算价的 2%。投标保证金有效期应当与投标有效期一致
		标底及投标限价	招标人可以自行决定是否编制标底。一个招标项目只能有一个标底。标底必须保密。接受委托编制标底的中介机构不得参加受托编制标底项目的投标，也不得为该项目的投标人编制投标文件或者提供咨询。如招标人设有最高投标限价，应当在招标文件中明确最高投标限价或者最高投标限价的计算方法。招标人不得规定最低投标限价
投标	投标规定	投标人参加依法必须进行招标的项目的投标，不受地区或者部门的限制，任何单位和个人不得非法干涉。与招标人存在利害关系可能影响招标公正性的法人、其他组织或者个人，不得参加投标。单位负责人为同一人或者存在控股、管理关系的不同单位，不得参加同一标段投标或者未划分标段的同一招标项目投标。 投标人撤回已提交的投标文件的，应当在投标截止时间前书面通知招标人。招标人已收取投标保证金的，应当自收到投标人书面撤回通知之日起 5 日内退还。投标截止后投标人撤销投标文件的，招标人可以不退还投标保证金。未通过资格预审的申请人提交的投标文件，以及逾期送达或者不按照招标文件要求密封的投标文件，招标人应当拒收。招标人应当如实记载投标文件的送达时间和密封情况，并存档备查。 招标人应当在资格预审公告、招标公告或者投标邀请书中载明是否接受联合体投标。招标人接受联合体投标并进行资格预审的，联合体应当在提交资格预审申请文件前组成。资格预审后联合体增减、更换成员的，其投标无效。如联合体各方在同一招标项目中以自己名义单独投标或者参加其他联合体投标，相关投标均无效。	

续表 2-5

<table>
<tr><td rowspan="2">投标</td><td>投标规定</td><td>投标人发生合并、分立、破产等重大变化，应当及时书面告知招标人。如投标人不再具备资格预审文件、招标文件规定的资格条件或者其投标影响招标公正性，其投标无效</td></tr>
<tr><td>属于串通投标和弄虚作假的情形</td><td>（1）投标人相互串通投标。
1）有下列情形之一的，属于投标人相互串通投标：①投标人之间协商投标报价等投标文件的实质性内容；②投标人之间约定中标人；③投标人之间约定部分投标人放弃投标或者中标；④属于同一集团、协会、商会等组织成员的投标人按照该组织要求协同投标；⑤ 投标人之间为谋取中标或者排斥特定投标人而采取的其他联合行动。
2）有下列情形之一的，视为投标人相互串通投标：①不同投标人的投标文件由同一单位或者个人编制；②不同投标人委托同一单位或者个人办理投标事宜；③不同投标人的投标文件载明的项目管理成员为同一人；④不同投标人的投标文件异常一致或者投标报价呈规律性差异；⑤不同投标人的投标文件相互混装；⑥不同投标人的投标保证金从同一单位或者个人的账户转出。
（2）招标人与投标人串通投标。有下列情形之一的，属于招标人与投标人串通投标：
1）招标人在开标前开启投标文件并将有关信息泄露给其他投标人；
2）招标人直接或者间接向投标人泄露标底、评标委员会成员等信息；
3）招标人明示或者暗示投标人压低或者抬高投标报价；
4）招标人授意投标人撤换、修改投标文件；
5）招标人明示或者暗示投标人为特定投标人中标提供方便；
6）招标人与投标人为谋求特定投标人中标而采取的其他串通行为。
（3）弄虚作假。投标人不得以他人名义投标，如使用通过受让或者租借等方式获取的资格、资质证书投标。投标人也不得以其他方式弄虚作假，骗取中标，包括：
1）使用伪造、变造的许可证件；
2）提供虚假的财务状况或者业绩；
3）提供虚假的项目负责人或者主要技术人员简历、劳动关系证明；
4）提供虚假的信用状况；
5）其他弄虚作假的行为</td></tr>
<tr><td>开标、评标和中标</td><td>开标</td><td>招标人应当按照招标文件规定的时间、地点开标。如投标人少于 3 个，不得开标；招标人应当重新招标。如投标人对开标有异议，应当在开标现场提出，招标人应当当场做出答复，并制作记录</td></tr>
</table>

续表 2-5

开标、评标和中标	评标委员会	依法必须进行招标的项目，其评标委员会的专家成员应当从评标专家库内相关专业的专家名单中以随机抽取方式确定。任何单位和个人不得以明示、暗示等任何方式指定或者变相指定参加评标委员会的专家成员。依法必须进行招标的项目的招标人非因招标投标法和本条例规定的事由，不得更换依法确定的评标委员会成员。评标委员会成员与投标人有利害关系的，应当主动回避。 对技术复杂、专业性强或者国家有特殊要求，采取随机抽取方式确定的专家难以保证胜任评标工作的招标项目，可以由招标人直接确定技术、经济等方面的评标专家。 有关行政监督部门应当按照规定的职责分工，对评标委员会成员的确定方式、评标专家的抽取和评标活动进行监督。行政监督部门的工作人员不得担任本部门负责监督项目的评标委员会成员
	评标	招标人应当根据项目规模和技术复杂程度等因素合理确定评标时间。如超过三分之一的评标委员会成员认为评标时间不够，招标人应当适当延长。 招标人应当向评标委员会提供评标所必需的信息，但不得明示或者暗示其倾向或者排斥特定投标人。 评标委员会成员应当按照招标文件规定的评标标准和方法，客观、公正地对投标文件提出评审意见。招标文件没有规定的评标标准和方法不得作为评标的依据。如招标项目设有标底，招标人应当在开标时公布。标底只能作为评标的参考，不得以投标报价是否接近标底作为中标条件，也不得以投标报价超过标底上下浮动范围作为否决投标的条件。 评标委员会成员不得私下接触投标人，不得收受投标人给予的财物或者其他好处，不得向招标人征询确定中标人的意向，不得接受任何单位或者个人明示或者暗示提出的倾向或者排斥特定投标人的要求，不得有其他不客观、不公正履行职务的行为
	投标的否决	有下列情形之一的，评标委员会应当否决其投标： （1）投标文件未经投标单位盖章和单位负责人签字； （2）投标联合体没有提交共同投标协议； （3）投标人不符合国家或者招标文件规定的资格条件； （4）同一投标人提交两个以上不同的投标文件或者投标报价，但招标文件要求提交备选投标的除外； （5）投标报价低于成本或者高于招标文件设定的最高投标限价； （6）投标文件没有对招标文件的实质性要求和条件做出响应； （7）投标人有串通投标、弄虚作假、行贿等违法行为

续表 2-5

开标、评标和中标	投标文件的澄清	投标文件中有含义不明确的内容、明显文字或者计算错误，评标委员会认为需要投标人做出必要澄清、说明的，应当书面通知该投标人。投标人的澄清、说明应当采用书面形式，并不得超出投标文件的范围或者改变投标文件的实质性内容。 评标委员会不得暗示或者诱导投标人做出澄清、说明，不得接受投标人主动提出的澄清、说明
	中标	评标完成后，评标委员会应当向招标人提交书面评标报告和中标候选人名单。中标候选人应当不超过 3 个，并标明排序。 评标报告应当由评标委员会全体成员签字。对评标结果有不同意见的评标委员会成员应当以书面形式说明其不同意见和理由，评标报告应当注明该不同意见。评标委员会成员拒绝在评标报告上签字又不书面说明其不同意见和理由的，视为同意评标结果。 依法必须进行招标的项目，招标人应当自收到评标报告之日起 3 日内公示中标候选人，公示期不得少于 3 日。如投标人或者其他利害关系人对依法必须进行招标的项目的评标结果有异议，应当在中标候选人公示期间提出。招标人应当自收到异议之日起 3 日内做出答复；做出答复前，应当暂停招标投标活动。 国有资金占控股或者主导地位的依法必须进行招标的项目，招标人应当确定排名第一的中标候选人为中标人。排名第一的中标候选人放弃中标、因不可抗力不能履行合同、不按照招标文件要求提交履约保证金，或者被查实存在影响中标结果的违法行为等情形，不符合中标条件的，招标人可以按照评标委员会提出的中标候选人名单排序依次确定其他中标候选人为中标人，也可以重新招标。 中标候选人的经营、财务状况发生较大变化或者存在违法行为，招标人认为可能影响其履约能力的，应当在发出中标通知书前由原评标委员会按照招标文件规定的标准和方法审查确认
	签订合同及履约	招标人和中标人应当依照《招标投标法》及其实施条例的规定签订书面合同，合同的标的、价款、质量、履行期限等主要条款应当与招标文件和中标人的投标文件的内容一致。招标人和中标人不得再行订立背离合同实质性内容的其他协议。 招标人最迟应当在书面合同签订后 5 日内向中标人和未中标的投标人退还投标保证金及银行同期存款利息。招标文件要求中标人提交履约保证金的，中标人应当按照招标文件的要求提交。履约保证金不得超过中标合同金额的 10%。 中标人应当按照合同约定履行义务，完成中标项目。中标人不得向他人转让中标项目，也不得将中标项目肢解后分别向他人转让。 中标人按照合同约定或者经招标人同意，可以将中标项目的部分非主体、非关键性工作分包给他人完成。接受分包的人应当具备相应的资格条件，并不得再次分包。中标人应当就分包项目向招标人负责，接受分包的人就分包项目承担连带责任

续表 2-5

投诉与处理	投诉	如果投标人或者其他利害关系人认为招标投标活动不符合法律、行政法规规定，可以自知道或者应当知道之日起 10 日内向有关行政监督部门投诉。投诉应当有明确的请求和必要的证明材料
	处理	行政监督部门应当自收到投诉之日起 3 个工作日内决定是否受理投诉，并自受理投诉之日起 30 个工作日内做出书面处理决定；需要检验、检测、鉴定、专家评审的，所需时间不计算在内。如投诉人捏造事实、伪造材料或者以非法手段取得证明材料进行投诉，行政监督部门应当予以驳回。 行政监督部门处理投诉，有权查阅、复制有关文件、资料，调查有关情况，相关单位和人员应当予以配合。必要时，行政监督部门可以责令暂停招标投标活动

经典考题剖析

一、2023 年考题

1. 根据《招标投标法》，依法必须进行招标的项目，自招标文件开始发出之日起至投标人提交投标文件截止之日止，最短不得少于（　　）日。

A. 10　　B. 14　　C. 20　　D. 28

答案：C

[解析] 依法必须进行招标的项目，自招标文件开始发出之日起至投标人提交投标文件截止之日止，最短不得少于 20 日。

2. 招标人采用两阶段招标方式对某技术复杂的项目进行招标时，投标人在招标第一阶段需要提交的文件是（　　）。

A. 不带报价的技术建议　　B. 带报价的实施方案

C. 投标保证金证明材料　　D. 不带投标保证金的初步报价

答案：A

[解析] 两阶段招标。对技术复杂或者无法精确拟定技术规格的项目，招标人可以分两阶段进行招标：第一阶段，投标人按照招标公告或者投标邀请书的要求提交不带报价的技术建议，招标人根据投标人提交的技术建议确定技术标准和要求，编制招标文件。选项 B、C、D 属于第二阶段的有关文件。

3. 根据《招标投标法实施条例》，国有资金占控股地位的依法必须公开招标的项目可以经批准或核准后不进行招标的情形有（　　）。

A. 采用公开招标方式的费用占项目合同金额的比例过大的

B. 需要向原中标人采购货物，否则将影响功能配套要求的

C. 项目技术复杂，只有少量潜在投标人可供选择的少

D. 需要采用不可替代的专利或者专有技术的

E. 采购人依法能够自行建设、生产或者提供的

答案：B、D、E

［**解析**］可以不招标的项目。有下列情形之一的，可以不进行招标：

（1）需要采用不可替代的专利或者专有技术；

（2）采购人依法能够自行建设、生产或者提供；

（3）已通过招标方式选定的特许经营项目投资人依法能够自行建设、生产或者提供；

（4）需要向原中标人采购工程、货物或者服务，否则将影响施工或者功能配套要求；

（5）国家规定的其他特殊情形。

选项 A、C，属于邀请招标的情形。考生应关注，可以不进行招标的情形和邀请招标的情形是过去经常考核的题目，应注意不要混淆。

二、2022 年考题

1. 依法进行招标的项目，自（　　）之日起，至投标人提交投标文件截止之日止，不应少于 20 日。

A. 投标人收到招标文件　　B. 招标文件开始发出

C. 招标公告发出　　D. 出售招标

答案：B

［**解析**］根据《招标投标法》，依法必须进行招标的项目，自招标文件开始发出之日起，至投标人提交投标文件截止之日止，最短不得少于 20 日。

2. 下列属于依法必须招标的项目可以不进行招标的情况是（　　）。

A. 受自然环境限制，只有少量潜在招标人

B. 招标费用占项目合同金额比例过大

C. 因技术复杂，只有少量潜在招标人

D. 采购人依法能够自行建设、生产或组织

答案：D

［**解析**］根据《招标投标法实施条例》，有下列情形之一的，可以不进行招标：①需要采用不可替代的专利或者专有技术；②采购人依法能够自行建设、生产或者提供；③已通过招标方式选定的特许经营项目投资人依法能够自行建设、生产或者提供；④需要向原中标人采购工程、货物或者服务，否则将影响施工或者功能配套要求；⑤国家规定的其他特殊情形。选项 A、B、C 是可以邀请招标的情形。两类情形常常放在一起考核，不要混淆。

三、2021 年考题

1. 根据《招标投标法》，评标委员会成员名单在（　　）前保密。

A. 开标　　B. 合同签订

C. 中标候选人公示　　D. 中标结果确定

答案：D

［**解析**］评标委员会成员名单一般应于开标前确定，并应在中标结果确定前保密。

2. 根据《招标投标法实施条例》，下列评标过程中出现的情形，评标委员会可要求投标人作出书面澄清和说明的是（　　）。

A. 投标人报价高于招标文件设定的最高投标限价

B. 不同投标人的投标文件载明的项目管理成员为同一人

C. 投标人提交的投标保证金低于招标文件的规定

D. 在投标文件中发现有含义不明确的文字内容

答案：D

［**解析**］投标文件中有含义不明确的内容、明显文字或者计算错误，评标委员会认为需要投标人作出必要澄清、说明的，应当书面通知该投标人。

3. 根据《招标投标法实施条例》，国有资金占控股或主导地位的依法必须进行招标的项目，可以采用邀请招标的情形有（　　）。

A. 技术复杂或性质特殊，不能确定主要设备的详细规则或具体要求

B. 技术复杂、有特殊要求、只有少量潜在投标人可供选择

C. 项目规模大、投资多，中小企业难以胜任

D. 项目特征独特，需有特定行业的技术

E. 采用公开招标方式的费用占项目合同金额的比例过大

答案：B、E

［**解析**］国有资金占控股或主导地位的依法必须进行招标的项目，应当公开招标；但有下列情形之一的，可以邀请招标：

（1）技术复杂、有特殊要求或者受自然环境限制，只有少量潜在投标人可供选择；

（2）采用公开招标方式的费用占项目合同金额的比例过大。

四、其他年份考题

1. 根据《招标投标法实施条例》，投标保证金不得超过（　　）。

A. 招标项目估算价的2%　　B. 招标项目估算价的3%

C. 投标报价的2%　　D. 投标报价的3%

答案：A

［**解析**］如招标人在招标文件中要求投标人提交投标保证金，投标保证金不得超过招标项目估算价的2%。

2. 根据《招标投标法实施条例》，关于投标保证金的说法，正确的有（　　）。

A. 投标保证金有效期应当与投标有效期一致

B. 投标保证金不得超过招标项目估算价的2%

C. 采用两阶段招标的，投标应在第一阶段提交投标保证金

D. 招标人不得挪用投标保证金

E. 招标人最迟应在签订书面合同时同时退还投标保证金

答案：A、B、D

［**解析**］选项 A，投标保证金有效期应当与投标有效期一致。选项 B，投标保证金不得超过招标项目估算价的 2%。选项 C，采用两阶段招标的，如招标人要求投标人提交投标保证金，应当在第二阶段提出。选项 D，招标人不得挪用投标保证金。选项 E，招标人最迟应当在书面合同签订后 5 日内向中标人和未中标的投标人退还投标保证金及银行同期存款利息。

考点三：政府采购法及其实施条例

点评：本考点与本章其他节比较，考分可能不会过多，本考点的内容涉及的主要是一些概念和政府采购中的一些具体规定，不是很难理解，而是需要记住。建议考生采用比较法或者部分练习题的训练熟悉相关内容。

知识要点集成

一、政府采购法

表 2-6 政府采购法

政府采购概念		《政府采购法》所称政府采购，是指各级国家机关、事业单位和团体组织，使用财政性资金采购依法制定的集中采购目录以内的或采购限额标准以上的货物、工程和服务的行为。政府采购工程进行招标投标的，适用《招标投标法》。 政府采购实行集中采购和分散采购相结合。集中采购的范围由省级以上人民政府公布的集中采购目录确定
政府采购当事人	采购人	采购人采购纳入集中采购目录的政府采购项目，必须委托集中采购机构代理采购；采购未纳入集中采购目录的政府采购项目，可以自行采购，也可以委托集中采购机构在委托的范围内代理采购
	供应商	两个以上的自然人、法人或者其他组织可以组成一个联合体，以一个供应商的身份共同参加政府采购
政府采购方式	一般概念	政府采购可采用的方式有：公开招标、邀请招标、竞争性谈判、单一来源采购、询价，以及国务院政府采购监督管理部门认定的其他采购方式。公开招标应作为政府采购的主要采购方式
	公开招标	采购货物或服务应当采用公开招标方式的，其具体数额标准，属于中央预算的政府采购项目，由国务院规定；属于地方预算的政府采购项目，由省、自治区、直辖市人民政府规定；因特殊情况需要采用公开招标以外的采购方式的，应当在采购活动开始前获得设区的市、自治州以上人民政府采购监督管理部门的批准

续表 2-6

政府采购方式	邀请招标	符合下列情形之一的货物或服务，可采用邀请招标方式采购： （1）具有特殊性，只能从有限范围的供应商处采购的； （2）采用公开招标方式的费用占政府采购项目总价值的比例过大的
	竞争性谈判	符合下列情形之一的货物或服务，可采用竞争性谈判方式采购： （1）招标后没有供应商投标或没有合格标的或重新招标未能成立的； （2）技术复杂或性质特殊，不能确定详细规格或具体要求的； （3）采用招标所需时间不能满足用户紧急需要的； （4）不能事先计算出价格总额的
	单一来源采购	符合下列情形之一的货物或服务，可以采用单一来源方式采购： （1）只能从唯一供应商处采购的； （2）发生不可预见的紧急情况，不能从其他供应商处采购的； （3）必须保证原有采购项目一致性或服务配套的要求，需要继续从原供应商处添购，且添购资金总额不超过原合同采购金额10%的
	询价	采购的货物规格、标准统一、现货货源充足且价格变化幅度小的政府采购项目，可以采用询价方式采购
政府采购合同	政府采购合同应当采用书面形式。采购人可以委托采购代理机构代表与供应商签订政府采购合同。由采购代理机构以采购人名义签订合同的，应当提交采购人的授权委托书，作为合同附件。 经采购人同意，中标、成交供应商可依法采取分包方式履行合同。政府采购合同履行中，采购人需追加与合同标的相同的货物、工程或服务的，在不改变合同其他条款的前提下，可以与供应商协商签订补充合同，但所有补充合同的采购金额不得超过原合同采购金额的10%	

二、政府采购法实施条例

表 2-7　政府采购法实施条例

政府采购当事人	采购人或者采购代理机构有下列情形之一的，属于以不合理的条件对供应商实行差别待遇或者歧视待遇： （1）就同一采购项目向供应商提供有差别的项目信息； （2）设定的资格、技术、商务条件与采购项目的具体特点和实际需要不相适应或者与合同履行无关； （3）采购需求中的技术、服务等要求指向特定供应商、特定产品； （4）以特定行政区域或者特定行业的业绩、奖项作为加分条件或者中标、成交条件； （5）对供应商采取不同的资格审查或者评审标准； （6）限定或者指定特定的专利、商标、品牌或者供应商； （7）非法限定供应商的所有制形式、组织形式或者所在地； （8）以其他不合理条件限制或者排斥潜在供应商

续表 2-7

政府采购方式	列入集中采购目录的项目，适合实行批量集中采购的，应当实行批量集中采购，但紧急的小额零星货物项目和有特殊要求的服务、工程项目除外。 政府采购工程依法不进行招标的，应当依照政府采购法律法规规定的竞争性谈判或者单一来源采购方式采购	
政府采购程序	招标文件	招标文件的提供期限自招标文件开始发出之日起不得少于 5 个工作日。采购人或者采购代理机构可以对已发出的招标文件进行必要的澄清或者修改。澄清或者修改的内容可能影响投标文件编制的，采购人或者采购代理机构应当在投标截止时间至少 15 日前，以书面形式通知所有获取招标文件的潜在投标人；不足 15 日的，采购人或者采购代理机构应当顺延提交投标文件的截止时间
	投标保证金	招标文件要求投标人提交投标保证金的，投标保证金不得超过采购项目预算金额的 2%
政府采购程序	评标程序	政府采购招标评标方法分为最低评标价法和综合评分法。技术、服务等标准统一的货物和服务项目，应当采用最低评标价法。采用综合评分法的，评审标准中的分值设置应当与评审因素的量化指标相对应。招标文件中没有规定的评标标准不得作为评审的依据
政府采购合同	采购文件要求中标或者成交供应商提交履约保证金的，供应商应当以支票、汇票、本票或者金融机构、担保机构出具的保函等非现金形式提交。履约保证金的数额不得超过政府采购合同金额的 10%。 中标或者成交供应商拒绝与采购人签订合同的，采购人可以按照评审报告推荐的中标或者成交候选人名单排序，确定下一候选人为中标或者成交供应商，也可以重新开展政府采购活动。 采购人应当按照政府采购合同规定，及时向中标或者成交供应商支付采购资金。政府采购项目资金支付程序，按照国家有关财政资金支付管理的规定执行	

经典考题剖析

说明：本知识点加入了作者自编的其他题目，供考生训练知识点内容。

一、2023 年考题

根据《政府采购法》，政府采购应采用的主要方式是（　　）。

A. 询价　　B. 竞争性谈判　　C. 邀请招标　　D. 公开招标

答案：D

［**解析**］政府采购可采用的方式有：公开招标、邀请招标、竞争性谈判、单一来源采购、询价，以及国务院政府采购监督管理部门认定的其他采购方式。公开招标应作为政府采购的主要采购方式。

二、2022 年考题

政府采购工程没有投标人投标的，应采用（　　）方式采购。

A. 邀请招标　　B. 竞争性谈判

C. 单一来源　　D. 重新招标

答案：B

［**解析**］符合下列情形之一的货物或服务，可采用竞争性谈判方式采购：

（1）招标后没有供应商投标或没有合格标的或重新招标未能成立的；

（2）技术复杂或性质特殊，不能确定详细规格或具体要求的；

（3）采用招标所需时间不能满足用户紧急需要的；

（4）不能事先计算出价格总额的。

考生需关注邀请招标、竞争性谈判和单一来源采购三类情形的区别。

三、2021 年考题

根据《政府采购法》和《政府采购法实施条例》，下列组织机构中，属于使用财政性资金的政府采购人的有（　　）。

A. 国有企业　　B. 集中采购机构

C. 各级国家机关　　D. 事业单位

E. 团体组织

答案：C、D、E

［**解析**］《政府采购法》所称政府采购，是指各级国家机关、事业单位和团体组织，使用财政性资金采购依法制定的集中采购目录以内的或采购限额标准以上的货物、工程和服务的行为。政府采购工程进行招标投标的，适用《招标投标法》。

四、其他题目

1. 根据《政府采购法》，针对技术复杂或性质特殊、不能确定详细规格或具体要求的情况，可以采用的政府采购方式为（　　）。

A. 邀请招标　　B. 竞争性谈判

C. 单一来源采购　　D. 询价

答案：B

［**解析**］符合下列情形之一的货物或服务，可采用竞争性谈判方式采购：

（1）招标后没有供应商投标或没有合格标的或重新招标未能成立的；

（2）技术复杂或性质特殊，不能确定详细规格或具体要求的；

（3）采用招标所需时间不能满足用户紧急需要的；

（4）不能事先计算出价格总额的。

考生应特别关注不同情形所适用的采购方式。

2. 根据《政府采购法》，实行集中采购的政府采购，集中采购目录应由（　　）确定。

A. 省级以上人民政府　　B. 国务院相关主管部门

C. 省级政府采购主管部门　　D. 国务院采购主管部门

答案：A

［**解析**］政府采购实行集中采购和分散采购相结合。集中采购的范围由省级以上人民政府公布的集中采购目录确定。

考点四：《民法典》合同编

点评： 本考点按照《民法典》合同编进行了较大修改，考生学习时应注意与上一版教材的区别，对于近几年的考题，依据《民法典》合同编进行了删减和调整，加入了作者自编的一些题目，以训练考生对合同条款的理解；本考点是历年考试的重点。

知识要点集成

一、合同订立与成立

表 2-8　合同订立与成立

概述	《民法典》合同编指出，合同是民事主体之间设立、变更、终止民事法律关系的协议。《民法典》合同编第一分编通则中明确了合同订立、合同效力、合同履行、合同保全、合同变更和转让、合同权利义务终止、违约责任等事项。第二分编典型合同中明确了 19 类合同，即：买卖合同，供用电、水、气、热力合同，赠与合同，借款合同，保证合同，租赁合同，融资租赁合同，保理合同，承揽合同，建设工程合同，运输合同，技术合同，保管合同，仓储合同，委托合同，物业服务合同，行纪合同，中介合同，合伙合同。第三分编准合同明确了无因管理和不当得利
合同形式	当事人订立合同，可以采用书面形式、口头形式或者其他形式。书面形式是指合同书、信件、电报、电传、传真等可以有形地表现所载内容的形式。以电子数据交换、电子邮件等方式能够有形地表现所载内容，并可以随时调取查用的数据电文，视为书面形式。口头形式是指当事人以谈话方式订立的合同，如当面交谈、电话联系等。口头合同形式一般运用于标的数额较小和即时结清的合同。其他形式是指除书面形式、口头形式以外的方式来表现合同内容的形式。主要包括默示形式和推定形式
合同内容	《民法典》合同编典型合同中对建设工程合同（包括工程勘察、设计、施工合同）内容作了专门规定

续表 2-8

<table>
<tr><td rowspan="3">合同订立程序</td><td colspan="2">当事人订立合同，可以采取要约、承诺方式或者其他方式</td></tr>
<tr><td>要约</td><td>要约是希望与他人订立合同的意思表示。
（1）要约有效的条件。要约应当符合下列条件：①内容具体确定；②表明经受要约人承诺，要约人即受该意思表示约束。也就是说，要约必须是特定人的意思表示，必须是以缔结合同为目的，必须具备合同的主要条款。
有些要约之前还会有要约邀请。所谓要约邀请，是希望他人向自己发出要约的表示。要约邀请是当事人订立合同的预备行为，这种表示的内容往往不确定，不含有合同得以成立的主要内容和相对人同意后受其约束的表示，在法律上无需承担责任。拍卖公告、招标公告、招股说明书、债券募集办法、基金招募说明书、商业广告和宣传、寄送的价目表等为要约邀请。商业广告和宣传的内容符合要约条件的，构成要约。
（2）要约生效。要约到达受要约人时生效。如采用数据电文形式订立合同，受要约人指定特定系统接收数据电文的，该数据电文进入该特定系统时生效；未指定特定系统的，受要约人知道或者应当知道该数据电文进入其系统时生效。当事人对采用数据电文形式的意思表示的生效时间另有约定的，按照其约定。
（3）要约撤回和撤销。要约可以撤回，撤回要约的通知应当在要约到达受要约人前或者与要约同时到达受要约人。
要约可以撤销，但是有下列情形之一的除外：
1）要约人已确定承诺期限或者其他形式明示要约不可撤销；
2）受要约人有理由认为要约是不可撤销的，并已经为履行合同做了合理准备工作。
撤销要约的意思表示以对话方式作出的，该意思表示的内容应当在受要约人作出承诺之前为受要约人所知道；撤销要约的意思表示以非对话方式作出的，应当在受要约人作出承诺之前到达受要约人。
（4）要约失效。有下列情形之一的，要约失效：
1）要约被拒绝；
2）要约被依法撤销；
3）承诺期限届满，受要约人未作出承诺；
4）受要约人对要约的内容作出实质性变更</td></tr>
<tr><td>承诺</td><td>承诺是受要约人同意要约的意思表示。
（1）承诺期限。承诺应当在要约确定的期限内到达要约人。要约没有确定承诺期限的，承诺应当依照下列规定到达：
1）要约以对话方式作出的，应当即时作出承诺；
2）要约以非对话方式作出的，承诺应当在合理期限内到达。
要约以信件或者电报作出的，承诺期限自信件载明的日期或者电报交发之日开始计算。信件未载明日期的，自投寄该信件的邮戳日期开始计算。要约以电话、传真、电子邮件等快速通信方式作出的，承诺期限自要约到达受要约人时开始计算。
（2）承诺生效。承诺通知到达要约人时生效。承诺不需要通知的，根据交易习惯或者要约的要求作出承诺的行为时生效。
受要约人在承诺期限内发出承诺，按照通常情形能够及时到达要约人，但是因其他原因致使承诺到达要约人时超过承诺期限的，除要约人及时通知受要约人因承诺超过期限不接受该承诺外，该承诺有效。</td></tr>
</table>

续表 2-8

合同订立程序	承诺	（3）承诺撤回。承诺可以撤回，撤回承诺的通知应当在承诺通知到达要约人前或者与承诺通知同时到达要约人。 （4）逾期承诺。受要约人超过承诺期限发出承诺，或者在承诺期限内发出承诺，按照通常情形不能及时到达要约人的，为新要约。但是，要约人及时通知受要约人该承诺有效的除外。 （5）要约内容的变更。承诺的内容应当与要约的内容一致。受要约人对要约的内容作出实质性变更的，为新要约。有关合同标的、数量、质量、价款或者报酬、履行期限、履行地点和方式、违约责任和解决争议方法等的变更，是对要约内容的实质性变更。 承诺对要约的内容作出非实质性变更的，除要约人及时表示反对或者要约表明承诺不得对要约的内容作出任何变更外，该承诺有效，合同的内容以承诺的内容为准
合同成立	承诺生效时合同成立，但是法律另有规定或者当事人另有约定的除外。 （1）合同成立的时间。当事人采用合同书形式订立合同的，自当事人均签名、盖章或者按指印时合同成立。 当事人采用信件、数据电文等形式订立合同要求签订确认书的，签订确认书时合同成立。 当事人一方通过互联网等信息网络发布的商品或者服务信息符合要约条件的，对方选择该商品或者服务并提交订单成功时合同成立，但是当事人另有约定的除外。 （2）合同成立的地点。承诺生效的地点为合同成立的地点。采用数据电文形式订立合同的，收件人的主营业地为合同成立的地点；没有主营业地的，其住所地为合同成立的地点。当事人另有约定的，按照其约定。 当事人采用合同书形式订立合同的，最后签名、盖章或者按指印的地点为合同成立的地点，但是当事人另有约定的除外。 （3）合同成立的其他情形。合同成立的情形包括： 1）法律、行政法规规定或者当事人约定合同应当采用书面形式订立，当事人未采用书面形式但是一方已经履行主要义务，对方接受的。 2）采用合同书形式订立合同，在签名、盖章或者按指印之前，当事人一方已经履行主要义务，对方接受的	
特殊合同	（1）特殊需求合同。国家根据抢险救灾、疫情防控或者其他需要下达国家订货任务、指令性任务的，有关民事主体之间应当依照有关法律、行政法规规定的权利和义务订立合同。 依照法律、行政法规的规定，负有发出要约义务的当事人，应当及时发出合理的要约。负有作出承诺义务的当事人，不得拒绝对方合理的订立合同要求。 （2）预约合同。当事人约定在将来一定期限内订立合同的认购书、订购书、预订书等，构成预约合同。当事人一方不履行预约合同约定的订立合同义务的，对方可以请求其承担预约合同的违约责任	
格式条款	格式条款提供者的义务	要求提供格式条款的一方应当遵循公平原则确定当事人之间的权利和义务，并采取合理的方式提示对方注意免除或减轻其责任等与对方有重大利害关系的条款，按照对方的要求，对该条款予以说明。 提供格式条款的一方未履行提示或者说明义务，致使对方没有注意或者理解与其有重大利害关系的条款的，对方可以主张该条款不成为合同的内容

续表 2-8

格式条款	格式条款无效	提供格式条款一方不合理地免除或者减轻其责任、加重对方责任、限制或者排除对方主要权利的，该条款无效。此外，《民法典》合同编规定的无效合同情形，同样适用于格式合同条款
	格式条款争议解决	对格式条款的理解发生争议的，应当按照通常理解予以解释。对格式条款有两种以上解释的，应当作出不利于提供格式条款一方的解释。格式条款和非格式条款不一致的，应当采用非格式条款
缔约过失责任	缔约过失责任发生于合同不成立或者合同无效的缔约过程。其构成条件：一是当事人有过错。若无过错，则不承担责任。二是有损害后果的发生。若无损失，亦不承担责任。三是当事人的过错行为与造成的损失有因果关系。 当事人在订立合同过程中有下列情形之一，给对方造成损失的，应当承担赔偿责任： （1）假借订立合同，恶意进行磋商； （2）故意隐瞒与订立合同有关的重要事实或者提供虚假情况； （3）有其他违背诚信原则的行为。 当事人在订立合同过程中知悉的商业秘密或者其他应当保密的信息，无论合同是否成立，不得泄露或者不正当地使用。泄露、不正当地使用该商业秘密或者信息，造成对方损失的，应当承担赔偿责任	

二、合同效力

表 2-9　合同效力

合同生效	依法成立的合同，自成立时生效，但是法律另有规定或者当事人另有约定的除外。 依照法律、行政法规的规定，合同应当办理批准等手续的，依照其规定。未办理批准等手续影响合同生效的，不影响合同中履行报批等义务条款以及相关条款的效力。应当办理申请批准等手续的当事人未履行义务的，对方可以请求其承担违反该义务的责任。 依照法律、行政法规的规定，合同的变更、转让、解除等情形应当办理批准等手续的，适用前述规定
无权代理人代订合同	无权代理人以被代理人的名义订立合同，被代理人已经开始履行合同义务或者接受相对人履行的，视为对合同的追认。 法人的法定代表人或者非法人组织的负责人超越权限订立的合同，除相对人知道或者应当知道其超越权限外，该代表行为有效，订立的合同对法人或者非法人组织发生效力。 当事人超越经营范围订立的合同的效力，应当依照法律规定确定，不得仅以超越经营范围确认合同无效
合同中免责条款无效情形	合同有下列情形之一的，合同无效： （1）造成对方人身损害的； （2）因故意或者重大过失造成对方财产损失的

三、合同履行

表 2-10 合同履行

合同履行原则		（1）全面履行。全面履行是指合同订立后，当事人应当按照约定全面履行自己的义务。 （2）诚信。诚信是指当事人讲诚实、守信用，遵守商业道德，以善意的心理履行合同。当事人应根据合同的性质、目的和交易习惯履行通知、协助、保密等义务
合同履行的一般规则		合同生效后，当事人就质量、价款或者报酬、履行地点等内容没有约定或者约定不明确的，可以协议补充；不能达成补充协议的，按照合同有关条款或者交易习惯确定。依照上述规定仍不能确定的，适用下列规定： （1）质量要求不明确的，按照强制性国家标准履行；没有强制性国家标准的，按照推荐性国家标准履行；没有推荐性国家标准的，按照行业标准履行；没有国家标准、行业标准的，按照通常标准或者符合合同目的的特定标准履行。 （2）价款或者报酬不明确的，按照订立合同时履行地的市场价格履行；依法应当执行政府定价或者政府指导价的，按照规定履行。 （3）履行地点不明确，给付货币的，在接受货币一方所在地履行；交付不动产的，在不动产所在地履行；其他标的，在履行义务一方所在地履行。 （4）履行期限不明确的，债务人可以随时履行，债权人也可以随时要求履行，但应当给对方必要的准备时间。 （5）履行方式不明确的，按照有利于实现合同目的的方式履行。 （6）履行费用的负担不明确的，由履行义务一方负担；因债权人原因增加的履行费用，由债权人负担
合同履行的特殊规则	电子合同履行	通过互联网等信息网络订立的电子合同的标的为交付商品并采用快递物流方式交付的，收货人的签收时间为交付时间。电子合同的标的为提供服务的，生成的电子凭证或者实物凭证中载明的时间为提供服务时间；前述凭证没有载明时间或者载明时间与实际提供服务时间不一致的，以实际提供服务的时间为准。 电子合同的标的物为采用在线传输方式交付的，合同标的物进入对方当事人指定的特定系统且能够检索识别的时间为交付时间。 电子合同当事人对交付商品或者提供服务的方式、时间另有约定的，按照其约定
	价格调整	执行政府定价或政府指导价的，在合同约定的交付期限内政府价格调整时，按照交付时的价格计价。逾期交付标的物的，遇价格上涨时，按照原价格执行；价格下降时，按照新价格执行。逾期提取标的物或者逾期付款的，遇价格上涨时，按照新价格执行；价格下降时，按照原价格执行

续表 2-10

合同履行的特殊规则	债务履行	以支付金钱为内容的债，除法律另有规定或者当事人另有约定外，债权人可以请求债务人以实际履行地的法定货币履行。 （1）多项标的的履行。标的有多项而债务人只需履行其中一项的，债务人享有选择权；但法律另有规定、当事人另有约定或者另有交易习惯的除外。 享有选择权的当事人在约定期限内或者履行期限届满未作选择，经催告后在合理期限内仍未选择的，选择权转移至对方。 当事人行使选择权应当及时通知对方，通知到达对方时，标的确定。标的确定后不得变更，但是经对方同意的除外。 可选择的标的发生不能履行情形的，享有选择权的当事人不得选择不能履行的标的，但是该不能履行的情形是由对方造成的除外。 （2）多个债权人情形。债权人为二人以上，标的可分，按照份额各自享有债权的，为按份债权；债务人为二人以上，标的可分，按照份额各自负担债务的，为按份债务。按份债权人或者按份债务人的份额难以确定的，视为份额相同。 债权人为二人以上，部分或者全部债权人均可以请求债务人履行债务的，为连带债权；债务人为二人以上，债权人可以请求部分或者全部债务人履行全部债务的，为连带债务。连带债权或者连带债务，由法律规定或者当事人约定。 （3）连带债务。连带债务人之间的份额难以确定的，视为份额相同。 实际承担债务超过自己份额的连带债务人，有权就超出部分在其他连带债务人未履行的份额范围内向其追偿，并相应地享有债权人的权利，但是不得损害债权人的利益。其他连带债务人对债权人的抗辩，可以向该债务人主张。 被追偿的连带债务人不能履行其应分担份额的，其他连带债务人应当在相应范围内按比例分担。 部分连带债务人履行、抵销债务或者提存标的物的，其他债务人对债权人的债务在相应范围内消灭；该债务人可以依据前条规定向其他债务人追偿。 部分连带债务人的债务被债权人免除的，在该连带债务人应当承担的份额范围内，其他债务人对债权人的债务消灭。 部分连带债务人的债务与债权人的债权同归于一人的，在扣除该债务人应当承担的份额后，债权人对其他债务人的债权继续存在。 债权人对部分连带债务人的给付受领迟延的，对其他连带债务人发生效力。 （4）连带债权。连带债权人之间的份额难以确定的，视为份额相同。实际受领债权的连带债权人，应当按比例向其他连带债权人返还
	代为履行	代为履行是指由合同以外的第三人代替合同当事人履行合同。 （1）当事人约定由债务人向第三人履行债务，债务人未向第三人履行债务或者履行债务不符合约定的，应当向债权人承担违约责任。 法律规定或者当事人约定第三人可以直接请求债务人向其履行债务，第三人未在合理期限内明确拒绝，债务人未向第三人履行债务或者履行债务不符合约定的，第三人可以请求债务人承担违约责任；债务人对债权人的抗辩，可以向第三人主张。

续表 2-10

合同履行的特殊规则	代为履行	（2）当事人约定由第三人向债权人履行债务，第三人不履行债务或者履行债务不符合约定的，债务人应当向债权人承担违约责任。 （3）债务人不履行债务，第三人对履行该债务具有合法利益的，第三人有权向债权人代为履行；但根据债务性质、按照当事人约定或者依照法律规定只能由债务人履行的除外。 债权人接受第三人履行后，其对债务人的债权转让给第三人，但债务人和第三人另有约定的除外
	抗辩权	（1）当事人互负债务，没有先后履行顺序的，应当同时履行。一方在对方履行之前有权拒绝其履行请求。一方在对方履行债务不符合约定时，有权拒绝其相应的履行请求。 （2）当事人互负债务，有先后履行顺序，应当先履行债务一方未履行的，后履行一方有权拒绝其履行请求。先履行一方履行债务不符合约定的，后履行一方有权拒绝其相应的履行请求。 （3）应当先履行债务的当事人，有确切证据证明对方有下列情形之一的，可以中止履行： 1）经营状况严重恶化； 2）转移财产、抽逃资金，以逃避债务； 3）丧失商业信誉； 4）有丧失或者可能丧失履行债务能力的其他情形。 当事人没有确切证据中止履行的，应当承担违约责任。 当事人依据前述规定中止履行的，应当及时通知对方。对方提供适当担保的，应当恢复履行。中止履行后，对方在合理期限内未恢复履行能力且未提供适当担保的，视为以自己的行为表明不履行主要债务，中止履行的一方可以解除合同并可以请求对方承担违约责任。 债权人分立、合并或者变更住所没有通知债务人，致使履行债务发生困难的，债务人可以中止履行或者将标的物提存
	提前履行	债权人可以拒绝债务人提前履行债务，但提前履行不损害债权人利益的除外。债务人提前履行债务给债权人增加的费用，由债务人负担
	部分履行	债权人可以拒绝债务人部分履行债务，但部分履行不损害债权人利益的除外。债务人部分履行债务给债权人增加的费用，由债务人负担
	相关事项变更后的处置	（1）合同生效后，当事人不得因姓名、名称的变更或者法定代表人、负责人、承办人的变动而不履行合同义务。 （2）合同成立后，合同的基础条件发生了当事人在订立合同时无法预见的、不属于商业风险的重大变化，继续履行合同对于当事人一方明显不公平的，受不利影响的当事人可以与对方重新协商；在合理期限内协商不成的，当事人可以请求人民法院或者仲裁机构变更或者解除合同。 人民法院或者仲裁机构应当结合案件的实际情况，根据公平原则变更或者解除合同

注：本表格中的内容严格按照教材组织编写，但其中的小标题是教材作者自己加入的，在《民法典》中没有这些小标题，读者阅读内容可能受到这小标题的“干扰”，建议读者忽略这些小标题。

四、合同保全

表 2-11　合同保全

代位权	因债务人怠于行使其债权或者与该债权有关的从权利，影响债权人的到期债权实现的，债权人可以向人民法院请求以自己的名义代位行使债务人对相对人的权利，但是该权利专属于债务人自身的除外。 代位权的行使范围以债权人的到期债权为限。债权人行使代位权的必要费用，由债务人负担。相对人对债务人的抗辩，可以向债权人主张。 债权人的债权到期前，债务人的债权或者与该债权有关的从权利存在诉讼时效期间即将届满或者未及时申报破产债权等情形，影响债权人的债权实现的，债权人可以代位向债务人的相对人请求其向债务人履行、向破产管理人申报或者作出其他必要的行为。 人民法院认定代位权成立的，由债务人的相对人向债权人履行义务，债权人接受履行后，债权人与债务人、债务人与相对人之间相应的权利义务终止。债务人对相对人的债权或者与该债权有关的从权利被采取保全、执行措施，或者债务人破产的，依照相关法律的规定处理
撤销权	债务人以放弃其债权、放弃债权担保、无偿转让财产等方式无偿处分财产权益，或者恶意延长其到期债权的履行期限，影响债权人的债权实现的，债权人可以请求人民法院撤销债务人的行为。 债务人以明显不合理的低价转让财产、以明显不合理的高价受让他人财产或者为他人的债务提供担保，影响债权人的债权实现，债务人的相对人知道或者应当知道该情形的，债权人可以请求人民法院撤销债务人的行为。 撤销权的行使范围以债权人的债权为限。债权人行使撤销权的必要费用，由债务人负担。 撤销权自债权人知道或者应当知道撤销事由之日起一年内行使。自债务人的行为发生之日起五年内没有行使撤销权的，该撤销权消灭。债务人影响债权人的债权实现的行为被撤销的，自始没有法律约束力

五、合同变更和转让

表 2-12　合同变更和转让

合同变更	合同变更是指对已经依法成立的合同，在承认其法律效力的前提下，对其进行修改或补充。当事人协商一致，可以变更合同。当事人对合同变更的内容约定不明确的，推定为未变更
合同转让	（1）债权转让。债权人可以将债权的全部或者部分转让给第三人。但有下列情形之一的除外：①根据债权性质不得转让；②按照当事人约定不得转让；③依照法律规定不得转让。

续表 2-12

合同转让	当事人约定非金钱债权不得转让的，不得对抗善意第三人。当事人约定金钱债权不得转让的，不得对抗第三人。 债权人转让债权，未通知债务人的，该转让对债务人不发生效力。债权转让的通知不得撤销，但是经受让人同意的除外。 债权人转让债权的，受让人取得与债权有关的从权利，但是该从权利专属于债权人自身的除外。受让人取得从权利不因该从权利未办理转移登记手续或者未转移占有而受到影响。 （2）抗辩与抵销。 1）债务人接到债权转让通知后，债务人对让与人的抗辩，可以向受让人主张。 2）有下列情形之一的，债务人可以向受让人主张抵销：①债务人接到债权转让通知时，债务人对让与人享有债权，且债务人的债权先于转让的债权到期或者同时到期；②债务人的债权与转让的债权是基于同一合同产生。 因债权转让增加的履行费用，由让与人负担。 （3）债务转让。债务人将债务的全部或者部分转移给第三人的，应当经债权人同意。 债务人或者第三人可以催告债权人在合理期限内予以同意，债权人未作表示的，视为不同意。 第三人与债务人约定加入债务并通知债权人，或者第三人向债权人表示愿意加入债务，债权人未在合理期限内明确拒绝的，债权人可以请求第三人在其愿意承担的债务范围内和债务人承担连带债务。 （4）债务转移。债务人转移债务的，新债务人可以主张原债务人对债权人的抗辩；原债务人对债权人享有债权的，新债务人不得向债权人主张抵销。 债务人转移债务的，新债务人应当承担与主债务有关的从债务，但是该从债务专属于原债务人自身的除外。 （5）债权债务一并转让。当事人一方经对方同意，可以将自己在合同中的权利和义务一并转让给第三人。合同的权利和义务一并转让的，适用债权转让、债务转移的有关规定

六、合同权利义务终止

表 2-13　合同权利义务终止

合同终止的条件	有下列情形之一的，债权债务终止：①债务已经履行；②债务相互抵销；③债务人依法将标的物提存；④债权人免除债务；⑤债权债务同归于一人；⑥法律规定或者当事人约定终止的其他情形。 合同解除的，该合同的权利义务关系终止。债权债务终止后，当事人应当遵循诚信等原则，根据交易习惯履行通知、协助、保密、旧物回收等义务。 债权债务终止时，债权的从权利同时消灭，但是法律另有规定或者当事人另有约定的除外

续表 2-13

债务履行	债务人对同一债权人负担的数项债务种类相同，债务人的给付不足以清偿全部债务的，除当事人另有约定外，由债务人在清偿时指定其履行的债务。 债务人未作指定的，应当优先履行已经到期的债务；数项债务均到期的，优先履行对债权人缺乏担保或者担保最少的债务；均无担保或者担保相等的，优先履行债务人负担较重的债务；负担相同的，按照债务到期的先后顺序履行；到期时间相同的，按照债务比例履行。 债务人在履行主债务外，还应当支付利息和实现债权的有关费用，其给付不足以清偿全部债务的，除当事人另有约定外，应当按照下列顺序履行：①实现债权的有关费用；②利息；③主债务
合同解除	(1) 合同解除的条件。合同解除的条件可分为约定解除条件和法定解除条件。 1) 约定解除条件：①当事人协商一致，可以解除合同；②当事人可以约定一方解除合同的事由。解除合同的事由发生时，解除权人可以解除合同。 2) 法定解除条件。有下列情形之一的，当事人可以解除合同：①因不可抗力致使不能实现合同目的；②在履行期限届满前，当事人一方明确表示或者以自己的行为表明不履行主要债务；③当事人一方迟延履行主要债务，经催告后在合理期限内仍未履行；④当事人一方迟延履行债务或者有其他违约行为致使不能实现合同目的；⑤法律规定的其他情形。 以持续履行的债务为内容的不定期合同，当事人可以随时解除合同，但是应当在合理期限之前通知对方。 (2) 合同解除权的行使。法律规定或者当事人约定解除权行使期限，期限届满当事人不行使的，该权利消灭。法律没有规定或者当事人没有约定解除权行使期限，自解除权人知道或者应当知道解除事由之日起一年内不行使，或者经对方催告后在合理期限内不行使的，该权利消灭。 当事人一方依法主张解除合同的，应当通知对方。合同自通知到达对方时解除；通知载明债务人在一定期限内不履行债务则合同自动解除，债务人在该期限内未履行债务的，合同自通知载明的期限届满时解除。对方对解除合同有异议的，任何一方当事人均可以请求人民法院或者仲裁机构确认解除行为的效力。 当事人一方未通知对方，直接以提起诉讼或者申请仲裁的方式依法主张解除合同，人民法院或者仲裁机构确认该主张的，合同自起诉状副本或者仲裁申请书副本送达对方时解除。 (3) 合同解除后续事宜。合同解除后，尚未履行的，终止履行；已经履行的，根据履行情况和合同性质，当事人可以请求恢复原状或者采取其他补救措施，并有权请求赔偿损失。 合同因违约解除的，解除权人可以请求违约方承担违约责任，但是当事人另有约定的除外。 主合同解除后，担保人对债务人应当承担的民事责任仍应当承担担保责任，但是担保合同另有约定的除外。 合同的权利义务关系终止，不影响合同中结算和清理条款的效力

续表 2-13

合同债务抵销	当事人互负债务，该债务的标的物种类、品质相同的，任何一方可以将自己的债务与对方的到期债务抵销；但根据债务性质、按照当事人约定或者依照法律规定不得抵销的除外。 当事人主张抵销的，应当通知对方。通知自到达对方时生效。抵销不得附条件或者附期限。 当事人互负债务，标的物种类、品质不相同的，经协商一致，也可以抵销
标的物提存	有下列情形之一，难以履行债务的，债务人可以将标的物提存：①债权人无正当理由拒绝受领；②债权人下落不明；③债权人死亡未确定继承人、遗产管理人，或者丧失民事行为能力未确定监护人；④法律规定的其他情形。标的物不适于提存或者提存费用过高的，债务人可以依法拍卖或者变卖标的物，提存所得的价款。 债务人将标的物或者将标的物依法拍卖、变卖所得价款交付提存部门时，提存成立。提存成立的，视为债务人在其提存范围内已经交付标的物。 标的物提存后，债务人应当及时通知债权人或债权人的继承人、遗产管理人、监护人、财产代管人。标的物提存后，毁损、灭失的风险由债权人承担。提存期间，标的物的孳息归债权人所有。提存费用由债权人负担。 债权人可以随时领取提存物，但债权人对债务人负有到期债务的，在债权人未履行债务或提供担保之前，提存部门根据债务人的要求应当拒绝其领取提存物。 债权人领取提存物的权利，自提存之日起五年内不行使而消灭，提存物扣除提存费用后归国家所有。但是，债权人未履行对债务人的到期债务，或者债权人向提存部门书面表示放弃领取提存物权利的，债务人负担提存费用后有权取回提存物

七、违约责任

表 2-14 违约责任

特征	（1）违约责任以有效合同为前提。 （2）违约责任以违反合同义务为要件。 （3）违约责任可由当事人在法定范围内约定。 （4）违约责任是一种民事赔偿责任
违约责任的承担	（1）违约责任的承担方式。 1）继续履行。当事人一方明确表示或者以自己的行为表明不履行合同义务的，对方可以在履行期限届满前请求其承担违约责任。继续履行是合同当事人一方违约时，其承担违约责任的首选方式。 2）采取补救措施。 3）赔偿损失。当事人一方不履行合同义务或者履行合同义务不符合约定，造成对方损失的，损失赔偿额应当相当于因违约所造成的损失，包括合同履行后可以获得的利益；但是，不得超过违约一方订立合同时预见到或者应当预见到的因违约可能造成的损失。

续表 2-14

违约责任的承担	当事人一方违约后，对方应当采取适当措施防止损失的扩大；没有采取适当措施致使损失扩大的，不得就扩大的损失要求赔偿。当事人因防止损失扩大而支出的合理费用，由违约方承担。 4）支付违约金。当事人可以约定一方违约时应当根据违约情况向对方支付一定数额的违约金，也可以约定因违约产生的损失赔偿额的计算方法。约定的违约金低于造成的损失的，人民法院或者仲裁机构可以根据当事人的请求予以增加；约定的违约金过分高于造成的损失的，人民法院或者仲裁机构可以根据当事人的请求予以适当减少。 当事人就迟延履行约定违约金的，违约方支付违约金后，还应当履行债务。 5）定金。当事人可以约定一方向对方给付定金作为债权的担保。定金合同自实际交付定金时成立。 定金的数额由当事人约定；但不得超过主合同标的额的 20%，超过部分不产生定金的效力。实际交付的定金数额多于或者少于约定数额的，视为变更约定的定金数额。 债务人履行债务的，定金应当抵作价款或者收回。给付定金的一方不履行债务或者履行债务不符合约定，致使不能实现合同目的的，无权请求返还定金；收受定金的一方不履行债务或者履行债务不符合约定，致使不能实现合同目的的，应当双倍返还定金。 当事人既约定违约金，又约定定金的，一方违约时，对方可以选择适用违约金或者定金条款。定金不足以弥补一方违约造成的损失的，对方可以请求赔偿超过定金数额的损失。 （2）违约责任的承担。 1）债务人按照约定履行债务，债权人无正当理由拒绝受领的，债务人可以请求债权人赔偿增加的费用。在债权人受领迟延期间，债务人无须支付利息。 2）当事人一方因不可抗力不能履行合同的，根据不可抗力的影响，部分或者全部免除责任，但法律另有规定的除外。因不可抗力不能履行合同的，应当及时通知对方，以减轻可能给对方造成的损失，并应当在合理期限内提供证明。 当事人迟延履行后发生不可抗力的，不免除其违约责任。 3）当事人一方违约后，对方应当采取适当措施防止损失的扩大；没有采取适当措施致使损失扩大的，不得就扩大的损失请求赔偿。当事人因防止损失扩大而支出的合理费用，由违约方负担。 4）当事人都违反合同的，应当各自承担相应的责任。当事人一方违约造成对方损失，对方对损失的发生有过错的，可以减少相应的损失赔偿额。 5）当事人一方因第三人的原因造成违约的，应当依法向对方承担违约责任。当事人一方和第三人之间的纠纷，依照法律规定或者按照约定处理。 （3）国际货物买卖合同和技术进出口合同争议时效。因国际货物买卖合同和技术进出口合同争议提起诉讼或者申请仲裁的时效期间为四年

八、合同争议解决

表 2-15 合同争议解决

和解	和解与调解是解决合同争议的常用和有效方式
调解	按调解人的不同，有民间调解、仲裁机构调解和法庭调解三种
仲裁	根据我国《仲裁法》，对于合同争议的解决，实行“或裁或审制”。即发生争议的合同当事人双方只能在“仲裁”或者“诉讼”两种方式中选择一种方式解决其合同争议。 仲裁裁决具有法律约束力。合同当事人应当自觉执行裁决。不执行的，另一方当事人可以申请有管辖权的人民法院强制执行。裁决做出后，当事人就同一争议再申请仲裁或者向人民法院起诉的，仲裁机构或者人民法院不予受理。但当事人对仲裁协议的效力有异议的，可以请求仲裁机构做出决定或者请求人民法院做出裁定
诉讼	有下列情形之一的，合同当事人可以选择诉讼方式解决合同争议： （1）合同争议的当事人不愿和解、调解的； （2）经过和解、调解未能解决合同争议的； （3）当事人没有订立仲裁协议或者仲裁协议无效的； （4）仲裁裁决被人民法院依法裁定撤销或者不予执行的。 对于一般的合同争议，由被告住所地或者合同履行地人民法院管辖。建设工程合同的纠纷一般都适用不动产所在地的专属管辖，由工程所在地人民法院管辖

经典考题剖析

一、2023 年考题

1. 根据《民法典》，采用市场定价方式的合同生效后，当事人就价款约定不明确，也未达成补充协议且无法按照合同有关条款或者交易习惯确定的，则该合同价款应按照（　　）履行。

A. 订立合同时履行地的市场价格　　B. 履行合同时履行地的市场价格

C. 订立合同时签署地的市场价格　　D. 履行合同时签署地的市场价格

答案：A

［**解析**］价款或者报酬不明确的，按照订立合同时履行地的市场价格履行；依法应当执行政府定价或者政府指导价的，按照规定履行。

2. 根据《民法典》合同编，合同当事人方不履行合同义务或者履行合同义务不符合约定的，承担违约责任的方式有（　　）。

A. 采取补救措施　　B. 强制转让合同
C. 债务提存　　D. 赔偿损失
E. 继续履行

答案：A、D、E

［解析］违约责任的承担方式：继续履行、采取补救措施、赔偿损失、支付违约金、定金。

二、2022 年考题

1. 采用快递物流方式交付的货物的（　　）为交付时间。

A. 收货人的签收时间　　B. 发货人的签发时间
C. 收货人的查验时间　　D. 快递到达时间

答案：A

［解析］通过互联网等信息网络订立的电子合同的标的为交付商品，并采用快递物流方式交付的，收货人的签收时间为交付时间。

2. 当事人一方不履行合同义务或者履行合同义务不符合约定时，应当承担的违约责任是（　　）。

A. 继续履行、赔偿损失或采取补救措施
B. 停止履行，只赔偿损失
C. 继续履行，不赔偿损失
D. 既不履行，也不赔偿

答案：A

［解析］当事人一方不履行合同义务或者履行合同义务不符合约定的，应当承担继续履行、采取补救措施或者赔偿损失等违约责任。

3.《民法典》合同编的典型合同分编中，建设工程合同包括的合同类型有（　　）。

A. 保证合同　　B. 工程勘察合同
C. 设计合同　　D. 租赁合同
E. 施工合同

答案：B、C、E

［解析］根据《民法典》合同编，建设工程合同包括工程勘察合同、设计合同、施工合同。

三、2021 年考题

1. 根据《民法典》合同编，除法律另行规定或当事人另有约定外，采用数据电文形式订立的合同，其合同成立的地点为（　　）。

A. 收件人的主营业地，没有主营业地的为住所地
B. 发件人的主营业地或住所地任选其一
C. 收件人的住所地，没有住所地的为主营业地
D. 发件人的主营业地，没主营业地的为住所地

答案：A

［解析］采用数据电文形式订立合同的，收件人的主营业地为合同成立的地点；没

有主营业地的，其住所地为合同成立的地点。当事人另有约定的，按照其约定。

2. 根据《民法典》合同编，由于债权人无正当理由拒绝受领债务人履约，债务人宜采取的做法是（　　）。

A. 行使代位权　　B. 将标的物提存

C. 通知解除合同　　D. 行使抗辩权

答案：B

［解析］有下列情形之一，难以履行债务的，债务人可以将标的物提存：

(1) 债权人无正当理由拒绝受领；

(2) 债权人下落不明；

(3) 债权人死亡未确定继承人、遗产管理人，或者丧失民事行为能力未确定监护人；

(4) 法律规定的其他情形。

四、其他年份考题

1. 对格式条款有两种以上解释的，下列说法正确的是（　　）。

A. 该格式条款无效，由双方重新协商

B. 该格式条款效力待定，由仲裁机构裁定

C. 应当作出利于提供格式条款一方的解释

D. 应当作出不利于提供格式条款一方的解释

答案：D

［解析］对格式条款的理解发生争议的，应当按照通常理解予以解释。对格式条款有两种以上解释的，应当作出不利于提供格式条款一方的解释。

2. 关于合同争议仲裁的说法，正确的是（　　）。

A. 仲裁是诉讼的前置程序

B. 仲裁裁决在当事人认可后具有法律约束力

C. 仲裁裁决的强制执行须向人民法院申请

D. 仲裁协议的效力须由人民法院裁定

答案：C

［解析］仲裁裁决具有法律约束力。合同当事人应当自觉执行裁决，不执行的，另一方当事人可以申请有管辖权的人民法院强制执行。

3. 关于要约和承诺的说法，正确的有（　　）。

A. 要约通知发出时即表明要约生效

B. 承诺应当在要约确定的期限内到达要约人

C. 要约一旦发出不得撤销

D. 承诺通知到达要约人时生效

E. 承诺的内容应当与要约的内容一致

答案：B、D、E

［解析］选项A和选项D，要约到达受要约人时生效；选项B，承诺应当在要约确定的期限内到达要约人；选项C，要约可以撤回，撤回要约的通知应当在要约到达受要约人之前或者与要约同时到达受要约人。

4. 标的有多项而债务人只需履行其中一项的，则（　　）。

A. 债务人享有选择权

B. 债权人享有选择权

C. 债权人和债务人协商债务人应履行的债务内容

D. 债务人按照债权人要求的方式选择履行的标的

答案：A

［解析］标的有多项而债务人只需履行其中一项的，债务人享有选择权；但法律另有规定、当事人另有约定或者另有交易习惯的除外。

5. 部分连带债务人履行、抵销债务或者提存标的物的，其他债务人对债权人的债务在相应范围内消灭，则（　　）。

A. 该债务人可以向债权人追偿

B. 该债务人与其他债务人之间建立起新的债权债务关系

C. 相当于其他债务人向债权人履行了合同标的

D. 债权人对该债务人的债权继续存在

答案：B

［解析］部分连带债务人履行、抵销债务或者提存标的物的，其他债务人对债权人的债务在相应范围内消灭；该债务人可以依据规定向其他债务人追偿。

6. 应当先履行债务的当事人，可以中止履行的情形包括（　　）。

A. 经营状况严重恶化　　B. 抽逃资金，以逃避债务

C. 部分债务人履行了合同债务　　D. 丧失商业信誉

E. 有丧失履行债务能力的情形

答案：A、B、D、E

［解析］应当先履行债务的当事人，有确切证据证明对方有下列情形之一的，可以中止履行：

（1）经营状况严重恶化；

（2）转移财产、抽逃资金，以逃避债务；

（3）丧失商业信誉；

（4）有丧失或者可能丧失履行债务能力的其他情形。

7. 合同成立后，合同的基础条件发生了当事人在订立合同时无法预见的、不属于商业风险的重大变化，继续履行合同对于当事人一方明显不公平的，受不利影响的当事人可以（　　）。

A. 转让合同　　B. 解除合同

C. 请求人民法院解除合同　　D. 与对方重新协商

答案：D

［解析］合同成立后，合同的基础条件发生了当事人在订立合同时无法预见的、不属于商业风险的重大变化，继续履行合同对于当事人一方明显不公平的，受不利影响的当事人可以与对方重新协商；在合理期限内协商不成的，当事人可以请求人民法院或者仲裁机构变更或者解除合同。

考点五：价格法

点评：本考点是考核频数比较高的内容，关于考核的内容、形式，考生可以参照经典考题剖析的题目，通过题目的训练理解本考点的具体内容。

知识要点集成

表 2-16 价格法

经营者的价格行为	经营者权利	经营者享有如下权利：①自主制定属于市场调节的价格；②在政府指导价规定的幅度内制定价格；③制定属于政府指导价、政府定价产品范围内的新产品的试销价格，特定产品除外；④检举、控告侵犯其依法自主定价权利的行为
	经营者违规行为	经营者不得有下列不正当行为：①相互串通，操纵市场价格，侵害其他经营者或消费者的合法权益；②除降价处理鲜活、季节性、积压商品外，为排挤对手或独占市场，以低于成本的价格倾销，扰乱正常的生产经营秩序，侵害国家利益或者其他经营者的合法权益；③捏造、散布涨价信息，哄抬价格，推动商品价格过高上涨；④利用虚假或使人误解的价格手段，诱骗消费者或者其他经营者与其进行交易；⑤对具有同等交易条件的其他经营者实行价格歧视等
政府的定价行为	政府定价的商品	对下列商品和服务价格，政府在必要时可以实行政府指导价或政府定价：①与国民经济发展和人民生活关系重大的极少数商品价格；②资源稀缺的少数商品价格；③自然垄断经营的商品价格；④重要的公用事业价格；⑤重要的公益性服务价格
	定价目录	政府指导价、政府定价的定价权限和具体适用范围，以中央和地方的定价目录为依据。中央定价目录由国务院价格主管部门制定、修订，报国务院批准后公布。地方定价目录由省、自治区、直辖市人民政府价格主管部门按照中央定价目录规定的定价权限和具体适用范围制定，经本级人民政府审核同意，报国务院价格主管部门审定后公布。省、自治区、直辖市人民政府以下各级地方人民政府不得制定定价目录
	定价依据	政府应当依据有关商品或者服务的社会平均成本和市场供求状况、国民经济与社会发展要求以及社会承受能力，实行合理的购销差价、批零差价、地区差价和季节差价。制定关系群众切身利益的公用事业价格、公益性服务价格、自然垄断经营的商品价格时，应当建立听证会制度，征求消费者、经营者和有关方面的意见

经典考题剖析

一、2023 年考题

根据《价格法》，下列商品经营者行为中，属于不正当价格行为的是（　　）。

A. 串通操纵同类商品市场价格

B. 以低于成本的价格处理鲜活商品

C. 降价处理积压商品

D. 节假日以零利润价格促销

答案：A

［**解析**］经营者不得有下列不正当行为：

（1）相互串通，操纵市场价格，侵害其他经营者或消费者的合法权益；

（2）除降价处理鲜活、季节性、积压商品外，为排挤对手或独占市场，以低于成本的价格倾销，扰乱正常的生产经营秩序，侵害国家利益或者其他经营者的合法权益；

（3）捏造、散布涨价信息，哄抬价格，推动商品价格过高上涨；

（4）利用虚假或使人误解的价格手段，诱骗消费者或者其他经营者与其进行交易；

（5）对具有同等交易条件的其他经营者实行价格歧视等。

二、2021 年考题

根据《价格法》，当重要商品和服务价格显著上涨时，国务院和省、自治区、直辖市人民政府可采取的干预措施是（　　）。

A. 限定利润率、实行提价申报制度和调价备案制度

B. 限定购销差价、批零差价、地区差价和季节差价

C. 限定利润率、规定限价、实行价格公示制度

D. 成本价公示、规定限价

答案：A

［**解析**］当重要商品和服务价格显著上涨或者有可能显著上涨时，国务院和省、自治区、直辖市人民政府可以对部分价格采取限定差价率或者利润率、规定限价、实行提价申报制度和调价备案制度等干预措施。

三、其他年份考题

1. 根据《价格法》，经营者有权制订的价格有（　　）。

A. 资源稀缺的少数商品价格

B. 自然垄断经营的商品价格

C. 属于市场调节的价格

D. 属于政府定价产品那个范围的新产品试销价格

E. 公益性服务价格

答案：C、D

［解析］对下列商品和服务价格，政府在必要时可以实行政府指导价或政府定价：①与国民经济发展和人民生活关系重大的极少数商品价格；②资源稀缺的少数商品价格；③自然垄断经营的商品价格；④重要的公用事业价格；⑤重要的公益性服务价格。选项 C、D，不属于实行政府指导价或政府定价范围，经营者有权制订价格。

2. 根据《价格法》，地方定价商品应经（　　）审定后公布。

A. 地方人民政府价格主管部门　　B. 地方人民政府

C. 国务院价格主管部门　　D. 国务院

答案：C

［解析］地方定价目录由省、自治区、直辖市人民政府价格主管部门按照中央定价目录规定的定价权限和具体适用范围制定，经本级人民政府审核同意，报国务院价格主管部门审定后公布。省、自治区、直辖市人民政府以下各级地方人民政府不得制定定价目录。

需要注意的是，在这个自然段中，考生要认真阅读，区别地方人民政府价格主管部门、地方政府和国务院价格主管部门的权能。

3. 根据《价格法》，在制定关系群众利益的（　　）时，政府应当建立听证会制度。

A. 公用事业价格　　B. 公益性服务价格

C. 自然垄断经营的商品价格　　D. 价格波动过大的农产品价格

E. 政府集中采购的商品价格

答案：A、B、C

［解析］政府应当依据有关商品或者服务的社会平均成本和市场供求状况、国民经济与社会发展要求以及社会承受能力，实行合理的购销差价、批零差价、地区差价和季节差价。制定关系群众切身利益的公用事业价格、公益性服务价格、自然垄断经营的商品价格时，应当建立听证会制度，征求消费者、经营者和有关方面的意见。

4. 根据《价格法》，在制定关系群众切身利益的公用事业价格、公益性服务价格、自然垄断经营的商品价格时，应当建立（　　）制度。

A. 风险评估　　B. 公示

C. 专家咨询　　D. 听证会

答案：D

［解析］在制定关系群众切身利益的公用事业价格、公益性服务价格、自然垄断经营的商品价格时，应当建立听证会制度，征求消费者、经营者和有关方面的意见。本题是典型的填空式考题，自 2000 年以来多次考核，注意记住关键词。

难 题 解 析

一、单项选择题

1. 根据《建筑法》，获取施工许可证后因故不能按期开工的，建设单位应当申请延期，延期的规定是（　　）。

A. 以两次为限，每次不超过 2 个月　　B. 以三次为限，每次不超过 2 个月
C. 以两次为限，每次不超过 3 个月　　D. 以三次为限，每次不超过 3 个月

答案：C

［**解题要点**］建设单位应当自领取施工许可证之日起 3 个月内开工。因故不能按期开工的，应当向发证机关申请延期；延期以两次为限，每次不超过 3 个月。

2. 根据《建筑法》的规定，按照国务院有关规定批准开工报告的建筑工程，因故不能按期开工超过（　　）个月的，应当重新办理开工报告的批准手续。

A. 1　　B. 2
C. 3　　D. 6

答案：D

［**解题要点**］按照国务院有关规定批准开工报告的建筑工程，因故不能按期开工或者中止施工的，应当及时向批准机关报告情况。因故不能按期开工超过 6 个月的，应当重新办理开工报告的批准手续。

3. 根据《建设工程质量管理条例》，涉及建筑主体和承担结构变动的装修工程，建设单位应当在施工前委托（　　）提出设计方案。

A. 建设单位　　B. 分包单位
C. 监理单位　　D. 原设计单位

答案：D

［**解题要点**］涉及建筑主体和承重结构变动的装修工程，建设单位应当在施工前委托原设计单位或者具有相应资质等级的设计单位提出设计方案；没有设计方案的，不得施工。房屋建筑使用者在装修过程中，不得擅自变动房屋建筑主体和承重结构。

4. 根据《建设工程安全生产管理条例》，下列关于建设工程安全生产责任的说法，正确的是（　　）。

A. 施工单位在编制工程预算时，应当确定建设工程安全作业环境及安全施工措施所需费用
B. 建设单位应当审查施工组织设计中的安全技术措施是否符合工程建设强制性标准
C. 施工单位应当自整体提升脚手架验收合格之日起 60 日内，向有关部门登记
D. 建设工程实行施工总承包的，由总承包单位对施工现场的安全生产负总责

答案：D

［**解题要点**］这是一道综合性很强的判断式考题。选项 A，建设单位在编制工程概算时，应当确定建设工程安全作业环境及安全施工措施所需费用；在申请领取施工许可证时，应当提供建设工程有关安全施工措施的资料。选项 B，工程监理单位应当审查施工组织设计中的安全技术措施或者专项施工方案是否符合工程建设强制性标准。选项 C，施工单位应当自施工起重机械和整体提升脚手架、模板等自升式架设设施验收合格之日起 30 日，向建设行政主管部门或者其他有关部门登记。选项 D，建设工程实行施工总承包的，由总承包单位对施工现场的安全生产负总责。

5. 根据《招标投标法实施条例》，对于采用两阶段招标的项目，投标人在第一阶段向招标人提交的文件是（　　）。

A. 不带报价的技术建议　　B. 带报价的技术建议
C. 不带报价的技术方案　　D. 带报价的技术方案

答案：A

［**解题要点**］本题考查的是《招标投标法实施条例》。第一阶段，投票人按照招标公告或者投标邀请书的要求提交不带报价的技术建议，招标人根据投标人提交的技术建议确定技术标准和要求，编制招标文件。容易与选项 A 混淆的是选项 C，投标人按照招标文件的要求提交包括最终技术方案和投标报价的投标文件是第二阶段的工作。

6. 根据《招标投标法》，下列关于投标和开标的说法，正确的是（　　）。

A. 投标人如果准备中标后将部分工程分包的，应在中标后通知招标人

B. 联合体投标中标的，应由联合体牵头方代表联合体与招标人签订合同

C. 开标应当在公证机构的主持下，在招标人通知的地点公开进行

D. 开标时，可以由投标人或者其推选的代表检查投标文件的密封情况

答案：D

［**解题要点**］根据招标文件载明的项目实际情况，投标人如果准备在中标后将中标项目的部分非主体、非关键工程进行分包的，应当在投标文件中载明。联合体中标的，联合体各方应当共同与招标人签订合同，就中标项目向招标人承担连带责任。开标应当在招标人的主持下，在招标文件确定的提交投标文件截止时间的同一时间、招标文件中预先确定的地点公开进行。应邀请所有投标人参加开标。开标时，由投标人或者其推选的代表检查投标文件的密封情况，也可以由招标人委托的公证机构检查并公证。

7. 根据《招标投标法实施条例》，下列关于资格预审的说法错误的是（　　）。

A. 潜在投标人对资格预审文件有异议，应当在提交资格预审申请文件截止时间 2 日前提出

B. 潜在投标人对资格预审文件有异议，应当在提交资格预审申请文件截止时间 5 日前提出

C. 招标人应当自收到异议之日起 3 日内做出答复

D. 做出答复前，应当暂停招标投标活动

答案：B

［**解题要点**］如潜在投标人或者其他利害关系人对资格预审文件有异议，应当在提交资格预审申请文件截止时间 2 日前提出；如对招标文件有异议，应当在投标截止时间 10 日前提出。招标人应当自收到异议之日起 3 日内做出答复；做出答复前，应当暂停招标投标活动。

8. 根据《政府采购法》，下列有关采购方式的说法，不正确的是（　　）。

A. 公开招标应作为政府采购的主要采购方式

B. 具有特殊性，只能从有限范围的供应商处采购的可以采用竞争性谈判方式采购

C. 只能从唯一供应商处采购的可以采用单一来源方式采购

D. 询价是政府采购可采用的方式之一

答案：B

［**解题要点**］选项 A、C、D 符合《政府采购法》的规定，选项 B 具有特殊性，只能从有限范围的供应商处采购的可采用邀请招标方式采购。

9. 根据《民法典》的规定，下列关于格式条款的说法，正确的是（　　）。

A. 对格式条款理解发生争议的，应按通常理解予以解释

B. 对格式条款有两种以上解释的，应由非格式条款提供方负责解释

C. 格式条款与非格式条款不一致的，应当采用格式条款

D. 就格式条款发生争议的，应由非格式条款提供方确定争议解决办法

答案：A

［**解题要点**］格式条款是历年常考的知识点，提供格式条款的一方应当遵循公平的原则确定当事人之间的权利义务关系，并采取合理的方式提请对方注意免除或限制其责任的条款，按照对方的要求，对该条款予以说明。提供格式条款一方免除自己责任、加重对方责任、排除对方主要权利的，该条款无效。对格式条款的理解发生争议的，应当按照通常理解予以解释。对格式条款有两种以上解释的，应当做出不利于提供格式条款一方的解释。格式条款和非格式条款不一致的，应当采用非格式条款。

10. 根据《民法典》的规定，下列关于承诺的说法，正确的是（　　）。

A. 承诺期限自要约发出时开始计算

B. 承诺通知一经发出不得撤回

C. 承诺可对要约的内容做出实质性变更

D. 承诺的内容应当与要约的内容一致

答案：D

［解题要点］承诺的内容应当与要约的内容一致。

11. 判断合同是否成立的依据是（　　）。

A. 合同是否生效　　B. 合同是否产生法律约束力

C. 要约是否生效　　D. 承诺是否有效

答案：D

［解题要点］承诺生效时合同成立。要求考生关注合同订立、成立、生效等概念的区别。

12. 合同订立过程中，属于要约失效的情形是（　　）。

A. 承诺通知到达要约人　　B. 受要约人依法撤销承诺

C. 要约人在承诺期限内未做出承诺　　D. 受要约人对要约内容做出实质性质变更

答案：D

［解题要点］有下列情形之一的，要约失效：①要约被拒绝；②要约被依法撤销；③承诺期限届满，受要约人未做出承诺；④受要约人对要约内容做出实质性变更。

13. 根据《民法典》的规定，关于要约和承诺的说法，正确的是（　　）。

A. 撤回要约的通知应当在要约到达受要约人之后到达受要约人

B. 承诺的内容应当与要约的内容一致

C. 要约邀请是合同成立的必经过程

D. 撤回承诺的通知应当在要约确定的承诺期限内到达要约人

答案：B

［解题要点］选项A，撤回要约的通知应当在要约到达受要约人之前或者与要约同时到达受要约人；选项B，承诺的内容应当与要约的内容一致；选项C，要约邀请并不是合同成立过程中的必经过程，它是当事人订立合同的预备行为；选项D，承诺可以撤回，撤回承诺的通知应当在承诺通知到达要约人之前或者与承诺通知同时到达要约人。

14. 根据《民法典》的规定，执行政府定价或政府指导价的，在合同履行过程中（　　）。

A. 在合同约定的期限内政府价格调整时，按订立合同时的价格计价

B. 逾期交付标的物的，遇价格上涨时，按照原价执行

C. 逾期提取标的物的，遇价格上涨时，按照原价执行

D. 逾期提取标的物的，遇价格下降时，按照新价执行

答案：B

［解题要点］执行政府定价或政府指导价的，在合同约定的交付期限内政府价格调整时，按照交付时的价格计价。逾期交付标的物的，遇价格上涨时，按照原价格执行。价格下降时，按照新价格执行。逾期提取标的物或者逾期付款的，遇价格上涨时，按照新价格执行，价格下降时，按照原价格执行。

15. 根据《民法典》的规定，双方当事人在合同中既约定违约金，又约定定金的，当一方违约时，对方（　　）。

A. 只能适用违约金条款　　B. 可以选择适用违约金或者定金条款

C. 只能适用定金条款　　D. 可同时适用违约金和定金条款

答案：B

［解题要点］当事人既约定定金，又约定违约金的，一方违约时，对方可以选择适用违约金或者定金条款。对于违约责任这个知识点，从应试的角度讲，必须掌握违约责任的特征、构成要件，在违约责任承担方式中，赔偿损失和支付违约金这两部分内容必须理解。

二、多项选择题

1. 根据《建筑法》的规定，下列行为中属于禁止行为的有（　　）。

A. 施工企业允许其他单位使用本企业的营业执照，以本企业的名义承揽工程

B. 建筑施工企业联合高资质等级的企业承揽超出本企业资质等级许可范围的工程

C. 两个以上的建筑施工企业联合承包大型或结构复杂的建筑工程

D. 总承包单位自行将其承包工程中的部分工程发包给有相应资质条件的分包单位

E. 分包单位将承包的工程根据工程实际再分包给具有相应资质条件的分包单位

答案：A、B、E

[解题要点]《建筑法》规定：禁止建筑施工企业超越本企业资质登记许可的业务范围或者以任何形式用其他建筑施工企业的名义承揽工程。禁止建筑施工企业以任何方式允许其他单位或个人使用本企业的资质证书、营业执照，以本企业的名义承揽工程。大型建筑工程或结构复杂的建筑工程，可以由两个以上的承包单位联合承包。两个以上不同资质等级的单位实行联合共同承包的，应当按照资质等级低的单位的业务许可范围承揽工程。建筑工程总承包单位可以将承包工程中的部分工程发包给具有相应资质条件的分包单位，禁止分包单位将其承包的工程再分包。

2. 根据《建筑法》，建筑工程安全生产管理应建立健全（　　）制度。

A. 责任　　B. 追溯

C. 保证　　D. 群防群治

E. 监督

答案：A、D

[解题要点] 建筑工程安全生产管理必须坚持安全第一、预防为主的方针，建立健全安全生产的责任制度和群防群治制度。

3. 根据《建设工程质量管理条例》，建设工程竣工验收应当具备的条件包括（　　）。

A. 完成建设工程设计和合同约定的各项内容

B. 有完整的施工备案资料，并在建设主管部门备案

C. 有工程使用的主要建筑材料、建筑构配件和设备的进场试验报告

D. 有勘察、设计、施工、工程监理等单位分别签署的质量合格文件

E. 有施工单位签署的工程保修书

答案：A、C、D、E

[解题要点] 建设工程竣工验收应当具备下列条件：

(1) 完成建设工程设计和合同约定的各项内容；

(2) 有完整的技术档案和施工管理资料；

(3) 有工程使用的主要建筑材料、建筑构配件和设备的进场试验报告；

(4) 有勘察、设计、施工、工程监理等单位分别签署的质量合格文件；

(5) 有施工单位签署的工程保修书。

4. 根据《建设工程安全生产管理条例》，下列工程中，需要编制专项施工方案的并组织专家进行论证、审查的是（　　）。

A. 脚手架工程　　B. 深基坑

C. 起重吊装工程　　D. 地下暗挖工程

E. 高大模板工程

答案：B、D、E

[解题要点] 施工单位应当在施工组织设计中编制安全技术措施和施工现场临时用电方案，对下列达到一定规模的危险性较大的分部分项工程编制专项施工方案，并附具安全验算结果，经施工单位技术负责人、总监理工程师签字后实施，由专职安全生产管理人员进行现场监督：①基坑支护与降水工程；②土方开挖工程；③模板工程；④起重吊装工程；⑤脚手架工程；⑥拆除、爆破工程；⑦国务院建设行政主管部门或者其他有关部门规定的其他危险性较大的工程。

上述所列工程中涉及深基坑、地下暗挖工程、高大模板工程的专项施工方案，施工单位还应当组

织专家进行论证、审查。

5. 根据《招标投标法实施条例》，属于以不合理条件限制、排斥潜在投标人或投标人的情形有（　　）。

A. 就同一招标项目向投标人提供相同的项目信息

B. 设定的技术和商务条件与合同履行无关

C. 以特定行业的业绩作为加分条件

D. 对投标人采用无差别的资格审查标准

E. 对招标项目指定特定的品牌和原产地

答案：B、C、E

[**解题要点**] 招标人有下列行为之一的，属于以不合理条件限制、排斥潜在投标人或者投标人：①就同一招标项目向潜在投标人或者投标人提供有差别的项目信息；②设定的资格、技术、商务条件与招标项目的具体特点和实际需要不相适应或者与合同履行无关；③依法必须进行招标的项目以特定行政区域或者特定行业的业绩、奖项作为加分条件或者中标条件；④对潜在投标人或者投标人采取不同的资格审查或者评标标准；⑤限定或者指定特定的专利、商标、品牌、原产地或者供应商；⑥依法必须进行招标的项目非法限定潜在投标人或者投标人的所有制形式或者组织形式；⑦以其他不合理条件限制、排斥潜在投标人或者投标人。

6. 根据《招标投标法实施条例》，国有资金占控股或者主导地位的依法必须进行招标的项目，可以邀请招标的情形是（　　）。

A. 需要向原中标人采购工程、货物或者服务

B. 技术复杂

C. 受自然环境限制

D. 需要采用不可替代的专利或者专有技术

E. 采购人依法能够自行建设、生产或者提供

答案：B、C

[**解题要点**]（1）可以邀请招标的项目。国有资金占控股或者主导地位的依法必须进行招标的项目，应当公开招标；但有下列情形之一的，可以邀请招标：

1）技术复杂、有特殊要求或者受自然环境限制，只有少量潜在投标人可供选择；

2）采用公开招标方式的费用占项目合同金额的比例过大。

（2）可以不招标的项目。有下列情形之一的，可以不进行招标：

1）需要采用不可替代的专利或者专有技术；

2）采购人依法能够自行建设、生产或者提供；

3）已通过招标方式选定的特许经营项目投资人依法能够自行建设、生产或者提供；

4）需要向原中标人采购工程、货物或者服务，否则将影响施工或者功能配套要求；

5）国家规定的其他特殊情形。

7. 根据《招标投标法实施条例》，属于投标人相互串通投标的情形有（　　）。

A. 不同投标人的投标文件由同一个人编制

B. 投标人之间约定中标人

C. 投标人之间协商投标报价等投标文件的实质性内容

D. 属于同一个协会等组织成员的投标人按照该组织要求协同投标

E. 不同投标人的投标保证金从同一个单位的账户转出

答案：B、C、D

[**解题要点**] 有下列情形之一的，属于投标人相互串通投标：①投标人之间协商投标报价等投标文件的实质性内容；②投标人之间约定中标人；③投标人之间约定部分投标人放弃投标或者中标；

④属于同一集团、协会、商会等组织成员的投标人按照该组织要求协同投标；⑤投标人之间为谋取中标或者排斥特定投标人而采取的其他联合行动。

8. 根据《招标投标法实施条例》，关于投标保证金的说法，正确的有（　　）。

A. 投标保证金有效期应当与投标有效期一致

B. 投标保证金不得超过招标项目估算价的 2%

C. 采用两阶段招标的，投标应在第一阶段提交投标保证金

D. 招标人不得挪用投标保证金

E. 招标人最迟应在签订书面合同时退还投标保证金

答案：A、B、D

[解题要点] 关于选项 A，投标保证金有效期应当与投标有效期一致。关于选项 B，投标保证金不得超过招标项目估算价的 2%。关于选项 C，采用两阶段招标的，如招标人要求投标人提交投标保证金，应当在第二阶段提出。关于选项 D，招标人不得挪用投标保证金。关于选项 E，招标人最迟应当在书面合同签订后 5 日内向中标人和未中标的投标人退还投标保证金及银行同期存款利息。

9. 根据《民法典》的规定，当事人在订立合同过程中构成缔约过失责任的情形包括（　　）。

A. 假借订立合同，恶意进行磋商

B. 故意隐瞒与订立合同有关的重要事实或者提供虚假情况

C. 胁迫当事人对方订立合同

D. 有其他违背诚信原则的行为

E. 不正当地使用知悉的商业秘密

答案：A、B、D、E

[解题要点] 当事人在订立合同过程中有下列情形之一，给对方造成损失的，应当承担赔偿责任：①假借订立合同，恶意进行磋商；②故意隐瞒与订立合同有关的重要事实或者提供虚假情况；③有其他违背诚信原则的行为。当事人在订立合同过程中知悉的商业秘密或者其他应当保密的信息，无论合同是否成立，不得泄露或者不正当地使用。泄露、不正当地使用该商业秘密或者信息，造成对方损失的，应当承担赔偿责任。

10. 根据《民法典》的规定，合同中免责条款无效的情形包括（　　）。

A. 法定代表人超越经营范围订立合同的

B. 企业负责人超越权限订立合同的

C. 代理人超越授权订立合同的

D. 造成对方人身损害的

E. 因故意或者重大过失造成对方财产损失的

答案：D、E

[解题要点] 合同有下列情形之一的，合同无效：①造成对方人身损害的；②因故意或者重大过失造成对方财产损失的。

11. 根据《民法典》的规定，下列关于定金的说法，正确的是（　　）。

A. 债务人履行债务后，定金应当抵作价款或者收回

B. 当事人既约定违约金，又约定定金的，一方违约时，对方可同时适用违约金和定金条款

C. 给付定金的一方如不履行债务，可以要求返还定金

D. 收受定金的一方不履行约定的债务的，应当双倍返还定金

E. 当事人可以依照《担保法》约定一方向对方给付定金作为债权的担保

答案：A、D、E

[解题要点] 当事人可以依照《担保法》约定一方向对方给付定金作为债权的担保。债务人履行债务后，定金应当抵作价款或者收回。给付定金的一方不履行约定的债务的，无权要求返还定金；收

受定金的一方不履行约定的债务的，应当双倍返还定金。当事人既约定违约金，又约定定金的，一方违约时，对方可以选择适用违约金或者定金条款。

12. 根据《价格法》的规定，应当建立听证会制度，以便在制定价格时征求消费者、经营者和有关方面意见的情形包括（　　）。

A. 关系群众切身利益的公用事业价格　　B. 关系群众切身利益的基本农产品价格

C. 自然垄断经营的商品价格　　D. 重要的工业原材料价格

E. 公益性服务价格

答案：A、C、E

［**解题要点**］我国《价格法》第二十三条规定："制定关系群众切身利益的公用事业价格、公益性服务价格、自然垄断经营的商品价格等政府指导价、政府定价，应当建立听证会制度，由政府价格主管部门主持，征求消费者、经营者和有关方面的意见，论证其必要性、可行性。"

第三章　工程项目管理

考 纲 要 求

1. 工程项目的组成和分类、建设程序；
2. 工程项目管理的类型、任务及相关制度；
3. 工程项目的组织、计划与控制；
4. 流水施工组织方法、网络计划技术；
5. 工程项目合同管理；
6. 工程项目信息管理。

本章知识架构

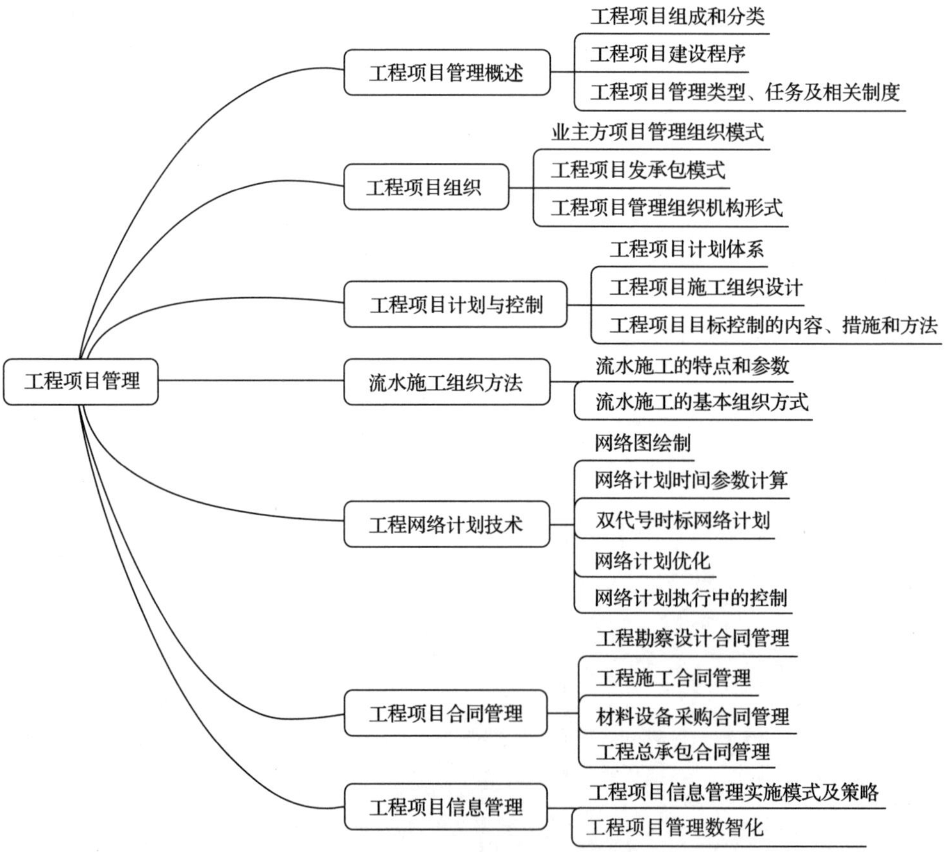

考点与题型详解

考点一：工程项目组成和分类

点评：本考点的内容比较简单，但是历年关于本考点的考题不少，题目的分布比较集中，难易程度也比较稳定，考生可以参照历年考题理解本考点的具体内容。2023 年版教材对于分部（子分部）工程和分项工程的概念、构成范围进行细微调整。

知识要点集成

一、工程项目的组成

表 3-1　工程项目的组成

工程项目	单项工程	单项工程是指具有独立的设计文件，建成后能够独立发挥生产能力、投资效益的一组配套齐全的工程项目。单项工程是工程项目的组成部分，一个工程项目有时可以仅包括一个单项工程，也可以包括多个单项工程。生产性工程项目的单项工程，一般是指能独立生产的车间，包括厂房建筑、设备安装等工程
	单位工程	单位工程是指具备独立施工条件并能形成独立使用功能的工程。单位工程是单项工程的组成部分。如工业厂房工程中的土建工程、设备安装工程、工业管道工程等就是单项工程所包含的不同性质的单位工程。有的工程项目没有单项工程，而是直接由若干单位工程组成
	分部（子分部）工程	分部工程是指将单位工程按专业性质、工程部位、建筑功能等划分的工程。根据现行国家标准《建筑工程施工质量验收统一标准》GB 50300，建筑工程包括：地基与基础、主体结构、装饰装修、屋面、给水排水及供暖、通风与空调、建筑电气、智能建筑、建筑节能、电梯等分部工程。 当分部工程较大或较复杂时，可按材料种类、工艺特点、施工程序、专业系统及类别等划分为若干子分部工程。 （1）地基与基础分部工程又可细分为地基、基础、基坑支护、地下水控制、土方、边坡、地下防水等子分部工程； （2）主体结构分部工程又可细分为混凝土结构、砌体结构、钢结构、木结构、钢管混凝土结构、型钢混凝土结构、铝合金结构、木结构等子分部工程； （3）装饰装修分部工程又可细分为建筑地面、抹灰、外墙防水、门窗、吊顶、轻质隔墙、幕墙、涂饰、裱糊与软包、细部等子分部工程； （4）智能建筑分部工程又可细分为智能化集成系统、信息接入系统、用户电话交换系统、信息网络系统、综合布线系统、移动通信室内信号覆盖系统、卫星通信系统、有线电视及卫星电视接收系统、会议系统、信息导引及发布系统、建筑设备监控系统、火灾自动报警系统、应急响应系统等子分部工程
	分项工程	分项工程是分部工程的组成部分，也是形成建筑产品基本构件的施工过程。分项工程是指将分部工程按主要工种、材料、施工工艺、设备类别等划分的工程。例如，土方开挖工程、土方回填工程、场地平整工程、钢筋工程、模板工程、混凝土工程、砖砌体工程、钢结构安装工程、木门窗安装工程、给（排）水管道安装工程等

二、工程项目的分类

表 3-2　工程项目的分类

	分类依据		具体内容
工程项目	按建设性质划分		工程项目可分为新建项目、扩建项目、改建项目、迁建项目和恢复项目。一个工程项目只能有一种性质，在工程项目按总体设计全部建成之前，其建设性质始终不变
	按投资作用划分	生产性项目	是指直接用于物质资料生产或直接为物质资料生产服务的工程项目。主要包括：工业建设项目、农业建设项目、基础设施建设项目、商业建设项目等
		非生产性项目	是指用于满足人民物质和文化、福利需要的建设和非物质资料生产部门的建设项目。主要包括：办公建筑、居住建筑、公共建筑及其他非生产性项目
	按项目规模划分		为适应分级管理需要，工程项目可分为不同等级。不同等级企业可承担不同等级工程项目。工程项目等级划分标准，根据各个时期经济发展和实际工作需要而有所变化
	按投资效益和市场需求划分		竞争性项目，应以企业作为基本投资主体
			基础性项目，主要应由政府通过经济实体投资
			公益性项目，投资主要由政府用财政资金安排的项目
	按投资来源划分	政府投资项目	按照其盈利性不同，政府投资项目又可分为经营性政府投资项目和非经营性政府投资项目。经营性政府投资项目应实行项目法人责任制，非经营性政府投资项目应推行“代建制”
	按投资来源划分	非政府投资项目	这类项目一般均实行项目法人责任制，使工程项目建设与运营实现一条龙管理

注：项目分类是本章重要考点。

经典考题剖析

一、2022 年考题

下列工程中，属于单项工程的是（　　）。

A. 生产车间的吊车设备安装工程

B. 主体基础工程

C. 钢结构工程

D. 生产车间的建筑工程、安装工程和试生产

答案：D

［解析］单项工程是指具有独立的设计文件，建成后能够独立发挥生产能力、投资效益的一组配套齐全的工程项目。单项工程是工程项目的组成部分，一个工程项目有时可以仅包括一个单项工程，也可以包括多个单项工程。生产性工程项目的单项工程，一般是指能独立生产的车间，包括厂房建筑、设备安装等工程。

二、其他年份考题

根据《建筑工程施工质量验收统一标准》GB 50300—2013，下列工程中，属于分部工程的有（　　）。

A. 砌体结构工程

B. 智能建筑工程

C. 建筑节能工程

D. 土方回填工程

E. 装饰装修工程

答案：B、C、E

［解析］分部工程是指将单位工程按专业性质、工程部位、建筑功能等划分的工程。根据国家标准《建筑工程施工质量验收统一标准》GB 50300—2013，建筑工程包括：地基与基础、主体结构、装饰装修、屋面、给水排水及供暖、通风与空调、建筑电气、智能建筑、建筑节能、电梯等分部工程。选项 A 是子分部工程，选项 D 是分项工程。

考点二：工程项目建设程序

点评：本考点的内容比较简单，但是历年关于本考点的考题不少，题目的分布比较集中，多次考核《国务院关于投资体制改革的决定》（国发〔2004〕20 号）的内容，难易程度也比较稳定，考生可以参照历年考题理解本考点的具体内容。2023 年版教材对于工程设计中初步设计和技术设计的内容进行了细微调整。

知识要点集成

一、工程建设程序

表 3-3 工程建设程序

工程建设程序	概念	建设程序是指工程项目从策划、评估、决策、设计、施工到竣工验收、投入生产或交付使用的整个过程中，各项工作必须遵循的先后工作次序
	特点	世界各个国家和国际组织的工程项目建设程序大同小异，都要经过投资决策和建设实施两个发展时期。这两个发展时期又可分为若干个阶段，它们之间存在着严格的先后次序，可以进行合理的交叉，但不能任意颠倒次序

世界银行贷款项目建设程序见图 3-1。

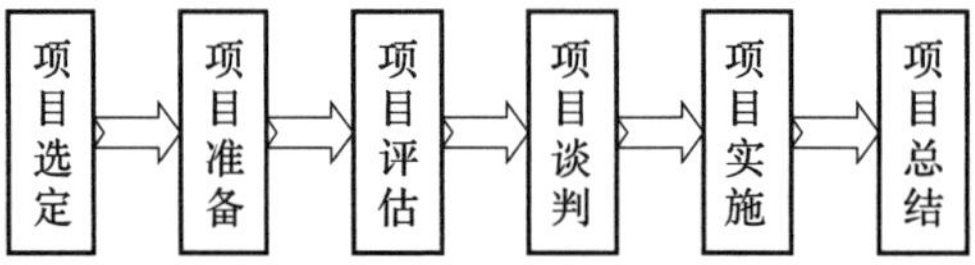

图 3-1 世界银行贷款项目建设程序

二、工程项目建设各阶段

表 3-4 我国建设程序各阶段的工作内容

阶段		内容及要求	审　批
决策阶段工作内容	编报项目建议书	项目建议书一般应包括以下几方面内容： （1）项目提出的必要性和依据； （2）规划和设计方案、产品方案、拟建规模和建设地点的初步设想； （3）资源情况、建设条件、协作关系和设备技术引进国别、厂商的初步分析； （4）投资估算、资金筹措及还贷方案设想； （5）项目进度安排； （6）经济效益和社会效益的初步估计； （7）环境影响的初步评价	对于政府投资项目，项目建议书按要求编制完成后，应根据建设规模和限额划分分别报送有关部门审批。批准的项目建议书不是项目的最终决策
	编报可行性研究报告	可行性研究应完成以下工作内容： （1）进行需求分析与市场研究，以解决项目建设的必要性及建设规模和标准等问题； （2）进行设计方案、工艺技术方案研究，以解决项目建设的技术可行性问题；	根据《国务院关于投资体制改革的决定》，政府投资项目和非政府投资项目分别实行审批制、核准制或备案制。政府投资项目实行审批制；非政府投资项目实行核准制或登记备案制。

续表 3-4

<table>
<tr><th>阶段</th><th colspan="2">内容及要求</th><th>审　批</th></tr>
<tr><td rowspan="2">决策阶段工作内容</td><td rowspan="2">编报可行性研究报告</td><td>（3）进行财务和经济分析，以解决项目建设的经济合理性问题</td><td rowspan="2">（1）政府投资项目。对于采用直接投资和资本金注入方式的政府投资项目，政府需要从投资决策的角度审批项目建议书和可行性研究报告，除特殊情况外不再审批开工报告，同时还要严格审批其初步设计和概算；对于采用投资补助、转贷和贷款贴息方式的政府投资项目，则只审批资金申请报告。
（2）非政府投资项目。对于企业不使用政府资金投资建设的项目，一律不再实行审批制，区别不同情况实行核准制或登记备案制。
1）核准制。企业投资建设《政府核准的投资项目目录》中的项目时，仅需向政府提交项目申请报告，不再经过批准项目建议书、可行性研究报告和开工报告的程序。
2）备案制。对于《政府核准的投资项目目录》以外的企业投资项目，实行备案制。除国家另有规定外，由企业按照属地原则向地方政府投资主管部门备案</td></tr>
<tr><td>可行性研究报告应包括以下基本内容：
（1）项目提出的背景、项目概况及投资的必要性；
（2）产品需求、价格预测及市场风险分析；
（3）资源条件评价（对资源开发项目而言）；
（4）建设规模及产品方案的技术经济分析；
（5）建厂条件与厂址方案；
（6）技术方案、设备方案和工程方案；
（7）主要原材料、燃料供应；
（8）总图、运输与公共辅助工程；
（9）节能、节水措施；
（10）环境影响评价；
（11）劳动安全卫生与消防；
（12）组织机构与人力资源配置；
（13）项目实施进度；
（14）投资估算及融资方案；
（15）财务评价和国民经济评价；
（16）社会评价和风险分析；
（17）研究结论与建议</td></tr>
<tr><td>建设实施阶段工作内容</td><td>工程设计</td><td colspan="2">（1）工程设计阶段及内容。工程设计工作一般划分为两个阶段，即初步设计和施工图设计。重大项目和技术复杂项目，可根据需要增加技术设计阶段。
1）初步设计。根据可行性研究报告的要求和设计基础资料对拟建工程项目进行具体设计，并通过对工程项目所作出的基本技术经济规定，编制项目总概算。
初步设计不得随意改变经批准的可行性研究报告中所确定的建设规模、产品方案、工程标准、建设地址和总投资等控制目标。根据《政府投资条例》，对于政府采取直接投资方式、资本金注入方式投资的项目，初步设计提出的投资概算超过经批准的可行性研究报告提出的投资估算10%的，项目单位应当向投资主管部门或者其他有关部门报告，投资主管部门或者其他有关部门可以要求项目单位重新报送可行性研究报告。
2）技术设计。根据初步设计和更详细的调查研究资料，对需要进一步解决初步设计中的重大技术问题的，如工艺流程、建筑结构、设备选型及数量确定等，可以增加技术设计阶段，使工程项目设计更具体、更完善，技术指标更明确。
（2）施工图设计文件审查或审批。以房屋建筑和市政基础设施工程为例，根据《房屋建筑和市政基础设施工程施工图设计文件审查管理办法》（住房和城乡建设部令第13号），建设单位应当将施工图送施工图审查机构审查。施工图审查机构对施工图审查的内容包括：
1）是否符合工程建设强制性标准；
2）地基基础和主体结构的安全性；
3）消防安全性；
4）人防工程（不含人防指挥工程）防护安全性；
5）是否符合民用建筑节能强制性标准，对执行绿色建筑标准的项目，还应当审查是否符合绿色建筑标准；
6）勘察设计企业和注册执业人员以及相关人员是否按规定在施工图上加盖相应的图章和签字；
7）法律、法规、规章规定必须审查的其他内容。</td></tr>
</table>

续表 3-4

<table>
<tr><th colspan="2">阶段</th><th>内容及要求</th><th>审　批</th></tr>
<tr><td rowspan="4">建设实施阶段工作内容</td><td>工程设计</td><td colspan="2">任何单位或者个人不得擅自修改审查合格的施工图。确需修改的，凡涉及上述审查内容的，建设单位应当将修改后的施工图送原审查机构审查。对于交通运输等基础设施工程，施工图设计文件则实行审批或审核制度</td></tr>
<tr><td>建设准备</td><td>项目在开工建设之前要切实做好各项准备工作，其主要内容包括：
(1) 征地、拆迁和场地平整；
(2) 完成施工用水、电、通信、道路等接通工作；
(3) 组织招标选择工程监理单位、承包单位及设备、材料供应商；
(4) 准备必要的施工图纸；
(5) 办理工程质量监督和施工许可手续</td><td>建设单位完成工程建设准备工作并具备工程开工条件后，应及时办理工程质量监督手续和施工许可证。
(1) 工程质量监督手续的办理。建设单位在办理施工许可证之前应当到规定的工程质量监督机构办理工程质量监督注册手续。办理质量监督注册手续时需提供下列资料：
1) 施工图设计文件审查报告和批准书；
2) 中标通知书和施工、监理合同；
3) 建设单位、施工单位和监理单位工程项目的负责人和机构组成；
4) 施工组织设计和监理规划（监理实施细则）；
5) 其他需要的文件资料。
(2) 施工许可证的办理。从事各类房屋建筑及其附属设施的建造、装修装饰和与其配套的线路、管道、设备安装，以及城镇市政基础设施工程施工，建设单位在开工前应当向工程所在地县级以上人民政府建设行政主管部门申请领取施工许可证。必须申请领取施工许可证的建筑工程未取得施工许可证的，一律不得开工</td></tr>
<tr><td>施工安装</td><td colspan="2">项目新开工时间，是指工程项目设计文件中规定的任何一项永久性工程第一次正式破土开槽开始施工的日期。不需开槽的工程，正式开始打桩的日期就是开工日期。铁路、公路、水库等需要进行大量土、石方工程的，以开始进行土方、石方工程的日期作为正式开工日期。工程地质勘察、平整场地、旧建筑物的拆除、临时建筑、施工用临时道路和水、电等工程开始施工的日期不能算作正式开工日期</td></tr>
<tr><td>生产准备</td><td colspan="2">—</td></tr>
</table>

续表 3-4

<table>
<tr><th>阶段</th><th colspan="2">内容及要求</th><th>审　　批</th></tr>
<tr><td rowspan="4">工程项目交付使用阶段工作内容</td><td rowspan="3">竣工验收</td><td>竣工验收的范围和标准：
（1）生产性项目和辅助公用设施已按设计要求建完，能满足生产要求；
（2）主要工艺设备已安装配套，经联动负荷试车合格，形成生产能力，能够生产出设计文件规定的产品；
（3）职工宿舍和其他必要的生产福利设施，能适应投产初期的需要；
（4）生产准备工作能适应投产初期的需要；
（5）环境保护设施、劳动安全卫生设施、消防设施已按设计要求与主体工程同时建成使用</td><td rowspan="3">对某些特殊情况，工程施工虽未全部按计划要求完成，也应进行验收，这些特殊情况主要是指：
（1）因少数非主要设备或某些特殊材料短期内不能解决，虽然工程内容尚未全部完成，但已可以投产或使用；
（2）按规定的内容已建完，但因外部条件的制约，如流动资金不足、生产所需原材料不能满足等，而使已建成工程不能投入使用；
（3）有些工程项目或单位工程，已形成部分生产能力，但近期内不能按原计划规模续建，应从实际情况出发经主管部门批准后，可缩小规模对已完成的工程和设备组织竣工验收，移交固定资产</td></tr>
<tr><td>竣工验收的准备工作：
（1）整理技术资料；
（2）绘制竣工图；
（3）编制竣工决算</td></tr>
<tr><td>竣工验收的程序：
（1）规模较大、较复杂的工程建设项目应先进行初验，然后进行正式验收；
（2）规模较小、较简单的工程项目，可以一次进行全部项目的竣工验收。
工程项目全部建完，经过各单位工程的验收，符合设计要求，并具备竣工图、竣工决算、工程总结等必要文件资料，由项目主管部门或建设单位向负责验收的单位提出竣工验收申请报告</td></tr>
<tr><td>项目后评价</td><td>项目后评价是工程项目实施阶段管理的延伸。工程项目竣工验收或通过销售交付使用，只是工程建设完成的标志，而不是工程项目管理的终结。项目后评价的基本方法是对比法。项目后评价包括效益后评价和过程后评价</td><td>效益后评价具体包括经济效益后评价、环境效益后评价和社会效益后评价、项目可持续性后评价及项目综合效益后评价。
过程后评价是指对工程项目的立项决策、设计施工、竣工投产、生产运营等全过程进行系统分析</td></tr>
</table>

经典考题剖析

一、2023 年考题

1. 根据《政府投资条例》，对于政府采取直接投资、资本金注入方式投资的项目，初步设计提出的投资概算超过经批准的可行性研究报告提出的投资估算（　　）的，项目单位应向投资主管部门或其他有关部门报告。

A. 5%　　B. 10%　　C. 15%　　D. 20%

答案：B

［**解析**］根据《政府投资条例》，对于政府采取直接投资方式、资本金注入方式投资的项目，初步设计提出的投资概算超过经批准的可行性研究报告提出的投资估算 10%的，项目单位应当向投资主管部门或者其他有关部门报告，投资主管部门或者其他有关部门可以要求项目单位重新报送可行性研究报告。

2. 根据《国务院关于投资体制改革的决定》，对于采用直接投资和资本金注入方式的政府投资项目，政府投资主管部门需要审批的文件有（　　）。

A. 资金申请报告　　B. 可行性研究报告

C. 初步设计和概算　　D. 项目申请报告

E. 项目建议书

答案：B、C、E

［**解析**］政府投资项目。对于采用直接投资和资本金注入方式的政府投资项目，政府需要从投资决策的角度审批项目建议书和可行性研究报告，除特殊情况外，不再审批开工报告，同时还要严格审批其初步设计和概算。选项 A，对于采用投资补助、转货和货款贴息方式的政府投资项目，则只审批资金申请报告。选项 D，实行核准制时，企业向政府提交项目申请报告。

二、2022 年考题

1. 工程项目应首先提出（　　）。

A. 项目建议书　　B. 可行性研究报告

C. 初步设计　　D. 项目申请报告

答案：A

［**解析**］项目建议书是拟建项目单位向国家提出的要求建设某一项目的建议文件，是对工程项目建设的轮廓设想。项目建议书的主要作用是推荐一个拟建项目，论述其建设必要性、建设条件可行性和获利可能性，供国家选择并确定是否进行下一步工作。根据题意，首先提出的是项目建议书，项目建议书经批准后可进行后续工作。

2. 政府投资项目，建设单位建设程序中第一步的工作是（　　）。

A. 成立组织机构

B. 提出项目建议书

C. 委托造价咨询机构编制投资估算

D. 编制可行性研究报告

答案：B

［**解析**］按照我国现行规定，政府投资项目建设程序可分为八个阶段，其中第一阶段工作是：根据国民经济和社会发展长远规划，结合行业和地区发展规划的要求，提出项目建议书。

3. 批准的投资估算为 5 000 万元，总概算超过（　　）万元时，应进行技术经济论证，重新上报审批。

A. 5 000　　B. 5 500　　C. 6 000　　D. 6 500

答案：B

［**解析**］如果初步设计提出的总概算超过可行性研究报告总投资的 10%以上或其他主要指标需要变更时，应说明原因和计算依据，并重新向原审批单位报批可行性研究报告。投资估算是 5 000 万元，超过可行性研究报告总投资的 10%，即 5 000×(1+10%)=5 500（万元）。

4. 非政府投资项目实行的制度是（　　）。

A. 审批制　　B. 核准制

C. 承诺制　　D. 登记备案制

E. 审查制

答案：B、D

［**解析**］根据《国务院关于投资体制改革的决定》，政府投资项目实行审批制；非政府投资项目实行核准制或登记备案制。

三、2021 年考题

根据《国务院关于投资体制改革的决定》，采用投资补助、转贷和贷款贴息方式的政府投资项目，政府主管部门只审批（　　）。

A. 资金申请报告　　B. 项目申请报告

C. 项目备案表　　D. 开工报告

答案：A

［**解析**］对于采用直接投资和资本金注入方式的政府投资项目，政府需要从投资决策的角度审批项目建议书和可行性研究报告，除特殊情况外，不再审批开工报告，同时还要严格审批其初步设计和概算；对于采用投资补助、转贷和贷款贴息方式的政府投资项目，则只审批资金申请报告。

四、其他年份考题

1. 根据《国务院关于投资体制改革的决定》，实施核准制的项目，企业应向政府主管部门提交（　　）。

A. 项目建议书　　B. 项目可行性研究

C. 项目申请报告　　D. 项目开工报告

答案：C

［解析］企业投资建设《政府核准的投资项目目录》中的项目时，仅需向政府提交项目申请报告，不再经过批准项目建议书、可行性研究报告和开工报告的程序。

2. 根据《国务院关于投资体制改革的决定》，特别重大的政府投资项目实行（　　）制度。

A. 专家评议　　B. 市场评估

C. 民主评议　　D. 公众听证

答案：A

［解析］政府投资项目一般都要经过符合资质要求的咨询中介机构的评估论证，特别重大的项目还应实行专家评议制度。

考点三：工程项目管理的类型、任务及相关制度

点评：本考点近几年在工程项目管理任务与发展趋势的知识点上考核分数多为1分，2020年考核3分，鉴于内容纷杂，在“知识点集成”中没有全面展开，考生可以参照经典考题剖析重点复习教材相关内容。关于项目法人责任制知识点，几乎每年考核1道题。

知识要点集成

一、工程项目管理的概念、类型、任务与发展趋势

表3-5　工程项目管理的概念、类型、任务与发展趋势

概念	工程项目管理是指组织运用系统工程的观点、理论和方法对工程项目周期内的所有工作进行计划、组织、指挥、协调和控制的过程。工程项目管理的核心任务是控制项目目标（造价、质量、进度），最终实现项目的功能以满足使用者的需求。 工程项目的造价、质量和进度三大目标是一个相互关联的整体，三大目标之间既存在着矛盾的方面，又存在着统一的方面
类型	业主方的项目管理（业主自身的项目管理、社会化的项目管理公司为业主提供的项目管理服务以及工程监理单位为业主提供的监理服务）、工程总承包方的项目管理、设计方的项目管理、施工方的项目管理、供货方的项目管理等
任务	合同管理、组织协调、目标控制、风险管理、信息管理、环境保护
趋势	工程项目管理呈现集成化、国际化和信息化趋势。 信息化主要体现在BIM技术的应用，在以下几个方面的应用值得关注和推广：①构建可视化模型；②优化工程设计方案；③模拟施工；④强化造价管理。 造价管理的优势：①提高工程量计算的准确性；②合理安排资源计划；③控制工程设计变更；④有效支持多算对比；⑤积累和共享历史数据

二、项目法人责任制

表 3-6　项目法人责任制

概念	国有单位经营性基本建设大、中型项目在建设阶段必须组建项目法人。 基础设施项目，除军事工程等特殊情况外，都要按政企分开的原则组成项目法人，实行建设项目法人责任制，由项目法定代表人对工程质量负总责。 项目法人责任制的核心内容是明确由项目法人承担投资风险，项目法人要对工程项目的建设及建成后的生产经营实行一条龙管理和全面负责
项目法人设立	新上项目在项目建议书被批准以后，应由项目的投资方派代表组成项目法人筹备组，具体负责项目法人的筹建工作。有关单位在申报项目可行性研究报告时，需同时提出项目法人的组建方案，在项目可行性报告被批准后，应正式成立项目法人。项目公司可以是有限责任公司（包括国有独资公司），也可以是股份有限公司。 由原有企业负责建设的大、中型基建项目，需新设立子公司的，要重新设立项目法人；只设分公司或分厂的，原企业法人即是项目法人
项目董事会职权	建设项目董事会的职权有：负责筹措建设资金；审核、上报项目初步设计和概算文件；审核、上报年度投资计划并落实年度资金；提出项目开工报告；研究解决建设过程中出现的重大问题；负责提出项目竣工验收申请报告；审定偿还债务计划和生产经营方针，并负责按时偿还债务；聘任或解聘项目总经理，并根据项目总经理的提名，聘任或解聘其他高级管理人员
项目总经理职权	组织编制项目初步设计文件，对项目工艺流程、设备选型、建设标准、总图布置提出意见，提交董事会审查；组织工程设计、施工监理、施工队伍和设备材料采购的招标工作，编制和确定招标方案、标底和评标标准，评选和确定投、中标单位。实行国际招标的项目，按现行规定办理；编制并组织实施项目年度投资计划、用款计划、建设进度计划；编制项目财务预、决算；编制并组织实施归还贷款和其他债务计划；组织工程建设实施，负责控制工程投资、工期和质量；在项目建设过程中，在批准的概算范围内对单项工程的设计进行局部调整（凡引起生产性质、能力、产品品种和标准变化的设计调整以及概算调整，需经董事会决定并报原审批单位批准）；根据董事会授权处理项目实施中的重大紧急事件，并及时向董事会报告；负责生产准备工作和培训有关人员；负责组织项目试生产和单项工程预验收；拟订生产经营计划、企业内部机构设置、劳动定员定额方案及工资福利方案；组织项目后评价，提出项目后评价报告；按时向有关部门报送项目建设、生产信息和统计资料；提请董事会聘任或解聘项目高级管理人员

注：本知识点属于本章重点，历年常考。

三、工程监理制

表 3-7　建设工程监理制的范围与工作内容

范围	根据《建设工程质量管理条例》，下列建设工程必须实行监理： （1）国家重点建设工程； （2）大中型公用事业工程； （3）成片开发建设的住宅小区工程； （4）利用外国政府或者国际组织贷款、援助资金的工程； （5）国家规定必须实行监理的其他工程

续表 3-7

工程监理中造价控制的主要工作内容	（1）根据工程特点、施工合同、工程设计文件及经过批准的施工组织设计对工程进行风险分析，制定工程造价目标控制方案，提出防范性对策。 （2）编制施工阶段资金使用计划，并按规定的程序和方法进行工程计量、签发工程款支付证书。 （3）审查施工单位提交的工程变更申请，力求减少变更费用。 （4）及时掌握国家调价动态，合理调整合同价款。 （5）及时收集、整理工程施工和监理有关资料，协调处理费用索赔事件。 （6）及时统计实际完成工程量，进行实际投资与计划投资的动态比较，并定期向建设单位报告工程投资动态情况。 （7）审核施工单位提交的竣工结算书，签发竣工结算款支付证书

四、招标投标制

表 3-8　必须招标的工程范围

必须招标的工程项目	根据《必须招标的工程项目规定》（国家发展改革委令第 16 号），下列工程必须招标： （1）全部或者部分使用国有资金投资或者国家融资的项目。包括： 1）使用预算资金 200 万元人民币以上，且该资金占投资额 10%以上的项目。这里的“预算资金”，是指《预算法》规定的预算资金，包括一般公共预算资金、政府性基金预算资金、国有资本经营预算资金、社会保险基金预算资金。 2）使用国有企业事业单位资金，且该资金占控股或者主导地位的项目。这里的“占控股或者主导地位”，参照《公司法》关于控股股东和实际控制人的理解执行，即“其出资额占有限责任公司资本总额百分之五十以上或者其持有的股份占股份有限公司股本总额百分之五十以上的股东；出资额或者持有股份的比例虽然不足百分之五十，但依其出资额或者持有的股份所享有的表决权已足以对股东会、股东大会的决议产生重大影响的股东”；国有企业事业单位通过投资关系、协议或者其他安排，能够实际支配项目建设的，也属于占控股或者主导地位。 （2）使用国际组织或者外国政府贷款、援助资金的项目。包括： 1）使用世界银行、亚洲开发银行等国际组织贷款、援助资金的项目； 2）使用外国政府及其机构贷款、援助资金的项目
必须招标的基础设施和公用事业项目	根据《必须招标的基础设施和公用事业项目范围规定》（发改法规规〔2018〕843 号），不属于《必须招标的工程项目规定》情形的大型基础设施、公用事业等关系社会公共利益、公众安全的项目，必须招标的具体范围包括： （1）煤炭、石油、天然气、电力、新能源等能源基础设施项目； （2）铁路、公路、管道、水运，以及公共航空和 A1 级通用机场等交通运输基础设施项目； （3）电信枢纽、通信信息网络等通信基础设施项目； （4）防洪、灌溉、排涝、引（供）水等水利基础设施项目； （5）城市轨道交通等城建项目

续表 3-8

必须招标的单项合同估算价标准	根据《必须招标的工程项目规定》，对于上述规定范围内的项目，其勘察、设计、施工、监理以及与工程建设有关的重要设备、材料等的采购达到下列标准之一的，必须进行招标： （1）施工单项合同估算价在400万元人民币以上； （2）重要设备、材料等货物的采购，单项合同估算价在200万元人民币以上； （3）勘察、设计、监理等服务的采购，单项合同估算价在100万元人民币以上。 同一项目中可以合并进行的勘察、设计、施工、监理以及与工程建设有关的重要设备、材料等的采购，合同估算价合计达到上述规定标准的，必须进行招标。 （4）必须招标的工程总承包项目。发包人依法对工程以及与工程建设有关的货物、服务全部或者部分实行总承包发包的，总承包中施工、货物、服务等各部分的估算价中，只要有一项达到相应标准，即：施工部分估算价达到400万元以上，或者货物部分达到200万元以上，或者服务部分达到100万元以上，则整个总承包发包应当招标

经典考题剖析

一、2023年考题

1. 建筑信息模型（BIM）技术在强化工程造价管理中可发挥的主要作用是（　　）。

A. 构建可视化模型　　B. 模拟工程实际施工

C. 合理安排资源计划　　D. 优化工程设计方案

答案：C

［**解析**］BIM技术在工程造价管理信息化方面具有不可比拟的优势，对于改进工程计价模式和造价管理流程、提高工程造价管理效率，都具有积极意义。

（1）提高工程量计算的准确性。

（2）合理安排资源计划。

（3）控制工程设计变更。

（4）有效支持多算对比。

（5）积累和共享历史数据。

考生需要注意，题目指的是在工程造价管理中可发挥的主要作用，不是在工程项目建设中的作用。

2. 与传统的分阶段单项“碎片化”咨询相比，全过程工程咨询的特点有（　　）。

A. 咨询服务范围广　　B. 强调智力性策划

C. 突出管理咨询　　D. 实施多阶段集成

E. 侧重投资决策分析

答案：A、B、D

［**解析**］与传统的分阶段单项“碎片化”咨询相比，全过程工程咨询具有以下特点：①咨询服务范围广；②强调智力性策划；③实施多阶段集成。

二、2021 年考题

在工程建设中，环保要求“三同时”是指主体工程与环保措施工程应（　　）。

A. 同时立项、设计、施工　　B. 同时立项、施工、竣工

C. 同时设计、施工、竣工　　D. 同时设计、施工、投入运行

答案：D

［**解析**］在项目实施阶段，必须做到“三同时”，即主体工程与环保措施工程同时设计、同时施工、同时投入运行。

三、其他年份考题

1. 根据我国《关于实行建设项目法人责任制的暂行规定》的要求，项目总经理的职权包括（　　）。

A. 聘任或解聘项目高级管理人员　　B. 组织单项工程预验收

C. 提出项目竣工验收申请报告　　D. 提出项目开工报告

答案：B

［**解析**］选项 A、C、D 是建设项目董事会的职权，选项 B 是项目总经理的职权。

2. 应用建筑信息模型（BIM）技术能够强化工程造价管理的主要意义在于（　　）。

A. BIM 技术可用来构建可视化模型

B. BIM 技术可用来模拟施工方案

C. BIM 技术可用来检查管线碰撞

D. BIM 技术可用来自动计算工程量

答案：D

［**解析**］BIM 技术能够强化造价管理。BIM 技术在工程造价管理信息化方面具有不可比拟的优势，对于改进工程计价模式和造价管理流程、提高工程造价管理效率，都具有积极意义。基于 BIM 技术的自动算量功能，可使工程量计算工作摆脱人为因素影响，得到更加客观的数据。

考点四：业主方项目管理组织模式

点评：本考点相对 2022 年版教材增加了全过程工程咨询的内容，分析近五年考题，本考点很少考核，内容也比较简单。

知识要点集成

表 3-9 业主方项目管理组织模式

项目管理承包模式	概念		项目管理承包（Project Management Contract，PMC）是指项目业主聘请专业的工程公司或咨询公司，代表业主在项目实施全过程或其中若干阶段进行项目管理。被聘请的工程公司或咨询公司被称为项目管理承包商
项目管理承包模式	类型		（1）项目管理承包商代表业主进行项目管理，同时还承担部分工程的设计、采购、施工（EPC）工作。这对项目管理承包商而言，风险高，相应的利润、回报也较高。 （2）项目管理承包商作为业主项目管理的延伸，只是管理 EPC 承包商而不承担任何 EPC 工作。这对项目管理承包商而言，风险和回报均较低。 （3）项目管理承包商作为业主顾问，对项目进行监督和检查，并及时向业主报告工程进展情况。这对项目管理承包商而言，风险最低，接近于零，但回报也低
	工作内容	项目前期阶段工作内容	具体包括：项目建设方案优化；组织项目风险识别和分析，并制订项目风险应对策略；提供融资方案并协助业主进行融资；提出项目应统一遵循的标准及规范；组织或完成基础设计、初步设计和总体设计；协助业主完成政府相关审批工作；提出项目实施方案，完成项目投资估算；提出材料、设备清单及供货厂家名单；编制 EPC 招标文件，进行 EPC 投标人资格预审，并完成 EPC 评标工作
		项目实施阶段工作内容	项目管理承包商的主要任务是代表业主进行协调和监督工作。具体包括：进行设计管理，协调有关技术条件；完成项目总体中某些部分的详细设计；实施采购管理，并为业主负责的采购提供服务；配合业主进行生产准备、组织试运行和验收；向业主移交项目文件资料
	优越性		（1）通过优化设计方案，可实现建设工程全寿命期成本最低。项目管理承包商会运用自身技术优势，根据项目实际条件对项目进行技术经济分析，从全寿命期成本最低角度对整个设计方案进行优化。 （2）通过选择合适的合同方式，可从整体上为业主节省建设投资。项目管理承包商在完成基础设计之后，会根据工程设计深度、技术复杂程度、工期紧迫程度及工程量大小等因素，通过周密的招标策划，确定每一个合同包范围及计价方式，以化解或减少 EPC 承包带来的风险，在整体上为业主节省建设投资。 （3）通过多项目采购协议及统一的项目采购协议，可降低建设投资。项目管理承包商协助业主就某种设备或材料与制造商签订多项目采购协议，使其成为该项目中这种设备或材料的唯一供货商。业主可通过此协议获得价格、日常运行维护等方面的优惠。各个 EPC 承包商必须按业主所提供的协议去采购相应设备或材料。这样，就可有效减低工程建设投资。 （4）通过现金管理及现金流量优化，可降低建设投资。项目管理承包商与业主之间通常采用成本加奖励的合同计价方式，如果在工程实施过程中通过有效管理使建设投资节约，项目管理承包商将会得到节约部分一定比例的奖励。这样，会促使项目管理承包商利用其丰富的项目融资及财务管理经验，结合工程实际情况，对整个项目的现金流进行优化，从而节约工程建设投资

续表 3-9

<table>
<tr><td rowspan="6">工程代建</td><td>概念</td><td colspan="2">根据《国务院关于投资体制改革的决定》（国发〔2004〕20 号），对政府投资的非经营性项目，应加快推行“代建制”</td></tr>
<tr><td>工程代建的性质</td><td colspan="2">在项目建设期间，工程代建单位不存在经营性亏损或盈利，通过与政府投资管理机构签订代建合同，只收取代理费、咨询费。如果在项目建设期间使投资节约，可按合同约定从所节约的投资中提取一部分作为奖励。
工程代建单位不参与工程项目前期的策划决策和建成后的经营管理，也不对投资收益负责。工程项目代建合同生效后，为了保证政府投资的合理使用，代建单位须提交工程概算投资 10%左右的履约保函。如果代建单位未能完全履行代建合同义务，擅自变更建设内容、扩大建设规模、提高建设标准，致使工期延长、投资增加或工程质量不合格，应承担所造成的损失或投资增加额。由此可见，代建单位要承担相应的管理、咨询风险，这与计划经济时期工程建设指挥部管理有本质区别</td></tr>
<tr><td rowspan="4">工程代建制与项目法人责任制的区别</td><td>项目管理责任范围不同</td><td>对于实施项目法人责任制的项目，项目法人的责任范围覆盖工程项目策划决策及建设实施过程，包括项目策划、资金筹措、建设实施、运营管理、贷款偿还及资产的保值增值。而对于实施工程代建制的项目，工程代建单位的责任范围只是在工程项目建设实施阶段</td></tr>
<tr><td>项目建设资金责任不同</td><td>对于实施项目法人责任制的项目，项目法人需要在项目建设实施阶段负责筹措建设资金，并在项目建成后的运营期间偿还贷款及对投资方的回报。而对于实施工程代建制的项目，工程代建单位不负责建设资金的筹措，因此也不负责偿还贷款</td></tr>
<tr><td>项目保值增值责任不同</td><td>对于实施项目法人责任制的项目，项目法人需要在项目全寿命期内负责资产的保值增值。而对于实施工程代建制的项目，工程代建单位仅负责项目建设期间资金的使用，在批准的投资范围内保证建设工程项目实现预期功能，使政府投资效益最大化，不负责项目运营期间的资产保值增值</td></tr>
<tr><td>适用的工程对象不同</td><td>项目法人责任制适用于政府投资的经营性项目，而工程代建制适用于政府投资的非经营性项目（主要是公益性项目）</td></tr>
<tr><td>全过程工程咨询</td><td>相关概念</td><td colspan="2">所谓全过程工程咨询，是指工程咨询方综合运用多学科知识、工程实践经验、现代科学技术和经济管理方法，采用多种服务方式组合，为委托方在项目投资决策、建设实施阶段提供阶段性或整体解决方案的综合性智力服务活动。
这里的“工程咨询方”，可以是具备相应资质和能力的一家咨询单位，也可以是多家咨询单位组成的联合体。“委托方”可以是投资方、建设单位，也可以是运营单位。这种全过程工程咨询不仅强调工程项目投资决策、建设实施全过程，甚至可延伸至运营维护阶段，而且强调技术、经济和管理相结合的综合性咨询。对于有综合实力的工程造价咨询企业，可接受委托提供以投资管控为核心的全过程工程咨询服务</td></tr>
</table>

续表 3-9

全过程工程咨询	全过程工程咨询服务内容	投资决策综合性咨询	投资决策综合性咨询是指综合性工程咨询单位接受投资者委托，就投资项目的市场、技术、经济、生态环境、能源、资源、安全等影响可行性的要素，结合国家、地区、行业发展规划及相关重大专项建设规划、产业政策、技术标准及相关审批要求进行分析研究和论证，为投资者提供决策依据和建议，其目的是减少分散专项评价评估，避免可行性研究论证碎片化
		工程建设全过程咨询	工程建设全过程咨询是指由一家具有相应资质条件的咨询企业或多家具有相应资质条件的咨询企业组成联合体，为建设单位提供招标代理、勘察、设计、监理、造价、项目管理等全过程咨询服务，满足建设单位一体化服务需求，增强工程建设过程的协同性。全过程工程咨询企业可以为委托方提供项目实施总体策划、报批报建管理、勘察及设计管理、规划及设计优化、工程监理、招标代理、造价咨询、后评价和配合审计等咨询服务，也可包括规划和设计等活动
		相关要求	工程建设全过程咨询单位提供勘察、设计、监理服务时，应当具有与工程规模及委托内容相适应的资质条件。工程建设全过程咨询项目负责人应当取得工程建设类注册执业资格且具有工程类、工程经济类高级职称，并具有类似工程经验。工程建设全过程咨询服务中承担工程勘察、设计、监理或造价咨询业务的负责人，应具有法律法规规定的相应执业资格
	全过程工程咨询的特点	与传统的分阶段单项“碎片化”咨询相比，全过程工程咨询具有以下特点： （1）咨询服务范围广。全过程工程咨询服务覆盖面广，主要体现在两个方面：一是从服务阶段看，全过程工程咨询覆盖项目投资决策、建设实施（设计、招标、施工）全过程集成化服务，有的还会包括运营维护阶段咨询服务；二是从服务内容看，全过程工程咨询包含技术咨询、经济分析和管理服务，而不只是侧重于管理咨询。 （2）强调智力性策划。全过程工程咨询单位要运用工程技术、经济学、管理学、法学等多学科知识和经验，为委托方提供智力服务。如投资机会研究、建设方案策划和比选、融资方案策划、招标方案策划、建设目标分析论证等。全过程工程咨询不只是简单地为委托方“打杂”，协助委托方办理相关报批手续等。为此，需要全过程工程咨询单位拥有一批高水平复合型人才，需要具备策划决策能力、组织领导能力、集成管控能力、专业技术能力、协调解决能力等。 （3）实施多阶段集成。全过程工程咨询服务不是简单地将各个阶段咨询服务相加，而是要克服传统的“碎片化”咨询服务弊端，通过多阶段集成化咨询服务，为委托方创造价值。为此，要综合考虑项目质量、安全、环保、投资、工期等目标以及合同管理、资源管理、信息管理、技术管理、风险管理、沟通管理等要素之间的相互制约和影响关系，从技术、经济、管理角度实现综合集成	

经典考题剖析

其他题目

1. 项目管理承包商代表业主进行项目管理，同时还承担部分工程的设计、采购、施工（EPC）工作，则项目管理承包商的（　　）。

A. 风险高，回报较高　　B. 风险适中，回报较高

C. 风险较低，回报较低　　D. 风险几乎为零，回报最低

答案：A

［**解析**］PMC 有三种类型，其中，项目管理承包商代表业主进行项目管理，同时还承担部分工程的设计、采购、施工（EPC）工作。这对项目管理承包商而言，风险高，相应的利润、回报也较高。

2. 根据《国务院关于投资体制改革的决定》，工程代建制针对（　　）。

A. 经营性政府投资　　B. 基础设施投资

C. 非经营性政府投资　　D. 核准目录内企业投资

答案：C

［**解析**］根据《国务院关于投资体制改革的决定》（国发〔2004〕20 号），对政府投资的非经营性项目，应加快推行“代建制”，即通过招标等方式，选择专业化的项目管理单位负责建设实施，严格控制项目投资、质量和工期，竣工验收后移交给使用单位。

考点五：工程项目发承包模式

点评：本考点是 2023 年版教材修改比较多的一个考点，内容比较简单，根据过去历年相近考题特征，考核多集中于不同发承包模式的概念和特点。相对于 2022 年版教材，本考点将工程项目发承包模式分为三类，然后介绍具体的“模式”。

知识要点集成

表 3-10　基于不同承包范围的承包模式

模式	概　　念	特　　点
设计-招标-建造（DBB）模式	DBB（Design - Bid - Build）模式是一种较传统的工程发承包模式，即建设单位分别与工程勘察设计单位、施工单位签订合同，工程勘察设计、施工任务分别由勘察设计单位、施工单位完成。DBB 模式主要体现的是专业化分工，我国大部分工程项目都采用这种模式	（1）优点：建设单位、勘察设计单位、施工总承包单位及分包单位在合同约束下，各自行使其职责和履行义务，责权利分配明确；建设单位直接管理工程勘察设计和施工，指令易贯彻执行。各平行承包单位前后工作衔接，构成质量制约，有助于发现工程质量问题。此外，该模式应用广泛、历史长，相关管理方法较成熟，工程参建各方对有关程序都比较熟悉。 （2）不足：工程设计、招标、施工按顺序依次进行，建设周期长；而且由于施工单位无法参与工程设计，设计与施工协调困难，容易产生设计变更，可能使建设单位利益受损。此外，由于工程的责任主体较多，包括设计单位、施工单位、材料设备供应单位等，一旦工程出现问题，建设单位将分别面对不同参与方，容易出现互相推诿现象，协调工作量大

续表 3-10

模式	概　念	特　点
工程总承包模式	工程总承包有着丰富内涵，DB（Design & Build）/EPC（Engineering - Procurement - Construction）模式是其中常见的两种代表性模式。DB（设计-建造）模式是指从事工程总承包的单位受建设单位委托，按照合同约定，承担工程勘察设计和施工任务。而在 EPC（设计-采购-施工）模式中，工程总承包单位还要负责材料设备的采购工作，且其中的设计（Engineering），也不是一般意义上的工程设计，含有工艺流程设计、策划和管理等。 DB/EPC 模式能够为建设单位提供工程勘察设计和施工全过程服务。对于建设内容明确、技术方案成熟的项目，适宜采用工程总承包模式。DB/EPC 模式还可分别拓展为 DBO（Design - Build - Operation）模式和 EPC＋O&M（Engineering - Procurement - Construction＋Operation & Maintenance）模式	（1）优点： 1）有利于缩短建设工期； 2）便于建设单位提前确定工程造价； 3）使工程项目责任主体单一化； 4）可减轻建设单位合同管理的负担。 （2）不足： 1）道德风险高； 2）建设单位前期工作量大； 3）工程总承包单位报价高

表 3-11　基于不同承包关系的承包模式

模式	概　念	特　点
平行承包模式	平行承包是指建设单位将工程项目划分为若干标段，分别发包给多个承包单位承担。建设单位需要与多个承包单位分别签订合同，各承包单位之间的关系是平行的，无合同关系	（1）有利于建设单位择优选择承包单位； （2）有利于控制工程质量； （3）有利于缩短建设工期； （4）组织管理和协调工作量大； （5）工程造价控制难度大； （6）与工程总承包模式相比，平行承包模式不利于发挥那些技术水平高、综合管理能力强的承包商单位的优势
联合体承包模式	当工程项目规模巨大或技术复杂，建筑市场竞争激烈，由一家承包单位总承包有困难时，可由几家单位联合起来形成联合体来承揽任务，以发挥各承包单位的特长和优势。联合体通常由一家或几家单位发起，经过协商确定各自承担的义务和责任等，签署联合体协议，建立联合体组织机构，产生联合体牵头单位（代表），以联合体名义与建设单位签订工程承包合同	（1）建设单位的合同结构简单，组织协调工作量小，而且有利于工程造价和建设工期控制； （2）可以集中联合体各成员单位在资金、技术和管理等方面的优势，克服一家单位力不能及的困难，不仅有利于增强竞争能力，同时有利于增强抗风险能力

续表 3-11

模式	概　　念	特　　点
合作体承包模式	当工程项目包含专业工程类别多、数量大，或专业配套需要时，一家单位无力实行总承包，而建设单位又希望承包方有一个统一的协调组织时，就可能产生几家单位自愿成立一个合作体，然后以合作体名义与建设单位签订工程承包意向合同（也称基本合同）。达成协议后，各单位再分别与建设单位签订工程承包合同，并在合作体统一计划、指挥和协调下完成承包任务	（1）建设单位组织协调工作量小，但风险较大； （2）各承包单位之间既有合作愿望，又不愿意组成联合体

表 3-12　CM 模式与 Partnering 模式

模式	概　　念	特　　点
CM 模式	CM（Construction Management）模式是指由建设单位委托一家 CM 单位承担项目管理工作，该 CM 单位以承包单位的身份进行施工管理，并在一定程度上影响工程设计活动，组织快速路径（Fast-Track）的生产方式，使工程项目实现有条件的“边设计、边施工”	（1）CM 模式的特点： 1）采用快速路径法施工。 2）CM 单位有代理型（Agency）和非代理型（Non-Agency）两种。代理型的 CM 单位不负责工程分包的发包，与分包单位的合同由建设单位直接签订。而非代理型的 CM 单位直接与分包单位签订分包合同。 3）CM 合同采用成本加酬金方式。代理型和非代理型的 CM 合同是有区别的。由于代理型合同是建设单位与分包单位直接签订，因此，采用简单的成本加酬金合同形式。而非代理型合同则采用保证最大工程费用（GMP）加酬金的合同形式。这是因为 CM 合同总价是在 CM 合同签订之后，随着 CM 单位与各分包单位签约而逐步形成的。只有采用保证最大工程费用，建设单位才能控制工程总费用。 （2）CM 模式在工程造价控制方面的价值： 1）与施工总承包模式相比，采用 CM 模式时的合同价更具合理性； 2）CM 单位不赚取总包与分包之间的差价； 3）应用价值工程方法挖掘节约投资的潜力； 4）GMP 可大大减少建设单位在工程造价控制方面的风险

续表 3-12

模式	概念	特点
Partnering 模式	Partnering 一词看似简单，但要准确地译成中文却比较困难。我国大陆有的学者将其译为伙伴关系，我国台湾学者则将其译为合作管理	（1）出于自愿； （2）高层管理者参与； （3）Partnering 协议不是法律意义上的合同； （4）信息开放性

经典考题剖析

一、2023 年考题

与工程总承包模式相比，设计-招标-建造（DBB）模式的特点是（　　）。

A. 设计和施工任务明确，有利于缩短建设工期

B. 工程变更少，有利于控制工程总造价

C. 设计与施工相结合，建设单位合同管理工作量少

D. 责任主体较多，建设单位协调工作量大

答案：D

［**解析**］设计-招标-建造（DBB）模式由于工程的责任主体较多，包括设计单位、施工单位、材料设备供应单位等，一旦工程出现问题，建设单位将分别面对不同参与方，容易出现互相推诿的现象，协调工作量大。选项 A、B、C，是工程总承包模式的部分特点。

二、2022 年考题

1. 建设单位将工程项目全过程或其中某个阶段（如设计或施工）的全部工作发包给一家符合要求的总承包单位，总承包单位的主要工作内容是（　　）。

A. 完成设计督查施工

B. 督促优化设计并完成施工任务

C. 采购、设计和施工

D. 组织设计单位，施工单位完成任务

答案：C

［**解析**］工程总承包有着丰富内涵，DB（Design & Build）模式和 EPC（Engineering-Procurement-Construction）模式是其中常见的两种代表性模式。DB（设计-建造）模式是指从事工程总承包的单位受建设单位委托，按照合同约定，承担工程勘察设计和施工任务。而在 EPC（设计-采购-施工）模式中，工程总承包单位还要负责材料设备的采购工作，且其中的设计（Engineering），也不是一般意义上的工程设计，含有工艺流程设计、策划和管理等。

2. 对建设单位而言，工程项目总分包模式的特点有（　　）。

A. 需要管理的合同数量多　　B. 组织管理和协调工程量少

C. 工程总承包单位报价高　　D. 不利于控制工程造价

E. 有利于缩短建设周期

答案：B、C、E

［**解析**］选项A，工程项目总分包模式中，建设单位只与总承包单位签订一个合同；选项B，由于建设单位只与总承包单位签订合同，合同数量少，使得建设单位的组织管理和协调工作量少；选项C，对建设单位而言，选择总承包单位的范围小，一般合同金额较高；选项D，有利于控制工程造价；选项E，有利于缩短建设工期。

三、其他年份考题

1. 下列关于CM模式的说法，正确的有（　　）。

A. CM模式下采用快速路径法施工

B. CM单位直接与分包单位签订分包合同

C. CM合同采用成本加酬金的计价方式

D. CM单位与分包单位之间的合同价是保密的

E. CM单位不赚取总包与分包之间的差价

答案：A、C、E

［**解析**］（1）CM模式的特点：

1）采用快速路径法施工；

2）CM单位有代理型（Agency）和非代理型（Non－Agency）两种；

3）CM合同采用成本加酬金方式。

（2）CM模式在工程造价控制方面的价值：

1）CM模式时的合同价更具合理性；

2）CM单位不赚取总包与分包之间的差价；

3）应用价值工程方法挖掘节约投资的潜力；

4）GMP可大大减少建设单位在工程造价控制方面的风险。

2. 与平行承包模式相比较，EPC模式的特点表现为（　　）。

A. 业主组织管理和协调工作量大　　B. 有利于业主对工程质量实施控制

C. 有利于吸引更多的投标人参与竞争　　D. 有利于控制工程造价

答案：D

［**解析**］本题考核的是，与平行承包模式相比较，EPC模式的特点，备选项中如果包括了平行承包模式和EPC模式共性的特点，那么，这些共性的特点就不是本题的正确答案。例如，选项B有利于业主对工程质量实施控制，就是平行承包模式和EPC模式共性的特点；而选项D有利于控制工程造价，是与平行承包模式相比较，EPC模式的特点；选项A业主组织管理和协调工作量大和选项C有利于吸引更多的投标人参与竞争，则是平行承包模式的特点。

考点六：工程项目管理组织机构形式

点评： 本考点的内容比较简单，历年关于本考点的考题不多，题目的分布集中于组织形式的特点，难易程度也比较稳定，考生可以参照历年考题理解本考点的具体内容。

知识要点集成

表 3-13　工程项目管理组织机构形式

组织机构形式	概　念	优　点	缺　点
直线式	各种职位均按直线垂直排列，项目经理直接进行单线垂直领导	结构简单、权力集中、易于统一指挥、隶属关系明确、职责分明、决策迅速	要求领导者通晓各种业务，成为“全能式”人才。无法实现管理工作专业化，不利于项目管理水平的提高
职能式	在各管理层次之间设置职能部门，各职能部门分别从职能角度对下级执行者进行业务管理。在职能制组织机构中，各级领导不直接指挥下级，而是指挥职能部门。各职能部门可以在上级领导的授权范围内，就其所辖业务范围向下级执行者发布命令和指示	强调管理业务的专门化，注意发挥各类专家在项目管理中的作用。易于提高工作质量，同时可以减轻领导者的负担	没有处理好管理层次和管理部门的关系，形成多头领导，使下级执行者接受多方指令，容易造成职责不清
直线职能式	在各管理层次之间设置职能部门，但职能部门只作为本层次领导的参谋，在其所辖业务范围内从事管理工作，不直接指挥下级，和下一层次的职能部门构成业务指导关系。职能部门的指令，必须经过同层次领导的批准才能下达。各管理层次之间按直线式的原理构成直接上下级关系	既保持了直线式统一指挥的特点，又满足了职能式对管理工作专业化分工的要求。其主要优点是集中领导、职责清楚，有利于提高管理效率	各职能部门之间的横向联系差，信息传递路线长，职能部门与指挥部门之间容易产生矛盾

续表 3-13

组织机构形式	概　　念	优　　点	缺　　点
矩阵式	按职能划分的部门和按工程项目（或产品）设立的管理机构，依照矩阵方式有机地结合起来的一种组织机构形式	能根据工程任务的实际情况灵活地组建与之相适应的管理机构，具有较大的机动性和灵活性。它实现了集权与分权的最优结合，有利于调动各类人员的工作积极性，使工程项目管理工作顺利地进行	矩阵式组织机构经常变动，稳定性差，尤其是业务人员的工作岗位频繁调动。此外，矩阵中的每一个成员都受项目经理和职能部门经理的双重领导，如果处理不当，会造成矛盾，产生扯皮现象

经典考题剖析

一、2023 年考题

建设工程项目管理直线式组织机构的优点是（　　）。

A. 组织结构简单，易于统一指挥

B. 管理工作专业化，易于提高工作质量

C. 组织机构组建灵活，集权与分权相结合

D. 部门间协调配合，项目经理决策有参谋

答案：A

[解析] 直线式组织机构的主要优点是结构简单、权力集中、易于统一指挥、隶属关系明确、职责分明、决策迅速。但由于未设职能部门，项目经理没有参谋和助手，要求领导者通晓各种业务，成为“全能式”人才，无法实现管理工作专业化，不利于项目管理水平的提高。

二、2022 年考题

某施工项目管理组织机构如图所示，其组织形式是（　　）。

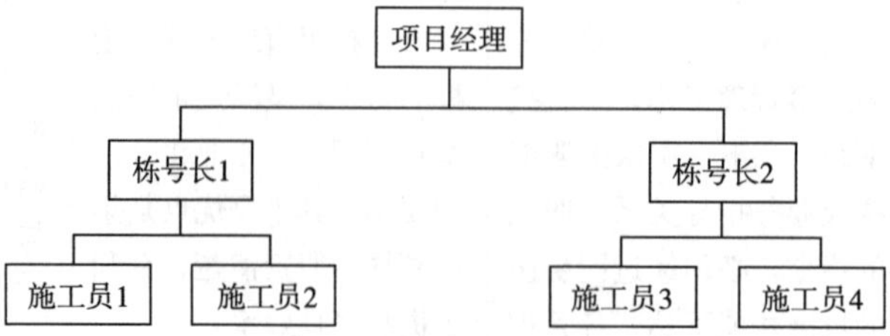

A. 直线式　　B. 职能式

C. 矩阵式　　D. 直线职能式

答案：A

［**解析**］直线式是一种最简单的组织机构形式。在这种组织机构中，各种职位均按直线垂直排列，项目经理直接进行单线垂直领导。

三、2021 年考题

某公司为完成某大型复杂的工程项目，要求在项目管理组织机构内设置职能部门以发挥各类专家的作用。同时从公司临时抽调专业人员到项目管理组织机构，要求所有成员只对项目经理负责，项目经理全权负责该项目。该项目管理组织机构宜采用的组织形式是（　　）。

A. 直线式　　　　B. 强矩阵式

C. 职能式　　　　D. 弱矩阵式

答案：B

［**解析**］强矩阵式组织机构中，项目经理由企业最高领导任命，并全权负责项目。项目经理直接向最高领导负责，项目组成员的绩效完全由项目经理进行考核，项目组成员只对项目经理负责。强矩阵式组织形式的特点是拥有专职的、具有较大权限的项目经理以及专职项目管理人员。

四、其他年份考题

1. 关于强矩阵式组织形式的说法，正确的有（　　）。

A. 项目经理具有较大权限

B. 需要配备训练有素的协调人员

C. 项目组织成员绩效完全由项目经理考核

D. 适用于技术复杂且对时间紧迫的项目

E. 项目经理直接向最高领导负责

答案：A、C、D、E

［**解析**］强矩阵式组织机构中，项目经理由企业最高领导任命，并全权负责项目。项目经理直接向最高领导负责，项目组成员的绩效完全由项目经理进行考核，项目组成员只对项目经理负责。其特点是拥有专职的、具有较大权限的项目经理以及专职项目管理人员。强矩阵式组织形式适用于技术复杂且时间紧迫的工程项目。由于对于技术复杂的工程项目，各职能部门之间的技术界面比较繁杂，采用强矩阵式组织形式有利于加强各职能部门之间的协调配合。

2. 关于工程项目管理组织机构特点的说法，正确的是（　　）。

A. 矩阵式组织机构中项目成员受双重领导

B. 职能式组织机构中指令统一且职责清晰

C. 直线式组织机构中可实现专业化管理

D. 强矩阵式组织机构中项目成员仅对职能经理负责

答案：A

［**解析**］选项 A，矩阵式组织机构中项目成员受双重领导；选项 B，职能式组织机构形成多头领导；选项 C，直线式组织机构的不足是未设职能部门，项目经理没有参谋和助手；选项 D，项目经理直接向最高领导负责，项目组成员的绩效完全由项目经理进行考核，项目组成员只对项目经理负责。

考点七：工程项目计划体系

点评：本考点需要考生记忆性的内容较多，题目分布多集中于各类计划的内容、编制主体和编制时间。

知识要点集成

表 3-14 工程项目计划体系

类别	计划名称	计划内容
建设单位计划体系	工程项目前期工作计划	工程项目前期工作计划是指对工程项目可行性研究、项目评估的工作进度安排，它可使工程项目策划决策阶段各项工作的时间得到控制
	工程项目建设总进度计划	工程项目建设总进度计划是指对工程项目从开始建设（设计、施工准备）至竣工投产（动用）全过程的统一部署。工程项目建设总进度计划是编报工程建设年度计划的依据，其主要内容包括文字和表格两部分。 （1）文字部分。 （2）表格部分。包括工程项目一览表、工程项目总进度计划、投资计划年度分配表和工程项目进度平衡表
	工程项目年度计划	工程项目年度计划是依据工程项目建设总进度计划和批准的设计文件进行编制的。工程项目年度计划主要包括文字和表格两部分。 （1）文字部分。 （2）表格部分。包括年度计划项目表、年度竣工投产交付使用计划表、年度建设资金平衡表和年度设备平衡表
承包单位计划体系	项目管理规划大纲：是指由企业管理层在投标之前编制的，旨在作为投标依据，满足招标文件要求及签订合同要求的文件	项目管理规划大纲的主要内容包括： （1）项目概况； （2）项目范围管理； （3）项目管理目标； （4）项目管理组织； （5）项目采购与投标管理； （6）项目进度管理； （7）项目质量管理； （8）项目成本管理； （9）项目安全生产管理； （10）绿色建造与环境管理； （11）项目资源管理； （12）项目信息管理； （13）项目沟通与相关方管理； （14）项目风险管理； （15）项目收尾管理

续表 3-14

类别	计划名称	计划内容
承包单位计划体系	项目管理实施规划：是在开工之前由项目经理主持编制的，旨在指导施工项目实施阶段管理的文件	项目管理实施规划的主要内容包括： (1) 项目概况； (2) 项目总体工作安排； (3) 组织方案； (4) 设计与技术措施； (5) 进度计划； (6) 质量计划； (7) 成本计划； (8) 安全生产计划； (9) 绿色建造与环境管理计划； (10) 资源需求与采购计划； (11) 信息管理计划； (12) 沟通管理计划； (13) 风险管理计划； (14) 项目收尾计划； (15) 项目现场平面布置图； (16) 项目目标控制计划； (17) 技术经济指标

经典考题剖析

一、2023 年考题

建设单位计划体系中，用来明确设计文件交付日期、主要设备交货日期、施工单位进场日期、水电及道路接通日期等，以保证工程建设各环节相互衔接，确保项目按期投产或交付使用的计划表是（　　）。

A. 工程项目总进度计划表　　B. 工程项目进度平衡表

C. 工程项目年度计划表　　D. 工程项目实施进度表

答案：B

[**解析**] 工程项目进度平衡表。用来明确各种设计文件交付日期、主要设备交货日期、施工单位进场日期、水电及道路接通日期等，以保证工程建设中各个环节相互衔接，确保工程项目按期投产或交付使用。

二、2022 年考题

工程项目一览表将初步设计中确定的建设内容按照（　　）归类并编号。

A. 单项工程或单位工程　　B. 单位工程或分部工程

C. 分部工程或分项工程　　D. 单位工程或分项工程

答案：A

［解析］工程项目一览表将初步设计中确定的建设内容按照单项工程或单位工程归类并编号，明确其建设内容和投资额，以便各部门按统一的口径确定工程项目投资额，并以此为依据对其进行管理。

三、2021 年考题

工程项目建设总进度计划表格部分的主要内容有（　　）。

A. 工程项目一览表、工程项目总进度计划、投资计划年度分配表、工程项目进度平衡表

B. 工程项目一览表、年度计划项目表、年度竣工投产交付使用计划表、年度建设资金平衡表

C. 工程概况表、施工总进度计划表、主要资源配置计划表、工程项目进度平衡表

D. 工程概况表、工程项目前期工作进度计划、工程项目总进度计划、工程项目年度计划

答案：A

［解析］工程项目建设总进度计划表格部分包括工程项目一览表、工程项目总进度计划、投资计划年度分配表和工程项目进度平衡表。

四、其他年份考题

1. 下列进度计划表中，用来明确各种设计文件交付日期，主要设备交货日期，施工单位进场日期，水、电及道路接通日期等的是（　　）。

A. 工程项目总进度计划表　　B. 工程项目进度平衡表

C. 工程项目施工总进度表　　D. 单位工程总进度计划表

答案：B

［解析］工程项目进度平衡表用来明确各种设计文件交付日期，主要设备交货日期，施工单位进场日期，水、电及道路接通日期等，以保证工程建设中各个环节相互衔接，确保工程项目按期投产或交付使用。

2. 作为施工承包单位计划体系的重要内容，项目管理实施规划应（　　）主持编制。

A. 在开工之前由承包单位技术负责人　　B. 在开工之前由施工项目经理

C. 在投标之前由承包单位技术负责人　　D. 在投标之前由施工项目经理

答案：B

［解析］项目管理实施规划是在开工之前由施工项目经理主持编制的，旨在指导施工项目实施阶段管理的文件。

考点八：工程项目施工组织设计

点评： 本考点是比较难掌握的知识点。自 2009 年从《建设工程技术与计量》科目

移到《建设工程造价管理》科目以来，2020 年以前基本上每年考核 1 道题，2021 年考核了 3 道题（2 道单选题和 1 道多选题）共 4 分。本知识点内容多，对于大部分考生来说也比较生疏，记忆性内容要求偏多，增加了复习难度。建议考生参照经典考题剖析的题目，突出重点阅读相关内容。

知识要点集成

一、概述

表 3-15　概述

概念	根据现行国家标准《建筑施工组织设计规范》GB/T 50502，施工组织设计是指以施工项目为对象编制的，用于指导施工的技术、经济和管理的综合性文件。按编制对象不同，施工组织设计包括三个层次，即：施工组织总设计、单位工程施工组织设计和施工方案
编制依据	（1）工程建设有关法律法规及政策； （2）工程建设标准和技术经济指标； （3）工程设计文件； （4）工程施工合同文件； （5）工程现场条件，工程地质与水文地质、气象等条件； （6）与工程有关的资源供应条件； （7）施工单位的生产能力、机具设备状况及技术水平等

二、施工组织总设计

表 3-16　施工组织总设计

概念	施工组织总设计是指以若干单位工程组成的群体工程或特大型工程项目为主要对象编制的施工组织设计，对整个工程项目的施工过程起统筹规划、重点控制的作用。包括：工程概况、总体施工部署、施工总进度计划、总体施工准备与主要资源配置计划、主要施工方法、施工总平面布置
编制与审批	施工组织总设计应由施工项目负责人主持编制，应由总承包单位技术负责人负责审批
修改与补充	工程项目施工过程中，发生下列情形之一时，应及时修改、补充施工组织总设计： （1）工程设计有重大修改； （2）有关法律法规、标准的实施、修订或废止； （3）主要施工方法有重大调整； （4）主要施工资源配置有重大调整； （5）施工环境有重大改变。 修改、补充后的施工组织总设计经审批后方可实施

续表 3-16

工程概况	（1）工程项目主要情况。包括：工程项目名称、性质、地理位置和建设规模；工程项目的建设、勘察、设计、监理等相关单位的情况；工程项目设计概况；工程项目承包范围及主要分包工程范围；施工合同中对工程项目施工的重点要求等。 （2）主要施工条件。包括：工程项目建设地点气象状况；工程项目施工区域地形和工程水文地质状况；工程项目施工区域地上、地下管线及相邻的地上、地下建（构）筑物情况；与工程项目施工有关的道路、河流等状况；当地建筑材料、设备供应和交通运输等服务能力状况；当地供水、供电、供热和通信能力状况等
总体施工部署	施工组织总设计中应对工程项目总体施工做出下列宏观部署： （1）确定工程项目施工总目标，包括：进度、质量、成本、安全生产及环境保护目标； （2）根据工程项目施工总目标的要求，确定工程项目分阶段（期）交付使用计划； （3）确定工程项目分阶段（期）施工的合理顺序和空间组织
施工总进度计划	施工总进度计划的编制步骤和方法如下： （1）计算工程量。根据工程项目一览表，按单位工程分别计算其主要实物工程量，以便选择施工方案和施工机械，组织主要工种工程的流水施工，计算劳动量、施工机械及建筑材料的需要量。 （2）确定各单位工程的施工期限。各单位工程的施工期限应根据合同工期确定，同时还要考虑建筑类型、结构特征、施工方法、施工管理水平、施工机械化程度及施工现场条件等因素。如果在编制施工总进度计划时没有合同工期，则应保证计划工期不超过工期定额。 （3）确定各单位工程的开竣工时间和相互搭接关系。确定各单位工程的开竣工时间和相互搭接关系主要应考虑以下方面： 1）同一时期施工的项目不宜过多，以避免人力、物力过于分散。 2）尽量做到均衡施工，以使劳动力、施工机械和主要材料的供应在整个工期范围内达到均衡。 3）尽量提前建设可供工程施工使用的永久性工程，以节省临时工程费用。 4）急需和关键的工程先施工，以保证工程项目如期交工。对于某些技术复杂、施工周期较长、施工困难较多的工程，亦应安排提前施工，以利于整个工程项目按期交付使用。 5）施工顺序必须与主要生产系统投入生产的先后次序相吻合。同时，还要安排好配套工程的施工时间，以保证建成的工程能迅速投入生产或交付使用。 6）应注意季节对施工顺序的影响，使施工季节不导致工期拖延，不影响工程质量。尽可能减少冬期、雨季施工的附加费用。 7）安排一部分附属工程或零星项目作为后备项目，用以调整主要项目的施工进度。 8）主要工种和主要施工机械能连续施工。 （4）编制初步施工总进度计划。施工总进度计划应安排全工地性的流水作业。全工地性的流水作业安排应以工程量大、工期长的单位工程为主导，组织若干条流水线，并以此带动其他工程。 （5）编制正式的施工总进度计划。初步施工总进度计划编制完成后，要对其进行检查。主要是检查总工期是否符合要求，资源使用是否均衡且其供应是否能得到保证。如果出现问题，则应进行调整。调整的主要方法是改变某些工程的起止时间或调整主导工程的工期

续表 3-16

总体施工准备与主要资源配置计划	（1）总体施工准备。包括：技术准备、现场准备和资金准备等。 1）技术准备。包括：施工过程所需技术资料的准备、施工方案编制计划、试验检验及设备调试工作计划等。 2）现场准备。包括：现场生产、生活等临时设施（如临时生产、生活用房，临时道路，材料堆放场等），临时用水、用电和供热、供气等的计划。 3）资金准备。应根据施工总进度计划编制资金使用计划。 （2）主要资源配置计划。包括：人力资源配置计划和材料设备配置计划。 1）人力资源配置计划。人力资源配置计划应根据各工程项目的工程量及施工总进度计划，参照概预算编制办法及有关资料编制。合理的人力资源配置计划，可减少劳务作业人员不必要的进场、退场及避免窝工，进而节约施工成本。人力资源配置计划应解决的问题：①确定各施工阶段（期）的总用工量；②根据施工总进度计划确定各施工阶段（期）的劳动力配置计划。 2）材料设备配置计划。应根据总体施工部署和施工总进度计划确定主要材料设备的计划总量及进、退场时间。科学合理的物资配置计划，既可保证工程建设的顺利进行，又可降低工程成本。材料设备计划应解决的问题：①根据施工总进度计划确定主要工程材料和设备的配置计划；②根据总体施工部署和施工总进度计划确定主要施工周转材料和施工机具的配置计划
主要施工方法	对于工程量大、施工难度大、工期长，对整个工程项目的完成起关键作用的建（构）筑物以及影响全局的分部分项工程，施工组织总设计中应简要说明其施工方法。此外，对脚手架工程、起重吊装工程、临时用水用电工程、季节性施工等专项工程所采用的施工方法也应进行简要说明。对施工方法的确定，要兼顾工艺技术的先进性、可操作性及经济方面的合理性
施工总平面布置	施工总平面应按照工程项目分期（分批）施工计划进行布置，并绘制施工总平面布置图。施工总平面布置图应有比例关系，各种临时设施应标注外围尺寸，并有文字说明。 （1）施工总平面布置应遵循的原则： 1）平面布置科学合理，施工场地占用面积少； 2）合理组织运输，减少二次搬运； 3）施工区域的划分和场地的临时占用应符合总体施工部署和施工流程的要求，减少相互干扰； 4）充分利用既有建（构）筑物和既有设施为工程项目施工服务，降低临时设施的建造费用； 5）临时设施应方便生产、生活，办公区、生活区和生产区宜分离设置； 6）符合节能、环保、安全和消防等要求； 7）遵守工程所在地政府建设主管部门和建设单位关于施工现场安全文明施工的相关规定。 （2）施工总平面布置图的内容： 1）工程项目施工用地范围内的地形状况； 2）全部拟建的建（构）筑物和其他基础设施的位置； 3）工程项目施工用地范围内的加工设施、运输设施、存贮设施、供电设施、供水供热设施、排水排污设施、临时施工道路和办公、生活用房等； 4）施工现场必备的安全、消防、保卫和环境保护等设施； 5）相邻的地上、地下既有建（构）筑物及相关环境

三、单位工程施工组织设计

表 3-17　单位工程施工组织设计

概念	单位工程施工组织设计是指以单位（子单位）工程为主要对象编制的施工组织设计，对单位（子单位）工程的施工过程起指导和制约作用。包括：工程概况、施工部署、施工进度计划、施工准备与资源配置计划、主要施工方案、施工现场平面布置
编制与审批	单位工程施工组织设计应由施工项目负责人主持编制，应由施工单位技术负责人或其授权的技术人员负责审批
工程概况	工程概况应包括：工程主要情况、各专业设计简介和工程施工条件等。 （1）工程主要情况。包括：工程名称、性质和地理位置；工程的建设、勘察、设计、监理和总承包等相关单位的情况；工程承包范围和分包工程范围；施工合同文件或总承包单位对工程施工的重点要求等。 （2）各专业设计简介。依据建设单位提供的工程设计文件描述建筑、结构、设备等各专业设计内容及对工程施工的基本要求。 （3）工程施工条件。与施工组织总设计中的工程施工条件类似
施工部署	（1）工程项目施工目标。应根据施工合同文件和施工单位自身对工程管理的要求确定，包括：进度、质量、成本、安全生产及环境保护目标。各项目标应满足施工组织总设计中确定的总体目标。 （2）进度安排和空间组织。施工部署中的进度安排和空间组织应符合下列要求： 1）应明确说明工程主要施工内容及其进度安排，施工顺序应符合工序逻辑关系； 2）施工流水段应结合工程具体情况分阶段进行合理划分，并说明划分依据及流水方向，确保均衡流水施工。 （3）施工重点和难点分析。包括组织管理和施工技术两个方面。 （4）工程项目管理组织机构。根据工程项目规模、复杂程度、专业特点、人员素质和地域范围确定工程项目管理组织机构形式，并采用框图形式表示。工程项目需要分包的，还应说明主要分包单位的选择要求及管理方式。 此外，施工部署中还应对工程施工中开发和使用的新技术、新工艺做出部署，对新材料和新设备的使用提出技术及管理要求
施工进度计划	单位工程施工进度计划的编制程序和方法如下： （1）划分工作项目。工作项目是包括一定工作内容的施工过程，是施工进度计划的基本组成单元。工作项目划分的粗细程度，应根据计划的需要来决定。对于大型工程，经常需要编制控制性施工进度计划，此时，工作项目可划分得粗一些，一般只明确到分部工程即可。对于编制实施性施工进度计划，工作项目就应划分得细一些。在一般情况下，单位工程施工进度计划中的工作项目应明确到分项工程或更具体，以满足指导施工作业、控制施工进度的要求。 （2）确定施工顺序。确定施工顺序是为了按照施工的技术规律和合理的组织关系，解决各工作项目之间在时间上的先后和搭接问题，以达到保证质量、安全施工、充分利用空间、争取时间、实现合理安排工期的目的。

续表 3-17

施工进度计划	一般说来，施工顺序受施工工艺和施工组织两方面的制约。当施工方案确定之后，工作项目之间的工艺关系也就随之确定。如果违背这种关系，将不可能施工，或者导致工程质量事故和安全事故的出现，或者造成返工浪费。 （3）计算工程量。工程量的计算应根据施工图和工程量计算规则，针对所划分的每一个工作项目进行。 （4）计算劳动量和机械台班数。当某工作项目是由若干个分项工程合并而成时，则应分别根据各分项工程的时间定额（或产量定额）及工程量，按式（3-1）计算出合并后的综合时间定额（或综合产量定额）： $$H=\frac{Q_1H_1+Q_2H_2+\cdots+Q_iH_i+\cdots+Q_nH_n}{Q_1+Q_2+\cdots+Q_i+\cdots+Q_n} \quad (3\text{-}1)$$ 根据工作项目的工程量和所采用的定额，即可按式（3-2）或式（3-3）计算出各工作项目所需要的劳动量和机械台班数： $$P=Q\cdot H \quad (3\text{-}2)$$ $$P=Q/S \quad (3\text{-}3)$$ 零星项目所需要的劳动量可结合实际情况，根据施工单位的经验进行估算。 （5）确定工作项目的持续时间。根据工作项目所需要的劳动量或机械台班数，以及该工作项目每天安排的工人数或配备的机械台数，即可按式（3-4）计算出各工作项目的持续时间。 $$D=\frac{P}{R\cdot B} \quad (3\text{-}4)$$ 在安排每班工人数和机械台数时，应综合考虑以下问题： 1）要保证各个工作项目上工人班组中每一个工人拥有足够的工作面（不能少于最小工作面），以发挥高效率并保证施工安全。 2）要使各个工作项目上的工人数量不低于正常施工时所必需的最低限度（不能小于最小劳动组合），以达到最高的劳动生产率。 由此可见，最小工作面限定了每班安排人数的上限，而最小劳动组合限定了每班安排人数的下限。对于施工机械台数的确定也是如此。 每天的工作班数应根据工作项目施工的技术要求和组织要求来确定。例如浇筑大体积混凝土，要求不留施工缝连续浇筑时，就必须根据混凝土工程量决定采用双班或三班制。 以上是根据安排的工人数和配备的机械台班数来确定工作项目的持续时间。但有时根据组织要求（如组织流水施工时），需要采用倒排的方式来安排进度，即先确定各工作项目的持续时间，然后以此来确定所需要的工人数和机械台数。此时，需要将式（3-4）变换成式（3-5）。利用该式即可确定各工作项目所需要的工人数和机械台数。 $$R=\frac{P}{D\cdot B} \quad (3\text{-}5)$$ 如果根据上式求得的工人数或机械台数已超过施工单位现有的人力、物力，除了寻求其他途径增加人力、物力外，施工单位应从施工技术和组织管理方面采取积极措施加以解决。 （6）绘制施工进度计划图。绘制施工进度计划图，首先应选择施工进度计划的表达形式。目前，常用来表达施工进度计划的方法有横道图和网络图两种形式。

续表 3-17

施工进度计划	（7）施工进度计划的检查与调整。当初始施工进度计划编制好后，需要对其进行检查与调整，以便使进度计划更加合理，进度计划检查的主要内容包括： 1）各工作项目的施工顺序、平行搭接和技术间歇是否合理； 2）总工期是否满足合同规定； 3）主要工种的工人是否能满足连续、均衡施工的要求； 4）主要施工机具、材料等的利用是否均衡和充分。 在上述四个方面中，首要的是前两方面的检查，如果不满足要求，必须进行调整。只有在前两个方面均达到要求的前提下，才能进行后两个方面的检查与调整。前者是解决可行与否的问题，而后者则是优化的问题
施工准备与资源配置计划	（1）施工准备。包括：技术准备、现场准备和资金准备等。 1）技术准备。包括：施工所需技术资料的准备；施工方案编制计划；试验检验及设备调试工作计划；样板制作计划等。 2）现场准备。应根据现场施工条件和工程实际需要，准备现场生产、生活临时设施。 3）资金准备。应根据施工进度计划编制资金使用计划。 （2）资源配置计划。包括：劳动力配置计划和物资配置计划。 1）劳动力配置计划。劳动力配置计划应包括下列内容：①确定各施工阶段用工量；②根据施工进度计划确定各施工阶段劳动力配置计划。 2）物资配置计划。物资配置计划应包括下列内容：①主要工程材料和设备的配置计划应根据施工进度计划确定，包括各施工阶段所需主要工程材料、设备的种类和数量；②工程施工主要周转材料、施工机具的配置计划应根据施工部署和施工进度计划确定，包括施工阶段所需主要周转材料、施工机具的种类和数量
主要施工方案	单位工程施工组织设计中应对主要分部、分项工程制定施工方案，并对脚手架工程、起重吊装工程、临时用水用电工程、季节性施工等专项工程所采用的施工方案进行必要的验算和说明
施工现场平面布置	施工现场平面布置图应包括下列内容： （1）工程施工场地状况。 （2）拟建建（构）筑物的位置、轮廓尺寸和层数。 （3）工程施工现场的加工设施、存贮设施、办公和生活用房等的位置和面积。 （4）布置在施工现场的垂直运输设施、供电设施、供水供热设施、排水排污设施和临时施工道路等。 （5）施工现场必备的安全、消防、保卫和环境保护等设施。 （6）相邻的地上、地下既有建（构）筑物及相关环境

四、施工方案

表 3-18　施工方案

概念	施工方案是指以分部（分项）或专项工程为主要对象编制的施工技术与组织方案，用以具体指导分部（分项）或专项工程的施工过程。施工方案不同，施工成本也不相同，应在技术经济分析论证的基础上，编制施工方案。包括：工程概况、施工安排、施工进度计划、施工准备与资源配置计划、施工方法及工艺要求
审批	施工方案应由项目技术负责人审批，重点、难点分部（分项）或专项工程的施工方案应由施工单位技术部门组织相关专家评审，施工单位技术负责人批准。由专业承包单位施工的分部（分项）或专项工程的施工方案，应由专业承包单位技术负责人或其授权的技术人员审批；有总承包单位时，应由总承包单位项目技术负责人核准备案。规模较大的分部（分项）或专项工程的施工方案应按单位工程施工组织设计进行编制和审批
工程概况	（1）工程主要情况：包括分部（分项）或专项工程名称，工程参建单位的相关情况，工程的施工范围，施工合同或总承包单位对工程施工的重点要求等。 （2）设计简介：主要介绍施工范围内的工程设计内容和相关要求。 （3）工程施工条件：应重点说明与分部（分项）或专项工程相关的内容
施工安排	（1）工程施工目标。包括：进度、质量、成本、安全生产及环境保护等目标，各项目标应符合施工合同和总承包单位对工程施工的要求。 （2）工程施工顺序及施工流水段。 （3）工程施工的重点和难点分析，并简述主要的管理和技术措施。 （4）根据分部（分项）或专项工程的规模、特点、复杂程度、目标控制和总承包单位的要求设置项目管理组织机构，明确岗位职责
施工进度计划	分部（分项）或专项工程的施工进度计划应按照施工安排，并结合总承包单位的施工进度计划进行编制。施工进度计划可采用网络图或横道图表示，并附必要说明。 分部（分项）或专项工程的施工进度计划应能反映各施工区段或各工序之间的搭接关系，施工期限和开始、结束时间。同时，施工进度计划应能体现和落实施工总进度计划的目标控制要求，进而体现施工总进度计划的合理性
施工准备与资源配置计划	（1）施工准备。包括：技术准备、现场准备和资金准备等。 1）技术准备。包括：施工所需技术资料的准备；图纸深化和技术交底的要求；试验检验和调试工作计划；样板制作计划以及与相关单位的技术交接计划等。 2）现场准备。包括生产、生活临时设施的准备以及与相关单位进行现场交接的计划等。 3）资金准备。应编制资金使用计划。 （2）资源配置计划。包括：劳动力配置计划和物资配置计划。 1）劳动力配置计划。确定工程用工量并编制专业工种劳动力计划表。 2）物资配置计划。包括：工程材料和设备配置计划，周转材料和施工机具配置计划以及计量、测量和检验仪器配置计划等

续表 3-18

施工方法及工艺要求	施工方法及工艺要求应包括下列内容： （1）明确分部（分项）或专项工程的施工方法，并进行必要的技术核算，明确主要分项工程（工序）的施工工艺要求。 （2）重点说明易发生质量通病、易出现安全问题、施工难度大、技术要求高的分项工程（工序）。 （3）对开发和使用的新技术、新工艺以及采用的新材料、新设备，应通过必要的试验或论证并编制计划。 （4）根据施工地点的气候条件，对季节性施工提出具体要求

五、专项施工方案

表 3-19　专项施工方案

说明	根据《建设工程安全生产管理条例》，施工单位应当在危险性较大的分部分项工程施工前编制专项施工方案
专项施工方案的内容	（1）工程概况。危险性较大的分部分项工程概况、施工平面布置、施工要求和技术保证条件。 （2）编制依据。相关法律、法规、规范性文件、标准、规范及图纸（国标图集）、施工组织设计等。 （3）施工计划。包括施工进度计划、材料与设备计划。 （4）施工工艺技术。技术参数、工艺流程、施工方法、检查验收等。 （5）施工安全保证措施。组织保障、技术措施、应急预案、监测监控等。 （6）劳动力计划。专职安全生产管理人员、特种作业人员等。 （7）计算书及相关图纸
专项施工方案的审查	专项方案应当由施工单位技术部门组织本单位施工技术、安全、质量等部门的专业技术人员进行审核。经审核合格的，由施工单位技术负责人签字。实行施工总承包的，专项施工方案应当由总承包单位技术负责人及相关专业承包单位技术负责人签字。不需要专家论证的专项施工方案，经施工单位审核合格后报监理单位，由项目总监理工程师审核签字
专项施工方案的论证	超过一定规模的危险性较大的分部分项工程专项施工方案应当由施工单位组织召开专家论证会。实行施工总承包的，由施工总承包单位组织召开专家论证会

经典考题剖析

一、2022 年考题

1. 根据施工总进度计划，施工总平面布置时，办公区、生活区和生产区宜（　　）。

A. 分离设置，符合节能、环保、安全和消防等要求

B. 集中布置，布置在建筑红线和建筑中间，减少二次搬运

C. 充分利用既有建筑物和既有设施，增加生活区临时配套设施

D. 建在红线下

答案：A

［解析］施工总平面布置有7项原则，其中：临时设施应方便生产、生活，办公区、生活区和生产区宜分离设置；符合节能、环保、安全和消防等要求。

2. 在单位工程施工组织设计中，资源配置计划包括（　　）。

A. 劳动力配置计划　　B. 主要周转材料配置计划

C. 监理人员配置　　D. 工程材料和设备的配置计划

E. 计量、测量和检验仪器配置计划

答案：A、B、D

［解析］资源配置计划包括：劳动力配置计划和物资配置计划。

（1）劳动力配置计划。劳动力配置计划应包括下列内容：

1）确定各施工阶段用工量；

2）根据施工进度计划确定各施工阶段劳动力配置计划。

（2）物资配置计划。物资配置计划应包括下列内容：

1）主要工程材料和设备配置计划应根据施工进度计划确定，包括各施工阶段所需主要工程材料、设备的种类和数量；

2）工程施工主要周转材料、施工机具配置计划应根据施工部署和施工进度计划确定，包括施工阶段所需主要周转材料、施工机具的种类和数量。

二、2021年考题

1. 在单位工程施工组织设计文件中，施工流水段划分一般属于（　　）部分的内容。

A. 工程概况　　B. 施工进度计划

C. 施工部署　　D. 主要施工方案

答案：C

［解析］施工部署中的进度安排和空间组织应符合下列要求：

（1）应明确说明工程主要施工内容及其进度安排，施工顺序应符合工序逻辑关系；

（2）施工流水段应结合工程具体情况分阶段进行合理划分，并说明划分依据及流水方向，确保均衡流水施工。

2. 针对危险性较大的分部分项工程，施工单位应编制专项施工方案，其主要内容除工程概况、编制依据和施工安全保证措施以外，还应有（　　）。

A. 施工计划、施工现场平面布置、季节性施工方案

B. 施工进度计划、资金使用计划、变更计划、临时设施的准备

C. 投资费用计划、资源配置计划、施工方法及工艺要求

D. 施工计划、施工工艺技术、劳动力计划、计算书及相关图纸

答案：D

［解析］专项施工方案应当包括以下内容：

（1）工程概况。危险性较大的分部分项工程概况、施工平面布置、施工要求和技术保证条件。

（2）编制依据。相关法律、法规、规范性文件、标准、规范及图纸（国标图集）、施工组织设计等。

（3）施工计划。施工进度计划、材料与设备计划。

（4）施工工艺技术。技术参数、工艺流程、施工方法、检查验收等。

（5）施工安全保证措施。组织保障、技术措施、应急预案、监测监控等。

（6）劳动力计划。专职安全生产管理人员、特种作业人员等。

（7）计算书及相关图纸。

3. 施工总进度计划是施工组织总设计的主要组成部分，编制施工总进度计划的主要工作有（　　）。

A. 确定总体施工准备条件

B. 计算工程量

C. 确定各单位工程的施工期限

D. 确定各单位工程的开竣工时间和相互搭接关系

E. 确定主要施工方法

答案：B、C、D

［解析］施工总进度计划是根据总体施工部署的要求，用来确定各单位工程的施工顺序、施工时间及相互衔接关系的计划。施工总进度计划的编制步骤和方法如下：

（1）计算工程量。

（2）确定各单位工程的施工期限。

（3）确定各单位工程的开竣工时间和相互搭接关系。

（4）编制初步施工总进度计划。

（5）编制正式的施工总进度计划。

三、其他年份考题

1. 根据《建筑施工组织设计规范》，单位工程施工组织设计中的施工部署应包括（　　）。

A. 施工资源配置计划　　　　B. 施工进度安排和空间组织

C. 施工重点和难点分析　　　D. 工程项目管理组织机构

E. 施工现场平面布置

答案：B、C、D

［解析］选项B、C、D，施工部署是对工程项目进行统筹规划和全面安排，包括工程项目施工目标、进度安排和空间组织、施工重点和难点分析、工程项目管理组织机构等。选项A、E，施工部署是施工组织设计的纲领性内容，施工进度计划、施工准备与资源配置计划、施工方法、施工现场平面布置等均应围绕施工部署进行编制和确定。在单位工程施工组织设计中，施工资源配置计划和施工现场平面布置是与施工部署同层次的内容。

2. 专项施工方案由（　　）专业技术部门组织审核。

A. 建设单位　　B. 监理单位

C. 监督机构　　D. 施工单位技术部门

答案：D

[**解析**] 根据《建设工程安全生产管理条例》，施工单位应当在危险性较大的分部分项工程施工前编制专项施工方案。专项施工方案应当由施工单位技术部门组织本单位施工技术、安全、质量等部门的专业技术人员进行审核。

考点九：工程项目目标控制的内容、措施和方法

点评： 本考点的内容比较简单，历年关于本考点的考题不多，题目的分布集中于控制的方法、措施，难易程度也比较稳定，考生可以参照历年考题理解本考点的具体内容。

知识要点集成

一、主动控制与被动控制

表 3-20　主动控制与被动控制

类别	含　义	特　点	可采取的措施
主动控制	主动控制就是预先分析目标偏离的可能性，并拟订和采取各项预防性措施，以使计划目标得以实现	是一种前馈控制，又是一种事前控制	（1）详细调查并分析研究外部环境条件。 （2）识别风险。 （3）用科学的方法制订计划。 （4）高质量地做好组织工作。 （5）制订必要的备用方案。 （6）计划应有适当的松弛度，即“计划应留有余地”。 （7）沟通信息流通渠道
被动控制	控制者从计划的实际输出中发现偏差，对偏差采取措施及时纠正的控制方式	是一种反馈控制	（1）应用现代化管理方法和手段跟踪、测试、检查工程实施过程，发现异常情况及时采取纠偏措施。 （2）明确项目管理组织中过程控制人员的职责，发现情况及时采取措施进行处理。 （3）建立有效的信息反馈系统，及时反馈偏离目标值的情况，以便及时采取措施予以纠正

注：主动控制和被动控制的区分历年常考。

二、工程项目目标控制内容

表 3-21　工程项目目标控制内容

工程项目质量控制	工程项目质量控制是指在力求实现工程项目总目标的过程中，为满足项目总体质量要求所开展的有关监督管理活动。 影响工程项目质量的因素有很多，通常可以概括为人、机械、材料、方法和环境五个方面。工程项目的质量控制，应当是一个全面、全过程的控制过程，项目管理人员应当采取有效措施对人、机械、材料、方法和环境等因素进行控制，以保障工程质量
工程项目进度控制	工程项目进度控制是对工程项目从策划与决策开始，经设计与施工，直至竣工验收交付使用为止全过程的控制
工程项目造价控制	工程项目造价控制不是单一目标的控制，而应当与工程项目质量控制和进度控制同时进行。项目管理人员在控制工程项目造价时，应立足于工程项目的全寿命周期经济效益，不能只局限于项目的一次性费用

注：非重点知识点。

三、工程项目目标控制措施

工程项目目标控制措施见图 3-2。

控制措施
- 组织措施
- 技术措施
- 经济措施
- 合同措施

图 3-2　工程项目目标控制措施

四、工程项目目标控制方法

表 3-22　工程项目目标控制方法

控制类别	控制方法	主要内容
工程项目进度控制	网络计划技术	网络计划技术是一种用于工程进度控制的有效方法，在工程项目目标控制中采用这种方法也有助于工程成本的控制和资源的优化配置
	S曲线法	S曲线以横坐标表示时间，纵坐标表示累计完成的工程数量或造价，S曲线可用于控制工程造价和工程进度
	香蕉曲线法	香蕉曲线法的原理与S曲线法的原理基本相同，其主要区别在于香蕉曲线是以工程网络计划为基础绘制的。香蕉曲线包括 *ES* 曲线和 *LS* 曲线，香蕉曲线同样可用来控制工程造价和工程进度

续表 3-22

控制类别	控制方法	主要内容
工程项目质量控制	排列图法	排列图又叫主次因素分析图或帕累特图，是用来寻找影响工程（产品）质量主要因素的一种有效工具。排列图由两个纵坐标、一个横坐标、若干个直方图形和一条曲线组成。其中左边的纵坐标表示频数，右边的纵坐标表示频率，横坐标表示影响质量的各种因素。累计频率在0～80%范围内的因素，称为A类因素，是主要因素；在80%～90%范围内的因素为B类因素，是次要因素；在90%～100%范围内的为C类因素，是一般因素
	因果分析图法	因果分析图又叫树枝图或鱼刺图，是用来寻找某种质量问题产生原因的有效工具
	直方图法	直方图又叫频数分布直方图，它以直方图形的高度表示一定范围内数值所发生的频数，据此可掌握产品质量的波动情况，了解质量特征的分布规律。 常见的非正常图形有： （1）折齿型分布。这多数是由于作频数表时，分组不当或组距确定不当所致。 （2）绝壁型分布。直方图的分布中心偏向一侧，通常是因操作者的主观因素造成。 （3）孤岛型分布。这是由于少量材料不合格，或短时间内工人操作不熟练所造成。 （4）双峰型分布。一般是由于在抽样检查前，数据分类工作做得不够好，使两个分布混淆在一起所造成。 当出现质量问题时，可进一步利用排列图、因果分析图、相关图等寻找产生质量问题的原因，并采取有效措施，使工程质量达到预定要求
	控制图法	排列图法、直方图法是质量控制的静态分析方法，控制图法是一种动态分析方法
工程项目造价控制	S曲线法	内容同前
	香蕉曲线法	内容同前

注：重要知识点。

经典考题剖析

一、2023年考题

下列工程项目目标控制方法中，可用于控制工程造价和工程进度的是（　　）。

A. 控制图法和S曲线法

B. 网络计划法和直方图法

C. 香蕉曲线法和S曲线法

D. 香蕉曲线法和排列图法

答案：C

[**解析**] S曲线法可用于控制工程造价和工程进度。与S曲线法相同，香蕉曲线法同样可用来控制工程造价和工程进度。控制图法、直方图法和排列图法是用于质量控制的方法。

二、2021年考题

采用排列图分析影响工程质量的主要因素时，将影响因素分为三类，其中A类因素是指累计频率在（　　）范围内的因素。

A. 0～70%　　B. 0～80%

C. 80%～90%　　D. 90%～100%

答案：B

[**解析**] 在一般情况下，将影响质量的因素分为三类，累计频率在0～80%范围内的因素，称为A类因素，是主要因素；在80%～90%范围内的为B类因素，是次要因素；在90%～100%范围内的为C类因素，是一般因素。

三、其他年份考题

1. 下列工程项目目标控制方法中，可用来找出工程质量主要影响因素的是（　　）。

A. 直方图法　　B. 鱼刺图法

C. 排列图法　　D. S曲线法

答案：C

[**解析**] 可用来找出工程质量影响因素的方法包括鱼刺图法和排列图法，但鱼刺图法仅仅能够逐层排查，找出工程质量影响因素，无法确定主要因素、次要因素；而排列图法可以将影响因素分为主要因素、次要因素和一般因素。

2. 应用直方图法分析工程质量状况时，直方图出现折齿型分布的原因是（　　）。

A. 数据分组不当或组距确定不当　　B. 少量材料不合格

C. 短时间内工人操作不熟练　　D. 数据分类不当

答案：A

[**解析**] 直方图判断是否存在质量问题，其中有下列情形：

(1) 折齿型分布。这多数是由于作频数表时，分组不当或组距确定不当所致。

(2) 绝壁型分布。直方图的分布中心偏向一侧，通常是因操作者的主观因素所造成。

(3) 孤岛型分布。出现孤立的小直方图，这是由于少量材料不合格，或短时间内工人操作不熟练所造成。

(4) 双峰型分布。一般是由于在抽样检查以前，数据分类工作不够好，使两个分布混淆在一起所造成。

3. 关于排列图的说法，正确的有（　　）。

A. 排列图左边的纵坐标表示影响因素发生的频数

B. 排列图中直方图形的高度表示影响因素造成损失的大小

C. 排列图右边的纵坐标表示影响因素累计发生的频率

D. 累计频率在 90%～100%范围内的因素是影响工程质量的主要因素

E. 排列图可用判定工程质量主要影响因素造成的费用增加值

答案：A、C

［**解析**］选项 A、C，排列图左边的纵坐标表示影响因素发生的频数，排列图右边的纵坐标表示影响因素累计发生的频率；选项 B，排列图中直方图形的高度表示影响因素发生的频次和频率，不能表示造成损失的大小；选项 D，累计频率在 0～80%范围的因素，称为 A 类因素，是主要因素；选项 E，排列图是用来寻找影响工程（产品）质量主要因素的一种有效工具。

考点十：流水施工组织方法

点评：本考点内容的系统性比较强，学习本考点的内容关键在于理解，加快答题的速度；关于考题的形式，考生可以参照经典考题剖析的题目，通过题目的训练理解本考点的具体内容。

知识要点集成

表 3-23　流水施工组织方法

流水施工特点	(1) 施工工期较短，可以尽早发挥投资效益； (2) 实现专业化生产，可以提高施工技术水平和劳动生产率； (3) 连续施工，可以充分发挥施工机械和劳动力的生产效率； (4) 提高工程质量，可以增加建设工程的使用寿命和节约使用过程中的维修费用； (5) 降低工程成本，可以提高承包单位的经济效益	
流水施工表达方式	流水施工的表达方式除网络图外，主要有横道图和垂直图两种	
	横道图表示法	特点：绘图简单，施工过程及其先后顺序表达清楚，时间和空间状况形象直观，使用方便，被广泛用来表达施工进度计划
	垂直图表示法	特点：施工过程及其先后顺序表达清楚，时间和空间状况形象直观，斜向进度线的斜率可以直观地表示出各施工过程的进展速度。但编制实际工程进度计划不如横道图方便

续表 3-23

<table>
<tr><td rowspan="10">流水施工参数</td><td rowspan="3">工艺参数</td><td colspan="2">工艺参数主要是指在组织流水施工时，用以表达流水施工在施工工艺方面进展状态的参数，通常包括施工过程和流水强度两个参数</td></tr>
<tr><td>施工过程</td><td>组织建设工程流水施工时，根据施工组织及计划安排需要而将计划任务划分成的子项称为施工过程。施工过程划分的粗细程度由实际需要而定，施工过程可以是单位工程或单项工程，也可以是分部工程、分项工程，甚至是将分项工程按照专业工种不同分解而成的施工工序。施工过程的数目一般用 n 表示</td></tr>
<tr><td>流水强度</td><td>流水强度是指流水施工的某施工过程（队）在单位时间内所完成的工程量，也称为流水能力或生产能力。
流水强度的计算公式：
$$V=\sum_{i=1}^{x}R_i \cdot S_i$$</td></tr>
<tr><td rowspan="3">空间参数</td><td colspan="2">空间参数是指在组织流水施工时，用以表达流水施工在空间布置上开展状态的参数。通常包括工作面和施工段</td></tr>
<tr><td>工作面</td><td>工作面是指供某专业工种的工人或某种施工机械进行施工的活动空间</td></tr>
<tr><td>施工段</td><td>将施工对象在平面或空间上划分成若干个劳动量大致相等的施工段落，称为施工段或流水段。施工段的数目一般用 m 表示。
划分施工段的目的就是组织流水施工</td></tr>
<tr><td rowspan="4">时间参数</td><td colspan="2">时间参数是指在组织流水施工时，用以表达流水施工在时间安排上所处状态的参数，主要包括流水节拍、流水步距和流水施工工期等</td></tr>
<tr><td>流水节拍</td><td>流水节拍是指在组织流水施工时，某个专业工作队在一个施工段上的施工时间。第 j 个专业工作队在第 i 个施工段的流水节拍一般用 $t_{j \cdot i}$ 来表示。
流水节拍的定额计算公式：
$$t_{j \cdot i}=\frac{Q_{j \cdot i}}{S_j \cdot R_j \cdot N_j}=\frac{P_{j \cdot i}}{R_j \cdot N_j}$$
或
$$t_{j \cdot i}=\frac{Q_{j \cdot i} \cdot H_j}{R_j \cdot N_j}=\frac{P_{j \cdot i}}{R_j \cdot N_j}$$
流水节拍也可根据经验估算</td></tr>
<tr><td>流水步距</td><td>流水步距是指组织流水施工时，相邻两个施工过程（或专业工作队）相继开始施工的最小间隔时间。流水步距一般用 $K_{j,j+1}$ 来表示</td></tr>
<tr><td>流水施工工期</td><td>流水施工工期是指从第一个专业工作队投入流水施工开始，到最后一个专业工作队完成流水施工为止的整个持续时间</td></tr>
</table>

续表 3-23

<table>
<tr>
<td rowspan="6">流水施工基本组织方式</td>
<td rowspan="3">等节奏流水施工</td>
<td colspan="2">等节奏流水施工是指在有节奏流水施工中，各施工过程的流水节拍都相等的流水施工，也称为固定节拍流水施工或全等节拍流水施工，是一种最理想的流水施工方式，其特点如下：
（1）所有施工过程在各个施工段上的流水节拍均相等；
（2）相邻施工过程的流水步距相等，且等于流水节拍；
（3）专业工作队数等于施工过程数，即每一个施工过程成立一个专业工作队，由该队完成相应施工过程所有施工段上的任务；
（4）各个专业工作队在各施工段上能够连续作业，施工段之间没有空闲时间</td>
</tr>
<tr>
<td>有间歇时间的固定节拍流水施工工期</td>
<td>$T=(n-1)t+\sum G+\sum Z+m\cdot t$
$=(m+n-1)t+\sum G+\sum Z$</td>
</tr>
<tr>
<td>有提前插入时间的固定节拍流水施工工期</td>
<td>$T=(n-1)t+\sum G+\sum Z-\sum C+m\cdot t$
$=(m+n-1)t+\sum G+\sum Z-\sum C$</td>
</tr>
<tr>
<td rowspan="3">异节奏流水施工</td>
<td colspan="2">异节奏流水施工是指在有节奏流水施工中，各施工过程的流水节拍各自相等而不同施工过程之间的流水节拍不尽相等的流水施工</td>
</tr>
<tr>
<td>异步距异节奏流水施工</td>
<td>异步距异节奏流水施工是指在组织异节奏流水施工时，每个施工过程成立一个专业工作队，由其完成各施工段任务的流水施工。异步距异节奏流水施工的特点如下：①同一施工过程在各个施工段上的流水节拍均相等；不同施工过程之间的流水节拍不尽相等；②相邻施工过程之间的流水步距不尽相等；③专业工作队数等于施工过程数；④各个专业工作队在施工段上能够连续作业，施工段之间没有空闲时间</td>
</tr>
<tr>
<td>等步距异节奏流水施工</td>
<td>等步距异节奏流水施工是指在组织异节奏流水施工时，按每个施工过程流水节拍之间的比例关系，成立相应数量的专业工作队而进行的流水施工，也称为成倍节拍流水施工。成倍节拍流水施工的特点如下：①同一施工过程在其各个施工段上的流水节拍均相等；不同施工过程的流水节拍不等，但其值为倍数关系；②相邻施工过程的流水步距相等，且等于流水节拍的最大公约数（K）；③专业工作队数大于施工过程数，即有的施工过程只成立一个专业工作队，而对于流水节拍大的施工过程，可按其倍数增加相应专业工作队数目；④各个专业工作队在施工段上能够连续作业，施工段之间没有空闲时间。
加快的成倍节拍流水施工工期 T 计算公式：
$T=(n'-1)K+\sum G+\sum Z-\sum C+m\cdot K$
$=(m+n'-1)K+\sum G+\sum Z-\sum C$
式中，n'表示专业工作队数目</td>
</tr>
</table>

续表 3-23

流水施工基本组织方式	非节奏流水施工	特点：①各施工过程在各施工段的流水节拍不全相等；②相邻施工过程的流水步距不尽相等；③专业工作队数等于施工过程数；④各专业工作队能够在施工段上连续作业，但有的施工段之间可能有空闲时间
		在非节奏流水施工中，通常采用累加数列错位相减取大差法计算流水步距
		非节奏流水施工工期计算公式： $T=\sum K+\sum t_n+\sum Z+\sum G-\sum C$

经典考题剖析

一、2023 年考题

1. 建设工程组织流水施工时，用以表达流水施工在空间布置上开展状态的参数是（　　）。

A. 施工段和流水节拍　　B. 流水节拍和施工过程

C. 施工过程和工作面　　D. 工作面和施工段

答案：D

［**解析**］空间参数是指在组织流水施工时，用以表达流水施工在空间布置上开展状态的参数。包括工作面和施工段。施工过程和流水节拍分别是工艺参数和时间参数。

2. 4 个施工过程，5 个施工段成倍节拍流水施工，每个施工过程的流水节拍分别是 2 天、4 天、6 天、4 天，问需要（　　）个专业施工队。

A. 8　　B. 6　　C. 5　　D. 4

答案：A

［**解析**］4 个施工过程流水节拍最大公约数是 2，分别用流水节拍除以 2，2/2=1、4/2=2、6/2=3、4/2=2，专业施工队总数：1+2+3+2=8。

二、2022 年考题

1. 横道图的横轴和纵轴分别表示（　　）。

A. 工程进度和施工过程　　B. 工程进度和施工段

C. 施工过程和施工段　　D. 工作面和施工段

答案：A

［**解析**］流水施工横道图表示法，横坐标表示流水施工的持续时间；纵坐标表示施工过程的名称或编号。

2. 专业工作队在各个施工段上的劳动量要大致相等，其相差幅度不宜超过（　　）。

A. 5%　　B. 10%～15%　　C. 15%～20%　　D. 20%～25%

答案：B

［解析］划分施工段的原则，其中，同一专业工作队在各个施工段上的劳动量应大致相等，相差幅度不宜超过 10%～15%。

3. 某固定节拍流水施工，施工过程 $m=3$、施工段 $n=4$、流水节拍 $t=2$，施工过程①和施工过程②之间组织间歇 1 天，该流水施工总工期为（　　）天。

A. 10　　B. 11　　C. 12　　D. 13

答案：D

［解析］固定节拍流水施工 $T=(m+n-1)\times t+\sum G+\sum Z=(3+4-1)\times 2+1=13$(天)。

4. 组织流水施工，表达流水施工所处状态时间安排的参数是（　　）。

A. 流水强度　　B. 流水节拍

C. 流水步距　　D. 流水施工工期

E. 总自由时差

答案：B、C、D

［解析］时间参数是指在组织流水施工时，用以表达流水施工在时间安排上所处状态的参数，主要包括流水节拍、流水步距和流水施工工期等。选项 A 属于工艺参数，选项 E 是网络计划技术的内容。

三、2021 年考题

1. 钢筋绑扎与混凝土浇筑之间的流水步距为（　　）。

分区	模板	钢筋绑扎	混凝土浇筑
第一区	5	4	2
第二区	4	5	3
第三区	4	6	2

A. 2　　B. 5

C. 8　　D. 10

答案：D

［解析］(1) 求各施工过程流水节拍的累加数：

钢筋绑扎：4，9，15

混凝土浇筑：2，5，7

(2) 错位相减求得差数列：

钢筋绑扎与混凝土浇筑：4，9，15

$$\begin{array}{r} -)\quad 2,\ 5,\ 7 \\ \hline 4,\ 7,\ 10,\ -7 \end{array}$$

(3) 在差数列中取最大值求得流水步距：

施工过程钢筋绑扎与混凝土浇筑之间的流水步距：$K=\max(4,7,10,-7)=10$（天）。

2. 关于流水施工方式特点的说法，正确的是（　　）。

A. 施工工期较短，可以尽早发挥项目的投资效益

B. 实现专业化生产，可以提高施工技术水平和劳动生产率

C. 工人连续施工，可以充分发挥施工机械和劳动力的生产效率

D. 提高工程质量，可以增加建设单位的使用寿命

E. 工作队伍较多，可能增加总承包单位的成本

答案：A、B、C、D

［解析］流水施工方式的特点有：

(1) 施工工期较短，可以尽早发挥投资效益。

(2) 实现专业化生产，可以提高施工技术水平和劳动生产率。

(3) 连续施工，可以充分发挥施工机械和劳动力的生产效率。

(4) 提高工程质量，可以增加建设工程的使用寿命，节约使用过程中的维修费用。

(5) 降低工程成本，可以提高承包单位的经济效益。

3. 下列流水施工参数中，属于空间参数的有（　　）。

A. 流水步距　　B. 工作面

C. 流水强度　　D. 施工过程

E. 施工段

答案：B、E

［解析］空间参数是指在组织流水施工时，用以表达流水施工在空间布置上开展状态的参数，通常包括工作面和施工段。

四、其他年份考题

1. 下列流水施工参数中，属于时间参数的是（　　）。

A. 流水节拍和流水步距　　B. 流水步距和流水强度

C. 流水强度和流水段　　D. 流水段和流水节拍

答案：A

［解析］流水节拍和流水步距属于时间参数。

2. 某工程划分为三个施工过程、4个施工段，组织加快的成倍节拍流水施工，流水节拍分别为4天、4天和2天，则应派（　　）个专业工作队参与施工。

A. 2　　B. 3　　C. 4　　D. 5

答案：D

［解析］根据题目条件，流水步距是2天，所以三个施工过程的专业工作队分别为2个、2个、1个，专业工作队合计5个。

3. 非节奏流水施工的特点有（　　）。

A. 各施工段上的流水节拍均相等

B. 相邻施工过程的流水步距不尽相等

C. 专业工作队数等于施工过程数

D. 施工段之间可能有空闲时间

E. 有的专业工作队不能连续作业

答案：B、C、D

［解析］非节奏流水施工的特点有：

（1）各施工过程在各施工段的流水节拍不全相等；
（2）相邻施工过程的流水步距不尽相等；
（3）专业工作队数等于施工过程数；
（4）各专业工作队能够在施工段上连续作业，但有的施工段之间可能有空闲时间。

考点十一：工程网络计划技术

点评： 工程网络计划技术是2009年从《建设工程技术与计量》科目移到《建设工程造价管理》科目的，分析历年考题，考核的分数多为5～7分，个别年份有所偏离；考核的内容多为基本概念的理解，集中在总时差、自由时差、关键线路和关键工作、网络图优化的基本原理和网络图绘制规则等几个基本概念或原理；考核的形式变化加大。建议考生参照经典考题剖析的题目，在系统理解工程网络计划技术基础上，从应试视角掌握上述重点内容。

知识要点集成

一、网络图的基本概念和绘制规则

表3-24　网络图的基本概念和绘制规则

网络图和工作	网络图是由箭线和节点组成，用来表示工作流程的有向、有序网络图形。网络图有双代号网络图和单代号网络图。双代号网络图又称箭线式网络图，单代号网络图又称节点式网络图。 在一般情况下，完成一项工作既需要消耗时间，也需要消耗资源。但也有一些工作只消耗时间而不消耗资源，如混凝土浇筑后的养护过程和墙面抹灰后的干燥过程等。 每一条箭线上箭尾节点编号小于箭头节点编号。 在双代号网络图中，虚箭线不代表实际工作，称为虚工作。虚工作既不消耗时间，也不消耗资源。虚工作主要用来表示相邻两项工作之间的逻辑关系。 在单代号网络图中，虚拟工作只能出现在网络图的起点节点或终点节点处
工艺关系和组织关系	生产性工作之间由工艺过程决定的、非生产性工作之间由工作程序决定的先后顺序关系称为工艺关系。 工作之间由于组织安排需要或资源（劳动力、原材料、施工机具等）调配需要而规定的先后顺序关系称为组织关系
紧前工作、紧后工作和平行工作	在网络图中，相对于某工作而言，紧排在该工作之前的工作称为该工作的紧前工作。 在网络图中，相对于某工作而言，紧排在该工作之后的工作称为该工作的紧后工作。 在网络图中，相对于某工作而言，可以与该工作同时进行的工作即为该工作的平行工作

续表 3-24

线路、关键线路和关键工作	网络图中从起点节点开始，沿箭头方向顺序通过一系列箭线与节点，最后到达终点节点的通路称为线路。 总持续时间最长的线路称为关键线路，关键线路的长度就是网络计划的总工期。 在网络计划中，关键线路可能不止一条。而且在网络计划执行过程中，关键线路还会发生转移。 关键线路上的工作称为关键工作
双代号网络图的绘制规则	（1）网络图必须按照已定的逻辑关系绘制； （2）网络图中严禁出现循环回路； （3）网络图中的箭线（包括虚箭线，以下同）应保持自左向右的方向； （4）网络图中严禁出现双向箭头和无箭头的连线； （5）网络图中严禁出现没有箭尾节点的箭线和没有箭头节点的箭线； （6）严禁在箭线上引入或引出箭线； （7）应尽量避免网络图中工作箭线的交叉； （8）网络图中应只有一个起点节点和一个终点节点，除网络图的起点节点和终点节点外，不允许出现没有外向箭线的节点和没有内向箭线的节点
单代号网络图的绘制规则	单代号网络图的绘图规则与双代号网络图的绘图规则基本相同，主要区别在于： 当网络图中有多项开始工作时，应增设一项虚拟的工作（S），作为该网络图的起点节点；当网络图中有多项结束工作时，应增设一项虚拟的工作（F），作为该网络图的终点节点

二、网络计划时间参数的计算

表 3-25　网络计划时间参数的计算

网络中的时间参数	工作持续时间	在双代号网络计划中，工作 $i-j$ 的持续时间用 D_{i-j} 表示；在单代号网络计划中，工作 i 的持续时间用 D_i 表示
	工期	（1）计算工期，用 T_c 表示； （2）要求工期，是任务委托人所提出的指令性工期，用 T_r 表示； （3）计划工期，用 T_p 表示。 当已规定了要求工期时，计划工期不应超过要求工期，即：$T_p \leqslant T_r$； 当未规定要求工期时，可令计划工期等于计算工期，即：$T_p = T_c$

续表 3-25

<table>
<tr><td rowspan="7">网络中的时间参数</td><td rowspan="3">工作的六个时间参数</td><td>最早开始时间 ES，最早完成时间 EF</td></tr>
<tr><td>最迟开始时间 LS，最迟完成时间 LF</td></tr>
<tr><td>工作的总时差是指在不影响总工期的前提下，本工作可以利用的机动时间。
工作的总时差用 TF 表示。
从总时差和自由时差的定义可知，对于同一项工作而言，自由时差不会超过总时差。当工作的总时差为零时，其自由时差必然为零。
在网络计划的执行过程中，工作的自由时差是该工作可以自由使用的时间。但是，如果利用某项工作的总时差，则有可能使该工作后续工作的总时差减小</td></tr>
<tr><td rowspan="2">节点时间</td><td>节点最早时间是指在双代号网络计划中，以该节点为开始节点的各项工作的最早开始时间。
节点 i 的最早时间用 ET_i 表示</td></tr>
<tr><td>节点最迟时间是指在双代号网络计划中，以该节点为完成节点的各项工作的最迟完成时间。
节点 j 的最迟时间用 LT_j 表示</td></tr>
<tr><td>相邻两项工作之间的时间间隔</td><td>相邻两项工作之间的时间间隔是指本工作的最早完成时间与其紧后工作最早开始时间之间可能存在的差值。
工作 i 与工作 j 之间的时间间隔用 $LAG_{i,j}$ 表示</td></tr>
<tr></tr>
<tr><td>双代号网络计划参数计算（工作计算法）</td><td colspan="2">（1）计算工作的最早开始时间和最早完成时间。
1）以网络计划起点节点为开始节点的工作，当未规定其最早开始时间时，其最早开始时间为零。
2）$EF_{i-j}=ES_{i-j}+D_{i-j}$
3）$ES_{i-j}=\max\{EF_{h-i}\}=\max\{ES_{h-i}+D_{h-i}\}$
4）$T_c=\max\{EF_{i-n}\}=\max\{ES_{i-n}+D_{i-n}\}$
（2）确定网络计划的计划工期。
（3）计算工作的最迟完成时间和最迟开始时间。工作最迟完成时间和最迟开始时间的计算应从网络计划的终点节点开始，逆着箭线方向依次进行。
1）$LF_{i-n}=T_p$
2）$LS_{i-j}=LF_{i-j}-D_{i-j}$
3）$LF_{i-j}=\min\{LS_{j-k}\}=\min\{LF_{j-k}-D_{j-k}\}$
（4）计算工作的总时差。
$$TF_{i-j}=LF_{i-j}-EF_{i-j}=LS_{i-j}-ES_{i-j}$$
（5）计算工作的自由时差。
1）对于有紧后工作的工作：
$$FF_{i-j}=\min\{ES_{j-k}-EF_{i-j}\}=\min\{ES_{j-k}-ES_{i-j}-D_{i-j}\}$$</td></tr>
</table>

续表 3-25

双代号网络计划参数计算（工作计算法）	2）对于无紧后工作的工作，也就是以网络计划终点节点为完成节点的工作： $$FF_{i-n}=T_p-EF_{i-n}=T_p-ES_{i-n}-D_{i-n}$$ 当工作的总时差为零时，其自由时差必然为零，可不必进行专门计算。 （6）确定关键工作和关键线路。在网络计划中，总时差最小的工作为关键工作。特别是，当网络计划的计划工期等于计算工期时，总时差为零的工作就是关键工作。 找出关键工作之后，将这些关键工作首尾相连，便构成从起点节点到终点节点的通路，位于该通路上各项工作的持续时间总和最大，这条通路就是关键线路。在关键线路上可能有虚工作存在
单代号网络时间参数的计算	（1）计算工作的最早开始时间和最早完成时间： 计算过程和双代号网络分析类似。 （2）计算相邻两项工作之间的时间间隔： $$LAG_{i,j}=ES_j-EF_i$$ （3）确定网络计划的计划工期。 （4）计算工作的总时差： 工作总时差的计算应从网络计划的终点节点开始，逆着箭线方向按节点编号从大到小的顺序依次进行。 1）网络计划终点节点 n 所代表的工作的总时差应等于计划工期与计算工期之差，即： $$TF_n=T_p-T_c$$ 2）其他工作的总时差应等于本工作与其各紧后工作之间的时间间隔加该紧后工作的总时差所得之和的最小值，即： $$TF_i=\min\{LAG_{i,j}+TF_j\}$$ （5）计算工作的自由时差： 1）网络计划终点节点 n 所代表的工作的自由时差等于计划工期与本工作的最早完成时间之差，即： $$FF_n=T_p-EF_n$$ 2）其他工作的自由时差等于本工作与其紧后工作之间时间间隔的最小值，即： $$FF_i=\min\{LAG_{i,j}\}$$ （6）计算工作的最迟完成时间和最迟开始时间： 1）工作的最迟完成时间等于本工作的最早完成时间与其总时差之和，即： $$LF_i=EF_i+TF_i$$ 2）工作的最迟开始时间等于本工作的最早开始时间与其总时差之和，即： $$LS_i=ES_i+TF_i$$ （7）确定网络计划的关键线路： 1）利用关键工作确定关键线路。如前所述，总时差最小的工作为关键工作。将这些关键工作相连，并保证相邻两项关键工作之间的时间间隔为零而构成的线路就是关键线路。 2）利用相邻两项工作之间的时间间隔确定关键线路。从网络计划的终点节点开始，逆着箭线方向依次找出相邻两项工作之间时间间隔为零的线路就是关键线路

续表 3-25

双代号时标网络计划	特点：在时标网络计划中，以实箭线表示工作，实箭线的水平投影长度表示该工作的持续时间；以虚箭线表示虚工作，由于虚工作的持续时间为零，故虚箭线只能垂直画；以波形线表示工作与其紧后工作之间的时间间隔（以终点节点为完成节点的工作除外，当计划工期等于计算工期时，这些工作箭线中波形线的水平投影长度表示其自由时差）。时标网络计划既具有网络计划的优点，又具有横道计划直观易懂的优点，它将网络计划的时间参数直观地表达出来。 时标网络计划中时间参数的判定。 （1）关键线路和计算工期的判定： 1）关键线路的判定。时标网络计划中的关键线路可从网络计划的终点节点开始，逆着箭线方向进行判定。凡自始至终不出现波形线的线路即为关键线路。因为不出现波形线，就说明在这条线路上相邻两项工作之间的时间间隔全部为零，也就是在计算工期等于计划工期的前提下，这些工作的总时差和自由时差全部为零。 2）计算工期的判定。网络计划的计算工期应等于终点节点所对应的时标值与起点节点所对应的时标值之差。 （2）相邻两项工作之间时间间隔的判定： 除以终点节点为完成节点的工作外，工作箭线中波形线的水平投影长度表示工作与其紧后工作之间的时间间隔。 （3）工作的六个时间参数的判定： 1）工作最早开始时间和最早完成时间的判定。工作箭线左端节点中心所对应的时标值为该工作的最早开始时间。当工作箭线中不存在波形线时，其右端节点中心所对应的时标值为该工作的最早完成时间；当工作箭线中存在波形线时，工作箭线实线部分右端点所对应的时标值为该工作的最早完成时间。 2）工作总时差的判定。工作总时差的判定应从网络计划的终点节点开始，逆着箭线方向依次进行。①以终点节点为完成节点的工作，其总时差应等于计划工期与本工作最早完成时间之差。②其他工作的总时差等于其紧后工作的总时差加本工作与该紧后工作之间的时间间隔所得之和的最小值，即： $$TF_{i-j}=\min\{TF_{j-k}+LAG_{i-j,j-k}\}$$ 3）工作自由时差的判定。①以终点节点为完成节点的工作，其自由时差应等于计划工期与本工作最早完成时间之差。事实上，以终点节点为完成节点的工作，其自由时差与总时差必然相等。②其他工作的自由时差就是该工作箭线中波形线的水平投影长度。但当工作之后只紧接虚工作时，则该工作箭线上一定不存在波形线，而其紧接的虚箭线中波形线水平投影长度的最短者为该工作的自由时差。 4）工作最迟开始时间和最迟完成时间的判定。①工作的最迟开始时间等于本工作的最早开始时间与其总时差之和。②工作的最迟完成时间等于本工作的最早完成时间与其总时差之和

注：本知识点的内容必须理解，是案例课程部分内容的基础。

三、网络计划的优化

表 3-26 网络计划的优化

工期优化	工期优化的基本方法是在不改变网络计划中各项工作之间逻辑关系的前提下，通过压缩关键工作的持续时间来达到优化目标。在工期优化过程中，按照经济合理的原则，不能将关键工作压缩成非关键工作。此外，当工期优化过程中出现多条关键线路时，必须将各条关键线路的总持续时间压缩相同数值，否则，不能有效地缩短工期。 网络计划的工期优化可按下列步骤进行： （1）确定初始网络计划的计算工期和关键线路。 （2）按要求工期计算应缩短的时间 $\Delta T=T_c-T_r$。 （3）选择应缩短持续时间的关键工作。选择压缩对象时宜在关键工作中考虑下列因素： 1）缩短持续时间对质量和安全影响不大的工作； 2）有充足备用资源的工作； 3）缩短持续时间所需增加的费用最少的工作。 （4）将所选定的关键工作的持续时间压缩至最短，并重新确定计算工期和关键线路。若被压缩的工作变成非关键工作，则应延长其持续时间，使之仍为关键工作。 （5）当计算工期仍超过要求工期时，则重复上述步骤（2）～（4），直至计算工期满足要求工期或计算工期已不能再缩短为止。 （6）当所有关键工作的持续时间都已达到其能缩短的极限而寻求不到继续缩短工期的方案，但网络计划的计算工期仍不能满足要求工期时，应对网络计划的原技术方案、组织方案进行调整，或对要求工期重新审定
费用优化	费用优化又称工期成本优化，是指寻求工程总成本最低时的工期安排，或按要求工期寻求最低成本的计划安排的过程。 费用优化的基本思路：不断地在网络计划中找出直接费用率（或组合直接费用率）最小的关键工作，缩短其持续时间，同时考虑间接费随工期缩短而减少的数值，最后求得工程总成本最低时的最优工期安排或按要求工期求得最低成本的计划安排。 按照上述基本思路，费用优化可按以下步骤进行： （1）按工作的正常持续时间确定计算工期和关键线路。 （2）计算各项工作的直接费用率。 （3）当只有一条关键线路时，应找出直接费用率最小的一项关键工作，作为缩短持续时间的对象；当有多条关键线路时，应找出组合直接费用率最小的一组关键工作，作为缩短持续时间的对象。 （4）对于选定的压缩对象（一项关键工作或一组关键工作），首先比较其直接费用率或组合直接费用率与工程间接费用率的大小。 1）如果被压缩对象的直接费用率或组合直接费用率大于工程间接费用率，说明压缩关键工作的持续时间会使工程总费用增加，此时应停止缩短关键工作的持续时间，在此之前的方案即为优化方案； 2）如果被压缩对象的直接费用率或组合直接费用率等于工程间接费用率，说明压缩关键工作的持续时间不会使工程总费用增加，故应缩短关键工作的持续时间；

续表 3-26

费用优化	3）如果被压缩对象的直接费用率或组合直接费用率小于工程间接费用率，说明压缩关键工作的持续时间会使工程总费用减少，故应缩短关键工作的持续时间。 （5）当需要缩短关键工作的持续时间时，其缩短值的确定必须符合下列两条原则： 1）缩短后工作的持续时间不能小于其最短持续时间； 2）缩短持续时间的工作不能变成非关键工作。 （6）计算关键工作持续时间缩短后相应增加的总费用。 （7）重复上述步骤（3）～（6），直至计算工期满足要求工期或被压缩对象的直接费用率或组合直接费用率大于工程间接费用率为止。 （8）计算优化后的工程总费用
资源优化	（1）“资源有限，工期最短”的优化。 “资源有限，工期最短”的优化一般可按以下步骤进行： 1）按照各项工作的最早开始时间安排进度计划，并计算网络计划每个时间单位的资源需用量。 2）从计划开始日期起，逐个检查每个时段（每个时间单位资源需用量相同的时间段）的资源需用量是否超过所能供应的资源限量。如果在整个工期范围内每个时段的资源需用量均能满足资源限量的要求，则可行优化方案就编制完成。否则，必须转入下一步进行计划的调整。 3）分析超过资源限量的时段。如果在该时段内有几项工作平行作业，则采取将一项工作安排在与之平行的另一项工作之后进行的方法，以降低该时段的资源需用量。 4）对调整后的网络计划安排重新计算每个时间单位的资源需用量。 5）重复上述步骤 2)～4)，直至网络计划整个工期范围内每个时间单位的资源需用量均满足资源限量为止。 （2）“工期固定，资源均衡”的优化。 安排建设工程进度计划时，需要使资源需用量尽可能地均衡，使整个工程每单位时间的资源需用量不出现过多的高峰和低谷，这样不仅有利于工程建设的组织与管理，而且可以降低工程费用。 “工期固定，资源均衡”的优化方法有多种，如方差值最小法、极差值最小法、削高峰法等

四、网络计划执行中的控制

表 3-27　网络计划执行中的控制

实际进度与计划进度的比较方法	前锋线法	前锋线可以直观地反映出检查日期有关工作实际进度与计划进度之间的关系。对某项工作来说，其实际进度与计划进度之间的关系可能存在以下三种情况： （1）工作实际进展位置点落在检查日期的左侧，表明该工作实际进度拖后，拖后的时间为二者之差； （2）工作实际进展位置点与检查日期重合，表明该工作实际进度与计划进度一致； （3）工作实际进展位置点落在检查日期的右侧，表明该工作实际进度超前，超前的时间为二者之差

续表 3-27

实际进度与计划进度的比较方法	列表比较法	(1) 如果工作尚有总时差与原有总时差相等，说明该工作实际进度与计划进度一致； (2) 如果工作尚有总时差大于原有总时差，说明该工作实际进度超前，超前的时间为二者之差； (3) 如果工作尚有总时差小于原有总时差，且仍为非负值，说明该工作实际进度拖后，拖后的时间为二者之差，但不影响总工期； (4) 如果工作尚有总时差小于原有总时差，且为负值，说明该工作实际进度拖后，拖后的时间为二者之差，此时工作实际进度偏差将影响总工期
网络计划的调整方法		(1) 改变某些工作间的逻辑关系； (2) 缩短某些工作的持续时间

经典考题剖析

一、2023 年考题

1. 如图所示，该网络计划中关键线路有（　　）条。

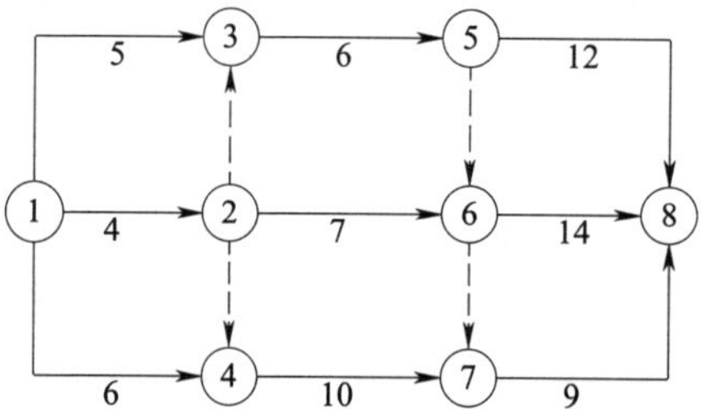

A. 1　　　　B. 2　　　　C. 3　　　　D. 4

答案：C

［解析］列出所有线路，并计算出持续时间，其中持续时间最长的线路为关键线路，为 1—2—6—8、1—3—5—6—8、1—4—7—8 共 3 条。

2. 某工程网络计划中，工作 M 的总时差为 6 天，自由时差为 3 天。该计划执行中，工作 M 的实际进度拖后 5 天。工作 M 实际进度产生的影响是（　　）。

A. 紧后工作最早开始时间推迟 1 天，但不影响总工期

B. 紧后工作最早开始时间推迟 2 天，但不影响总工期

C. 紧后工作最早开始时间推迟 3 天，影响总工期 1 天

D. 紧后工作最早开始时间推迟 3 天，影响总工期 2 天

答案：B

［解析］首先要理解总时差和自由时差的概念，根据概念，5－3＝2（天），影响紧后工作 2 天，5－6＝－1（天），不影响总工期。

3. 工程网络计划工期优化过程中，为达到缩短工期的目的，应选择（　　）的关键工作作为压缩对象。

A. 单位时间消耗资源最少

B. 缩短持续时间对质量和安全影响不大

C. 缩短持续时间所需增加费用最少

D. 工作面可挖掘利用

E. 有充足备用资源

答案：B、C、E

[解析] 选择压缩对象时宜在关键工作中考虑下列因素：

（1）缩短持续时间对质量和安全影响不大的工作；

（2）有充足备用资源的工作；

（3）缩短持续时间所需增加的费用最少的工作。

二、2022 年考题

1. 某两段施工过程，顺序都为基坑开挖→基础砌筑→土方回填，下列属于组织关系的是（　　）。

A. 基坑开挖 1→基础砌筑 1　　B. 基础砌筑 2→土方回填 2

C. 基坑开挖 1→土方回填 1　　D. 基坑开挖 1→基坑开挖 2

答案：D

[解析] 工作之间由于组织安排需要或资源（劳动力、原材料、施工机具等）调配需要而规定的先后顺序关系称为组织关系。选项 A、B、C 均为工艺关系。

2. 某项目有 6 项工作，逻辑关系和持续时间如下表所示，则该项目有（　　）条关键线路，总工期为（　　）。

工作名称	K	L	M	P	Q	R
紧前工作	—	—	—	K	P	K、L、M
持续时间	6	6	5	4	3	8

A. 1、13　　B. 1、14　　C. 2、13　　D. 2、14

答案：D

[解析] 如图所示，该项目有①③④⑥、①②③④⑥两条关键线路，总工期为 6+8=14。

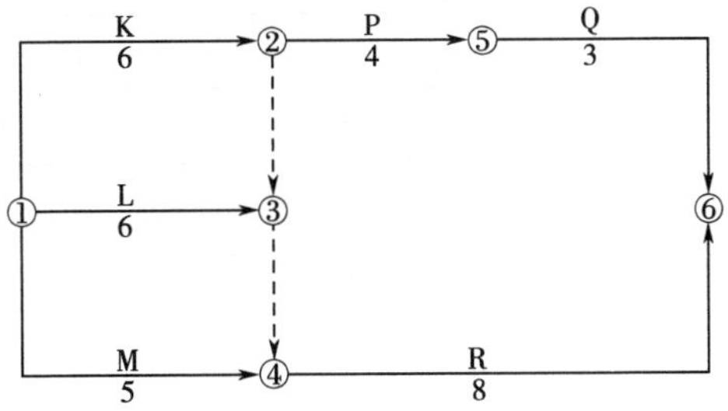

3. 双代号时标网络计划中，某工作有 3 项紧后工作，这 3 项紧后工作的总时差分别为 3、5、2，该工作与 3 项紧后工作的时间间隔为 2、1、2，则该工作的总时差是（　　）。

A. 2　　B. 4　　C. 5　　D. 6

答案：B

［**解析**］该工作总时差等于其紧后工作的总时差加本工作与该紧后工作之间的时间间隔所得之和的最小值，即：

$TF_{i-j}=\min\{TF_{j-k}+LAG_{i-j,j-k}\}=\min\{3+2,5+1,2+2\}=4$。

4. 实际进度延后影响总工期，需调整进度计划，有效的调整方式是（　　）。

A. 加强管理，提高关键工作质量控制，减少返工

B. 不增加投入，将关键工作顺序作业改为搭接作业

C. 不增加投入，将关键工作平行作业改为顺序作业

D. 增加投入，缩短关键工作持续时间

E. 增加投入，缩短非关键工作持续时间

答案：B、D

［**解析**］当实际进度偏差影响到后续工作、总工期而需要调整进度计划时，其调整方法主要有两种。

（1）改变某些工作之间的逻辑关系：当工程项目实施中产生的进度偏差影响到总工期，且有关工作的逻辑关系允许改变时，可以改变关键线路和超过计划工期的非关键线路上的有关工作之间的逻辑关系，达到缩短工期的目的。例如，将顺序进行的工作改为平行作业、搭接作业以及分段组织流水作业等（选项 B），都可以有效地缩短工期。

（2）缩短某些工作的持续时间：这种方法是不改变工程项目中各项工作之间的逻辑关系，而通过采取增加资源投入、提高劳动效率等措施来缩短某些工作的持续时间，使工程进度加快，以保证按计划工期完成该工程项目。这些被压缩持续时间的工作是位于关键线路（选项 D）和超过计划工期的非关键线路上的工作。同时，这些工作又是其持续时间可被压缩的工作。

选项 A 不是进度计划调整的工作；选项 C，将关键工作平行作业改为顺序作业会延长作业时间；选项 E，增加投入，压缩超过计划工期的非关键线路上的工作。

三、2021 年考题

1. 下表为工作和紧前工作内容，用双代号网络图绘制，至少需要（　　）条虚箭线。

工作名称	A	B	C	D	E	F	G	H
紧前工作	—	—	—	A	A、B、C	B	D、E	E、F

A. 1　　B. 2

C. 4　　D. 6

答案：C

［**解析**］如下图所示，至少需要 4 条虚箭线。

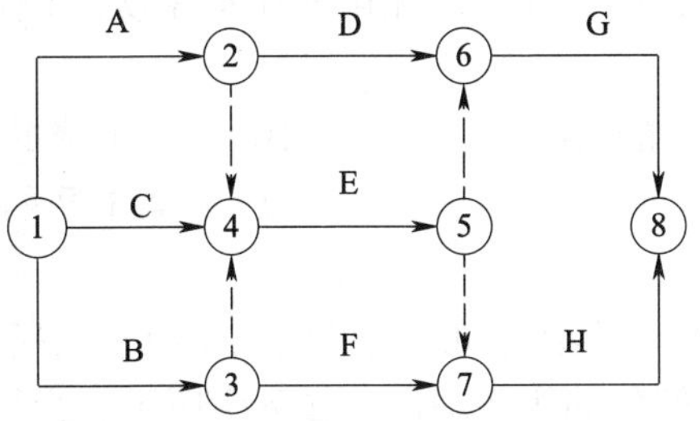

2. 已知某工作最早开始时间为 15，最早完成时间为 19，最迟完成时间为 22，紧后工作的最早开始时间为 20，则该工作最迟开始时间和自由时差为（　　）。

A. 18 和 1　　B. 18 和 3

C. 19 和 1　　D. 19 和 3

答案：A

［**解析**］该工作的持续时间为：19－15＝4，因此，最迟开始时间为：22－4＝18，自由时差＝20－19＝1。

3. 某工程项目由 A、B、C、D、E、F、G 工作组成。逻辑关系和持续时间如下表。用单代号进行进度计划，时间间隔最大的是（　　）。

项目	A	B	C	D	E	F	G
紧前工作	—	—	A	A、B	B	C、D	D、E
持续时间	5	7	8	9	13	10	8

A. 1　　B. 2　　C. 3　　D. 4

答案：D

［**解析**］如下图所示，相邻两项工作之间的时间间隔最大的是 G 工作与 D 工作，其时间间隔为：20－16＝4。

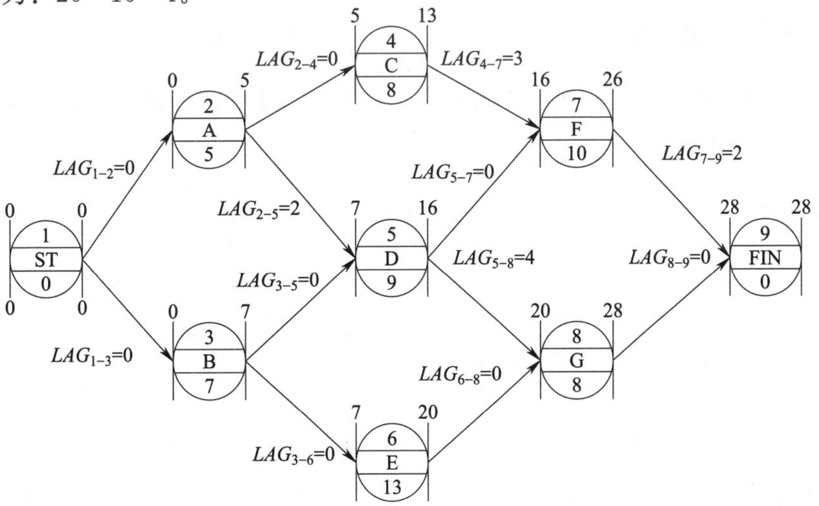

4. 工程项目网络计划的费用优化是寻求工程总成本最低时的工期安排或按要求工期寻求最低成本的计划安排的过程，该优化过程通常假定工作的直接费与其持续时间之间的关系可被近似地认为是（　　）。

A. 一条平行于横坐标的直线　　B. 一条下降的直线

C. 一条上升的直线　　D. 一条上凸的曲线

答案：B

［解析］工作的直接费与持续时间之间的关系类似于工程直接费与工期之间的关系，工作的直接费随着持续时间的缩短而增加，如下图所示。为简化计算，工作的直接费与持续时间之间的关系被近似地认为是一条直线。

5. 当工程项目网络计划的计算工期不能满足要求工期时，需压缩关键工作的持续时间，此时可选的关键工作有（　　）。

A. 持续时间长的工作　　B. 紧后工作较多的工作

C. 对质量和安全影响不大的工作　　D. 所需增加的费用最少的工作

E. 有充足备用资源的工作

答案：C、D、E

［解析］选择压缩对象时宜在关键工作中考虑下列因素：

（1）缩短持续时间对质量和安全影响不大的工作；

（2）有充足备用资源的工作；

（3）缩短持续时间所需增加的费用最少的工作。

四、其他年份考题

1. 某工程双代号网络计划如下图所示。当计划工期等于计算工期时，工作D的自由时差和总时差分别是（　　）。

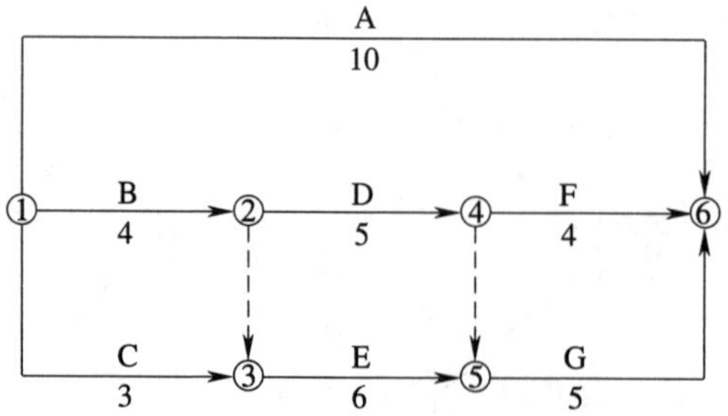

A. 2和2　　B. 1和2　　C. 0和2　　D. 0和1

答案：D

［**解析**］F 和 G 最早开始时间是 9 和 10，D 最早完成时间是 9，所以自由时差是 0；由于 F 和 G 的最迟开始时间分别是 11 和 10，所以 D 的最迟完成时间是 10，计算得到 D 的总时差是 1。

2. 计划工期与计算工期相等的双代号网络计划中，某工作的开始节点和完成节点均为关键节点时，说明该工作（　　）。

A. 一定是关键工作　　B. 总时差为零

C. 总时差等于自由时差　　D. 自由时差为零

答案：C

［**解析**］依据题干给出的条件，假设某工作的开始节点最早时间和最迟时间为 X，某工作的完成节点最早时间和最迟时间为 Y，该工作的持续时间为 Z；该工作的总时差是某工作的完成节点最迟时间 Y 减某工作的开始节点（最早时间 $X+Z$）；该工作的自由时差是某工作的完成节点最早时间 Y 减某工作的开始节点（最早时间 $X+Z$）；所以该工作总时差和自由时差$=Y-(X+Z)$，则总时差等于自由时差。

3. 工程网络计划优化是指（　　）的过程。

A. 寻求工程总成本最低时工期安排

B. 使计算工期满足要求工期

C. 按要求工期寻求最低成本

D. 在工期保持不变的条件下使资源需用量最少

E. 在满足资源限制条件下使工期延长最少

答案：A、B、C、E

［**解析**］所谓工期优化，是指网络计划的计算工期不满足要求工期时，通过压缩关键工作的持续时间以满足要求工期目标的过程（选项 B）。费用优化又称工期成本优化，是指寻求工程总成本最低时的工期安排（选项 A），或按要求工期寻求最低成本的计划安排的过程（选项 C）。资源是指为完成一项计划任务所需投入的人力、材料、机械设备和资金等。完成一项工程任务所需要的资源量基本上是不变的，不可能通过资源优化将其减少。资源优化的目的是通过改变工作的开始时间和完成时间，使资源按照时间的分布符合优化目标。在通常情况下，网络计划的资源优化分为两种，即“资源有限，工期最短”的优化和“工期固定，资源均衡”的优化。前者是通过调整计划安排，在满足资源限制条件下，使工期延长最少的过程（选项 E）；而后者是通过调整计划安排，在工期保持不变的条件下，使资源需用量尽可能均衡的过程（选项 D）。

4. 某工程时标网络图如下图所示。计划执行到第 5 周检查实际进度，发现 D 工作需要 3 周完成，E 工作需要 1 周完成，F 工作刚刚开始。由此可以判断出（　　）。

A. A、B、C 工作均已完成　　B. D 工程按计划进行

C. E 工作提前 1 周　　D. F 工作进度不影响总工期

E. 总工期需延长 1 周

答案：A、B、E

［**解析**］选项 A，由于到第 5 周检查时 D、E、F 三项工作已经开始，说明 A、B、C 三项工作已经完成；选项 B，D 工作持续时间是 6 周，在第 5 周检查完成 3 周工作，

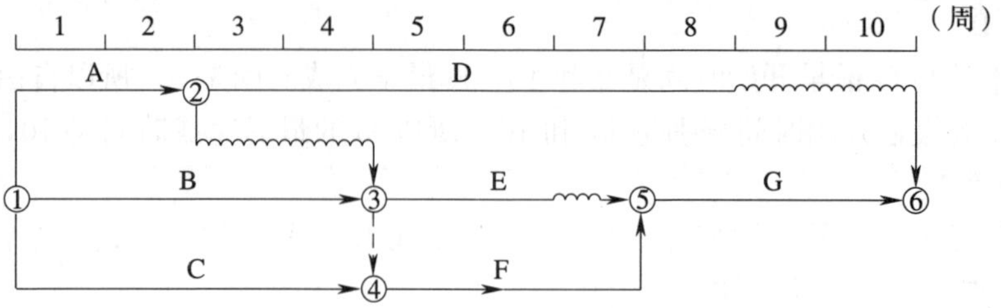

说明 D 工程按计划进行；选项 C，E 工作持续时间是 2 周，E 工作需要 1 周完成，说明工程按计划进行；选项 D，F 工作刚刚开始，说明延误 1 周，并且 F 工作在关键线路上，影响总工期；选项 E，由于第 5 周检查时，F 工作刚刚开始，说明延误 1 周，并且 F 工作在关键线路上，总工期需延长 1 周。

考点十二：工程项目合同管理

点评：本考点是 2019 年版教材加入的内容，几乎涉及了建设工程合同的全部合同；篇幅不大，但合同种类多，各个合同的条款都是容易出题的具体“考点”，所以，在集成这部分内容时，很难处理哪些重要，哪些不重要，或者说几乎每段话都可以作为出题点。分析近几年考题，建议考生关注合同文件解释顺序、施工合同中双方的责任、材料设备采购合同的违约责任、总承包合同的基本概念和“法释”中的开工日期、竣工日期、工程价款结算争议解决等内容。

知识要点集成

一、工程勘察设计合同管理

表 3-28 工程勘察设计合同管理

		勘察合同	设计合同
工程勘察设计合同订立	基本概念	根据国家发展改革委等九部委联合发布的《标准勘察招标文件》（2017 年版）中的合同条款及格式，勘察合同条款由通用合同条款和专用合同条款两部分组成，同时规定了合同协议书、履约保证金格式	根据国家发展改革委等九部委联合发布的《标准设计招标文件》（2017 年版）中的合同条款及格式，设计合同条款由通用合同条款和专用合同条款两部分组成，同时规定了合同协议书、履约保证金格式
	通用合同条款	通用合同条款包括：一般约定、发包人义务、发包人管理、勘察人义务、勘察要求、开始勘察和完成勘察、暂停勘察、勘察文件、勘察责任与保险、设计和施工期间配合、合同变更、合同价格与支付、不可抗力、违约、争议解决，共计 15 个方面	通用合同条款包括：一般约定、发包人义务、发包人管理、设计人义务、设计要求、开始设计和完成设计、暂停设计、设计文件、设计责任与保险、施工期间配合、合同变更、合同价格与支付、不可抗力、违约、争议解决，共计 15 个方面

续表 3-28

		勘察合同	设计合同
工程勘察设计合同订立	专用合同条款	专用合同条款是对通用合同条款的细化、完善、补充、修改或另行约定的条款	专用合同条款是对通用合同条款的细化、完善、补充、修改或另行约定的条款
	合同文件解释顺序	合同协议书与下列文件一起构成合同文件：①中标通知书；②投标函及投标函附录；③专用合同条款；④通用合同条款；⑤发包人要求；⑥勘察费用清单；⑦勘察纲要；⑧其他合同文件	合同协议书与下列文件一起构成合同文件：①中标通知书；②投标函及投标函附录；③专用合同条款；④通用合同条款；⑤发包人要求；⑥设计费用清单；⑦设计方案；⑧其他合同文件
工程勘察设计合同履行	发包人义务	（1）遵守法律。发包人在履行合同过程中应遵守法律，并保证勘察人免于承担因发包人违反法律而引起的任何责任。 （2）发出开始勘察通知。符合专用合同条款约定的开始勘察条件的，发包人应提前 7 天向勘察人发出开始勘察通知。勘察服务期限自开始勘察通知中载明的开始勘察日期起计算。 （3）办理证件和批件。法律规定和（或）合同约定由发包人负责办理的工程建设项目必须履行的各类审批、核准或备案手续，发包人应当按时办理，勘察人应给予必要的协助。法律规定和（或）合同约定由勘察人负责办理的勘察所需的证件和批件，发包人应给予必要的协助。 （4）支付合同价款。发包人应按合同约定向勘察人及时支付合同价款。 （5）提供勘察资料。发包人应按专用合同条款约定向勘察人提供勘察资料，包括基础资料、勘察任务书等。发包人应按约定的数量和期限交给勘察人。由于发包人未按时提供文件造成勘察服务期限延误的，应当延长勘察服务期限并增加勘察费用	（1）遵守法律。发包人在履行合同过程中应遵守法律，并保证设计人免于承担因发包人违反法律而引起的任何责任。 （2）发出开始设计通知。符合专用合同条款约定的开始设计条件的，发包人应提前 7 天向设计人发出开始设计通知。设计服务期限自开始设计通知中载明的开始设计日期起计算。 （3）办理证件和批件。法律规定和（或）合同约定由发包人负责办理的工程建设项目必须履行的各类审批、核准或备案手续，发包人应当按时办理，设计人应给予必要的协助。法律规定和（或）合同约定由设计人负责办理的设计所需的证件和批件，发包人应给予必要的协助。 （4）支付合同价款。发包人应按合同约定向设计人及时支付合同价款。 （5）提供设计资料。发包人应按专用合同条款约定向设计人提供设计资料，包括基础资料、勘察报告、设计任务书等。发包人应按约定的数量和期限交给设计人。由于发包人未按时提供文件造成设计服务期限延误的，应当延长设计服务期限并增加设计费用。 （6）其他义务。发包人应履行合同约定的其他义务

续表 3-28

		勘察合同	设计合同
工程勘察设计合同履行	承包人义务	(1) 遵守法律。勘察人在履行合同过程中应遵守法律，并保证发包人免于承担因勘察人违反法律而引起的任何责任。 (2) 依法纳税。勘察人应按有关法律规定纳税，应缴纳的税金（含增值税）包括在合同价格之中。 (3) 完成全部勘察工作。勘察人应按合同约定以及发包人要求，完成合同约定的全部工作，并对工作中的任何缺陷进行整改、完善和修补，使其满足合同约定的目的。勘察人应按合同约定提供勘察文件，以及为完成勘察服务所需的劳务、材料、勘察设备、实验设施等，并应自行承担勘探场地临时设施的搭设、维护、管理和拆除。 (4) 保证勘察作业规范、安全和环保。勘察人应按法律、规范标准和发包人要求，采取各项有效措施，确保勘察作业操作规范、安全、文明和环保，在风险性较大的环境中作业时应当编制安全防护方案并制定应急预案，防止因勘察作业造成的人身伤害和财产损失。 (5) 避免勘探对公众与他人的利益造成损害。勘察人在进行合同约定的各项工作时，不得侵害发包人与他人使用公用道路、水源、市政管网等公共设施的权利，避免对邻近的公共设施产生干扰，保证勘探场地的周边设施、建（构）筑物、地下管线、架空线和其他物体的安全运行。勘察人占用或使用他人的施工场地，影响他人作业或生活的，应承担相应责任。 (6) 其他义务。勘察人应履行合同约定的其他义务	(1) 遵守法律。设计人在履行合同过程中应遵守法律，并保证发包人免于承担因设计人违反法律而引起的任何责任。 (2) 依法纳税。设计人应按有关法律规定纳税，应缴纳的税金（含增值税）包括在合同价格之中。 (3) 完成全部设计工作。设计人应按合同约定以及发包人要求，完成合同约定的全部工作，并对工作中的任何缺陷进行整改、完善和修补，使其满足合同约定的目的。设计人应按合同约定提供设计文件及相关服务等。 (4) 其他义务。设计人应履行合同约定的其他义务
	违约责任	(1) 发包人违约。发包人在合同履行中发生下列情形之一的，属发包人违约：①未按合同约定支付勘察费用；②自身原因造成勘察停止；③无法履行或停止履行合同；④不履行合同约定的其他义务。	(1) 发包人违约。发包人在合同履行中发生下列情形之一的，属发包人违约：①未按合同约定支付设计费用；②自身原因造成设计停止；③无法履行或停止履行合同；④不履行合同约定的其他义务。

续表 3-28

		勘察合同	设计合同
工程勘察设计合同履行	违约责任	发包人发生违约情况时，勘察人可向发包人发出暂停勘察通知，要求其在限定期限内纠正；逾期仍不纠正的，勘察人有权解除合同并向发包人发出解除合同通知。发包人应当承担由于违约所造成的费用增加、周期延误和勘察人损失等。 （2）勘察人违约。勘察人在合同履行中发生下列情形之一的，属勘察人违约：①勘察文件不符合法律及合同约定；②转包、违法分包或者未经发包人同意擅自分包勘察任务；③未按合同计划完成勘察，从而造成工程损失；④无法履行或停止履行合同；⑤不履行合同约定的其他义务。 勘察人发生违约情况时，发包人可向勘察人发出整改通知，要求其在限定期限内纠正；逾期仍不纠正的，发包人有权解除合同并向勘察人发出解除合同通知。勘察人应当承担由于违约所造成的费用增加、周期延误和发包人损失等	发包人发生违约情况时，设计人可向发包人发出暂停设计通知，要求其在限定期限内纠正；逾期仍不纠正的，设计人有权解除合同并向发包人发出解除合同通知。发包人应当承担由于违约所造成的费用增加、周期延误和设计人损失等。 （2）设计人违约。设计人在合同履行中发生下列情形之一的，属设计人违约：①设计文件不符合法律及合同约定；②转包、违法分包或者未经发包人同意擅自分包设计任务；③未按合同计划完成设计，从而造成工程损失；④无法履行或停止履行合同；⑤不履行合同约定的其他义务。 设计人发生违约情况时，发包人可向设计人发出整改通知，要求其在限定期限内纠正；逾期仍不纠正的，发包人有权解除合同并向设计人发出解除合同通知。设计人应当承担由于违约所造成的费用增加、周期延误和发包人损失等

二、工程施工合同管理

表 3-29 工程施工合同管理

工程施工合同订立	基本概念	根据《标准施工招标文件》（2007 年版），施工合同条款由通用合同条款和专用合同条款两部分组成，同时规定了合同协议书、履约担保和预付款担保的文件格式
	通用合同条款	包括：一般约定；发包人义务；监理人；承包人；材料和工程设备；施工设备和临时设施；交通运输；测量放线；施工安全、治安保卫和环境保护；进度计划；开工和竣工；暂停施工；工程质量；试验和检验；变更；价格调整；计量与支付；竣工验收；缺陷责任与保修责任；保险；不可抗力；违约；索赔；争端解决
	专用合同条款	专用合同条款是发包人和承包人双方根据工程具体情况对通用合同条款的补充、细化，除通用合同条款中明确专用合同条款可作出不同约定外，补充和细化的内容不得与通用合同条款规定的内容相抵触

续表 3-29

工程施工合同订立	合同文件的优先解释顺序	组成合同的各项文件应互相解释、互为说明。除专用合同条款另有约定外，解释合同文件的优先顺序如下：①合同协议书；②中标通知书；③投标函及投标函附录；④专用合同条款；⑤通用合同条款；⑥技术标准和要求；⑦图纸；⑧已标价工程量清单；⑨其他合同文件
工程施工合同履行	发包人义务	（1）在履行合同过程中应遵守法律，并保证承包人免于承担因发包人违反法律而引起的任何责任。 （2）应委托监理人按合同约定的时间向承包人发出开工通知。 （3）应按专用合同条款的约定向承包人提供施工场地，以及施工场地内地下管线和地下设施等有关资料，并保证资料的真实、准确、完整。 （4）应协助承包人办理法律规定的有关施工证件和批件。 （5）应根据合同进度计划，组织设计单位向承包人进行设计交底。 （6）应按合同约定向承包人及时支付合同价款。 （7）应按合同约定及时组织竣工验收。 （8）应履行合同约定的其他义务
	承包人义务	（1）在履行合同过程中应遵守法律，并保证发包人免于承担因承包人违反法律而引起的任何责任。 （2）应按有关法律规定纳税，应缴纳的税金包括在合同价格内。 （3）应按合同约定以及监理人的指示，实施、完成全部工程，并修补工程中的任何缺陷，除专用合同条款另有约定外，承包人应提供为完成合同工作所需的劳务、材料、施工设备、工程设备和其他物品，并按合同约定负责临时设施的设计、建造、运行、维护、管理和拆除。 （4）应按合同约定的工作内容和施工进度要求，编制施工组织设计和施工措施计划，并对所有施工作业和施工方法的完备性和安全可靠性负责。 （5）应按合同约定采取施工安全措施，确保工程及其人员、材料、设备和设施的安全，防止因工程施工造成的人身伤害和财产损失。 （6）应按合同约定负责施工场地及其周边环境与生态的保护工作。 （7）在进行合同约定的各项工作时，不得侵害发包人与他人使用公用道路、水源、市政管网等公共设施的权利，避免对邻近的公共设施产生干扰。承包人占用或使用他人的施工场地，影响他人作业或生活的，应承担相应责任。 （8）应按监理人的指示为他人在施工场地或附近实施与工程有关的其他各项工作提供可能的条件。除合同另有约定外，提供有关条件的内容和可能发生的费用，由监理人按合同约定商定或确定。 （9）工程接收证书颁发前，承包人应负责照管和维护工程。工程接收证书颁发时尚有部分未竣工工程的，承包人还应负责该未竣工工程的照管和维护工作，直至竣工后移交给发包人为止。 （10）应履行合同约定的其他义务

续表 3-29

<table>
<tr><td rowspan="2">违约情形</td><td>发包人违约情形</td><td>（1）发包人未能按合同约定支付预付款或合同价款，或拖延、拒绝批准付款申请和支付凭证，导致付款延误的。
（2）发包人原因造成停工的。
（3）监理人无正当理由没有在预定期限内发出复工指示，导致承包人无法复工的。
（4）发包人无法继续履行或明确表示不履行或实质上已停止履行合同的。
（5）发包人不履行合同约定其他义务的</td></tr>
<tr><td>承包人违约情形</td><td>（1）承包人违反合同约定，私自将合同的全部或部分权利转让给其他人，或私自将合同的全部或部分义务转移给其他人。
（2）承包人违反合同约定，未经监理人批准，私自将已按合同约定进入施工场地的施工设备、临时设施或材料撤离施工场地。
（3）承包人违反合同约定，使用了不合格材料或工程设备，工程质量达不到标准要求，又拒绝清除不合格工程。
（4）承包人未能按合同进度计划及时完成合同约定的工作，已造成或预期造成工期延误。
（5）承包人在缺陷责任期内，未能对工程接收证书所列的缺陷清单内容或缺陷责任期内发生的缺陷进行修复，而又拒绝按监理人指示再进行修补。
（6）承包人无法继续履行或明确表示不履行或实质上已停止履行合同。
（7）承包人不按合同约定履行义务的其他情形</td></tr>
<tr><td>工程施工合同法律解释</td><td colspan="2">最高人民法院审判委员会于 2020 年 12 月 25 日发布《最高人民法院关于审理建设工程施工合同纠纷案件适用法律问题的解释（一）》（法释〔2020〕25 号），自 2021 年 1 月 1 日起施行。
（1）开工日期争议解决。当事人对建设工程开工日期有争议的，人民法院应当分别按照以下情形予以认定：
1）开工日期为发包人或者监理人发出的开工通知载明的开工日期；开工通知发出后，尚不具备开工条件的，以开工条件具备的时间为开工日期；因承包人原因导致开工时间推迟的，以开工通知载明的时间为开工日期；
2）承包人经发包人同意已经实际进场施工的，以实际进场施工时间为开工日期；
3）发包人或者监理人未发出开工通知，亦无相关证据证明实际开工日期的，应当综合考虑开工报告、合同、施工许可证、竣工验收报告或者竣工验收备案表等载明的时间，并结合是否具备开工条件的事实，认定开工日期。
（2）实际竣工日期争议解决。当事人对建设工程实际竣工日期有争议的，人民法院应当按照以下情形予以认定：
1）建设工程经竣工验收合格的，以竣工验收合格之日为竣工日期；
2）承包人已经提交竣工验收报告，发包人拖延验收的，以承包人提交验收报告之日为竣工日期；</td></tr>
</table>

续表 3-29

工程施工合同法律解释	3）建设工程未经竣工验收，发包人擅自使用的，以转移占有建设工程之日为竣工日期。 （3）顺延工期争议解决。当事人约定顺延工期应当经发包人或者监理人签证等方式确认，承包人虽未取得工期顺延的确认，但能够证明在合同约定的期限内向发包人或者监理人申请过工期顺延且顺延事由符合合同约定，承包人以此为由主张工期顺延的，人民法院应予支持。 当事人约定承包人未在约定期限内提出工期顺延申请视为工期不顺延的，按照约定处理，但发包人在约定期限后同意工期顺延或者承包人提出合理抗辩的除外。 建设工程竣工前，当事人对工程质量发生争议，工程质量经鉴定合格的，鉴定期间为顺延工期期间。 （4）工程量争议解决。当事人对工程量有争议的，按照施工过程中形成的签证等书面文件确认。承包人能够证明发包人同意其施工，但未能提供签证文件证明工程量发生的，可以按照当事人提供的其他证据确认实际发生的工程量。 （5）工程计价标准及方法争议解决。当事人对建设工程的计价标准或者计价方法有约定的，按照约定结算工程价款。因设计变更导致建设工程的工程量或者质量标准发生变化，当事人对该部分工程价款不能协商一致的，可以参照签订建设工程施工合同时当地建设行政主管部门发布的计价标准或者计价方法结算工程价款。 （6）工程价款利息争议解决。当事人对欠付工程价款利息计付标准有约定的，按照约定处理。没有约定的，按照同期同类贷款利率或者同期贷款市场报价利率计息。 当事人对垫资和垫资利息有约定，承包人请求按照约定返还垫资及其利息的，人民法院应予支持，但是约定的利息计算标准高于垫资时的同类贷款利率或者同期贷款市场报价利率的部分除外。当事人对垫资没有约定的，按照工程欠款处理。当事人对垫资利息没有约定，承包人请求支付利息的，人民法院不予支持。 利息从应付工程价款之日开始计付。当事人对付款时间没有约定或者约定不明的，下列时间视为应付款时间： 1）建设工程已实际交付的，为交付之日； 2）建设工程没有交付的，为提交竣工结算文件之日； 3）建设工程未交付，工程价款也未结算的，为当事人起诉之日。 （7）工程价款结算争议解决。当事人签订的建设工程施工合同与招标文件、投标文件、中标通知书载明的工程范围、建设工期、工程质量、工程价款不一致，一方当事人请求将招标文件、投标文件、中标通知书作为结算工程价款的依据的，人民法院应予支持。 当事人约定，发包人收到竣工结算文件后，在约定期限内不予答复，视为认可竣工结算文件的，按照约定处理。承包人请求按照竣工结算文件结算工程价款的，人民法院应予支持。 当事人约定按照固定价结算工程价款，一方当事人请求对建设工程造价进行鉴定的，人民法院不予支持。 （8）工程质量保证金争议解决。有下列情形之一，承包人请求发包人返还工程质量保证金的，人民法院应予支持： 1）当事人约定的工程质量保证金返还期限届满； 2）当事人未约定工程质量保证金返还期限的，自建设工程通过竣工验收之日起满 2 年；

续表 3-29

工程施工合同法律解释	3）因发包人原因建设工程未按约定期限进行竣工验收的，自承包人提交工程竣工验收报告 90 日后当事人约定的工程质量保证金返还期限届满；当事人未约定工程质量保证金返还期限的，自承包人提交工程竣工验收报告 90 日后起满 2 年。 发包人返还工程质量保证金后，不影响承包人根据合同约定或者法律规定履行工程保修义务。 （9）无效合同的价款结算争议解决。当事人就同一建设工程订立的数份建设工程施工合同均无效，但建设工程质量合格，一方当事人请求参照实际履行的合同关于工程价款的约定折价补偿承包人的，人民法院应予支持。 实际履行的合同难以确定，当事人请求参照最后签订的合同关于工程价款的约定折价补偿承包人的，人民法院应予支持。 （10）咨询意见效力。当事人在诉讼前共同委托有关机构、人员对建设工程造价出具咨询意见，诉讼中一方当事人不认可该咨询意见申请鉴定的，人民法院应予准许，但双方当事人明确表示受该咨询意见约束的除外。 （11）已达成协议后请求鉴定的处理。当事人在诉讼前已经对建设工程价款结算达成协议，诉讼中一方当事人申请对工程造价进行鉴定的，人民法院不予准许。 （12）施工合同争议鉴定。当事人对工程造价、质量、修复费用等专门性问题有争议，人民法院认为需要鉴定的，应当向负有举证责任的当事人释明。当事人经释明未申请鉴定，虽申请鉴定但未支付鉴定费用或者拒不提供相关材料的，应当承担举证不能的法律后果

三、材料设备采购合同管理

表 3-30　材料设备采购合同管理

材料设备采购合同订立	材料采购合同示范文本	基本概念	根据国家发展改革委等九部委联合发布的《标准材料采购招标文件》（2017年版）中的合同条款及格式，材料采购合同条款由通用合同条款和专用合同条款两部分组成，同时规定了合同协议书、履约保证金格式
		通用合同条款	通用合同条款包括：一般约定；合同范围；合同价格与支付；包装、标记、运输和交付；检验和验收；相关服务；质量保证期；履约保证金；保证；违约责任；合同解除；争议解决，共计 12 个方面
		专用合同条款	专用合同条款是对通用合同条款的细化、完善、补充、修改或另行约定的条款
		合同文件解释顺序	合同协议书与下列文件一起构成合同文件：①中标通知书；②投标函；③商务和技术偏差表；④专用合同条款；⑤通用合同条款；⑥供货要求；⑦分项报价表；⑧中标材料质量标准的详细描述；⑨相关服务计划；⑩其他合同文件

续表 3-30

材料设备采购合同订立	设备采购合同示范文本	基本概念	根据国家发展改革委等九部委联合发布的《标准设备采购招标文件》(2017年版)中的合同条款及格式，设备采购合同条款由通用合同条款和专用合同条款两部分组成，同时规定了合同协议书、履约保证金格式
		通用合同条款	通用合同条款包括：一般约定；合同范围；合同价格与支付；监造及交货前检验；包装、标记、运输和交付；开箱检验、安装、调试、考核、验收；技术服务；质量保证期；质保期服务；履约保证金；保证；知识产权；保密；违约责任；合同解除；不可抗力；争议解决，共计17个方面
		专用合同条款	专用合同条款是对通用合同条款的细化、完善、补充、修改或另行约定的条款
		合同文件解释顺序	合同协议书与下列文件一起构成合同文件：①中标通知书；②投标函；③商务和技术偏差表；④专用合同条款；⑤通用合同条款；⑥供货要求；⑦分项报价表；⑧中标设备技术性能指标的详细描述；⑨技术服务和质保期服务计划；⑩其他合同文件
材料设备采购合同履行	材料采购合同履行	卖方义务	(1)按约定标的履行。卖方交付的货物必须与合同规定的名称、品种、规格、型号相一致，除非买方同意，不允许以其他货物代替合同中规定的货物，也不允许以支付违约金或赔偿金的方式代替履行合同。 (2)按合同规定的期限、地点交付货物。交付货物的日期应在合同规定的交付期限内，实际交付的日期早于或迟于合同规定的交付期限，即视为同意延期交货。提前交付，买方可拒绝接受。逾期交付的，应当承担逾期交付责任。如果逾期交货，买方不再需要，应在接到卖方交货通知后约定时间内通知卖方，逾期不答复的，视为同意延期交货。交付地点应在合同指定地点。合同双方当事人应当约定交付标的物的地点，如果当事人没有约定交付地点或者约定不明确，事后没有达成补充协议，也无法按照合同有关条款或者交易习惯确定，则适用下列规定：标的物需要运输的，卖方应当将标的物交付给第一承运人以运交给买方；标的物不需要运输的，买卖双方在订立合同时知道标的物在某一地点的，卖方应当在该地点交付标的物；不知道标的物在某一地点的，应当在卖方合同订立时的营业地交付标的物。 (3)按合同规定的数量和质量交付货物。对于交付货物的数量应当场检验，清点账目后，由双方当事人签字。货物外在质量可当场检验，内在质量需做物理或化学试验的，试验结果为验收依据。卖方在交货时，应将产品合格证随同产品交买方据以验收。买方在收到标的物时，应在约定的检验期内检验，没有约定检验期间的，应当及时检验。当事人约定检验期间的，买方应当在检验期间内将标的物的数量或者质量不符合约定的情形通知卖方。买方怠于通知的，视为标的物的数量或者质量符合约定。当事人没有约定检验期间的，买方应当在发现或者应当发现标的物的数量或者质量不符合约定的合理期间内通知卖方。买方在合理期间内未通知或者自标的物收到之日起两年内未通知卖方的，视为标的物的数量或者质量符合约定，但对标的物有质量保证期的，适用质量保证期，不适用两年有效的规定。卖方知道或者应当知道提供的标的物不符合约定的，买方不受前述规定通知时间的限制

续表 3-30

材料设备采购合同履行	材料采购合同履行	买方义务	买方在验收材料后，应按合同规定履行支付义务，否则承担法律责任
		违约责任	(1) 卖方未能按时交付合同材料的，应向买方支付迟延交货违约金。卖方支付迟延交货违约金，不能免除其继续交付合同材料的义务。除专用合同条款另有约定外，迟延交付违约金计算方法如下： 迟延交付违约金＝迟延交付材料金额×0.08%×迟延交货天数 迟延交付违约金的最高限额为合同价格的 10%。 (2) 买方未能按合同约定支付合同价款的，应向卖方支付迟延付款违约金。除专用合同条款另有约定外，迟延付款违约金的计算方法如下： 迟延付款违约金＝迟延付款金额×0.08%×迟延付款天数 迟延付款违约金的总额不得超过合同价格的 10%
	设备采购合同履行	交付货物	卖方应按合同规定，按时、按质、按量地履行供货义务，并做好现场服务工作，及时解决有关设备的技术质量、缺损件等问题
		验收交货	买方对卖方交货应及时进行验收，依据合同规定，对设备的质量及数量进行核实检验，如有异议，应及时与卖方协商解决
		结算	买方对卖方交付的货物检验没有发现问题，应按合同的规定及时付款；如果发现问题，在卖方及时处理达到合同要求后，也应及时履行付款义务
		违约责任	合同一方不履行合同义务、履行合同义务不符合约定或者违反合同项下所作保证的，应向对方承担继续履行、采取修理、更换、退货等补救措施或者赔偿损失等违约责任。 (1) 卖方未能按时交付合同设备（包括仅迟延交付技术资料但足以导致合同设备安装、调试、考核、验收工作推迟的）的，应向买方支付迟延交付违约金。除专用合同条款另有约定外，迟延交付违约金的计算方法如下： 1) 从迟交的第一周到第四周，每周迟延交付违约金为迟交合同设备价格的 0.5%； 2) 从迟交的第五周到第八周，每周迟延交付违约金为迟交合同设备价格的 1%； 3) 从迟交第九周起，每周迟延交付违约金为迟交合同设备价格的 1.5%。 在计算迟延交付违约金时，迟交不足一周的按一周计算。迟延交付违约金的总额不得超过合同价格的 10%。 迟延交付违约金的支付不能免除卖方继续交付相关合同设备的义务，但如迟延交付必然导致合同设备安装、调试、考核、验收工作推迟的，相关工作应相应顺延。 (2) 买方未能按合同约定支付合同价款的，应向卖方支付迟延付款违约金。除专用合同条款另有约定外，迟延付款违约金的计算方法如下： 1) 从迟付的第一周到第四周，每周迟延付款违约金为迟延付款金额的 0.5%； 2) 从迟付的第五周到第八周，每周迟延付款违约金为迟延付款金额的 1%； 3) 从迟付第九周起，每周迟延付款违约金为迟延付款金额的 1.5%。 在计算迟延付款违约金时，迟付不足一周的按一周计算。迟延付款违约金的总额不得超过合同价格的 10%

四、工程总承包合同管理

表 3-31 工程总承包合同管理

<table>
<tr><td rowspan="4">工程总承包合同订立</td><td>基本概念</td><td>根据国家发展改革委等九部委联合发布的《标准设计施工总承包招标文件》（2012年版）中的合同条款及格式。设计施工总承包合同条款由通用合同条款和专用合同条款两部分组成，同时规定了合同协议书、履约担保和预付款担保的文件格式</td></tr>
<tr><td>通用合同条款</td><td>通用合同条款包括：一般约定；发包人义务；监理人；承包人；设计；材料和工程设备；施工设备和临时设施；交通运输；测量放线；安全、治安保卫和环境保护；开始工作和竣工；暂停工作；工程质量；试验和检验；变更；价格调整；合同价格与支付；竣工试验和竣工验收；缺陷责任与保修责任；保险；不可抗力；违约；索赔；争议解决，共计 24 个方面</td></tr>
<tr><td>专用合同条款</td><td>专用合同条款是合同双方当事人根据不同工程的具体情况，通过谈判、协商对相应通用条款的约定细化、完善、补充、修改或另行约定的条款</td></tr>
<tr><td>合同文件解释顺序</td><td>合同协议书与下列文件一起构成合同文件：①中标通知书；②投标函及投标函附录；③专用合同条款；④通用合同条款；⑤发包人要求；⑥价格清单；⑦承包人建议；⑧其他合同文件。上述文件互相补充和解释，如有不明确或不一致之处，以合同约定次序在先者为准</td></tr>
<tr><td rowspan="2">工程总承包合同履行</td><td>发包人义务</td><td>（1）遵守法律。发包人在履行合同过程中应遵守法律，并保证承包人免于承担因发包人违反法律而引起的任何责任。
（2）发出承包人开始工作通知。符合专用合同条款约定的开始工作条件的，发包人应委托监理人提前 7 天向承包人发出开始工作通知。工期自开始工作通知中载明的开始工作日期起计算。
（3）提供施工场地。发包人应按专用合同条款约定向承包人提供施工场地及进场施工条件，并明确与承包人的交接界面。
（4）办理证件和批件。法律规定和（或）合同约定由发包人负责办理的工程建设项目必须履行的各类审批、核准或备案手续，发包人应按时办理。法律规定和（或）合同约定由承包人负责的有关设计、施工证件和批件，发包人应给予必要的协助。
（5）支付合同价款。发包人应按合同约定向承包人及时支付合同价款。专用合同条款对发包人工程款支付担保有约定的，从其约定。
（6）组织竣工验收。发包人应按合同约定及时组织竣工验收。
（7）其他义务。发包人应履行合同约定的其他义务</td></tr>
<tr><td>承包人义务</td><td>（1）遵守法律。承包人在履行合同过程中应遵守法律，并保证发包人免于承担因承包人违反法律而引起的任何责任。
（2）依法纳税。承包人应按有关法律规定纳税，应缴纳的税金包括在合同价格内。
（3）完成各项承包工作。承包人应按合同约定以及监理人根据合同约定作出的指示，完成合同约定的全部工作，并对工作中的任何缺陷进行整改、完善和修补，使其满足合同约定的目的。除专用合同条款另有约定外，承包人应提供合同约定的工程设备和</td></tr>
</table>

续表 3-31

<table>
<tr><td rowspan="3">工程总承包合同履行</td><td colspan="2">承包人义务</td><td>承包人文件，以及为完成合同工作所需的劳务、材料、施工设备和其他物品，并按合同约定负责临时设施的设计、施工、运行、维护、管理和拆除。
（4）对设计、施工作业和施工方法，以及工程的完备性负责。承包人应按合同约定的工作内容和进度要求，编制设计、施工的组织和实施计划，并对所有设计、施工作业和施工方法，以及全部工程的完备性和安全可靠性负责。
（5）保证工程施工和人员的安全。承包人应按合同约定采取施工安全措施，确保工程及其人员、材料、设备和设施的安全，防止因工程施工造成的人身伤害和财产损失。
（6）负责施工场地及其周边环境与生态的保护工作。承包人应按合同约定负责施工场地及其周边环境与生态的保护工作。
（7）避免施工对公众与他人的利益造成损害。承包人在进行合同约定的各项工作时，不得侵害发包人与他人使用公用道路、水源、市政管网等公共设施的权利，避免对邻近的公共设施产生干扰。承包人占用或使用他人的施工场地，影响他人作业或生活的，应承担相应责任。
（8）为他人提供方便。承包人应按监理人的指示为他人在施工场地或附近实施与工程有关的其他各项工作提供可能的条件。除合同另有约定外，提供有关条件的内容和可能发生的费用，由监理人商定或确定。
（9）工程的维护和照管。工程接收证书颁发前，承包人应负责照管和维护工程。工程接收证书颁发时尚有部分未竣工工程的，承包人还应负责该未竣工工程的照管和维护工作，直至竣工后移交给发包人。
（10）其他义务。承包人应履行合同约定的其他义务</td></tr>
<tr><td rowspan="2">违约情形</td><td>发包人违约情形</td><td>（1）发包人未能按合同约定支付价款，或拖延、拒绝批准付款申请和支付凭证，导致付款延误。
（2）发包人原因造成停工。
（3）监理人无正当理由没有在约定期限内发出复工指示，导致承包人无法复工。
（4）发包人无法继续履行或明确表示不履行或实质上已停止履行合同。
（5）发包人不履行合同约定其他义务</td></tr>
<tr><td>承包人违约情形</td><td>（1）承包人的设计、承包人文件、实施和竣工的工程不符合法律以及合同约定。
（2）承包人违反合同约定，私自将合同的全部或部分权利转让给其他人，或私自将合同的全部或部分义务转移给其他人。
（3）承包人违反合同约定，未经监理人批准，私自将已按合同约定进入施工场地的施工设备、临时设施或材料撤离施工场地。
（4）承包人违反合同约定使用了不合格材料或工程设备，工程质量达不到标准要求，又拒绝清除不合格工程。
（5）承包人未能按合同进度计划及时完成合同约定的工作，造成工期延误。
（6）由于承包人原因未能通过竣工试验或竣工后试验的。
（7）承包人在缺陷责任期内，未能对工程接收证书所列的缺陷清单的内容或缺陷责任期内发生的缺陷进行修复，而又拒绝按监理人指示再进行修补。
（8）承包人无法继续履行或明确表示不履行或实质上已停止履行合同。
（9）承包人不按合同约定履行义务的其他情况</td></tr>
</table>

经典考题剖析

说明：本知识点在2019年版教材修改、添加了许多新的内容，下列题目除考题外，还有作者自编的其他题目，供考生训练。

一、2023年考题

1. 某工程施工合同签订后，项目监理机构于2023年6月20日发出开工通知，载明的开工日期是7月18日。施工单位因其施工机械不能按时进场，于7月10日向项目监理机构提出延迟开工申请，实际开工时间为2023年8月10日，该工程的开工日期应是（　　）。

A. 2023年6月20日　　B. 2023年7月10日

C. 2023年7月18日　　D. 2023年8月10日

答案：C

［解析］根据《最高人民法院关于审理建设工程施工合同纠纷案件适用法律问题的解释（一）》（法释〔2020〕25号），开工日期为发包人或者监理人发出的开工通知载明的开工日期：开工通知发出后，尚不具备开工条件的，以开工条件具备的时间为开工日期；因承包人原因导致开工时间推迟的，以开工通知载明的时间为开工日期。

2. 根据《标准设计招标文件》（2017年版），在工程设计合同组成文件中，解释顺序排在“通用合同条款”之后的有（　　）。

A. 设计费用清单　　B. 设计方案

C. 中标通知书　　D. 专用合同条款

E. 发包人要求

答案：A、B、E

［解析］合同文件解释顺序。合同协议书与下列文件一起构成合同文件：

（1）中标通知书；

（2）投标函及投标函附录；

（3）专用合同条款；

（4）通用合同条款；

（5）发包人要求；

（6）设计费用清单；

（7）设计方案；

（8）其他合同文件。

二、2022年考题

1. 承包人对工程的照管和维护到（　　）为止。

A. 工程结算　　B. 履约证书签发

C. 工程接收证书签发　　D. 缺陷责任期满

答案：C

［解析］工程接收证书颁发前，承包人应负责照管和维护工程。工程接收证书颁发时尚有部分未竣工工程的，承包人还应负责该未竣工工程的照管和维护工作，直至竣工后移交给发包人为止。

2. 合同文件的解释顺序从高到低，正确的是（　　）。

A. 中标通知书，投标函及附录，专用合同条款

B. 投标函及附录，中标通知书，专用合同条款

C. 专用合同条款，中标通知书，投标函及附录

D. 中标通知书，专用合同条款，投标函及附录

答案：A

［解析］所有建设工程合同的合同文件均包括中标通知书、投标函及附录、专用合同条款等，按照相关标准招标文件，合同文件的解释顺序从高到低是中标通知书、投标函及附录、专用合同条款。

三、2021 年考题

1.《标准设计招标文件》中合同文件的组成为：①投标函及投标函附录；②通用合同条款；③专用合同条款；④发包人要求；⑤设计方案；⑥设计费用清单；⑦中标通知书。当存在不一致或矛盾时，正确的优先解释顺序是（　　）。

A. ①⑦②③④⑥⑤　　B. ①⑦③②④⑤⑥

C. ⑦①④⑤⑥③②　　D. ⑦①③②④⑥⑤

答案：D

［解析］合同文件解释顺序为：

（1）中标通知书；

（2）投标函及投标函附录；

（3）专用合同条款；

（4）通用合同条款；

（5）发包人要求；

（6）设计费用清单；

（7）设计方案；

（8）其他合同文件。

2. 根据《标准设计施工总承包招标文件》，下列情形中，属于发包人违约的有（　　）。

A. 发包人拖延批准付款申请

B. 设计图纸不符合合同约定

C. 监理人无正当理由没有在约定期限内发出复工指示

D. 恶劣气候原因造成停工

E. 在工程接收证书颁发前，未对工程照管和维护

答案：A、C

［解析］在合同履行中发生下列情形的，属于发包人违约：

（1）发包人未能按合同约定支付价款，或拖延、拒绝批准付款申请和支付凭证，导致付款延误；

（2）发包人原因造成停工；

（3）监理人无正当理由没有在约定期限内发出复工指示，导致承包人无法复工；

（4）发包人无法继续履行或明确表示不履行或实质上已停止履行合同；

（5）发包人不履行合同约定其他义务。

3. 某建设单位与供应商签订 350 万元的采购合同，供应商延迟 35 天交货，建设单位延迟支付合同价款 185 天，根据《材料采购招标合同》通用条款规定，建设单位实际支付供应商（　　）万元违约金。

A. 25.2　　B. 35

C. 42　　D. 51.8

答案：B

［**解析**］迟延付款违约金＝350×0.08%×（185－35）＝42（万元），但由于迟延付款违约金的总额不得超过合同价的 10%，即 350×10%＝35（万元），所以建设单位实际支付供应商违约金为 35 万元。

四、其他年份题目

1. 某工程项目完工后，承包商于 2019 年 8 月 8 日向业主方提交了竣工验收报告。业主方为尽早投入使用，在未组织竣工验收的情况下于 2019 年 9 月 1 日开始使用该工程。后经承包商再三催促，业主方于 2019 年 11 月 12 日进行竣工验收，2019 年 11 月 13 日参与工程竣工验收的各方签署了竣工验收合格意见。该工程实际竣工日期应为 2019 年（　　）。

A. 8 月 8 日　　B. 9 月 1 日

C. 11 月 12 日　　D. 11 月 13 日

答案：B

［**解析**］当事人对建设工程实际竣工日期有争议的，按照以下情形分别处理：建设工程经竣工验收合格的，以竣工验收合格之日为竣工日期；承包人已经提交竣工验收报告，发包人拖延验收的，以承包人提交验收报告之日为竣工日期；建设工程未经竣工验收，发包人擅自使用的，以转移占有建设工程之日为竣工日期。根据题意，选项 C、D 明显错误，比较选项 A 与选项 B，提前占用该工程早于拖延竣工验收，所以选择选项 B。

2. 根据《标准材料采购招标文件》和《标准设备采购招标文件》，关于当事人义务的说法，正确的有（　　）。

A. 迟延交付违约金的总额不得超过合同价格的 5%

B. 支付迟延交货违约金不能免除卖方继续交付合同材料的义务

C. 采购合同订立时的卖方营业地为标的物交付地

D. 卖方在交货时应将产品合格证随同产品交买方据以验收

E. 迟延付款违约金的总额不得超过合同价格的 10%

答案：B、D、E

［**解析**］选项 A 错误，选项 E 正确，卖方未能按时交付合同材料的，应向买方支付迟延交货违约金。迟延付款违约金的总额不得超过合同价格的 10%。选项 B，卖方支付迟延交货违约金，不能免除其继续交付合同材料的义务。选项 C，合同双方当事人应当约定交付标的物的地点，如果当事人没有约定交付地点或者约定不明确，事后没有达

成补充协议，也无法按照合同有关条款或者交易习惯确定，则适用下列规定：标的物需要运输的，卖方应当将标的物交付给第一承运人以运交给买方；标的物不需要运输的，买卖双方在订立合同时知道标的物在某一地点的，卖方应当在该地点交付标的物；不知道标的物在某一地点的，应当在卖方合同订立时的营业地交付标的物。选项 D，卖方在交货时，应将产品合格证随同产品交买方据以验收。

考点十三：工程项目信息管理

点评：本考点是 2019 年版教材新增加的内容，2023 年版教材又针对 2022 年版教材进行了调整，将“基于互联网的工程项目信息平台”内容全部删除，修改为“工程项目管理数智化”，并重新加入了相关内容。分析了近几年的考题，建议不作为考试复习的重点内容。

知识要点集成

表 3-32　工程项目信息管理实施模式的特点比较

实施模式	自行开发	直接购买	租用服务
优点	对项目的针对性最强； 安全性和可靠性最好	对项目的针对性较强； 安全性和可靠性较好	实施费用最低； 实施周期最短； 维护工作量最小
缺点	开发费用最高； 实施周期最长； 维护工作量较大	购买费用较高； 维护费用较高	对项目的针对性较差； 安全性和可靠性较差
适用范围	大型工程项目； 复杂性程度高的工程项目； 对系统要求高的工程项目	大型工程项目	中小型工程项目； 复杂性程度低的工程项目； 对系统要求低的工程项目

表 3-33　工程项目管理数智化

概念	工程项目管理数智化，是指在工程建设各方主体及全过程广泛应用数字化、智能化技术，不断开发和利用信息资源，促进工程项目管理水平不断提高的过程
意义	（1）有利于实现智能辅助决策和精细化管理； （2）有利于实现信息共享和组织协同； （3）有利于实现项目管理可视化和运维管理智能化
策略	（1）战略导向，文化先行； （2）高层支持，流程保障； （3）平台支撑，数据驱动； （4）敏捷创变，持续改进

经典考题剖析

一、2023 年考题

工程项目各参与方中，作为工程项目信息管理的“发动机”和推动实现数字交付主体的是（ ）。

A. 总承包单位　　B. 工程监理单位
C. 设计单位　　D. 建设单位

答案：D

［解析］建设单位不同于一般的工程建设参与者，建设单位是工程项目生产过程的总集成者，是推动工程项目信息管理的“发动机”，是工程项目信息管理的关键。同时，信息交流是一个双向或多向过程，只有强调全员参与，才能使信息交流顺畅，产生应有效果。

二、其他题目

1. 工程项目信息管理实施模式中自行开发的优点和缺点分别是（ ）。

A. 对项目的针对性最强和维护工作量较大
B. 对项目的针对性最强和维护费用较高
C. 安全性和可靠性较好和维护费用较高
D. 维护工作量最小和安全性和可靠性较差

答案：A

［解析］

实施模式	自行开发	直接购买	租用服务
优点	对项目的针对性最强； 安全性和可靠性最好	对项目的针对性较强； 安全性和可靠性较好	实施费用最低； 实施周期最短； 维护工作量最小
缺点	开发费用最高； 实施周期最长； 维护工作量较大	购买费用较高； 维护费用较高	对项目的针对性较差； 安全性和可靠性较差
适用范围	大型工程项目； 复杂性程度高的工程项目； 对系统要求高的工程项目	大型工程项目	中小型工程项目； 复杂性程度低的工程项目； 对系统要求低的工程项目

2. 工程项目管理数智化实施策略之一是（ ）。

A. 强化建设单位作用　　B. 建立健全信息化、数智化管理制度
C. 平台支撑，数据驱动　　D. 建立基于互联网的信息品台

答案：C

［解析］ 选项C属于工程项目管理数智化实施策略；选项A、B、D属于工程项目信息管理实施策略。

难 题 解 析

一、单项选择题

1. 对一般工业与民用建筑工程而言，下列工程中属于分项工程的是（　　）。

A. 地基与基础处理　　B. 电气工程

C. 电梯工程　　D. 钢结构基础

答案：D

［解题要点］ 分项工程是指将分部工程按主要工种、材料、施工工艺、设备类别等划分的工程。例如，土方开挖工程、土方回填工程、场地平整工程、钢筋工程、模板工程、混凝土工程、砖砌体工程、钢结构安装工程、木门窗安装工程、给（排）水管道安装工程等。

2. 根据《国务院关于投资体制改革的决定》，对于采用直接投资和资本金注入方式的政府投资项目，除特殊情况外，政府部门不再审批（　　）。

A. 开工报告　　B. 初步设计

C. 工程概算　　D. 可行性研究报告

答案：A

［解题要点］ 本题考查的是工程项目建设程序。对于采用直接投资和资本金注入方式的政府投资项目，政府需要从投资决策的角度审批项目建议书和可行性研究报告，除特殊情况外，不再审批开工报告，同时还要严格审批其初步设计和概算；对于采用投资补助、转贷和贷款贴息方式的政府投资项目，则只审批资金申请报告。

3. 为了实现工程造价的模拟计算和动态控制，可应用建筑信息建模（BIM）技术，在包含进度数据的建筑模型上加载费用数据而形成（　　）模型。

A. 6D　　B. 5D　　C. 4D　　D. 3D

答案：B

［解题要点］ 应用BIM技术，可根据施工组织设计在3D建筑模型的基础上加施工进度形成4D模型模拟实际施工，从而通过确定合理的施工方案指导实际施工。此外，还可进一步加载费用数据，形成5D模型，从而实现工程造价的模拟计算。

4. 下列关于CM（Construction Management）承包模式的说法中，正确的是（　　）。

A. CM单位直接与分包单位签订分包合同

B. CM单位不负责工程分包的发包，与分包单位的合同由建设单位直接签订

C. CM承包模式使工程项目实现有条件的“边设计、边施工”

D. 快速路径法施工并不适合CM承包模式

答案：C

［解题要点］ CM承包模式是指由建设单位委托一家CM单位承担项目管理工作，该CM单位以承包单位的身份进行施工管理，并在一定程度上影响工程设计活动，组织快速路径的生产方式，使工程项目实现有条件的“边设计、边施工”。CM单位有代理型和非代理型两种。代理型的CM单位不负责工程分包的发包，与分包单位的合同由建设单位直接签订。而非代理型的CM单位直接与分包单位签订分包合同。

5. 下列项目管理组织机构形式中，未明确项目经理角色的是（　　）组织机构。

A. 职能式　　B. 弱矩阵式

C. 平衡矩阵式　　D. 强矩阵式

答案：B

［**解题要点**］本题考查的是工程项目管理组织机构形式。弱矩阵式组织机构中，并未明确对项目目标负责的项目经理。即使有项目负责人，其角色也只是一个项目协调者或监督者，而不是一个管理者。

6. 根据国家有关规定，办理质量监督注册手续时不需要提供（　　）资料。

A. 中标通知书　　B. 施工合同

C. 监理规划　　D. 施工方案

答案：D

［**解题要点**］建设单位在办理施工许可证之前应当到规定的工程质量监督机构办理工程质量监督注册手续。办理质量监督注册手续时需提供下列资料：

（1）施工图设计文件审查报告和批准书；

（2）中标通知书和施工、监理合同；

（3）建设单位、施工单位和监理单位工程项目的负责人和机构组成；

（4）施工组织设计和监理规划（监理实施细则）；

（5）其他需要的文件资料。

7. 推行全过程工程咨询，是一种（　　）的主要体现。

A. 将传统项目管理转变为技术经济分析

B. 将传统碎片的咨询转变为集成化咨询

C. 将实施咨询转变为投资决策咨询

D. 将造价专项咨询转变为整体项目管理

答案：B

［**解题要点**］教材内容：近年来推行的“全过程工程咨询”，就是将传统“碎片化”咨询转变为“集成化”咨询的重要体现。

8. 根据国家有关规定，施工图审查机构对施工图审查的内容不包括（　　）。

A. 消防安全性

B. 是否符合民用建筑节能强制性标准

C. 人防工程（不含人防指挥工程）防护安全性

D. 勘察设计企业和注册执业人员以及相关人员资质

答案：D

［**解题要点**］施工图审查机构对施工图审查的内容包括：

（1）是否符合工程建设强制性标准；

（2）地基基础和主体结构的安全性；

（3）消防安全性；

（4）人防工程（不含人防指挥工程）防护安全性；

（5）是否符合民用建筑节能强制性标准，对执行绿色建筑标准的项目，还应当审查是否符合绿色建筑标准；

（6）勘察设计企业和注册执业人员以及相关人员是否按规定在施工图上加盖相应的图章和签字；

（7）法律、法规、规章规定必须审查的其他内容。

9. 根据《关于实行建设项目法人责任制的暂行规定》，项目董事会的职权之一是（　　）。

A. 负责提出项目竣工验收申请报告　　B. 组织编制项目初步设计文件

C. 组织实施项目年度投资计划　　D. 负责组织项目试生产和单项工程预验收

答案：A

［**解题要点**］建设项目董事会的职权有：负责筹措建设资金；审核、上报项目初步设计和概算文件；审核、上报年度投资计划并落实年度资金；提出项目开工报告；研究解决建设过程中出现的重大问题；负责提出项目竣工验收申请报告；审定偿还债务计划和生产经营方针，并负责按时偿还债务；聘任或解聘项目总经理，并根据总经理的提名，聘任或解聘其他高级管理人员。

10. 下列关于项目管理承包（PMC）的说法，正确的是（　　）。

A. 项目管理承包商代表业主进行项目管理，同时还承担部分工程的设计、采购、施工（EPC）工作。这对项目管理承包商而言，风险低，相应的利润、回报较高

B. 项目管理承包商作为业主顾问，对项目进行监督和检查，并及时向业主报告工程进展情况。这对项目管理承包商而言，风险最低，接近于零，但回报也低

C. 项目管理承包商作为业主项目管理的延伸，只是管理 EPC 承包商而不承担任何 EPC 工作。这对项目管理承包商而言，风险较高，回报较低

D. 以上说法均不正确

答案：B

［**解题要点**］按照工作范围不同，项目管理承包（PMC）可分为三种类型：

（1）项目管理承包商代表业主进行项目管理，同时还承担部分工程的设计、采购、施工（EPC）工作。这对项目管理承包商而言，风险高，相应的利润、回报也较高。

（2）项目管理承包商作为业主项目管理的延伸，只是管理 EPC 承包商而不承担任何 EPC 工作。这对项目管理承包商而言，风险和回报均较低。

（3）项目管理承包商作为业主顾问，对项目进行监督和检查，并及时向业主报告工程进展情况。这对项目管理承包商而言，风险最低，接近于零，但回报也低。

11. 下列关于工程代建制的说法，正确的是（　　）。

A. 工程代建制是一种针对经营性政府投资项目的建设实施组织方式

B. 工程代建单位参与工程项目前期的策划决策和建成后的经营管理

C. 在项目建设期间，工程代建单位存在经营性亏损或盈利

D. 工程代建制由专业化的工程项目管理单位作为代建单位

答案：D

［**解题要点**］工程代建制是一种针对非经营性政府投资项目的建设实施组织方式，专业化的工程项目管理单位作为代建单位，在工程项目建设过程中按照委托合同的约定代行建设单位职责。在项目建设期间，工程代建单位不存在经营性亏损或盈利，通过与政府投资管理机构签订代建合同，只收取代理费、咨询费。如果在项目建设期间使投资节约，可按合同约定从所节约的投资中提取一部分作为奖励。

12. 根据《关于实行建设项目法人责任制的暂行规定》，项目总经理的职权之一是（　　）。

A. 提出项目开工报告　　B. 审核项目初步设计和概算文件

C. 组织工程招标工作　　D. 上报年度投资计划

答案：C

［**解题要点**］项目总经理的职权有：组织编制项目初步设计文件，对项目工艺流程、设备选型、建设标准、总图布置提出意见，提交董事会审查；组织工程设计、施工监理、施工队伍和设备材料采购的招标工作，编制和确定招标方案、标底和评标标准，评选和确定投标、中标单位。实行国际招标的项目，按现行规定办理；编制并组织实施项目年度投资计划、用款计划、建设进度计划；编制项目财务预算、决算；编制并组织实施归还贷款和其他债务计划；组织工程建设实施，负责控制工程投资、工期和质量；在项目建设过程中，在批准的概算范围内对单项工程的设计进行局部调整（凡引起生产性质、能力、产品品种和标准变化的设计调整以及概算调整，需经董事会决定并报原审批单位批

准）；根据董事会授权处理项目实施中的重大紧急事件，并及时向董事会报告；负责生产准备工作和培训有关人员；负责组织项目试生产和单项工程预验收；拟订生产经营计划、企业内部机构设置、劳动定员定额方案及工资福利方案；组织项目后评价，提出项目后评价报告；按时向有关部门报送项目建设、生产信息和统计资料；提请董事会聘任或解聘项目高级管理人员。

13. 目前 BIM 技术在我国工程项目管理中的应用仍处于初级阶段，不属于值得关注和推广的应用是（　　）。

A. 构建可视化模型　　B. 提出工程设计方案

C. 模拟施工　　D. 合理安排资源计划

答案：B

［解题要点］尽管目前 BIM 技术在我国工程项目管理中的应用仍处于初级阶段，但在以下几个方面的应用值得关注和推广：

（1）构建可视化模型。

（2）优化工程设计方案。

（3）模拟施工。

（4）强化造价管理：①提高工程量计算的准确性；②合理安排资源计划；③控制工程设计变更；④有效支持多算对比；⑤积累和共享历史数据。

14. 施工总进度计划是施工组织总设计的主要组成部分，编制施工总进度计划的主要工作不包括（　　）。

A. 确定总体施工准备条件

B. 计算工程量

C. 确定各单位工程的施工期限

D. 确定各单位工程的开竣工时间和相互搭接关系

答案：A

［解题要点］施工总进度计划是根据总体施工部署的要求，用来确定各单位工程的施工顺序、施工时间及相互衔接关系的计划。施工总进度计划的编制步骤和方法如下：

（1）计算工程量。

（2）确定各单位工程的施工期限。

（3）确定各单位工程的开竣工时间和相互搭接关系。

（4）编制初步施工总进度计划。

（5）编制正式的施工总进度计划。

选项 A 是“工程概况”中的工作。

15. 下列承发包模式中，采用“保证最大工程费用加酬金”合同形式的是（　　）。

A. 总分包模式　　B. 平行承包模式

C. 代理型 CM 模式　　D. 非代理型 CM 模式

答案：D

［解题要点］CM 单位有代理型（Agency）和非代理型（Non-Agency）两种。代理型的 CM 单位不负责工程分包的发包，与分包商的合同由业主直接签订。采用简单的成本加酬金形式。而非代理型的 CM 单位直接与分包商签订分包合同。业主和 CM 单位签订“保证最大工程费用加酬金”的合同。

16. 在下列工程项目管理组织机构形式中，有利于管理的专业化的是（　　）。

A. 直线职能式和直线式　　B. 矩阵式和职能式

C. 职能式和直线职能式　　D. 矩阵式和直线职能式

答案：C

[解题要点] 职能式组织机构的主要优点是强调管理业务的专门化，注意发挥各类专家在项目管理中的作用。由于管理人员工作单一，易于提高工作质量，同时可以减轻领导者的负担。但是，由于这种机构没有处理好管理层次和管理部门的关系，形成多头领导，使下级执行者接受多方指令，容易造成职责不清。直线职能式组织结构既保持了直线式组织机构统一指挥的特点，又满足了职能式组织机构对管理工作专业化分工的要求。

17. 根据《建筑施工组织设计规范》，施工组织设计有三个层次，是指（　　）。

A. 施工组织总设计、单位工程施工组织设计和施工方案

B. 施工组织总设计、单项工程施工组织设计和施工进度计划

C. 施工组织设计、施工进度计划和施工方案

D. 指导性施工组织设计、实施性施工组织设计和施工方案

答案：A

[解题要点] 本题考查的是工程项目施工组织设计。按编制对象不同，施工组织设计包括三个层次，即：施工组织总设计、单位工程施工组织设计和施工方案。

18. 与施工组织总设计比较，单位工程施工组织设计中工程概况增加了（　　）。

A. 工程主要情况　　B. 各专业设计简介

C. 工程施工条件　　D. 施工部署

答案：B

[解题要点] 施工组织总设计工程概况应包括工程项目主要情况和施工条件。单位工程施工组织设计工程概况应包括：工程主要情况、各专业设计简介和工程施工条件等。

19. 施工方案技术准备工作应包括（　　）。

A. 试验检验和调试工作计划　　B. 资金使用计划

C. 临时用水计划　　D. 编写施工方案

答案：A

[解题要点] 施工方案施工准备。包括：技术准备、现场准备和资金准备等。

(1) 技术准备。包括：施工所需技术资料的准备；图纸深化和技术交底的要求；试验检验和调试工作计划；样板制作计划以及与相关单位的技术交接计划等。

(2) 现场准备。包括生产、生活临时设施的准备以及与相关单位进行现场交接的计划等。

(3) 资金准备。应编制资金使用计划。

20. 下列属于施工方案施工方法及工艺要求的是（　　）。

A. 工程施工顺序及施工流水段

B. 根据施工地点的气候条件，对季节性施工提出具体要求

C. 工程施工的重点和难点分析

D. 工程材料和设备配置计划

答案：B

[解题要点] 施工方法及工艺要求应包括下列内容：

(1) 明确分部（分项）或专项工程的施工方法：并进行必要的技术核算，明确主要分项工程（工序）的施工工艺要求。

(2) 重点说明易发生质量通病、易出现安全问题、施工难度大、技术要求高的分项工程（工序）。

(3) 对开发和使用的新技术、新工艺以及采用的新材料、新设备，应通过必要的试验或论证并编制计划。

(4) 根据施工地点的气候条件，对季节性施工提出具体要求。

21. 根据国家有关规定，超过一定规模的危险性较大的分部分项工程专项施工方案应当由（　　）组织召开专家论证会。

A. 建设单位　　B. 监理单位

C. 施工单位　　D. 设计单位

答案：C

[**解题要点**] 超过一定规模的危险性较大的分部分项工程专项施工方案应当由施工单位组织召开专家论证会。实行施工总承包的，由施工总承包单位组织召开专家论证会。

22. 下列控制措施中，属于工程项目目标主动控制措施的是（　　）。

A. 跟踪目标实施情况，发现目标偏离时及时采取纠偏措施

B. 明确项目管理组织中过程控制人员的职责，发现情况及时采取措施进行处理

C. 制订必要的备用方案，以应对可能出现的影响目标实现的情况

D. 建立有效的信息反馈系统，及时反馈偏离计划目标值的情况，以便及时采取措施予以纠正

答案：C

[**解题要点**] 实施主动控制，可以采取以下措施：

（1）详细调查并分析研究外部环境条件，以确定影响目标实现和计划实施的各种有利和不利因素，并将这些因素考虑到计划和其他管理职能之中。

（2）识别风险，努力将各种影响目标实现和计划实施的潜在因素揭示出来，为风险分析和管理提供依据，并在计划实施过程中做好风险管理工作。

（3）用科学的方法制订计划。做好计划可行性分析，消除那些造成资源不可行、技术不可行、经济不可行和财务不可行的各种错误和缺陷，保障工程的实施能够有足够的时间、空间、人力、物力和财力，并在此基础上力求使计划得到优化。事实上，计划制订得越明确、完善，就越能设计出有效的控制系统，也就越能使控制产生更好的效果。

（4）高质量地做好组织工作，使组织与目标和计划高度一致，把目标控制的任务与管理职能落实到适当的机构和人员，做到职权与职责明确，使全体成员能够通力协作，为共同实现目标而努力。

（5）制订必要的备用方案，以应对可能出现的影响目标或计划实现的情况。一旦发生这些情况，因有应急措施作保障，从而可以减少偏离量，或避免发生偏离。

（6）计划应有适当的松弛度，即“计划应留有余地”。这样，可以避免那些经常发生但又不可避免的干扰因素对计划产生影响，减少“例外”情况产生的数量，从而使管理人员处于主动地位。

（7）沟通信息流通渠道，加强信息收集、整理和研究工作，为预测工程未来发展状况提供全面、及时、可靠的信息。

23. 香蕉曲线法的原理与S曲线法的原理基本相同，其主要区别在于香蕉曲线是以（　　）为基础绘制的。

A. 横道图　　B. 工程网络计划

C. 直方图　　D. 排列图

答案：B

[**解题要点**] 考查工程项目目标控制的内容、措施和方法。香蕉曲线法的原理与S曲线法的原理基本相同，其主要区别在于：香蕉曲线是以工程网络计划为基础绘制的，S曲线是由一系列直方图累计而成的。

24. 下列属于矩阵式组织机构特点的是（　　）。

A. 结构简单、权力集中、易于统一指挥、隶属关系明确

B. 管理人员工作单一，易于提高工作质量

C. 组织机构中各职能部门之间的横向联系差，信息传递路线长，职能部门与指挥部门之间容易产生矛盾

D. 每一个成员都受项目经理和职能部门经理的双重领导

答案：D

［解题要点］选项 A 是直线式组织机构的形式，选项 B 为职能式组织机构的特点，选项 C 为直线职能式组织机构的特点，选项 D 为矩阵式组织机构的特点。

25. 下列关于工程项目目标控制方法的表述，正确的是（　　）。

A. 直方图是一种用来寻找影响工程质量主要因素的有效工具

B. 通过因果分析图，可以发现工程项目中的主要质量问题

C. S 曲线与香蕉曲线都可以用来控制工程造价和工程进度

D. 控制图法和直方图法分别属于质量控制的静态和动态分析方法

答案：C

［解题要点］排列图是用来寻找影响工程（产品）质量主要因素的一种有效工具。因果分析图是用来寻找某种质量问题产生原因的有效工具。直方图和排列图属于静态分析方法，控制图是动态分析方法。香蕉曲线是两条 S 形曲线的叠加，因此，目标相同，可以控制工程造价和工程进度。

26. 某工程按全等节拍流水组织施工，共分 4 道施工工序，3 个施工段，估计工期为 72 天，则其流水节拍应为（　　）天。

A. 6　　B. 9　　C. 12　　D. 18

答案：C

［解题要点］施工过程 $N=4$ 个，施工段 $M=3$ 个，工期 $T=72$ 天。全等节拍流水施工组织中，流水节拍 $t=\frac{T}{(M+N-1)}=\frac{72}{3+4-1}=\frac{72}{6}=12$（天）。

27. 某项目组成甲、乙、丙、丁共 4 个专业队在 5 个施工段上进行无节奏流水施工，各队的流水节拍分别是：甲队为 3、5、3、2、2 周，乙队为 2、3、1、4、5 周，丙队为 4、1、3、2、5 周，丁队为 5、3、4、2、1 周，该项目总工期为（　　）周。

A. 31　　B. 30　　C. 26　　D. 24

答案：A

［解题要点］计算该题首先要计算出流水步距。

流水步距可以采用取大差法，计算流水步距的步骤是：

（1）累加各施工过程的流水节拍，形成累加数据系列；

（2）相邻两施工过程的累加数据系列错位相减；

（3）取差数之大者作为该两个施工过程的流水步距。

1）本题的甲、乙两施工过程的流水步距：

	3	8	11	13	15	
−		2	5	6	10	15
	3	6	6	7	5	−15

取最大差值为 7，故甲、乙流水过程的流水步距 $K_{甲,乙}=7$ 周。

2）乙、丙两施工过程的流水步距：

	2	5	6	10	15	
−		4	5	8	10	15
	2	1	1	2	5	−15

取最大差值为 5，故乙、丙流水过程的流水步距 $K_{乙,丙}=5$ 周。

3）丙、丁两施工过程的流水步距：

	4	5	8	10	15	
−		5	8	12	14	15
	4	0	0	−2	1	−15

取最大差值为 4，故丙、丁流水过程的流水步距 $K_{丙,丁}=4$ 周。

4）工期计算：$T=\sum K+T_n=(7+5+4)+(5+3+4+2+1)=31$（周）。

其中，T_n 是最后一个专业队丁在施工段上的持续时间。

所以，答案为选项 A。

28. 某分部工程流水施工计划如下图所示，该流水施工的组织形式是（　　）。

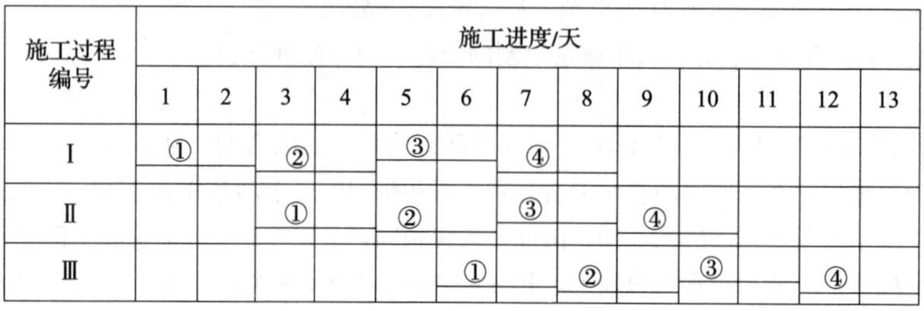

A. 异步距异节奏流水施工　　B. 等步距异节奏流水施工

C. 有提前插入时间的固定节拍流水施工　　D. 有间歇时间的固定节拍流水施工

答案：D

［解题要点］本题目考核的是不同流水施工组织形式的概念。由上图可以看出各个施工过程的流水节拍都是 2 天，流水步距等于流水节拍。施工过程Ⅲ和施工Ⅱ之间有间歇 1 天的时间。因此为有间歇时间的固定节拍流水施工。

29. 某工程组织成倍节拍流水施工，4 个施工段，4 个施工过程的流水节拍分别为 5、10、10、15，则该工程的流水工期为（　　）天。

A. 50　　B. 55　　C. 60　　D. 70

答案：B

［解题要点］首先计算流水步距为流水节拍的最大公约数为 5，然后计算各施工过程所需的施工队数为 1、2、2、3，最后计算流水工期＝［4＋（1＋2＋2＋3）－1］×5＝55（天）。

30. 某工程项目由 A、B、C、D、E、F、G、H 工作组成。逻辑关系和持续时间见下表。其中关键线路有（　　）条关键线路。

工作名称	A	B	C	D	E	F	G	H
紧前工作	—	—	—	A、B	A、B、C	A	D、E	D、F
持续时间	5	3	7	6	4	8	9	7

A. 2　　B. 3　　C. 4　　D. 5

答案：B

［解题要点］

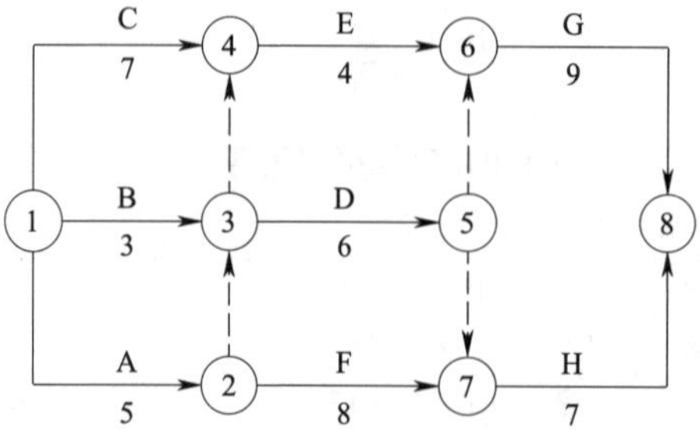

如上图所示，1—4—6—8，持续时间：20；1—3—4—6—8，持续时间：16；1—3—5—6—8，持续时间：18；1—2—7—8，持续时间：20；1—2—3—5—7—8，持续时间：18；1—2—3—4—6—8，持续时间：18；1—2—3—5—6—8，持续时间：20；1—3—5—7—8，持续时间：16。持续时间最长的线路是关键线路，有3条关键线路。

31. 双代号时标网络计划中，不能从图上直接识别的非关键工作的时间参数是（　　）。

A. 最早开始时间　　B. 最早完成时间

C. 自由时差　　D. 总时差

答案：D

[解题要点] 双代号时标网络计划中，能在图上直接显示各项工作的开始与完成时间、工作自由时差及关键路径。但是，总时差是不能从图上直接识别出来的，需要进行计算。选项D是正确的。

32. 在网络计划中，A工作的总时差为3天，A共有三个紧后工作B、C、D，工作B的最早开工时间和最迟开工时间分别为第21天和第22天，工作C的最早完工时间和最迟完工时间分别是第23天和第25天，工作D的最早开工时间和最迟开工时间分别是第21天和第23天，则工作A的自由时差为（　　）天。

A. 1　　B. 2　　C. 3　　D. 4

答案：A

[解题要点] 设A和B、C、D三个工作的时间间隔分别为LAG_1、LAG_2、LAG_3，则$3=\min\{LAG_1+1, LAG_2+2, LAG_3+2\}$，则$\min\{LAG_1, LAG_2, LAG_3\}=1$。

33. 在工程网络计划中，关键线路是指（　　）。

A. 单代号网络计划中总的工作持续时间最长的线路

B. 双代号网络计划中由关键节点组成的线路

C. 单代号搭接网络计划中总的工作持续时间最长的线路

D. 双代号时标网络计划中无虚箭线的线路

答案：A

[解题要点] 单代号网络计划、双代号网络计划中总的持续时间最长的线路就是关键线路，但对于单代号搭接网络计划来说就不成立，因为搭接网络计划存在复杂的搭接关系，总的工作持续时间最长，但由于搭接关系的存在，不一定是关键线路，双代号时标网络自始至终没有波形线的线路是关键线路。双代号网络计划中由关键节点组成的线路并不一定是关键线路。

34. 单代号网络计划中，关键线路是指（　　）的线路。

A. 由关键工作组成　　B. 相邻两项工作之间时间间隔均为零

C. 由关键节点组成　　D. 相邻两项工作之间间歇时间均相等

答案：B

[解题要点] 单代号网络计划中，关键工作相连，并保证相邻两项关键工作之间的时间间隔为零而构成的线路就是关键线路。

35. 工程网络计划费用优化的基本思路是，在网络计划中，当有多条关键线路时，应通过不断缩短（　　）的关键工作持续时间来达到优化目的。

A. 直接费总和最大　　B. 组合间接费用率最小

C. 间接费总和最大　　D. 组合直接费用率最小

答案：D

[解题要点] 当有多条关键线路出现而需要同时压缩多个关键工作的持续时间时，应将它们的直接费用率之和（组合直接费用率）最小者作为压缩对象。

36. 某工程双代号时标网络计划如下图所示（单位：周），则在不影响总工期的前提下，工作E

可以利用的机动时间为（　　）周。

A. 1　　B. 2　　C. 3　　D. 4

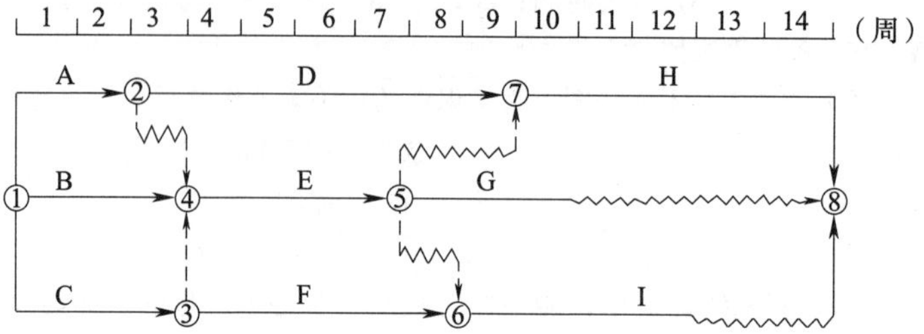

答案：B

［**解题要点**］本题计算的是 E 工作的总时差，从图中可知，E 的紧后工作 HGI 的总时差分别为 0、4、2，则 TF_E＝min｛2＋0，0＋4，1＋2｝＝2（周）。

37. 对于大型、复杂的项目，下列选项中较容易地识别出项目主要的、常见的风险的方法是（　　）。

A. 初始风险清单法　　B. 专家调查法

C. 横道图法　　D. 流程图法

答案：A

［**解题要点**］初始风险清单法是指有关人员利用他们所掌握的丰富知识设计而成的初始风险清单表，尽可能详细地列举项目所有的风险类别，按照系统化、规范化的要求去识别风险。对于大型、复杂的项目，首先将其按单项工程、单位工程分解，再对各单项工程、单位工程分别从时间维、目标维和因素维进行分解，可以较容易地识别出项目主要的、常见的风险。

38. 根据《标准勘察招标文件》（2017 年版），解释合同文件包括：①勘察纲要；②投标函及投标函附录；③勘察费用清单；④发包人要求；⑤中标通知书。以上解释合同文件的优先顺序为（　　）。

A. ①—②—③—④—⑤　　B. ⑤—②—④—①—③

C. ⑤—②—④—③—①　　D. ②—⑤—③—①—④

答案：C

［**解题要点**］根据国家发展改革委等九部委联合发布的《标准勘察招标文件》（2017 年版）中的合同条款及格式，勘察合同条款由通用合同条款和专用合同条款两部分组成，同时规定了合同协议书、履约保证金格式。合同协议书与下列文件一起构成合同文件：①中标通知书；②投标函及投标函附录；③专用合同条款；④通用合同条款；⑤发包人要求；⑥勘察费用清单；⑦勘察纲要；⑧其他合同文件。上述合同文件互相补充和解释。如果合同文件之间存在矛盾或不一致之处，以上述文件的排列顺序在先者为准。

39. 在工程勘察合同履行中，符合专用合同条款约定的开始勘察条件的，发包人应提前（　　）天向勘察人发出开始勘察通知。

A. 3　　B. 7　　C. 14　　D. 28

答案：B

［**解题要点**］符合专用合同条款约定的开始勘察条件的，发包人应提前 7 天向勘察人发出开始勘察通知。

40. 在工程勘察合同履行中，勘察服务期限自（　　）起计算。

A. 勘察合同中约定的开始勘察日期

B. 开始勘察通知中载明的开始勘察日期之后 1 天

C. 开始勘察通知中载明的开始勘察日期

D. 实际开始勘察日期

答案：C

[解题要点] 勘察服务期限自开始勘察通知中载明的开始勘察日期起计算。

41. 根据《最高人民法院关于审理建设工程施工合同纠纷案件适用法律问题的解释（一）》，下列关于无效合同的价款结算说法正确的是（　　）。

A. 建设工程施工合同无效，且建设工程经竣工验收不合格的，经修复后的建设工程经竣工验收合格，发包人请求承包人承担修复费用的，不予支持

B. 建设工程施工合同无效，但建设工程经竣工验收合格，承包人请求参照合同约定支付工程价款的，不予支持

C. 建设工程施工合同无效，且建设工程经竣工验收不合格的，经修复后的建设工程经竣工验收合格，发包人请求承包人承担修复费用的，应予以支持

D. 建设工程施工合同无效，不论建设工程竣工验收是否合格，承包人请求参照合同约定支付工程价款的，均不予支持

答案：C

[解题要点] 无效合同的价款结算。建设工程施工合同无效，但建设工程经竣工验收合格，承包人请求参照合同约定支付工程价款的，应予支持。建设工程施工合同无效，且建设工程经竣工验收不合格的，按照以下情形分别处理：①修复后的建设工程经竣工验收合格，发包人请求承包人承担修复费用的，应予支持；②修复后的建设工程经竣工验收不合格，承包人请求支付工程价款的，不予支持。因建设工程不合格造成的损失，发包人有过错的，也应承担相应的民事责任。

42. 根据《最高人民法院关于审理建设工程施工合同纠纷案件适用法律问题的解释（一）》，当事人就同一建设工程另行订立的建设工程施工合同与经过备案的中标合同实质性内容不一致的，应当以（　　）作为结算工程价款的根据。

A. 另行订立的建设工程施工合同　　B. 备案的中标合同

C. 双方约定的协议　　D. 工程造价鉴定的结果

答案：B

[解题要点] 发包人收到竣工结算文件后，在约定期限内不予答复，视为认可竣工结算文件的，按照约定处理。承包人请求按照竣工结算文件结算工程价款的，应予支持。当事人就同一建设工程另行订立的建设工程施工合同与经过备案的中标合同实质性内容不一致的，应当以备案的中标合同作为结算工程价款的根据。当事人约定按照固定价结算工程价款，一方当事人请求对建设工程造价进行鉴定的，不予支持。

43. 根据《最高人民法院关于审理建设工程施工合同纠纷案件适用法律问题的解释（一）》，下列说法正确的是（　　）。

A. 当事人签订的建设工程施工合同与招标文件载明的工程范围不一致，一方当事人请求将招标文件作为结算工程价款的依据的，人民法院不予支持

B. 当事人签订的建设工程施工合同与投标文件载明的建设工期不一致，一方当事人请求将投标文件作为结算工程价款的依据的，人民法院应予支持

C. 当事人签订的建设工程施工合同与中标通知书载明的工程质量不一致，一方当事人请求将中标通知书作为结算工程价款的依据的，人民法院不予支持

D. 当事人在诉讼前已经对建设工程价款结算达成协议，诉讼中一方当事人申请对工程造价进行鉴定的，人民法院应予准许

答案：B

[解题要点] 合同约定与投标文件等不一致。当事人签订的建设工程施工合同与招标文件、投标文件、中标通知书载明的工程范围、建设工期、工程质量、工程价款不一致，一方当事人请求将招标文件、投标文件、中标通知书作为结算工程价款的依据的，人民法院应予支持。已经达成结算协议请

求鉴定的处理。当事人在诉讼前已经对建设工程价款结算达成协议，诉讼中一方当事人申请对工程造价进行鉴定的，人民法院不予准许。

44. 根据《标准材料采购招标文件》（2017 年版），下列合同文件存在矛盾或不一致之处时，应以（　　）为准。

A. 分项报价表　　　　B. 供货要求

C. 商务和技术偏差表　　　　D. 中标材料质量标准的详细描述

答案：C

［**解题要点**］根据国家发展改革委等九部委联合发布的《标准材料采购招标文件》（2017 年版），合同协议书与下列文件一起构成合同文件：①中标通知书；②投标函；③商务和技术偏差表；④专用合同条款；⑤通用合同条款；⑥供货要求；⑦分项报价表；⑧中标材料质量标准的详细描述；⑨相关服务计划；⑩其他合同文件。上述合同文件互相补充和解释。如果合同文件之间存在矛盾或不一致之处，以上述文件的排列顺序在先者为准。

二、多项选择题

1. 根据《国务院关于投资体制改革的决定》（国发〔2004〕20 号），关于政府投资项目，下列说法错误的是（　　）。

A. 对于采用直接投资的政府投资项目，政府只需审批开工报告

B. 对于采用投资补助、转贷和贷款贴息方式的政府投资项目，则只审批资金申请报告

C. 政府投资项目一般都要经过符合资质要求的咨询中介机构的评估论证，特别重大的项目还应实行专家评议制度

D. 对于采用资本金注入方式的政府投资项目，政府需要从投资决策的角度审批项目建议书和可行性研究报告，所有情况均不再审批开工报告

E. 政府投资项目只实行审批制

答案：A、D

［**解题要点**］对于采用直接投资和资本金注入方式的政府投资项目，政府需要从投资决策的角度审批项目建议书和可行性研究报告，除特殊情况外，不再审批开工报告。故选项 A、D 说法错误。

2. 根据《建设工程质量管理条例》，下列建设工程必须实行监理的有（　　）。

A. 利用外国政府或者国际组织贷款、援助资金的工程

B. 大中型公用事业工程

C. 全部或者部分使用国有资金投资或者国家融资的项目

D. 成片开发建设的住宅小区工程

E. 涉及国家安全和国家秘密的工程

答案：A、B、D

［**解题要点**］工程监理的范围。根据《建设工程质量管理条例》，下列建设工程必须实行监理：

（1）国家重点建设工程；

（2）大中型公用事业工程；

（3）成片开发建设的住宅小区工程；

（4）利用外国政府或者国际组织贷款、援助资金的工程；

（5）国家规定必须实行监理的其他工程。

3. 按照国际上流行的项目阶段划分方式，工程项目采用 EPC 总承包模式时可分为项目前期和项目实施两个阶段，下列属于项目管理承包商在项目前期阶段承担的工作内容的有（　　）。

A. 组织或完成基础设计、初步设计和总体设计

B. 提出项目实施方案，完成项目投资估算

C. 进行设计管理，协调有关技术条件

D. 提出材料、设备清单及供货厂家名单

E. 实施采购管理，并为业主负责的采购提供服务

答案：A、B、D

[**解题要点**] 按照国际上流行的项目阶段划分方式，工程项目采用 EPC 总承包模式时可分为项目前期和项目实施两个阶段，项目管理承包商在项目进展的不同阶段承担不同的工作内容。

(1) 项目前期阶段工作内容。在此阶段，项目管理承包商的主要任务是代表业主进行项目管理。具体包括：项目建设方案优化；组织项目风险识别和分析，并制定项目风险应对策略；提供融资方案并协助业主进行融资；提出项目应统一遵循的标准及规范；组织或完成基础设计、初步设计和总体设计；协助业主完成政府相关审批工作；提出项目实施方案，完成项目投资估算；提出材料、设备清单及供货厂家名单；编制 EPC 招标文件，进行 EPC 投标人资格预审，并完成 EPC 评标工作。

(2) 项目实施阶段工作内容。在此阶段，由中标的 EPC 总承包商进行项目的详细设计，并进行采购和施工工作。项目管理承包商的主要任务是代表业主进行协调和监督工作。具体包括：进行设计管理，协调有关技术条件；完成项目总体中某些部分的详细设计；实施采购管理，并为业主负责的采购提供服务；配合业主进行生产准备、组织试运行和验收；向业主移交项目文件资料。

4. 建设工程项目采用平行模式的特点有（　　）。

A. 有利于控制工程质量

B. 有利于缩短建设周期

C. 有利于组织管理

D. 有利于控制工程造价

E. 有利于业主选择承包商

答案：A、B、E

[**解题要点**] 平行承包模式的特点包括：

(1) 有利于业主择优选择承包商。

(2) 有利于控制工程质量。

(3) 有利于缩短建设工期。

(4) 组织管理和协调工作量大。

(5) 工程造价控制难度大。

(6) 相对于总承包模式而言，平行承包模式不利于发挥那些技术水平高、综合管理能力强的承包商的综合优势。

5. 下列关于工程项目管理组织机构形式说法正确的是（　　）。

A. 直线式组织机构隶属关系明确，易于统一指挥

B. 矩阵式组织机构容易形成多头领导

C. 职能式组织机构因有双重领导，容易产生扯皮现象

D. 强矩阵式组织机构适用于技术复杂且时间紧迫的项目

E. 弱矩阵式组织机构项目经理由企业最高领导任命，并全权负责项目

答案：A、B、D

[**解题要点**] 直线式组织机构的主要优点是结构简单、权力集中、易于统一指挥、隶属关系明确、职责分明、决策迅速。

职能式组织机构的主要优点是强调管理业务的专门化，注意发挥各类专家在项目管理中的作用。但是，由于这种机构没有处理好管理层次和管理部门的关系，形成多头领导，使下级执行者接受多方指令，容易造成职责不清。

矩阵式组织机构中的每一个成员都受项目经理和职能部门经理的双重领导，如果处理不当，会造成矛盾，产生扯皮现象。强矩阵式组织机构适用于技术复杂且时间紧迫的工程项目。弱矩阵式组织机

构中，并未明确对项目目标负责的项目经理。即使有项目负责人，其角色也只是一个项目协调者或监督者，而不是一个管理者。

6. 根据《建筑施工组织设计规范》GB/T 50502—2009，单位工程施工组织设计中的施工部署应包括（　　）。

A. 施工资源配置计划　　B. 施工进度安排和空间组织

C. 施工重点和难点分析　　D. 工程项目管理组织机构

E. 施工现场平面布置

答案：B、C、D

［**解题要点**］关于选项 B、C、D，施工部署是对工程项目进行统筹规划和全面安排，包括工程项目施工目标、进度安排和空间组织、施工重点和难点分析、工程项目管理组织机构等。关于选项 A、E，施工部署是施工组织设计的纲领性内容，施工进度计划、施工准备与资源配置计划、施工方法、施工现场平面布置等均应围绕施工部署进行编制和确定。在单位工程施工组织设计中，施工资源配置计划和施工现场平面布置是与施工部署同层次的内容。

7. 施工方案施工安排中应包括的内容是指（　　）。

A. 工程施工目标　　B. 资源配置计划

C. 工程施工顺序及施工流水段　　D. 工程施工的重点和难点分析

E. 施工进度计划

答案：A、C、D

［**解题要点**］施工安排中应包括下列内容：

(1) 工程施工内容。包括：进度、质量、成本、安全生产及环境保护等目标，各项目标应符合施工合同和总承包单位对工程施工的要求。

(2) 工程施工顺序及施工流水段。

(3) 工程施工的重点和难点分析，并简述主要的管理和技术措施。

(4) 根据分部（分项）或专项工程的规模、特点、复杂程序、目标控制和总承包单位的要求设置项目管理组织机构，明确岗位职责。

8. 根据国家有关规定，专项施工方案的内容应包括（　　）。

A. 施工工艺技术　　B. 施工进度安排和空间组织

C. 劳动力计划　　D. 施工安全保证措施

E. 施工现场平面布置

答案：A、C、D

［**解题要点**］专项施工方案应当包括以下内容：

(1) 工程概况。危险性较大的分部分项工程概况、施工平面布置、施工要求和技术保证条件。

(2) 编制依据。相关法律、法规、规范性文件、标准、规范及图纸（国标图集）、施工组织设计等。

(3) 施工计划。包括施工进度计划、材料与设备计划。

(4) 施工工艺技术。技术参数、工艺流程、施工方法、检查验收等。

(5) 施工安全保证措施。组织保障、技术措施、应急预案、监测监控等。

(6) 劳动力计划。专职安全生产管理人员、特种作业人员等。

(7) 计算书及相关图纸。

9. 单位工程施工进度计划检查的主要内容包括（　　）。

A. 第一个工人是否拥有足够的工作面

B. 各工作项目的施工顺序、平行搭接和技术间歇是否合理

C. 总工期是否满足合同规定

D. 主要工程的工人是否能满足连接、均衡施工的要求

E. 主要施工机具、材料等的利用是否均衡和充分

答案：B、C、D、E

［**解题要点**］当初始施工进度计划编制过后，需要对其进行检查与调整，以便使进度计划更加合理，进度计划检查的主要内容包括：

(1) 各工作项目的施工顺序、平行搭接和技术间歇是否合理；

(2) 总工期是否满足合同规定；

(3) 主要工种的工人是否能满足连续、均衡施工的要求；

(4) 主要施工机具、材料等的利用是否均衡和充分。

10. 下列建设工程项目目标控制方法中，可用来判断工程进度偏差的有（　　）。

A. 直方图法　　B. 网络计划技术

C. S曲线法　　D. 香蕉曲线法

E. 控制图法

答案：B、C、D

［**解题要点**］可用来判断工程进度偏差的方法有网络计划技术、S曲线法和香蕉曲线法。

11. 某工作双代号网络计划如下图所示，存在的绘图错误有（　　）。

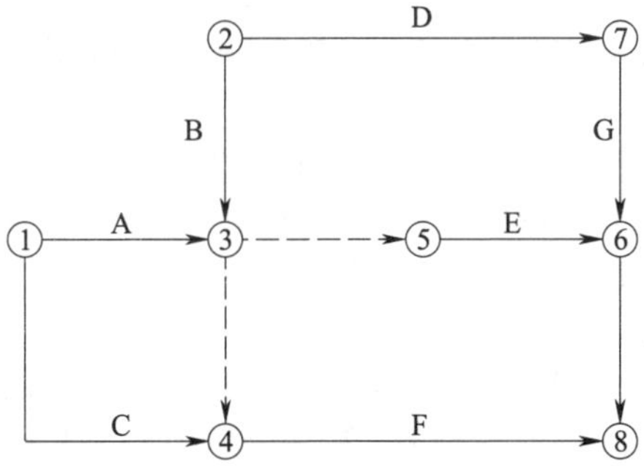

A. 多个起点节点　　B. 多个终点节点

C. 存在循环回路　　D. 节点编号有误

E. 有多余虚工作

答案：A、D、E

［**解题要点**］节点①、②均只有向外箭线，所以节点①、②都是起点。工作节点③—⑤属于多余虚工作。网络图中的节点都必须有编号，其编号严禁重复，并应使每一条箭线上箭尾节点编号小于箭头节点编号，而图中是节点⑦指向节点⑥，所以节点编号有误。

12. 在工程网络计划中，关键工作是指（　　）的工作。

A. 双代号网络计划中持续时间最长

B. 单代号网络计划中与紧后工作之间的时间间隔为0

C. 最迟完成时间与最早完成时间的差值最小

D. 最迟开始时间与最早开始时间的差值最小

E. 双代号时标网络计划中无波形线

答案：C、D

［**解题要点**］关键工作指的是网络计划中总时差最小的工作。当计划工期等于计算工期时，总时差为零的工作就是关键工作。选项C、D两项就是总时差最小。

13. 在工程网络计划中，关键线路是指（　　）的线路。

A. 单代号网络计划中相邻工作之间时间间隔全部为零

B. 双代号网络计划中由关键节点组成

C. 双代号时标网络计划中无波形线

D. 双代号时标网络计划中无虚箭线

E. 双代号网络中无虚工作的线路

答案：A、C

[**解题要点**] 双代号时标网络计划中，自始至终无波形线的线路是关键线路。双代号网络计划中由关键节点组成的线路并不一定是关键线路。

14. 在工程勘察设计合同履行中，关于发包人和勘察人应履行的义务说法正确的有（　　）。

A. 勘察人占用或使用他人的施工场地，应由发包人承担相应责任

B. 勘察人在勘探场地临时设施的搭设，应由发包人承担相应责任

C. 发包人应按专用合同条款约定向勘察人提供基础资料、勘察任务书等

D. 勘察人在风险性较大的环境中作业时应当编制安全防护方案并制定应急预案

E. 勘察人应按有关法律规定纳税，应缴纳的税金（含增值税）包括在合同价格之中

答案：C、D、E

[**解题要点**] 勘察人应履行的一般义务如下：

（1）遵守法律。勘察人在履行合同过程中应遵守法律，并保证发包人免于承担因勘察人违反法律而引起的任何责任。

（2）依法纳税。勘察人应按有关法律规定纳税，应缴纳的税金（含增值税）包括在合同价格之中。

（3）完成全部勘察工作。勘察人应按合同约定以及发包人要求，完成合同约定的全部工作，并对工作中的任何缺陷进行整改、完善和修补，使其满足合同约定的目的。勘察人应按合同约定提供勘察文件，以及为完成勘察服务所需的劳务、材料、勘察设备、实验设施等，并应自行承担勘探场地临时设施的搭设、维护、管理和拆除。

（4）保证勘察作业规范、安全和环保。勘察人应按法律、规范标准和发包人要求，采取各项有效措施，确保勘察作业操作规范、安全、文明和环保，在风险性较大的环境中作业时应当编制安全防护方案并制订应急预案，防止因勘察作业造成的人身伤害和财产损失。

（5）避免勘探对公众与他人的利益造成损害。勘察人在进行合同约定的各项工作时，不得侵害发包人与他人使用公用道路、水源、市政管网等公共设施的权利，避免对邻近的公共设施产生干扰，保证勘探场地的周边设施、建（构）筑物、地下管线、架空线和其他物体的安全运行。勘察人占用或使用他人的施工场地，影响他人作业或生活的，应承担相应责任。

（6）其他义务。勘察人应履行合同约定的其他义务。

15. 根据《标准设计施工总承包招标文件》（2012年版）规定，下列情形属于发包人违约的是（　　）。

A. 监理人无正当理由没有在约定期限内发出复工指示

B. 设计图纸不符合合同约定

C. 发包人未能按合同约定支付价款

D. 发包人拖延批准付款申请

E. 竣工的工程不符合合同约定

答案：A、C、D

[**解题要点**] 根据《标准设计施工总承包招标文件》（2012年版）规定，选项A、C、D属于发包人违约的情形。选项B、E属于总承包人违约的情形。

16. 根据《最高人民法院关于审理建设工程施工合同纠纷案件适用法律问题的解释（一）》，下列关于工程价款利息说法正确的有（　　）。

A. 当事人对欠付工程价款利息计付标准有约定的，按照约定处理

B. 对于无效合同，当事人对垫资和垫资利息有约定，承包人请求按照约定返还垫资及其利息的，应予支持

C. 对于无效合同，当事人对垫资利息没有约定，承包人请求支付利息的，按照中国人民银行发布的同期同类贷款利率计息

D. 当事人对付款时间没有约定或者约定不明的，建设工程已实际交付的，提交竣工阶段文件之日视为应付款时间

E. 利息从工程实际交付之日计付

答案：A、B

[解题要点] 当事人对欠付工程价款利息计付标准有约定的，按照约定处理；没有约定的，按照中国人民银行发布的同期同类贷款利率计息。对于无效合同，当事人对垫资和垫资利息有约定，承包人请求按照约定返还垫资及其利息的，应予支持，但是约定的利息计算标准高于中国人民银行发布的同期同类贷款利率的部分除外；当事人对垫资利息没有约定，承包人请求支付利息的，不予支持。利息从应付工程价款之日计付。当事人对付款时间没有约定或者约定不明的，下列时间视为应付款时间：建设工程已实际交付的，为交付之日；建设工程没有交付的，为提交竣工结算文件之日；建设工程未交付，工程价款也未结算的，为当事人起诉之日。

17. 当事人对建设工程实际竣工日期有争议的，根据《最高人民法院关于审理建设工程施工合同纠纷案件适用法律问题的解释（一）》的规定，正确的处理方式是（　　）。

A. 建设工程经竣工验收合格的，以竣工验收合格之日为竣工日期

B. 建设工程经竣工验收合格的，以承包人提交验收报告之日为竣工日期

C. 承包人已经提交竣工验收报告，发包人拖延验收的，以承包人提交验收报告之日为竣工日期

D. 建设工程未经竣工验收，发包人擅自使用的，以承包人完成建设工程之日为竣工日期

E. 建设工程未经竣工验收，发包人擅自使用的，以转移占有建设工程之日为竣工日期

答案：A、C、E

[解题要点] 实际竣工日期争议解决。当事人对建设工程实际竣工日期有争议的，人民法院应当按照以下情形予以认定：

（1）建设工程经竣工验收合格的，以竣工验收合格之日为竣工日期；

（2）承包人已经提交竣工验收报告，发包人拖延验收的，以承包人提交验收报告之日为竣工日期；

（3）建设工程未经竣工验收，发包人擅自使用的，以转移占有建设工程之日为竣工日期。

18. 工程项目信息管理实施模式中，自行开发相比于租用服务的优点有（　　）。

A. 对项目的针对性强

B. 实施费用最低

C. 安全性和可靠性好

D. 实施周期最短

E. 维护工作量最小

答案：A、C

[解题要点]

工程项目信息管理实施模式的特点比较

实施模式	自行开发	直接购买	租用服务
优点	对项目的针对性最强； 安全性和可靠性最好	对项目的针对性较强； 安全性和可靠性较好	实施费用最低； 实施周期最短； 维护工作量最小

续表

实施模式	自行开发	直接购买	租用服务
缺点	开发费用最高； 实施周期最长； 维护工作量较大	购买费用较高； 维护费用较高	对项目的针对性较差； 安全性和可靠性较差
适用范围	大型工程项目； 复杂性程度高的工程项目； 对系统要求高的工程项目	大型工程项目	中小型工程项目； 复杂性程度低的工程项目； 对系统要求低的工程项目

第四章 工 程 经 济

考 纲 要 求

1. 资金的时间价值及其计算；
2. 投资方案经济效果评价的内容和方法；
3. 价值工程的程序和方法；
4. 工程寿命周期成本分析的内容和方法。

本章知识架构

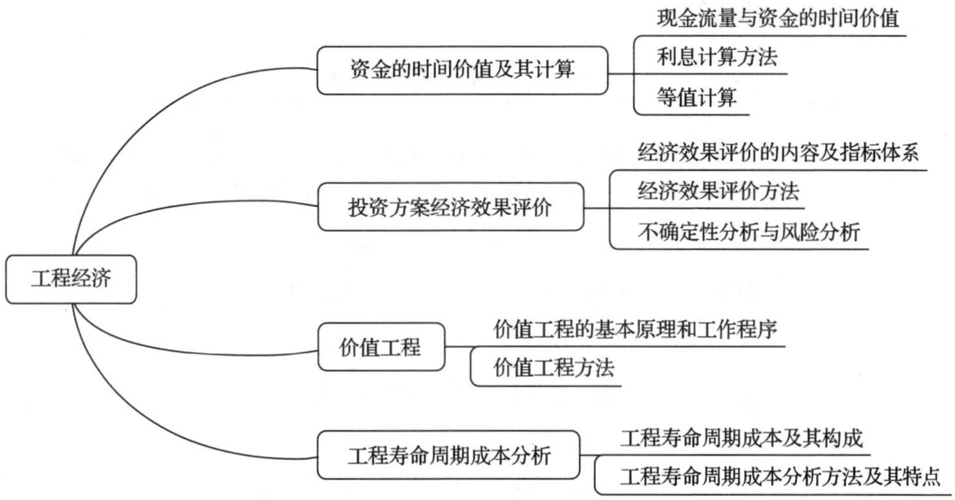

考点与题型详解

考点一：现金流量与资金的时间价值

点评： 本考点是学习工程经济的基础，也是案例分析学习的基础，考生应重点学习，系统掌握是关键。在近几年的考试中，利息与利率、资金的时间价值的计算公式和名义利率与实际利率是经常考核的内容，要能够灵活应用。可以通过针对历年考题的练习，体会本考点的考核方式，以综合掌握本考点的全部内容。分析历年考核题目，考生可以参照本书经典考题剖析题目所反映的内容重点训练，题型基本是历年考核的形式。

知识要点集成

一、现金流量

表 4-1 现金流量

<table>
<tr><td rowspan="3">现金流量</td><td>定义</td><td colspan="2">在工程经济分析中，通常将所考察的对象视为一个独立的经济系统。在某一时点 t 流入系统的资金称为现金流入，记为 CI_t；流出系统的资金称为现金流出，记为 CO_t；同一时点上的现金流入与现金流出的代数和称为净现金流量，记为 NCF 或 $(CI-CO)_t$。现金流入量、现金流出量、净现金流量统称为现金流量</td></tr>
<tr><td rowspan="2">现金流量表示方法</td><td>现金流量表</td><td>要会应用</td></tr>
<tr><td>现金流量图</td><td>掌握“三要素”与现金流量图绘制规则</td></tr>
</table>

二、资金的时间价值

表 4-2 资金的时间价值

<table>
<tr><td rowspan="4">资金的时间价值</td><td>定义</td><td colspan="2">资金是运动的价值，资金的价值是随时间变化而变化的，是时间的函数，随时间的推移而增值，其增值的这部分资金就是原有资金的时间价值</td></tr>
<tr><td rowspan="3">利息与利率</td><td>利息</td><td>利息 I＝目前应付（应收）总金额 F－本金 P</td></tr>
<tr><td>利率</td><td>利率 $i=\dfrac{\text{单位时间内所得的利息额 } I_t}{\text{本金 } P}\times 100\%$</td></tr>
<tr><td>特别注意</td><td>（1）在工程经济分析中，利息常常被看作是资金的一种机会成本。从投资者角度看，利息体现为对放弃现期消费的损失所做的必要补偿。为此，债务人就要为占用债权人的资金付出一定的代价。在工程经济分析中，利息是指占用资金所付的代价或者是放弃使用资金所得的补偿。
（2）利率的高低首先取决于社会平均利润率的高低，并随之变动；在平均利润率不变的情况下，利率高低取决于金融市场上借贷资本的供求情况；借出资本要承担一定的风险，而风险的大小也影响利率的波动，风险越大，利率也就越高；通货膨胀对利息的波动有直接影响，资金贬值往往会使利息无形中成为负值；借出资本的期限长短，贷款期限长，不可预见因素多，风险大，利率也就高；反之，贷款期限短，不可预见因素少，风险小，利率就低</td></tr>
</table>

续表 4-2

资金的时间价值	单利法	单利法是指在计算每个周期的利息时，仅根据最初的本金和周期利率计算本期利息，而先前计息周期中所累积增加的利息不作为本期利息计算基础，即通常所说的“利不生利”的计息方法。其计算式如下： $I_t=P\cdot i_d$				
	复利法	复利法是指在计算每个周期的利息时，先前利息周期所累积增加的利息结转为本金一并计算本期利息，即通常所说的“利生利”“利滚利”的计息方法。其计算式如下： $I_t=i\cdot F_{t-1}$				
	相关概念	现值、终值、年金、等值、单利法、复利法（理解这些概念是非常重要的。尽管在历年的考试中，没有直接考核过这些概念，但是，理解了这些概念将对后续内容的理解和解答考题起到有力的支撑作用）				
	等值计算公式	公式名称	已知项	欲求项	系数符号	公　式
		一次支付终值	P	F	$(F/P, i, n)$	$F=P(1+i)^n$
		一次支付现值	F	P	$(P/F, i, n)$	$P=F(1+i)^{-n}$
		等额支付终值	A	F	$(F/A, i, n)$	$F=A\dfrac{(1+i)^n-1}{i}$
		偿债基金	F	A	$(A/F, i, n)$	$A=F\dfrac{i}{(1+i)^n-1}$
		资金回收	P	A	$(A/P, i, n)$	$A=P\dfrac{i(1+i)^n}{(1+i)^n-1}$
		年金现值	A	P	$(P/A, i, n)$	$P=A\dfrac{(1+i)^n-1}{i(1+i)^n}$

三、名义利率与有效利率

表 4-3　名义利率与有效利率

名义利率与有效利率	相关概念	在复利计算中，利率周期通常以年为单位，它可以与计息周期相同，也可以不同。当利率周期与计息周期不一致时，就出现了名义利率和有效利率的概念	
	名义利率	名义利率 r 是指计息周期利率 i 乘以一个利率周期内的计息周期数 m 所得的利率周期利率，即：$r=i\cdot m$	
	有效利率计算公式	概念	有效利率是指资金在计息中所发生的实际利率，包括计息周期有效利率和利率周期有效利率两种情况
		计息周期有效利率	计息周期利率：$i=\dfrac{r}{m}$
		利率周期有效利率	已知利率周期名义利率 r，一个利率周期内计息 m 次，则计息周期利率为 $i=r/m$，利率周期有效利率：$i_{eff}=\dfrac{I}{P}=\left(1+\dfrac{r}{m}\right)^m-1$
	特别注意	名义利率计算采用单利法，有效利率计算采用复利法	

经典考题剖析

一、2023年考题

1. 工程经济分析中，利息可以被理解为资金的（　　）。

A. 机会成本　　B. 沉没成本　　C. 变动成本　　D. 固定成本

答案：A

[**解析**] 在工程经济分析中，利息还被理解为资金的一种机会成本。这是因为，如果债权人放弃资金的现时使用权利，也就放弃了现期消费的权利。

2. 某公司在5年内每年初投资1 000万元，若年利率为10%，按年复利计息，则该公司在第5年末能收回的本利和是（　　）万元。

A. 5 550.09　　B. 6 105.01　　C. 6 715.61　　D. 7 105.01

答案：C

[**解析**] 1 000×（1+10%）×（F/A，10%，5）=6 715.61（万元）。

3. 某公司在年初贷款5 000万元，贷款期限为6年，按半年复利计息，年名义利率为7.2%，贷款在第2年末、第4年末、第6年末分三期等额偿还，每年需偿还（　　）万元。

A. 2 119.35　　B. 2 168.13　　C. 2 186.92　　D. 2 197.02

答案：D

[**解析**] 根据题干给出条件，可以理解为计息周期为半年，利率周期为两年。两年的实际利率：$i_{eff}=(1+7.2\%\times 2/4)^4-1=15.20\%$。

每两年的年金：A=5 000×（A/P，15.20%，3）=2 197.02（万元）。

需要说明的是，本题目是近十年左右解题相对复杂的题目，考生可以通过绘制现金流量图细心计算。

二、2022年考题

1. 某企业年初借款3 000万元，年复利率为10%，接下来的8年每年末等额偿还，则每年年末应还（　　）万元。

A. 374.89　　B. 447.09　　C. 488.24　　D. 562.33

答案：D

[**解析**] $A=P$（A/P，i，n）=562.33（万元）。本题考核的是等值计算，是20余年来针对等值计算最简单的考题。

2. 某公司向银行贷款1 000万元，年名义利率为12%，按季度复利计息，1年后贷款本利和为（　　）万元。

A. 1 120　　B. 1 124　　C. 1 125.51　　D. 1 126.83

答案：C

[**解析**] 按季度复利计息，季利率$i=r/m=12\%\div 4=3\%$。一年后贷款本利和：

$$F=P(1+i)^n=1\,000\times(1+3\%)^4=1\,125.51\text{（万元）}$$

3. 影响资金等值的因素有（　　）。

A. 资金数额　　B. 发生时间

C. 借贷风险　　D. 期限长短

E. 供求情况

答案：A、B

［**解析**］影响资金等值的因素有三个：资金多少、资金发生时间、利率（或折现率）大小。

三、2021 年考题

1. 某建设单位从银行获得一笔建设贷款，建设单位和银行分别绘制现金流量图时，该笔货款表示为（　　）。

A. 建设单位现金流量图时间轴的上方箭线，银行现金流量图时间轴的上方箭线

B. 建设单位现金流量图时间轴的下方箭线，银行现金流量图时间轴的下方箭线

C. 建设单位现金流量图时间轴的上方箭线，银行现金流量图时间轴的下方箭线

D. 建设单位现金流量图时间轴的下方箭线，银行现金流量图时间轴的上方箭线

答案：C

［**解析**］与时间轴相连的垂直箭线代表不同时点的现金流入或现金流出。在时间轴上方的箭线表示现金流入，在时间轴下方的箭线表示现金流出。

2. 现金流量图的要素有（　　）。

A. 大小　　B. 方向

C. 来源　　D. 作用点

E. 时间价值

答案：A、B、D

［**解析**］现金流量图是一种反映经济系统资金运动状态的图式，运用现金流量图可以形象、直观地表示现金流量的三要素：大小（资金数额）、方向（资金流入或流出）和作用点（资金流入或流出的时间点）。

3. 如果每年年初存入银行 100 万元，年利率为 3%，按年复利计算，则第三年末的本利和为（　　）万元。

A. 109.27　　B. 309.09　　C. 318.36　　D. 327.62

答案：C

［**解析**］第三年的本利和为：$100\times(F/A, 3\%, 3)\times(1+3\%)=318.36$（万元）。或第三年的本利和为：$100\times(1+3\%)^3+100\times(1+3\%)^2+100\times(1+3\%)=318.36$（万元）。

4. 某企业向银行申请贷款，期限一年，四家银行利率、计息方式如下表所示，不考虑其他因素，该企业采用（　　）银行。

银行	年利率/%	计息方式
甲	4.5	每年计息一次
乙	4	每 6 个月计息一次，年末付
丙	4.5	每 3 个月计息一次，年末付
丁	4	每个月计息一次，年末付

A. 甲　　B. 乙　　C. 丙　　D. 丁

答案：B

［**解析**］选择年实际利率最低的银行。

甲：年实际利率为 4.5%。

乙：年实际利率＝ $(1+4\%/2)^2-1=4.04\%$。

丙：年实际利率＝ $(1+4.5\%/4)^4-1=4.58\%$。

丁：年实际利率＝ $(1+4\%/12)^{12}-1=4.07\%$。

四、其他年份考题

1. 下列关于现金流量的说法中，正确的是（　　）。

A. 收益获得的时间越晚、数额越大，其现值越大

B. 收益获得的时间越早、数额越大，其现值越小

C. 投资支出的时间越早、数额越小，其现值越大

D. 投资支出的时间越晚、数额越小，其现值越小

答案：D

［**解析**］本题考核的是资金的时间价值。资金的时间价值与资金发生的数额有关，投资支出的时间越晚、数额越小，其现值越小。还应关注利息与利率的概念、影响利率高低的主要因素。

2. 某项目建设期为 2 年，建设期内每年初贷款 1 000 万元，年利率为 8%。若运营期前 5 年每年末等额偿还贷款本息，到第 5 年末全部还清，则每年末偿还贷款本息（　　）万元。

A. 482.36　　B. 520.95

C. 562.63　　D. 678.23

答案：C

［**解析**］本题考核的是等值计算。计算过程如下：

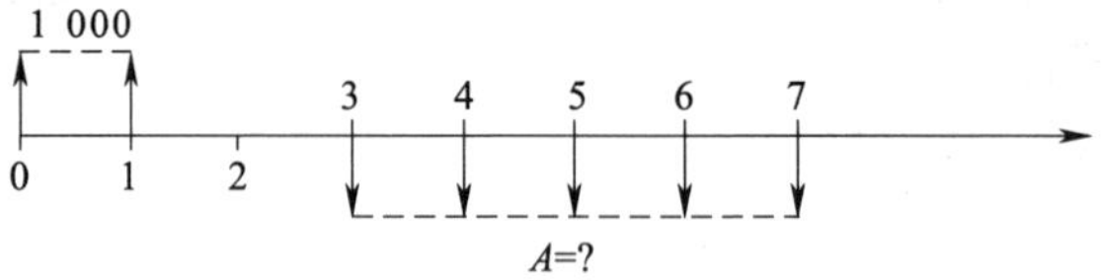

$$A=1\,000\times(F/A,8\%,2)\times(1+8\%)\times(A/P,8\%,5)$$
$$=1\,000\times2.08\times1.08\div3.993=562.63\text{（万元）}$$

3. 当年名义利率一定时，每年的计息期数越多，则年有效利率（　　）。

A. 与年名义利率的差值越大　　B. 与年名义利率的差值越小

C. 与计息期利率的差值越小　　D. 与计息期利率的差值趋于常数

答案：A

［**解析**］根据 $i_{eff}=\frac{I}{P}=\left(1+\frac{r}{m}\right)^m-1$，当年名义利率一定时，每年的计息期数越多，年有效利率就越大，与年名义利率的差值越大。

4. 某企业在第一年初向银行借款 300 万元用于购置设备，贷款年有效利率为 8%，每半年计息一次，今后 5 年内每年 6 月底和 12 月底等额还本付息，则每次偿还本息（　　）万元。

A. 35.46　　B. 36.85　　C. 36.99　　D. 37.57

答案：B

［解析］根据题目给出的条件，画现金流量图：

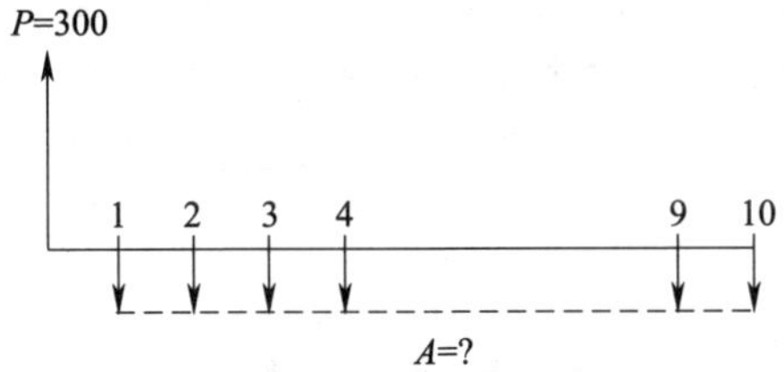

$$A=P\ (A/P,\ i,\ n)$$

$$A=P\,\frac{i\ (1+i)^n}{(1+i)^n-1}$$

关键是求半年的利率 i，根据 $i_{\text{eff}}=\frac{I}{P}=\left(1+\frac{r}{m}\right)^m-1$，其中 $i_{\text{eff}}=8\%$，$i=r/m$，$m=2$。

将数据代入后求得：$i=3.92\%$，$A=36.85$ 万元。

关于等值计算考核点，关键是理解等值计算的 6 个公式和有效利率与名义利率的概念与换算关系，并能灵活运用。该考核点的考核形式万变不离其宗，考生可以针对该考核点多做一些练习题，以加快做题速度。

5. 下列关于名义利率和有效利率的说法，正确的有（　　）。

A. 名义利率是计息周期利率与一个利率周期内计息周期数的乘积

B. 有效利率包括计息周期有效利率和利率周期有效利率

C. 当计息周期与利率周期相同时，名义利率等于有效利率

D. 当计息周期小于利率周期时，名义利率大于有效利率

E. 当名义利率一定时，有效利率随计息周期变化而变化

答案：A、B、C、E

［解析］名义利率和有效利率公式：

$$i=\frac{r}{m}$$

$$i_{\text{eff}}=\frac{I}{P}=\left(1+\frac{r}{m}\right)^m-1$$

名义利率 r 是计息周期利率 i 与一个利率周期内计息周期数 m 的乘积；当计息周期与利率周期相同时，即 $m=1$，名义利率等于有效利率；当计息周期小于利率周期时，即 $m>1$，有效利率大于名义利率；当名义利率 r 一定时，有效利率 i_{eff} 随计息周期 m 变化而变化。有效利率包括计息周期有效利率和利率周期有效利率两种情况，其中计息周期有效利率就是计息周期利率。

利息的计算内容包括 6 个等值计算公式的应用和名义利率、有效利率。这些内容是历年必考的内容，考生应注意深入理解，灵活应用。

考点二：投资方案经济效果评价

点评：本考点是工程经济的重要内容，也是案例分析学习的基础，考生应重点学习，系统掌握是关键。在近几年的考试中，经济评价指标、评价方法和设备的更新是历年都要考核的内容，而且题目的考核比较灵活，考生可以通过针对历年考题的练习，体会本考点的考核方式，以综合掌握本考点的全部内容。2023 年本考点考核 8 分，这是近几年考分最高的年份，考题与近几年题目比较也相对增加了难度，综合性比较强，考生应予以关注。

知识要点集成

一、经济效果评价

表 4-4 经济效果评价

<table>
<tr><td rowspan="14">经济效果评价</td><td rowspan="3">评价内容</td><td>盈利能力分析</td><td colspan="2">分析和测算项目计算期的盈利能力和盈利水平</td></tr>
<tr><td>清偿能力分析</td><td colspan="2">分析、测算项目偿还贷款的能力和投资的回收能力</td></tr>
<tr><td>抗风险能力分析</td><td colspan="2">分析项目在建设和生产期可能遇到的不确定性因素和随机因素，对项目经济效果的影响程度，考察项目承受各种投资风险的能力，提高项目投资的可靠性和盈利性</td></tr>
<tr><td rowspan="11">评价体系</td><td rowspan="6">静态评价指标</td><td rowspan="2">投资收益率</td><td>总投资收益率</td></tr>
<tr><td>资本金净利润率</td></tr>
<tr><td colspan="2">静态投资回收期</td></tr>
<tr><td rowspan="3">偿债能力</td><td>资产负债率</td></tr>
<tr><td>利息备付率</td></tr>
<tr><td>偿债备付率</td></tr>
<tr><td rowspan="5">动态评价指标</td><td colspan="2">内部收益率</td></tr>
<tr><td colspan="2">动态投资回收期</td></tr>
<tr><td colspan="2">净现值</td></tr>
<tr><td colspan="2">净现值率</td></tr>
<tr><td colspan="2">净年值</td></tr>
</table>

二、静态评价指标

表 4-5　静态评价指标

评价指标		公　　式	评价准则	计　　算	优点与不足
投资收益率	一般公式	投资收益率 $=\frac{\text{年净收益或年平均净收益}}{\text{投资总额}}\times 100\%$	将计算出的投资收益率（R）与所确定的基准投资收益率（R_c）进行比较： （1）若 $R\geqslant R_c$，则方案在经济上可以考虑接受； （2）若 $R<R_c$，则方案在经济上是不可行的	按公式计算	投资收益率指标的经济意义明确、直观，计算简便，在一定程度上反映了投资效果的优劣，可适用于各种投资规模。但不足的是没有考虑投资收益的时间因素，忽视了资金具有时间价值的重要性；指标计算的主观随意性太强，换句话说，就是正常生产年份的选择比较困难，如何确定带有一定的不确定性和人为因素。因此，以投资收益率指标作为主要的决策依据不太可靠
投资收益率	总投资收益率（ROI）	$ROI=\frac{EBIT}{TI}\times 100\%$		按公式计算	
	资本金净利润率（ROE）	$ROE=\frac{NP}{EC}\times 100\%$			
静态投资回收期		$\sum_{t=0}^{P_t}(CI-CO)_t=0$	若 $P_t\leqslant P_c$，则方案可以考虑接受； 若 $P_t>P_c$，则方案是不可行的	$P_t=$（累计净现金流量出现正值的年份数-1）$+$（上一年累计净现金流量的绝对值/出现正值年份的净现金流量）	

续表 4-5

评价指标		公　　式	评价准则	计　　算	优点与不足
偿债能力指标	资产负债率	$LOAR=\frac{TL}{TA}\times 100\%$		按公式计算	适度的资产负债率，表明企业经营安全、稳健，具有较强的筹资能力，也表明企业和债权人的风险较小
	利息备付率	$ICR=\frac{EBIT}{PI}$	利息备付率应分年计算。利息备付率越高，表明利息偿付的保障程度越高。利息备付率应大于1，并结合债权人的要求确定	按公式计算	利息备付率（ICR）也称已获利息倍数，是指投资方案在借款偿还期内的息税前利润（EBIT）与当期应付利息（PI）的比值。利息备付率从付息资金来源的充裕性角度反映投资方案偿付债务利息的保障程度
	偿债备付率	$DSCR=\frac{EBITDA-T_{AX}}{PD}$	偿债备付率应分年计算。偿债备付率越高，表明可用于还本付息的资金保障程度越高。偿债备付率应大于1，并结合债权人的要求确定	按公式计算	偿债备付率（DSCR）是指投资方案在借款偿还期内各年可用于还本付息的资金（$EBITDA-T_{AX}$）与当期应还本付息金额（PD）的比值。偿债备付率表示可用于还本付息的资金偿还借款本息的保障程度

注：1. 静态经济评价指标的内容并不是很难，考生应该理解各个评价指标的公式、评价准则、计算公式和它们的优点与缺点。

2. 静态投资回收期的计算是历年必考的内容，同时应注意到，静态投资回收期经常与动态投资回收期或净现值一起作为考题。

3. 修正了利息备付率和偿债备付率的有关内容。

三、动态评价指标

表 4-6 动态评价指标

评价指标	公 式	评价准则	计 算	优点与不足
净现值	$NPV=\sum_{t=0}^{n}(CI-CO)_t(1+i_c)^{-t}$	当 $NPV>0$ 时，该方案可行； 当 $NPV=0$ 时，方案勉强可行或有待改进； 当 $NPV<0$ 时，该方案不可行	按公式计算	经济意义明确、直观，能够直接以货币额表示项目的盈利水平；判断直观。但不足之处是必须首先确定一个符合经济现实的基准收益率
净现值率	$NPVR=\frac{NPV}{I_p}$	对于独立方案评价，若 $NPVR\geqslant 0$，方案才能接受； 对于多方案比选，凡 $NPVR<0$ 的方案先行淘汰，在余下方案中，应与投资额、净现值结合起来选择方案	按公式计算	净现值率（$NPVR$）是项目净现值与项目全部投资现值之比，其经济含义是单位投资现值所能带来的净现值，是一个考察项目单位投资盈利能力的指标
净年值	$NAV=NPV(A/P, i_c, n)$	若 $NAV\geqslant 0$，则项目在经济上可以接受；若 $NAV<0$，则项目在经济上应予拒绝	按公式计算	
内部收益率	$NPV(IRR)=\sum_{t=0}^{n}(CI-CO)_t(1+IRR)^{-t}=0$	若 $IRR>i_c$，则项目/方案在经济上可以接受；若 $IRR=i_c$，项目/方案在经济上勉强可行；若 $IRR<i_c$，则项目/方案在经济上应予拒绝	用内插法求得 IRR 的近似值。 $IRR=i_1+[NPV_1/(NPV_1+\|NPV_2\|)]\times(i_2-i_1)$	能够直接衡量项目未回收投资的收益率，不需要事先确定一个基准收益率。但不足的是计算比较麻烦；对于具有非常规现金流量的项目来讲，其内部收益率往往不是唯一的，在某些情况下甚至不存在

续表 4-6

评价指标	公式	评价准则	计算	优点与不足
动态投资回收期	$\sum_{t=0}^{P'_t}(CI-CO)_t(1+i_c)^{-t}=0$	$P'_t \leqslant n$（项目寿命期）时，说明项目（或方案）是可行的；$P'_t > n$ 时，则项目（或方案）不可行，应予拒绝	$P'_t=$（累计净现金流量现值出现正值的年份数－1）＋（上一年累计净现金流量现值的绝对值/出现正值年份的净现金流量现值）	

注：1. 在净现值的公式中，i_c 是一个重要的指标，理解它将有助于学习动态评价指标；内部收益率的经济含义是一个重要的内容和可考核点。

2. 净现值、动态投资回收期经常作为计算题与静态投资回收期一起考核。

3. 内部收益率也是每年必考的题目，针对内部收益率，关键是对该指标的理解。可能的题型例如："下列关于内部收益率的表述正确的是（　　）。"（省略备选项）

4. 综合理解各个评价指标的评价准则及有关特点也是必要的，例如 2004 年的一道考题："净现值和内部收益率作为评价投资方案经济效果的主要指标，二者的共同特点有（　　）。"（省略备选项）

5. 关注 *IRR* 与 *NPV* 的比较的内容，这也是历年经常考核的题目。

四、评价方案的类型

表 4-7　评价方案的类型

独立型方案	独立型方案是指方案间互不干扰、在经济上互不相关的方案，选择或放弃其中一个方案，并不影响其他方案的选择
互斥型方案	互斥型方案是指在若干备选方案中，各个方案彼此可以相互代替。选择其中任何一个方案，则其他方案必然被排斥
互补型方案	互补型方案是指在方案之间存在技术经济互补关系的一组方案。某一方案的接受有助于其他方案的接受。根据互补方案之间相互依存的关系，互补方案可能是对称的，如建设一个大型非港口电站，必须同时建设铁路、电厂，它们无论在建成时间、建设规模上都要彼此适应，缺少其中任何一个项目，其他项目就不能正常运行。因此，它们之间是互补型方案，又是对称的。此外，还存在着大量非对称的经济互补关系，如建造一座建筑物 A 和增加一个空调系统 B，建筑物 A 本身是有用的，增加空调系统 B 后使建筑物 A 更有用，但采用方案 A 并不一定要采用方案 B
现金流量相关型方案	现金流量相关型方案是指方案之间不完全互斥，也不完全相互依存，但任一方案的取舍会导致其他方案现金流量的变化。例如，某跨江项目考虑两个建设方案，一个是建桥方案 A，另一个是轮渡方案 B，两个方案都是收费的。此时，任一方案的实施或放弃都会影响另一方案的现金流量
组合—互斥型方案	组合—互斥型方案是指在若干可采用的独立方案中，如果有资源约束条件（如受资金、劳动力、材料、设备及其他资源拥有量限制），只能从中选择一部分方案实施时，可以将它们组合为互斥型方案。例如，现有独立方案 A、B、C、D，它们所需的投资分别为 10 000 万元、6 000 万元、4 000 万元、3 000 万元。当资金总额限量为 10 000 万元时，除方案 A 具有完全的排他性外，其他方案由于所需金额不大，可以互相组合。这样，可能选择的方案共有：A、B、C、D、B+C、B+D、C+D 7 个组合方案。因此，当受某种资源约束时，独立方案可以组成各种组合方案，这些组合方案之间是互斥或排他的
混合相关型方案	混合相关型方案是指在方案众多的情况下，方案间的相关关系可能包括上述类型中的多种，这些方案称为混合相关型方案

五、互斥方案的评价方法

表 4-8 互斥方案的评价方法

<table>
<tr><td rowspan="8">静态评价方法</td><td rowspan="2">增量投资收益率法</td><td>条件</td><td colspan="3">若 $I_2>I_1$、$C_2<C_1$、$A_2>A_1$，则：$R_{(2-1)}=\frac{C_1-C_2}{I_2-I_1}=\frac{A_2-A_1}{I_2-I_1}$</td></tr>
<tr><td>方法</td><td colspan="3">若 $R_{(2-1)}\geqslant i_c$，此时，投资大的方案就是可行的，表明投资的增量（I_2-I_1）完全可以由经营费的节约（C_1-C_2）或增量净收益（A_2-A_1）来得到补偿；反之，投资小的方案为优选方案</td></tr>
<tr><td rowspan="2">增量投资回收期法</td><td>条件</td><td colspan="3">若 $I_2>I_1$、$C_2<C_1$、$A_2>A_1$，则：$P_{t(2-1)}=\frac{I_2-I_1}{C_1-C_2}=\frac{I_2-I_1}{A_2-A_1}$</td></tr>
<tr><td>方法</td><td colspan="3">增量投资回收期小于基准投资回收期时，投资大的方案为优选方案；反之，投资小的方案为优选方案</td></tr>
<tr><td rowspan="2">年折算费用法</td><td>条件</td><td colspan="3">$Z_j=\frac{I_j}{P_c}+C_j$ 或 $Z_j=I_j\cdot i_c+C_j$</td></tr>
<tr><td>方法</td><td colspan="3">根据年折算费用，即可按 min｛Z_j｝选出最优方案</td></tr>
<tr><td rowspan="2">综合总费用法</td><td>条件</td><td colspan="3">$S_j=I_j+P_c\cdot C_j$ （$S_j=P_c\cdot Z_j$）</td></tr>
<tr><td>方法</td><td colspan="3">在方案评选时，综合总费用最小的方案即 min｛S_j｝为最优方案</td></tr>
<tr><td rowspan="12">动态评价方法</td><td rowspan="6">寿命期相同</td><td rowspan="2">净现值法（NPV）</td><td rowspan="4">条件</td><td>各方案收益不同</td><td>净现值最大的方案为最佳方案</td></tr>
<tr><td>各方案收益相同</td><td>费用现值（PW）最小的方案为最佳方案</td></tr>
<tr><td rowspan="2">净年值法（NAV）</td><td>各方案收益不同</td><td>净年值最大的方案为最佳方案</td></tr>
<tr><td>各方案收益相同</td><td>费用年值（AC）最小的方案为最佳方案</td></tr>
<tr><td rowspan="2">增量内部收益率法（ΔIRR）</td><td>定义</td><td colspan="2">$\Delta NPV(\Delta IRR)=\sum_{t=0}^{n}(A_1-A_2)_t(1+\Delta IRR)^{-t}=0$</td></tr>
<tr><td>步骤</td><td colspan="2">①计算各备选方案的 IRR_j，分别与基准收益率 i_c 比较，IRR_j 小于 i_c 的方案，即予淘汰；②将 $IRR_j\geqslant i_c$ 的方案按初始投资额由小到大依次排列；③按初始投资额由小到大依次计算相邻两个方案的增量内部收益率 ΔIRR，若 $\Delta IRR>i_c$，则说明初始投资大的方案优于初始投资小的方案，保留投资大的方案；反之，若 $\Delta IRR<i_c$，则保留投资小的案。直至全部方案比较完毕，保留的方案就是最优方案</td></tr>
<tr><td rowspan="6">寿命期不同</td><td rowspan="3">净现值法（NPV）</td><td colspan="3">最小公倍数法：各备选方案计算期的最小公倍数作为进行方案比选的共同的计算期，以净现值较大的方案为最佳方案</td></tr>
<tr><td colspan="3">研究期法：研究期的确定一般以互斥方案中年限最短的方案的计算期作为互斥方案评价的共同研究期</td></tr>
<tr><td colspan="3">无限计算期法：如果评价方案的最小公倍数计算期很大，上述计算非常麻烦，则可取无穷大计算期法计算 NPV，NPV 最大者为最优方案</td></tr>
<tr><td>净年值法（NAV）</td><td colspan="3">通过分别计算各备选方案净现金流量的等额年值（NAV）并进行比较，以 $NAV\geqslant 0$，且 NAV 最大者为最优方案</td></tr>
<tr><td rowspan="2">增量内部收益率法（ΔIRR）</td><td>步骤</td><td colspan="2">评价步骤与“寿命期相同”增量内部收益率法一样</td></tr>
<tr><td>注意</td><td colspan="2">求解 ΔIRR 的方程可用令两方案净年值相等的方式建立，其中隐含了方案可重复实施的假定</td></tr>
</table>

注：1. 互斥方案的评价方法在各种评价方法中应该是最重要的，要综合理解，分析各年的考题，出综合性的考题也是趋势。例如：“进行多方案经济效果评价时，下列做法中正确的是（ ）。”（省略了备选项）

2. 另一种经常的考核方法是针对多个方案，要求采用某一评价方法或几个评价方法，问哪一个方案为优选方案。

经典考题剖析

一、2023年考题

1. 总投资收益率是达到设计生产能力的（　　）与总投资的比值。

A. 年净利率　　B. 年息税前利润

C. 利润总额　　D. 年净收益

答案：B

[解析] 总投资收益率：$ROI=EBIT/TI$。$EBIT$ 是项目达到设计生产能力后正常年份的年息税前利润或运营期内年平均息税前利润，TI 是总投资。

2. 采用投资回收期指标评价投资方案经济效果的不足是（　　）。

A. 不能反映投资方案获取收益的能力

B. 不能考虑资金时间的价值

C. 不能反映资本的周转速度

D. 不能准确衡量投资方案在整个计算期内的经济效果

答案：D

[解析] 投资回收期指标不足的是，投资回收期没有全面考虑投资方案整个计算期内的现金流量，即只间接考虑投资回收之前的效果，不能反映投资回收之后的情况，即无法准确衡量方案在整个计算期内的经济效果。

3. 某建设项目寿命期为8年，各年末净现金流量如下表所示，基准收益率为12%，该项目的净年值是（　　）。

计算期	0	1	2	3	4	5	6	7	8
净现金流量	−220	0	60	60	60	60	60	60	60

A. 3.061　　B. 4.929　　C. 9.674　　D. 15.713

答案：B

[解析] 净年值＝［−220＋60（P/A，12%，7）×（P/F，12%，1）］×（A/P，12%，8）＝4.929。

需要说明的是，本题是近十年左右解题相对复杂的题目，考生可以通过绘制现金流量图细心计算。

4. 某投资项目有甲、乙、丙三个寿命期相同、投资额依次递增的互斥建设方案，基准收益为9%。按照增量投资内部收益率法计算，甲方案与乙方案的 ΔIRR 为23%，乙方案与丙方案的 ΔIRR 为20%，甲方案与丙方案的 ΔIRR 为22%。下列推测结论中正确的是（　　）。

A. 丙方案净现值最大

B. 甲方案净现值大于乙方案净现值

C. 方案内部收益率大于丙方案内部收益率

D. 甲方案净现值

答案：A

［解析］甲方案与乙方案的 ΔIRR 为 23%，大于基准收益为 9%，保留乙方案，即乙方案净现值大于甲方案；乙方案与丙方案的 ΔIRR 为 20%，大于基准收益为 9%，保留丙方案，即丙方案净现值大于乙方案；甲方案与丙方案的 ΔIRR 为 22%，保留丙方案，即丙方案净现值大于甲方案。

5. 投资方案经济效果评价需要分析的内容有（　　）。

A. 财务生存能力　　B. 再投资能力

C. 偿债能力　　D. 抗风险能力

E. 社会影响力

答案：A、C、D

［解析］投资方案经济效果评价的内容主要包括盈利能力分析、偿债能力分析、财务生存能力分析和抗风险能力分析。

6. 对于具有常规现金流量的投资项目，经济效果评价指标的特点有（　　）。

A. 只能计算出唯一的内部收益率

B. 净现值大于零时，内部收益率大于基准收益率

C. 基准收益率升高时，净现值会增大

D. 基准收益率升高时，动态投资回收期会缩短

E. 基准收益率降低时，净年值会增大

答案：A、B、E

［解析］选项 A，常规现金流量是指在计算期内，开始有支出而后才有收益，且方案的净现金流量序列的符号只改变一次的现金流量，即现金流量由负变正的过程，因此内部收益率是唯一的，非常规现金流量序列的符号可能有多次正负变化，其内部收益率往往不是唯一的，在某些情况下甚至不存在。选项 B，净现值大于零意味着方案可行，内部收益率大于基准收益率。选项 C，基准收益率和净现值呈反方向变化，基准收益率升高，净现值变小。选项 D，基准收益率升高，动态投资回收期会增长。选项 E，基准收益率降低时，净年值会增大。

本题是历年来考核范围大、综合性比较强的题目，提示考生应注意对基本概念、原理的理解和训练。

二、2022 年考题

1. 投资方案经济效果评价中，利息备付率是指（　　）。

A. 息税前利润与当期应付利息金额之比

B. 息税前利润与当期应还本付息金额之比

C. 税前利润与当期应付利息金额之比

D. 税前利润与当期应还本付息金额之比

答案：A

［解析］利息备付率也称已获利息倍数，是指投资方案在借款偿还期内的息税前利润与当期应付利息的比值。

2. 若项目动态投资回收期小于寿命周期，则下列说法正确的是（　　）。

A. 净现值率<0

B. 净现值<0

C. 内部收益率>基准收益率

D. 静态投资回收期>动态投资回收期

答案：C

[**解析**] 对于单方案评价，是评价方案是否可行，其评价准则：动态投资回收期小于寿命周期，则说明该方案在经济上可行的，方案可行对应的是内部收益率大于基准收益率、净现值>0、净现值率>0。

3. 某项目有甲、乙、丙、丁四个互斥方案，根据下表所列数据，应选择的方案是（　　）。

方案	甲	乙	丙	丁
寿命期/年	10	10	18	18
净现值/万元	40	45	50	58
净年值/万元	5.96	6.71	5.34	6.19

A. 甲　　B. 乙　　C. 丙　　D. 丁

答案：B

[**解析**] 当项目的寿命周期不同时，净现值不具有可比性，可以采用净年值比选，净年值最大的为优选方案，所以本题应选择乙方案。

4. 投资方案经济效果评价的主要内容有（　　）。

A. 盈利能力分析　　B. 偿债能力分析

C. 营运能力分析　　D. 发展能力分析

E. 财务生存能力分析

答案：A、B、E

[**解析**] 投资方案经济效果评价的内容主要包括盈利能力分析、偿债能力分析、财务生存能力分析和抗风险能力分析。

三、2021 年考题

1. 在评价一个投资方案的经济效果时，利息备付率属于（　　）指标。

A. 抗风险能力　　B. 财务生存能力　　C. 盈利能力　　D. 偿债能力

答案：D

[**解析**] 利息备付率属于偿债能力指标，利息备付率从付息资金来源的充裕性角度反映投资方案偿付债务利息的保障程度。

2. 投资项目的内部收益率是项目对（　　）的最大承担能力。

A. 贷款利率　　B. 资本金净利润率

C. 利息备付率　　D. 偿债备付率

答案：A

[**解析**] 项目的内部收益率是项目到计算期末正好将未收回的资金全部收回来的折现率，是项目对贷款利率的最大承担能力。

3. 两个工程项目投资方案互斥，但计算期不同，经济效果评价时可以采用的动态评价方法为（　　）。

A. 增量投资收益率法、增量投资回收期法、年折算费用法

B. 增量投资内部收益率法、净现值法、净年值法

C. 增量投资收益率法、净现值法、综合总费用法

D. 增量投资回收期法、净年值法、综合总费用法

答案：B

［**解析**］增量投资内部收益率法、净现值法、净年值法都是动态评级方法，而增量投资收益率法、增量投资回收期法、年折算费用法和综合总费用法属于静态评价方法。

4. 对于非政府投资项目，投资者自行确定基准收益率的基础有（　　）。

A. 资金成本

B. 存款利率

C. 投资机会成本

D. 通货膨胀

E. 投资风险

答案：A、C

［**解析**］非政府投资项目，可由投资者自行确定基准收益率。确定基准收益率时应考虑以下因素：①资金成本和投资机会成本；②投资风险；③通货膨胀。其中，资金成本和投资机会成本是确定基准收益率的基础，投资风险和通货膨胀是确定基准收益率必须考虑的影响因素。

四、其他年份考题

1. 投资方案资产负债率是指投资方案各期末（　　）的比率。

A. 长期负债与长期资产

B. 长期负债与固定资产总额

C. 负债总额与资产总额

D. 固定资产总额与负债总额

答案：C

［**解析**］投资方案资产负债率是指投资方案各期末负债总额与资产总额的比率。

2. 与净现值比较，采用内部收益率法评价投资方案经济效果的优点是能够（　　）。

A. 考虑资金的时间价值

B. 反映项目投资中单位投资的盈利能力

C. 反映投资过程收益程度

D. 考虑项目在整个计算期内的经济状况

答案：C

［**解析**］*NPV* 法计算简便，但得不出投资过程收益程度，且受外部参数（i_c）的影响；*IRR* 法较为烦琐，但能反映投资过程的收益程度，而 *IRR* 的大小不受外部参数影响，完全取决于投资过程的现金流量。

3. 某投资方案的净现值与折现率之间的关系如下图所示。图中表明的正确结论有（　　）。

A. 投资方案的内部收益率为 i_2

B. 折现率 i 越大，投资方案的净现值越大

C. 基准收益率为 i_1 时，投资方案的净现值为 NPV_1

D. 投资方案的累计净现金流量为 NPV

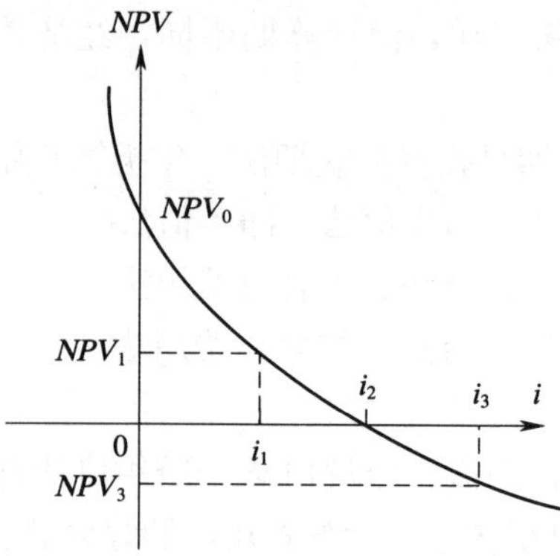

E. 投资方案计算期内累计利润为正值

答案：A、C

［**解析**］选项 A，投资方案的净现值等于 0 时，所对应的折现率为内部收益率，所以投资方案的内部收益率为 i_2；选项 B，折现率 i 越大，投资方案的净现值越小；选项 C，依据图示，基准收益率为 i_1时，投资方案的净现值为 NPV_1；选项 D，投资方案的净现金流量现值累计为 NPV；选项 E，该图讨论的是工程经济，不能探讨“利润”。

4. 对于计算周期相同的互斥方案，可采用的经济效果动态评价方法有（　　）。

A. 增量投资收益率法　　　　B. 净现值法

C. 增量投资回收期法　　　　D. 净年值法

E. 增量投资内部收益率法

答案：B、D、E

［**解析**］选项 B、D、E 是动态评价方法，选项 A、C 是静态评价方法。

考点三：不确定性分析

点评： 本考点每年考题分数基本上是 2 分，考题比较容易。但是这部分内容还是案例分析学习的基础，考生应系统学习。可以通过针对历年考题的练习，体会本考点的考核方式，同时，还应参考案例分析的考题，以掌握支持案例分析考试的内容。2023 年本考点考核 4 分，这是近几年考分最高的年份，考题与近几年题目比较，其特点是综合性强，难以直接看出答案，需要动手计算，考生应予以关注。

知识要点集成

一、盈亏平衡分析

表 4-9　盈亏平衡分析

定　义	盈亏平衡分析是在一定市场、生产能力及经营管理条件下，通过对产品产量、成本、利润相互关系的分析，判断企业对市场需求变化适应能力的一种不确定性分析方法。包括线性盈亏平衡分析和非线性盈亏平衡分析

续表 4-9

线性盈亏平衡分析前提条件		生产量等于销售量；产量变化，销售单价不变；产量变化，单位可变成本不变；只生产单一产品，或者生产多种产品，但可换算为单一产品计算
基本损益方程式		利润＝销售收入－总成本－税金 或　$B=pQ-C_VQ-C_F-tQ$
盈亏平衡点（*BEP*）	数学关系式	用产量表示的盈亏平衡点：$BEP(Q)=C_F/(p-C_V-t)$ 用生产能力利用率表示的盈亏平衡点：$BEP(\%)=BEP(Q)/Q_d$ 用销售金额表示的盈亏平衡点：$BEP(S)=BEP(Q)\cdot p$ 用销售单价表示的盈亏平衡点：$BEP(p)=C_F/Q_d+C_V+t$
	经济含义	盈亏平衡点越低，项目适应市场变化的能力就越强，项目抗风险能力也越强。盈亏平衡分析的缺点是无法揭示风险产生的根源及有效控制风险的途径

二、敏感性分析

表 4-10　敏感性分析

定义	敏感性分析是在确定性分析的基础上，通过进一步分析、预测项目主要不确定性因素的变化对评价指标的影响，从中找出敏感因素，确定该因素对评价指标的影响程度及项目对其变化的承受能力		
种类	单因素敏感性分析		假设各不确定性因素之间相互独立，每次只考察一个因素，其他因素保持不变，分析这个可变因素对经济评价指标的影响程度和敏感程度
	多因素敏感性分析		假设两个或两个以上互相独立的不确定性因素同时变化时，分析这些可变因素对经济评价指标的影响程度和敏感程度
敏感性分析的步骤	确定分析指标		如果主要分析方案状态和参数变化对方案投资回收快慢的影响，则可选用投资回收期作为分析指标；如果主要分析产品价格波动对方案超额净收益的影响，则可选用净现值作为分析指标；如果主要分析投资大小对方案资金回收能力的影响，则可选用内部收益率指标等。 如果在机会研究阶段，主要是对项目的设想和鉴别，确定投资方向和投资机会，可选用静态的评价指标，常采用的指标是投资收益率和投资回收期。如果在初步可行性研究和可行性研究阶段，经济分析指标则需选用动态的评价指标，常用净现值、内部收益率，通常还辅之以投资回收期
	选择需要分析的不确定性因素		原则： （1）预计这些因素在其可能变动的范围内对经济评价指标的影响较大； （2）对在确定性经济分析中采用的该因素的数据的准确性把握不大
	分析不确定性因素的波动程度及其对分析指标的影响		首先，对所选定的不确定性因素，应根据实际情况设定这些因素的变动幅度，其他因素固定不变；其次，计算不确定性因素每次变动对经济评价指标的影响
	确定敏感性因素	相对测定法	敏感度系数又称灵敏度，表示项目评价指标对不确定因素的敏感程度。利用敏感度系数来确定敏感性因素的方法是一种相对测定的方法。即设定要分析的因素均从确定性经济分析中所采用的数值开始变动，且各因素每次变动的幅度（增或减的百分数）相同，比较在同一变动幅度下各因素的变动对经济评价指标的影响，据此判断方案经济评价指标对各因素变动的敏感程度

续表 4-10

<table>
<tr><td rowspan="2">敏感性分析的步骤</td><td>确定敏感性因素</td><td>绝对测定法</td><td>临界点是指项目允许不确定因素向不利方向变化的极限值。超过极限，项目的效益指标将不可行。临界点表明方案经济效果评价指标达到最低要求所允许的最大变化幅度。把临界点与未来实际可能发生的变化幅度相比较，就可大致分析该项目的风险情况。利用临界点来确定敏感性因素的方法是一种绝对测定法</td></tr>
<tr><td>方案选择</td><td colspan="2">如果进行敏感性分析的目的是对不同的投资项目（或某一项目的不同方案）进行选择，一般应选择敏感程度小、承受风险能力强、可靠性大的项目或方案</td></tr>
</table>

注：确定敏感性因素方法的应用是很重要的，这是历年考核的重要知识点。

三、风险分析

表 4-11 风险分析

<table>
<tr><td>风险识别</td><td>通过风险识别，找出潜在的各种风险因素，并对各种风险进行比较、分类。
影响项目实现预期经济目标的风险因素来源于法律法规及政策、市场供需、资源开发与利用、技术可靠性、工程方案、融资方案、组织管理、环境与社会、外部配套条件等多个方面。
影响项目效益的风险因素可归纳为以下几个方面：
（1）项目收益风险：产出品的数量（服务量）与预测（财务与经济）价格。
（2）建设风险：建筑安装工程量、设备选型与数量、土地征用和拆迁安置费、人工、材料价格、机械使用费及取费标准等。
（3）融资风险：资金来源、供应量与供应时间等。
（4）建设工期风险：工期延长。
（5）运营成本费用风险：投入的各种原料、材料、燃料、动力的需求量与预测价格，劳动力工资，各种管理费取费标准等。
（6）政策风险：税率、利率、汇率及通货膨胀率等</td></tr>
<tr><td>风险估计</td><td>风险估计应采用主观概率和客观概率的统计方法，确定风险因素的概率分布，运用数理统计分析方法，计算项目评价指标相应的概率分布或累计概率、期望值、标准差</td></tr>
<tr><td>风险评价</td><td>风险评价应根据风险识别和风险估计的结果，依据项目风险判别标准，找出影响项目成败的关键风险因素。
（1）以评价指标作判别标准：
1）财务（经济）内部收益率大于或等于基准收益率的累计概率值越大，风险越小；标准差越小，风险越小；
2）财务（经济）净现值大于或等于零的累计概率值越大，风险越小；标准差越小，风险越小。
（2）以综合风险等级作判别标准
<table>
<tr><td colspan="2" rowspan="2">综合风险等级</td><td colspan="4">风险影响的程度</td></tr>
<tr><td>严重</td><td>较大</td><td>适度</td><td>轻微</td></tr>
<tr><td rowspan="4">风险的可能性</td><td>高</td><td>K</td><td>M</td><td>R</td><td>R</td></tr>
<tr><td>较高</td><td>M</td><td>M</td><td>R</td><td>R</td></tr>
<tr><td>适度</td><td>T</td><td>T</td><td>R</td><td>I</td></tr>
<tr><td>低</td><td>T</td><td>T</td><td>R</td><td>I</td></tr>
</table></td></tr>
</table>

续表 4-11

风险应对	根据风险评价的结果，研究规避、控制与防范风险的措施，为项目全过程风险管理提供依据。具体应关注下列方面： (1) 风险应对的原则：应具有针对性、可行性、经济性，并贯穿于项目评价的全过程。 (2) 决策阶段风险应对的主要措施：强调多方案比选；对潜在风险因素提出必要研究与试验课题；对投资估算与财务（经济）分析，应留有充分的余地；对建设或生产经营期的潜在风险可建议采取回避、转移、分担和自担措施。 (3) 结合综合风险因素等级的分析结果，应提出下列应对方案： K 级：风险很强，出现这类风险就要放弃项目； M 级：风险强，修正拟议中的方案，通过改变设计或采取补偿措施等； T 级：风险较强，设定某些指标的临界值，指标一旦达到临界值，就要变更设计或对负面影响采取补偿措施； R 级：风险适度（较小），适当采取措施后不影响项目； I 级：风险弱，可忽略
风险分析方法	常用的风险分析方法包括专家调查法、层次分析法、概率树、CIM 模型及蒙特卡罗模拟等分析方法，应根据项目具体情况，选用一种方法或几种方法组合使用。 根据项目特点及评价要求，风险分析可区别下列情况进行： (1) 财务风险和经济风险分析可直接在敏感性分析的基础上，采用概率树分析和蒙特卡罗模拟分析法，确定各变量（如收益、投资、工期、产量等）的变化区间及概率分布，计算项目内部收益率、净现值等评价指标的概率分布、期望值及标准差，并根据计算结果进行风险评估。 (2) 建设项目需要进行专题风险分析时，风险分析的步骤为：风险识别、风险估计、风险评价和风险应对。 (3) 在定量分析有困难时，可对风险采用定性的分析

经典考题剖析

一、2023 年考题

1. 进行某建设项目不确定性分析时，用生产能力利用率表示的盈亏平衡点为 40%。若年固定成本为 300 万元，单位产品可变成本为 400 元，单位产品销售税金及附加为 50 元，年正常产销量为 5 万件，则单位产品销售价格是（　　）元。

A. 450　　B. 500　　C. 550　　D. 600

答案：D

[解析] $BEP(Q) = BEP(\%) \times$设计生产能力（年正常产销量）＝2 万件。

通过公式：$BEP(Q) = \dfrac{\text{年固定总成本}}{\text{单位产品销售价格}-\text{单位产品可变成本}-\text{单位产品销售税金及附加}}$

代入题干已知条件，计算得到单位产品销售价格是 600 元。

2. 净现值作为评价指标对投资项目进行敏感性分析时，若产品价格的敏感性系数为14.87%，临界值为−6.72%，在其他因素保持不变的条件下，关于该项目产品价格敏感性的说法，正确的是（　　）。

A. 产品价格每上升14.87%，净现值增加1%

B. 产品价格每下降1%，净现值减少6.72%

C. 产品价格下降幅度超过6.72%时，净现值将由正值变为负值

D. 产品价格下降幅度超过14.87%时，净现值将由正值变为负值

答案：C

［解析］临界点（转换值）。是指不确定性因素的变化使项目由可行变为不可行的临界数值，一般采用不确定性因素相对基本方案的变化率或其对应的具体数值表示。临界值为−6.72%，说明产品价格下降幅度超过6.72%时，净现值将由正值变为负值。

3. 工程项目投资方案经济效果评价中，采用盈亏平衡分析法进行不确定性分析的不足有（　　）。

A. 不能反映项目对市场变化的适应能力

B. 不能反映项目的抗风险能力

C. 不能揭示项目风险产生的根源

D. 不能揭示项目风险因素发生的概率

E. 不能给出提高项目安全性的有效途径

答案：C、D、E

［解析］选项A、B，盈亏平衡分析反映项目对市场变化的适应能力，盈亏平衡点越低，项目适应市场能力越强，抵御风险能力越强。选项C、D、E，盈亏平衡分析没有揭示项目风险产生的根源，没有揭示项目风险因素发生的概率，也就不能给出提高项目安全性的有效途径。

二、2022年考题

1. 在下列（　　）情况下，为保证盈亏平衡，需要增加销售量。

A. 固定成本降低

B. 销售单价提高

C. 单位产品可变成本降低

D. 单位产品销售税金及附加增加

答案：D

［解析］依据：

$$BEP(Q)=\frac{\text{年固定总成本}}{\text{单位产品销售价格}-\text{单位产品可变成本}-\text{单位产品销售税金及附加}}$$

当单位产品销售税金及附加增加时，导致用产量表示的盈亏平衡点 $BEP(Q)$ 增加，或者根据题意表述为：为保证盈亏平衡，需要增加销售量。而选项A、B、C导致用产量表示的盈亏平衡点 $BEP(Q)$ 降低。

2. 下列三个因素：产品价格、经营成本、投资额变化为−5%、3%、4%，对应 NPV 变化分别为24%、10%、14%。按敏感性从高到低排序为（　　）。

A. 产品价格、经营成本、投资额

B. 产品价格、投资额、经营成本

C. 经营成本、投资额、产品价格

D. 投资额、经营成本、产品价格

答案：B

［解析］计算产品价格、经营成本、投资额三个因素的敏感度系数分别为：－4.8％、3.3％和3.5％。敏感度系数绝对值大的相对敏感，因此按敏感性从高到低排序为产品价格、投资额、经营成本。

3. 敏感性因素分析用于项目风险分析的作用有（　　）。

A. 初步识别风险因素

B. 确定风险因素发生概率的分部范围

C. 确定风险的综合等级

D. 多方案比选并提出应对方案

答案：A

［解析］按照教材解释，敏感性分析是初步识别风险因素的重要手段。选项A、B、C分别是风险估计、风险评价和风险应对阶段的工作，这些工作是风险识别后的工作。

三、2021年考题

1. 某房地产开发商估计新建住宅销售价为1.5万元/m^2，综合开发可变成本为9 000元/m^2，固定成本为3 600万元，住宅综合销售税税率为12％，如果住宅综合销售税税率按25％计算，则该开发商的住宅开发量盈亏平衡点应提高（　　）m^2。

A. 6 000　　B. 7 429

C. 8 571　　D. 16 000

答案：B

［解析］按住宅综合销售税税率为25％计算盈亏平衡点：

$$Q=3\ 600/(1.5-0.9-1.5\times25\%)=16\ 000\ (m^2)$$

按住宅综合销售税税率为12％计算盈亏平衡点：

$$Q=3\ 600/(1.5-0.9-1.5\times12\%)=8\ 571\ (m^2)$$

住宅综合销售税税率从12％提升为25％后，该开发商的住宅开发量盈亏平衡点应提高16 000－8 571＝7 429（m^2）。

2. 下列风险等级属于必须要改变设计或采取补偿措施的是（　　）。

A. 风险很强（K级）　　B. 风险强（M级）

C. 风险较强（T级）　　D. 风险适度（R级）

答案：B

［解析］K级：风险很强，出现这类风险就要放弃项目。

M级：风险强，修正拟议中的方案，通过改变设计或采取补偿措施等。

T级：风险较强，设定某些指标的临界值，指标达到临界值，就要变更设计或对负面影响采取补偿措施。

R级：风险适度（较小），适当采取措施后不影响项目。

I级：风险弱，可忽略。

四、其他年份考题

1. 采用盈亏平衡分析进行投资方案不确定性分析的优点是能够（　　）。

A. 揭示产生项目风险的根源　　B. 度量项目风险的大小

C. 投资项目风险的降低途径　　D. 说明不确定因素的变化情况

答案：B

［解析］盈亏平衡分析法揭示了项目风险的大小和适应市场的能力，未说明产生项目风险的根源和控制风险的途径。

2. 某投资方案单因素敏感性分析如下图所示，其中正确的结论有（　　）。

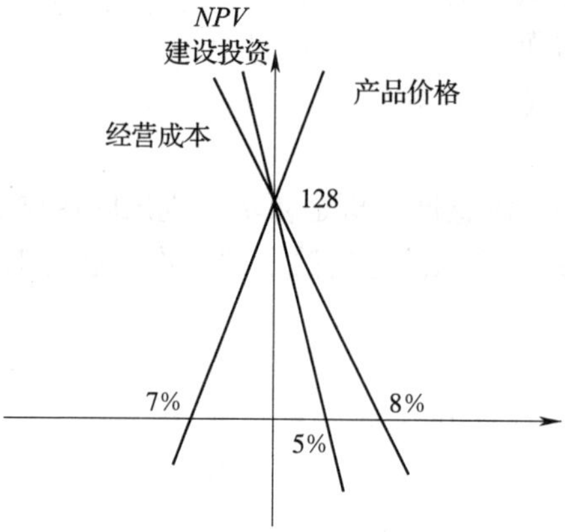

A. 净现值对建设投资波动最敏感

B. 初始投资方案的净现值为128

C. 净现值对经营成本变动的敏感性高于对产品价格变动的敏感性

D. 为保证项目可行，投资方案不确定性因素变动幅度最大不超过8%

E. 按净现值判断，产品价格变动临界点比初始方案价格下降7%

答案：A、B、E

［解析］选项A，建设投资临界点最小，所以净现值对建设投资波动最敏感；选项B，确定性分析计算的净现值为128，即初始投资方案的净现值为128；选项C，经营成本临界点为8%，产品价格临界点为7%，净现值对经营成本变动的敏感性低于对产品价格变动的敏感性；选项D，建设投资波动最大为5%，产品价格波动最大为7%，经营成本波动最大为8%；选项E，产品价格临界点为7%，即按净现值判断，产品价格变动临界点比初始方案价格下降7%。

3. 某建设项目以财务净现值为指标进行敏感性分析的有关数据见下表（单位：万元），则按净现值确定的敏感程度由大到小的顺序为（　　）。

项目	变化幅度		
	−10%	0	+10%
①建设投资	914.93	861.44	807.94
②营业收入	703.08	861.44	1 019.80
③经营成本	875.40	861.44	847.47

A. ①—②—③　　B. ②—①—③

C. ②—③—①　　D. ③—②—①

答案：B

［解析］本题考核的是敏感性分析。理解敏感度系数的概念是解答本题的第一步，计算敏感度系数：

项目	变化幅度				
	－10%	0	＋10%	平均＋1%	平均－1%
①建设投资	914.93	861.44	807.94	－0.62%	＋0.62%
②营业收入	703.08	861.44	1 019.80	＋1.84%	－1.84%
③经营成本	875.40	861.44	847.47	－0.16%	＋0.16%

根据不同因素相对变化对经济评价指标影响的大小，可以得到各个因素的敏感性程度排序，据此可以找出哪些因素是最敏感的因素。本题计算得到净现值确定的敏感度系数由大到小的排序为（不考虑正负）：②营业收入—①建设投资—③经营成本。

4. 下列关于投资项目不确定性分析的说法中，正确的有（　　）。

A. 盈亏平衡分析只适用于项目的财务评价

B. 敏感性分析只适用于项目的财务评价

C. 概率分析可同时用于项目的财务评价和国民经济评价

D. 盈亏平衡点反映了项目的抗风险能力

E. 敏感性分析指标应与确定性经济指标相一致

答案：A、C、D、E

［解析］一般来讲，盈亏平衡分析只适用于项目的财务评价，而敏感性分析和概率分析则可同时用于财务评价和国民经济评价。盈亏平衡点反映了项目对市场变化的适应能力和抗风险能力。由于敏感性分析是在确定性经济分析的基础上进行的，一般而言，敏感性分析的指标应与确定性经济评价指标一致，不应超出确定性经济评价指标范围而另立新的分析指标。

考点四：价值工程

点评：本考点是工程经济的重要内容，也是案例分析学习的基础，考生应重点学习，系统掌握是关键。在近几年的考试中，价值工程的概念、特点、工作程序和价值工程方法是历年都要考核的内容，而且考题反映的知识点比较微细，考生一方面可以通过针对历年考题的练习，体会本考点的考核方式；另一方面还要仔细阅读教材，不因微细知识点的考核而丢分。

知识要点集成

一、价值工程概述

表 4-12 价值工程概述

价值工程	定义	价值工程是以提高产品或作业价值为目的，通过有组织的创造性工作，寻求用最低的寿命周期成本，可靠地实现使用者所需功能的一种管理技术
	特点	(1) 价值工程的目标是以最低的寿命周期成本可靠地实现产品必须具备的功能； (2) 价值工程的核心是对产品进行功能分析； (3) 价值工程是将产品价值、功能、成本作为一个整体来考虑； (4) 价值工程强调不断改革与创新，获得新方案，提高产品的技术经济效益； (5) 价值工程要求将功能定量化，即将功能转化为能够与成本直接相比的量化值； (6) 价值工程是以集体的智慧开展的有计划、有组织的管理活动
	提高产品价值的途径	(1) 功能提高，同时成本降低； (2) 在成本不变的条件下，提高功能水平； (3) 在功能水平不变的条件下，降低成本； (4) 成本少量提高，功能大幅度提高； (5) 功能略有下降，成本大幅度下降

二、价值工程的程序

表 4-13 价值工程的程序

工 作 阶 段	工 作 步 骤	对 应 问 题
一、准备阶段	对象选择 组成价值工程工作小组 制订工作计划	(1) 价值工程的研究对象是什么？ (2) 围绕价值工程对象需要做哪些准备工作
二、分析阶段	收集整理资料 功能定义 功能整理 功能评价	(1) 价值工程对象的功能是什么？ (2) 价值工程对象的成本是多少？ (3) 价值工程对象的价值是多少
三、创新阶段	方案创造 方案评价 提案编写	(1) 有无其他方法可以实现同样功能？ (2) 新方案的成本是多少？ (3) 新方案能满足要求吗
四、方案实施与评价阶段	方案审批 方案实施 成果评价	(1) 如何保证新方案的实施？ (2) 价值工程活动的效果如何

注：从价值工程的阶段、基本步骤、具体步骤和所解决的问题的对应关系角度掌握该项内容。

三、价值工程的对象选择

表 4-14　价值工程的对象选择

对象选择的原则	(1) 对生产企业，有以下情况之一者，应优先选择为价值工程的对象： 1) 结构复杂或落后的产品； 2) 制造工序多或制造方法落后及手工劳动较多的产品； 3) 原材料种类繁多和互换材料较多的产品； 4) 在总成本中所占比重大的产品。 (2) 对由各组成部分组成的产品，应优先选择以下部分作为价值工程的对象： 1) 造价高的组成部分； 2) 占产品成本比重大的组成部分； 3) 数量多的组成部分； 4) 体积或重量大的组成部分； 5) 加工工序多的组成部分； 6) 废品率高和关键性的组成部分	
对象选择的方法	因素分析法	根据价值工程对象选择应考虑的各种因素，凭借分析人员经验集体研究确定选择对象的一种方法
	ABC分析法	把占总成本70%～80%而占零部件总数10%～20%的零部件划分为A类零部件；把占总成本5%～10%而占零部件总数60%～80%的零部件划分为C类；其余为B类，其中A类零部件是价值工程的主要研究对象
	强制确定法	求出分析对象的成本系数、功能系数，得出价值系数，揭示出分析对象的功能与花费的成本是否相符。若不相符，价值低的被选为价值工程的研究对象
	百分比分析法	通过分析某种费用或资源对企业的某个技术经济指标的影响程度的大小(百分比)，选择价值工程对象的方法
	价值指数法	通过比较各个对象（或零部件）之间的功能水平位次和成本位次，寻找价值较低对象（零部件），并将其作为价值工程研究对象的一种方法

注：关注对象选择的方法。

四、价值工程的功能系统分析

表 4-15　价值工程的功能系统分析

功能的分类	(1) 按照功能的重要程度分类，功能可以分为基本功能和辅助功能。 (2) 按照功能性质分类，功能可以分为使用功能和美学功能。 (3) 按照用户需求分类，功能可以分为必要功能和不必要功能。必要功能是指用户所要求的功能以及与实现用户所需求功能有关的功能，使用功能、美学功能、基本功能、辅助功能等均为必要功能；不必要功能是不符合用户要求的功能，又包括三类：一是多余功能；二是重复功能；三是过剩功能。 (4) 按照功能的量化标准分类，功能可以分为过剩功能与不足功能

续表 4-15

功能定义	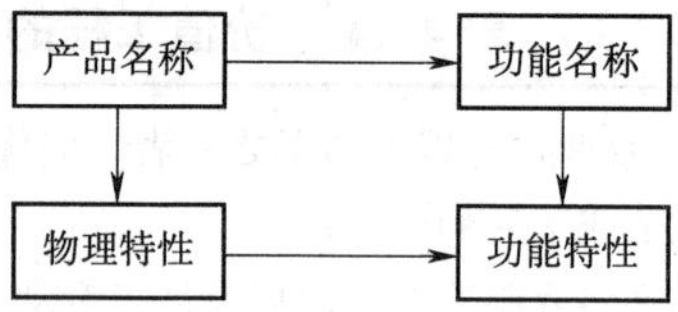	
功能整理	功能整理要求	（1）明确功能范围，搞清楚几个基本功能，这些基本功能又是通过什么功能实现的； （2）检查功能之间的准确程度； （3）明确功能之间上下位关系和并列关系，即功能之间的目的和手段关系
	功能整理工作程序	编制功能卡片→选出最基本的功能→明确各功能之间的关系→对功能定义做必要的修改、补充和取消→把经过调整、修改和补充的功能，按上下位关系，排列成功能系统图
功能计量	整体功能的量化	整体功能的计量应以使用者的合理要求为出发点，以一定的手段、方法确定其必要功能的数量标准，它应能在质和量两个方面充分满足使用者的功能要求而无过剩或不足。整体功能的计量是对各级子功能进行计量的主要依据
	各级子功能的量化	产品整体功能的数量标准确定之后，就可依据“手段功能必须满足目的功能”的要求的原则，运用目的—手段的逻辑判断，由上而下逐级推算、测定各级手段功能的数量标准。各级子功能的量化方法有很多，如理论计算法、技术测定法、统计分析法、类比类推法、德尔菲法等，可根据情况灵活选用

注：关注功能整理工作程序和功能计量的具体方法。

五、价值功能评价

表 4-16　价值功能评价

定义	功能评价，即评定功能的价值，是指找出实现功能的最低费用作为功能的目标成本（又称功能评价值），以功能目标成本为基准，通过与功能现实成本的比较，求出两者的比值（功能价值）和两者的差异值（改善期望值），然后选择功能价值低、改善期望值大的功能作为价值工程活动的重点对象

续表 4-16

<table>
<tr><td rowspan="9">功能现实成本的计算</td><td>特别说明</td><td colspan="2">功能现实成本的计算与一般的传统的成本核算既有相同点，也有不同之处。两者相同点是指它们在成本费用的构成项目上是完全相同的；而两者的不同之处在于，功能现实成本的计算是以对象的功能为单位，而传统的成本核算是以产品或零部件为单位</td></tr>
<tr><td>成本指数的计算</td><td colspan="2">第 i 个评价对象的成本指数 $C_I=\dfrac{\text{第 } i \text{ 个评价对象的现实成本 } C_i}{\text{全部成本}}$</td></tr>
<tr><td>特别说明</td><td colspan="2">功能评价值可以看成是企业预期的、理想的成本目标值。功能的现实成本较易确定，而功能评价值较难确定。求功能评价值的方法较多，这里仅介绍功能重要性系数法。功能重要性系数又称功能评价系数或功能指数，是指评价对象（如零部件等）的功能在整体功能中所占的比率</td></tr>
<tr><td rowspan="4">确定功能重要性系数的方法</td><td>强制评分法（0—1 评分法或 0—4 评分法）</td><td rowspan="4">注意：这四种方法中，要重点掌握强制评分法和环比评分法的打分过程</td></tr>
<tr><td>多比例评分法</td></tr>
<tr><td>逻辑评分法</td></tr>
<tr><td>环比评分法（又称 DARE 法）</td></tr>
<tr><td rowspan="2">确定功能评价值 F</td><td>原理</td><td>F＝功能重要性系数×目标成本</td></tr>
<tr><td>特别注意</td><td>这是历年考核中经常涉及的知识点，要在理解原理的基础上，在实际应用时，能确定功能评价值 F、成本改进期望值以及改进的方向</td></tr>
<tr><td rowspan="4">功能价值的计算及分析</td><td rowspan="2">功能成本法（又称绝对值法）</td><td>计算关系式</td><td>第 i 个评价对象的价值系数 $V=\dfrac{\text{第 } i \text{ 个评价对象的功能评价值 } F}{\text{第 } i \text{ 个评价对象的现实成本 } C}$</td></tr>
<tr><td>讨论</td><td>（1）$V=1$。表示功能评价值等于功能现实成本。这表明评价对象的功能现实成本与实现功能所必需的最低成本大致相当，说明评价对象的价值为最佳，一般无须改进。
（2）$V<1$。此时功能现实成本大于功能评价值。表明评价对象的现实成本偏高，而功能要求不高，这时一种可能是由于存在着过剩的功能，另一种可能是功能虽无过剩，但实现功能的条件或方法不佳，以致使实现功能的成本大于功能的实际需要。这两种情况都应列入功能改进的范围，并且以剔除过剩功能及降低现实成本为改进方向，使成本与功能比例趋于合理。
（3）$V>1$。说明该部件功能比较重要，但分配的成本较少，即功能现实成本低于功能评价值。应具体分析，可能功能与成本分配已较理想，或者有不必要的功能，或者应该提高成本</td></tr>
<tr><td rowspan="2">功能指数法（又称相对值法）</td><td>计算关系式</td><td>第 i 个评价对象的价值指数 $V_I=\dfrac{\text{第 } i \text{ 个评价对象的功能指数 } F_I}{\text{第 } i \text{ 个评价对象的成本指数 } C_I}$</td></tr>
<tr><td>讨论</td><td>（1）$V_I=1$。此时评价对象的功能比重与成本比重大致平衡，合理匹配，可以认为功能的现实成本是比较合理的。
（2）$V_I<1$。此时评价对象的成本比重大于其功能比重，表明相对于系统内的其他对象而言，目前所占的成本偏高，从而会导致该对象的功能过剩。应将评价对象列为改进对象，改善方向主要是降低成本。
（3）$V_I>1$。此时评价对象的成本比重小于其功能比重。出现这种结果的原因可能有三种：第一种原因是现实成本偏低，不能满足评价对象实现其应具有的功能的要求，致使对象功能偏低，这种情况应列为改进对象，改善方向是增加成本；第二种原因是对象目前具有的功能已经超过了其应该具有的水平，即存在过剩功能，这种情况也应列为改进对象，改善方向是降低功能水平；第三种原因是对象在技术、经济等方面具有某些特征，在客观上存在着功能很重要而需要消耗的成本却很少的情况，这种情况一般就不必列为改进对象了</td></tr>
</table>

注：本表格中的内容是历年经常出考题的内容，要细致地领会各项具体内容。

六、方案创造与评价

表 4-17　方案创造与评价

方案创造与评价	方案创造常用方法	头脑风暴法、哥顿法、专家意见法（德尔菲法）、专家检查法
	方案评价步骤	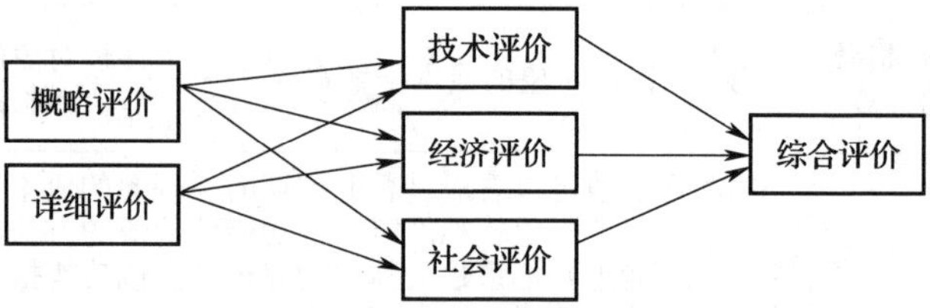
	综合评价方法	用于方案综合评价的方法有很多，常用的定性方法有德尔菲（Delphi）法、优缺点列举法等；常用的定量方法有直接评分法、加权评分法、比较价值评分法、环比评分法、强制评分法、几何平均值评分法等

注：近几年经常考核方案创造方法，要求考生掌握这些方法的概念，能够辨析这些方法。

经典考题剖析

一、2023 年考题

1. 按照价值工程的工作程序，需要在“分析阶段”分析和解决的问题是（　　）。

A. 价值工程的研究对象是什么

B. 价值工程对象的功能是什么

C. 围绕价值工程对象需要做哪些准备工作

D. 价值工程活动的效果如何

答案：B

[**解析**]

价值工程的工作程序

工作阶段	工作步骤	对应问题
一、准备阶段	对象选择 组成价值工程工作小组 制订工作计划	（1）价值工程的研究对象是什么？ （2）围绕价值工程对象需要做哪些准备工作
二、分析阶段	收集整理资料 功能定义 功能整理 功能评价	（3）价值工程对象的功能是什么？ （4）价值工程对象的成本是什么？ （5）价值工程对象的价值是什么
三、创新阶段	方案创造 方案评价 提案编写	（6）有无其他方法可以实现同样功能？ （7）新方案的成本是什么？ （8）新方案能满足要求吗

续表

工作阶段	工作步骤	对应问题
四、方案实施与评价阶段	方案审批 方案实施 成果评价	（9）如何保证新方案的实施？ （10）价值工程活动的效果如何

2. 采用价值工程方法进行既有产品设计改进时，经分析得出的产品功能现实成本和功能重要性系数如下表所示，则功能区 $F_1 \sim F_4$ 的功能评价值（目标成本）分别是（　　）元。

功能区	功能现实成本/元	功能重要性系数
F_1	400	0.51
F_2	300	0.24
F_3	170	0.18
F_4	130	0.07
合计	1 000	1.00

A. 400，240，170，70　　B. 400，240，180，70

C. 510，240，180，70　　D. 510，300，180，130

答案：A

［解析］

功能区	功能现实成本/元	功能重要性系数	重新分配功能区成本/元	目标成本（功能评价值）/元
F_1	400	0.51	510	400
F_2	300	0.24	240	240
F_3	170	0.18	180	170
F_4	130	0.07	70	70
合计	1 000	1.00		

按照教材的说法，新分配功能区成本可能有三种情况：

（1）功能区新分配的成本等于现实成本。此时应以现实成本作为功能评价值 F。

（2）新分配成本小于现实成本。如 F_2 和 F_4 就属于这种情况。此时应以新分配的成本作为功能评价值 F。

（3）新分配的成本大于现实成本。如 F_1 和 F_3 就属于这种情况。为什么会出现这种情况，需进行具体分析。①如果是因为功能重要性系数定高了，经过分析后可以将其适当降低。②因功能重要性系数确定过高可能会存在多余功能，如果是这样，先调整功能重要性系数，再定功能评价值。如因成本确实投入太少而不能保证必要功能，可以允许适当提高一些。③除此之外，即可用目前成本作为功能评价值 F。本题目题干没有说明具体是哪种情况，通过比较四个选项，我们只能按照“除此之外，即可用目前成本作为功能评价值 F”。

3. 价值工程应用对产品部件进行价值分析，应将（ ）定为改进范围。

A. 功能评价值与功能现实成本比值低的功能区域

B. 功能评价值与功能现实成本差值低的功能区域

C. 复杂的功能区域

D. 成本改善期望值大的功能区域

E. 价值指数值高的功能区域

答案：A、C、D

［**解析**］确定对象改进范围的原则如下：

（1）F/C 值低的功能区域。计算出来的 $V<1$ 的功能区域，基本上都应进行改进，特别是 V 值比 1 小得较多的功能区域，应力求使 $V=1$。

（2）$C-F$ 值大的功能区域。通过核算和确定对象的实际成本和功能评价值，分析、测算成本改善期望值从而排列出改进对象的重点及优先次序。

（3）复杂的功能区域，复杂的功能区域，说明其功能是通过采用很多零件来实现的。一般情况下，复杂的功能区域其价值系数或价值指数也较低。

二、2022 年考题

1. 能选择评价对象、确定功能重要性系数、评价方案的方法是（ ）。

A. 因素分析法　　B. ABC 分析法

C. 强制确定法　　D. 多比例评分法

答案：C

［**解析**］强制确定法可以用于价值工程对象选择、功能重要性系数确定和方案综合评价。因素分析法和 ABC 分析法是价值工程对象选择的方法。多比例评分法是确定功能重要性系数的方法。

2. 功能价值 $V<1$ 的原因是（ ）。

A. 分配的成本较低　　B. 成本偏高，导致存在过剩功能

C. 功能重要，但成本较低　　D. 成本偏低，存在不必要功能

答案：B

［**解析**］$V<1$，即功能现实成本大于功能评价值，表明评价对象的现实成本偏高，而功能要求不高。这时，一种可能是存在着过剩的功能，另一种可能是功能虽无过剩，但实现功能的条件或方法不佳，以致实现功能的成本大于功能的现实需要。这两种情况都应列入功能改进的范围，并且以剔除过剩功能及降低现实成本为改进方向，使成本与功能比例趋于合理。

3. 价值工程中，属于创新阶段的工作有（ ）。

A. 功能评价　　B. 方案评价

C. 提案编写　　D. 成果评价

E. 方案创造

答案：B、C、E

［**解析**］价值工程的工作程序包括四个阶段，其中创新阶段的工作包括：方案创造、方案评价、提案编写。选项 A 功能评价属于分析阶段的工作，选项 D 成果评价属于方案实施与评价阶段的工作。

三、2021 年考题

1. 选定对象应用价值工程的最终目标是（　　）。

A. 提高功能　　B. 降低成本

C. 提高价值　　D. 降低能耗

答案：C

［**解析**］价值工程的目的是寻求产品最低的寿命周期成本，可靠地实现使用者功能，以提高产品价值。

2. 某产品四种零部件的功能指数和成本指数如下表所示。按照成本降低幅度大优先改进原则，该产品的优先改进对象是（　　）。

零部件	功能指数	成本指数
甲	0.23	0.23
乙	0.24	0.27
丙	0.27	0.26
丁	0.26	0.24
合计	1.00	1.00

A. 甲　　B. 乙　　C. 丙　　D. 丁

答案：B

［**解析**］求各个零部件的价值指数：甲：0.23/0.23＝1；乙：0.24/0.27＝0.89；丙：0.27/0.26＝1.04；丁：0.26/0.24＝1.08。

选项 A，成本未变；选项 C、D，价值指数大于 1，目标成本大于现实成本；选项 B，价值指数小于 1，目标成本小于现实成本。根据题意，优先改进的对象为乙。

四、其他年份考题

1. 通过应用价值工程优化设计，使某房屋建筑主体结构工程达到了缩小结构构件几何尺寸，增加使用面积，降低单方造价的效果。该提高价值的途径是（　　）。

A. 功能不变的情况下降低成本

B. 成本略有提高的同时大幅提高功能

C. 成本不变的条件下提高功能

D. 提高功能的同时降低成本

答案：D

［**解析**］“使某房屋建筑主体结构工程达到了缩小结构构件几何尺寸，增加使用面积”，是提高功能水平；“降低单方造价的效果”，是降低成本。选项 D 符合要求。

2. 应用ABC分析法选择价格工程对象时，划分A类、B类、C类零部件的依据是（　）。

A. 零部件数量及成本占产品零部件总数及总成本的比重

B. 零部件价值及成本占产品价值及总成本的比重

C. 零部件的功能重要性及成本占产品总成本的比重

D. 零部件的材质及成本占产品总成本的比重

答案：A

［**解析**］ABC分析法，又称重点选择法或不均匀分布定律法，是指应用数理统计分析的方法来选择对象。在价值工程中，这种方法的基本思路是：首先将一个产品的各种部件（或企业各种产品）按成本的大小由高到低排列起来，然后绘成费用累积分配图。再将占总成本70%～80%而占零部件总数10%～20%的零部件划分为A类零部件；将占总成本5%～10%而占零部件总数60%～80%的零部件划分为C类；其余为B类。其中A类零部件是价值工程的主要研究对象。

3. 采用0—4评分法确定产品各部件功能重要性系数时，各部件功能得分见下表，零部件A的功能重要性系数是（　）。

部件	A	B	C	D	E
A	×	4	2	2	1
B		×	3	3	1
C			×	1	0
D				×	3
E					×

A. 0.100　　B. 0.150

C. 0.225　　D. 0.250

答案：C

［**解析**］

部件	A	B	C	D	E	得分	功能重要性系数
A	×	4	2	2	1	9	0.225
B	0	×	3	3	1	7	0.175
C	2	1	×	1	0	4	0.100
D	2	1	3	×	3	9	0.225
E	3	3	4	1	×	11	0.275
						40	1.000

4. 应用价值工程进行功能评价时，效果评价对象的价值指数 $V_I<1$，则正确的解释是（　）。

A. 降低评价对象的现实成本　　B. 剔除评价对象的过剩功能

C. 降低评价对象的功能水平　　　　　D. 不将评价对象作为改进对象

答案：A

［解析］$V_I<1$，评价对象的成本比重大于其功能比重，表明相对于系统内的其他对象而言，目前所占的成本偏高，从而会导致该对象的功能过剩。应将评价对象列为改进对象，改善方向主要是降低成本。

5. 价值工程应用中，研究对象的功能价值系数小于1时，可能的原因有（　　）。

A. 研究对象的功能现实成本小于功能评价值

B. 研究对象的功能比较重要，但分配的成本偏小

C. 研究对象可能存在过剩功能

D. 研究对象实现功能的条件或方法不佳

E. 研究对象的功能现实成本偏低

答案：C、D

［解析］功能的价值系数$V<1$，即功能现实成本大于功能评价值，表明评价对象的现实成本偏高，而功能要求不高。这时，一种可能是存在着过剩的功能，另一种可能是功能虽无过剩，但实现功能的条件或方法不佳，以致使实现功能的成本大于功能的现实需要。这两种情况都应列入功能改进的范围，并且以剔除过剩功能及降低现实成本为改进方向，使成本与功能比例趋于合理。

6. 在价值工程活动的方案创造阶段，为了激发出有价值的创新方案，会议主持人在开始时并不全部摊开要解决的问题，只是对与会者进行抽象笼统的介绍，要求大家提出各种设想。这种方案创造方法称为（　　）。

A. 德尔菲法　　B. 哥顿法　　C. 头脑风暴法　　D. 强制确定法

答案：B

［解析］哥顿（Gorden）法的指导思想是把要研究的问题适当抽象，以利于拓展思路。在研究到新方案时，会议主持人开始并不全部摊开要解决的问题，而是只对大家做一番抽象笼统的介绍，要求大家提出各种设想，以激发出有价值的创新方案。

7. 在价值工程的方案创造阶段，可采用的方法是（　　）。

A. 哥顿法和专家检查法　　　　　B. 专家检查法和蒙特卡洛模拟法

C. 蒙特卡洛模拟法和流程图法　　D. 流程图法和哥顿法

答案：A

［解析］在价值工程的方案创造阶段，可采用的方法是头脑风暴法、哥顿法、专家意见法（又称德尔菲法）和专家检查法。

8. 某产品的功能现实成本为5 000元，目标成本为4 500元，该产品分为三个功能区，各功能区的重要性系数和现实成本见下表。

功　能　区	功能重要性系数	功能现实成本/元
F_1	0.34	2 000
F_2	0.42	1 900
F_3	0.24	1 100

应用价值工程时，优先选择的改进对象依次为（　　）。

A. $F_1—F_2—F_3$　　B. $F_1—F_3—F_2$

C. $F_2—F_3—F_1$　　D. $F_3—F_1—F_2$

答案：B

［**解析**］本题考核的是功能评价。功能区成本改善期望值大的为优先改进对象。

功能区成本改善期望值＝功能区功能现实成本－目标成本×功能重要性系数

F_1：成本改善期望值＝2 000－4 500×0.34＝470

F_2：成本改善期望值＝1 900－4 500×0.42＝10

F_3：成本改善期望值＝1 100－4 500×0.24＝20

所以优先选择的改进对象依次为 $F_1—F_3—F_2$。

9. 某产品有 F_1、F_2、F_3、F_4 四项功能，采用环比评分法得出相邻两项功能的重要性系数为：$F_1/F_2=1.75$，$F_2/F_3=2.20$，$F_3/F_4=3.10$，则功能 F_2 的重要性系数是（　　）。

A. 0.298　　B. 0.224　　C. 0.179　　D. 0.136

答案：A

［**解析**］本题考核的是价值工程的功能评价。环比评分法又称 DARE 法。这是一种通过确定各因素的重要性系数来评价和选择创新方案的方法。计算结果如下：

功 能 区	功能重要性评价		
	暂定重要性系数 F_i/F_{i+1}	修正重要性系数	功能重要性系数
(1)	(2)	(3)	(4)
F_1	1.75	11.94	0.522
F_2	2.20	6.82	0.298
F_3	3.10	3.10	0.136
F_4		1.0	0.044
合　计		22.86	1.000

确定功能重要性系数的关键是对功能进行打分，常用的打分方法有强制打分法（0—1 评分法或 0—4 评分法）、多比例评分法、逻辑评分法、环比评分法等。这些方法是历年考核的重点内容，考生应领会这些方法的应用原理，多进行练习，掌握这些方法。

考点五：工程寿命周期成本分析

点评：在近几年的考试中，考题所反映的知识点也比较集中，但需要考生多读，加强记忆。可以通过针对历年考题的练习，体会本考点的考核方式与内容，重点阅读教材的相关内容。

知识要点集成

表 4-18　工程寿命周期成本分析

<table>
<tr><td rowspan="4">概念</td><td>经济成本</td><td colspan="3">工程项目从项目构思到项目建成投入使用直至工程寿命终结全过程所发生的一切可直接体现为资金耗费的投入总和，包括建设成本和使用成本</td></tr>
<tr><td>环境成本</td><td colspan="3">工程产品系列在其寿命周期内对于环境潜在和显现的不利影响</td></tr>
<tr><td>社会成本</td><td colspan="3">工程产品在从项目构思、产品建成投入使用直至报废不堪再用全过程中对社会的不利影响</td></tr>
<tr><td>注意</td><td colspan="3">在工程寿命周期成本中，环境成本和社会成本都是隐性成本，它们不直接表现为量化成本，而必须借助于其他方法转化为可直接计量的成本，这就使得它们比经济成本更难以计量。但在工程建设及运行的全过程中，这类成本始终是发生的</td></tr>
<tr><td rowspan="7">方法</td><td rowspan="2">费用效率法</td><td>计算公式</td><td colspan="2">$CE=\frac{SE}{LCC}=\frac{SE}{IC+SC}$</td></tr>
<tr><td>注意</td><td colspan="2">（1）SE 包含的项目，LCC 包含的项目。
（2）费用估算的方法：费用模型估算法、参数估算法、类比估算法、费用项目分别估算法</td></tr>
<tr><td>固定效率法和固定费用法</td><td colspan="3">所谓固定费用法，是将费用值固定下来，然后选出能得到最佳效率的方案。反之，固定效率法是将效率值固定下来，然后选取能达到这个效率而费用最低的方案</td></tr>
<tr><td rowspan="4">权衡分析法</td><td>概念</td><td colspan="2">权衡分析是对性质完全相反的两个要素做适当的处理，其目的是提高总体的经济性。从工程寿命周期成本分析方法的基本原理来看，可以认为：
工程寿命周期成本分析方法≈权衡分析法</td></tr>
<tr><td rowspan="3">手段</td><td>设置费与维持费的权重</td><td>（1）改善原设计材质，降低维修频度；
（2）支出适当的后勤支援费，改善作业环境，减少维修作业；
（3）制订防震、防尘、冷却等对策，提高可靠性；
（4）进行维修性设计；
（5）置备备用的配套件、部件和整机，设置迂回的工艺路线，提高可维修性；
（6）进行节省劳力的设计，减少操作人员的费用；
（7）进行节能设计，节省运行所需的动力费用；
（8）进行防止操作和维修失误的设计</td></tr>
<tr><td>设置费中各项费用之间的权衡</td><td>（1）进行充分的研制，降低制造费；
（2）将预知维修系统装入机内，减少备件的购置量；
（3）购买专利的使用权，从而减少设计、试制、制造、试验费用；
（4）采用整体结构，减少安装费</td></tr>
<tr><td>维持费中各项费用之间的权衡</td><td>（1）采用计划预修，减少停机损失；
（2）对操作人员进行充分培训，由于操作人员能自己进行维修，可减少维修人员的劳务费；
（3）反复地完成具有相同的功能的行为，其产生的效果的体现形式便是缩短时间，减少用料，最终表现为费用减少</td></tr>
</table>

续表 4-18

<table>
<tr><td rowspan="2">方法</td><td rowspan="2">权衡
分析法</td><td rowspan="2">手段</td><td>系统效率与寿命周期成本之间的权衡</td><td>（1）通过增加设置费使系统的能力增大（例如增加产量）；
（2）通过增加设置费使产品精度提高，从而有可能提高产品售价；
（3）通过增加设置费提高材料的周转速度，使生产成本降低；
（4）通过增加设置费，产品的使用性能具有更大的吸引力，可使售价和销售量得以提高</td></tr>
<tr><td>从开发系统设置完成这段时间与设置费之间的权衡</td><td>这一期限与费用之间也有着重要的关系。进行这项权衡分析时，可以运用计划评审技术（PERT）</td></tr>
<tr><td rowspan="2">工程寿命周期成本分析法的特点和局限性</td><td>特点</td><td colspan="3">（1）选择系统时，不仅考虑设置费，还要研究所有的费用；
（2）在系统开发的初期就考虑工程寿命周期成本；
（3）进行“费用设计”，将工程寿命周期成本作为系统开发的主要因素；
（4）进行设置费和维持费之间的权衡，系统效率和工程寿命周期成本之间的权衡，以及开发、设置所需的时间和工程寿命周期成本之间的权衡</td></tr>
<tr><td>局限性</td><td colspan="3">（1）假定项目方案有确定的工程寿命周期。工程寿命周期成本分析考察的时间对象是工程的整个寿命周期，但是在工程实践中，往往很难确定计算期限。因此，对于工程寿命周期的确定，只有通过假设方法来预测，其合理性和准确性将直接关系到工程寿命周期成本的准确性。而由于各种原因，工程寿命周期往往可能发生变化。
（2）在项目早期进行评价的准确性难以保证。工程项目的建设周期和运行周期都较长，影响成本的因素众多，而在项目早期，不可能预见到一切变化，从而使工程寿命周期成本分析方法的应用具有一定的局限性。
（3）进行工程寿命周期成本分析的高成本使得其未必适用于所有的项目。工程寿命周期成本分析必须负担较高的成本，这一点也限制了其应用范围，并不是所有的工程项目都适宜或者必须进行工程寿命周期成本分析</td></tr>
</table>

注：各项费用的权衡中的具体内容是近几年经常考核的内容。

经典考题剖析

一、2023 年考题

采用费用效率法进行工程寿命周期成本分析时，寿命周期成本投入后所取得的效果称为（　　）。

A. 购置效率　　　　B. 系统效率

C. 固定效率　　D. 类比效率

答案：B

［解析］投资的目的是多种多样的，当计算费用效率 CE 时，那些应作为投资所得的“成果”计入系统效率 SE。

二、2022 年考题

采用费用效率法分析工程寿命周期成本时，包含的费用有（　　）。

A. 设置费和维持费　　B. 制造费和安装费

C. 制造费和维修费　　D. 研发费和试运转费

答案：A

［解析］费用效率（CE）是指工程系统效率（SE）与工程寿命周期成本（LCC）的比值。其计算公式如下：

$$CE=\frac{SE}{LCC}=\frac{SE}{IC+SC}$$

式中：LCC——工程寿命周期成本，包含设置费（IC）和维持费（SC）。

三、2021 年考题

下列各项费用中，属于费用效率法中设置费的是（　　）。

A. 试运转费　　B. 维修用设备费

C. 运行动能费　　D. 项目报废费用

答案：A

［解析］设置费包括研究开发费、设计费、制造费、安装费、试运转费。选项 B、C、D 均属于工程寿命周期成本中维持费中的费用。

四、其他年份考题

1. 工程寿命周期成本分析中，为了权衡设置费与维持费之间关系，可采取的手段是（　　）。

A. 进行充分研发，降低制造费用

B. 购置备用部件，提高可修复性

C. 提高材料周转速度，降低生产成本

D. 聘请操作人员，减少维修费用

答案：B

［解析］为了权衡设置费与维持费之间关系，可以采用以下各种有效的手段：

（1）改善原设计材质，降低维修频度；

（2）支出适当的后勤支援费，改善作业环境，减少维修作业；

（3）制订防震、防尘、冷却等对策，提高可靠性；

（4）进行维修性设计；

（5）置备备用的配套件、部件和整机，设置迂回的工艺路线，提高可维修性；

（6）进行节省劳力的设计，减少操作人员的费用；

(7) 进行节能设计，节省运行所需的动力费用；

(8) 进行防止操作和维修失误的设计。

2. 工程寿命周期成本的常用估算方法有（　　）。

A. 头脑风暴法

B. 类比估算法

C. 百分比分析法

D. 参数估算法

E. 费用模型估算法

答案：B、D、E

［**解析**］费用估算的方法有很多，常用的有：费用模型估算法、参数估算法、类比估算法、费用项目分别估算法。

3. 在工程寿命周期成本分析中，对于不直接表现为量化成本的隐性成本，正确的处理方法是（　　）。

A. 不予计算和评价

B. 采用一定方法使其转化为可直接计量的成本

C. 将其作为可直接计量成本的风险看待

D. 将其按可直接计量成本的 1.5～2 倍计算

答案：B

［**解析**］在工程寿命周期成本中，环境成本和社会成本都是隐性成本，它们不直接表现为量化成本，而必须借助于其他方法转化为可直接计量的成本，这就使得它们比经济成本更难以计量。但在工程建设及运行的全过程中，这类成本始终是发生的。

4. 运用费用效率法进行工业项目工程寿命周期成本评价时，可用来表示系统效率的有（　　）。

A. 设置费　　B. 维持费

C. 维修费　　D. 利用率

E. 年均产量

答案：D、E

［**解析**］设置费、维持费、维修费属于系统的输入（*LCC*），作为投资所得的“成果”计入系统效率（*SE*），包括利用率、年均产量、销售量等 *X* 项目和 *Y* 项目。

难 题 解 析

一、单项选择题

1. 某项目建设期为 2 年，建设期内第 1 年贷款 700 万元，第 2 年贷款 600 万元，年内均衡发放，且只计息不还款，年利率为 8%，则编制该项目的投资估算时，建设期利息总和为（　　）万元。

A. 104.00　　B. 110.24　　C. 114.94　　D. 155.84

答案：B

［**解题要点**］

第一年的贷款利息＝700/2×8%＝28（万元）

第二年的贷款利息＝（700＋28＋600/2）×8%＝82.24（万元）

建设期利息总和＝28＋82.24＝110.24（万元）

2. 某项目建设期为3年，建设期内每年年初贷款均为300万元，年利率为10%。若在运营期第3年末偿还800万元，则在运营期第5年末全部偿还贷款本利和时尚需偿还（　　）万元。

A. 1 273.83　　　　B. 959.16

C. 1 579.16　　　　D. 791.04

答案：D

［解题要点］ 本题考核的是资金时间价值的计算。按题意画出现金流量图：

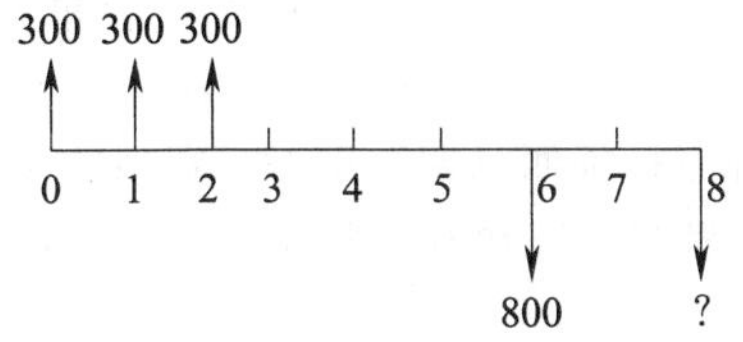

需偿还的本利和＝［300×（F/A，10%，3）×（F/P，10%，4）－800］×（F/P，10%，2）
＝791.04（万元）

或

需偿还的本利和＝［300×（F/A，10%，3）×（F/P，10%，6）］－800×（F/P，10%，2）
＝791.04（万元）

3. 在资金时间价值的作用下，下列现金流量图（单位：万元）中，有可能与现金流入现值1 200万元等值的是（　　）。

A.

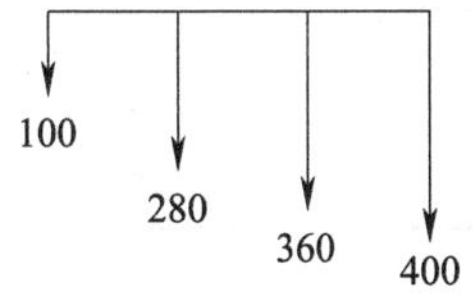

B.

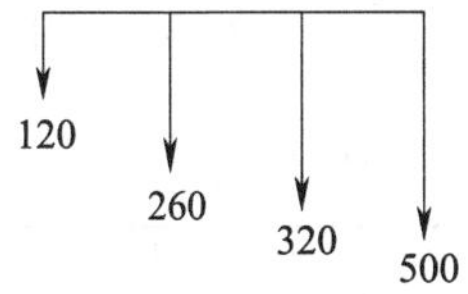

C.

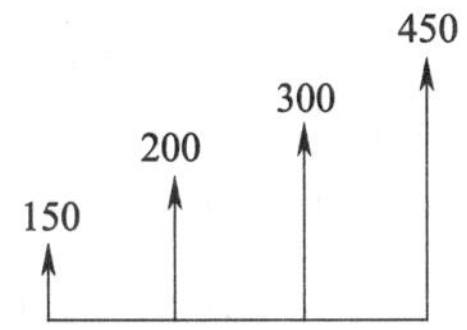

D.

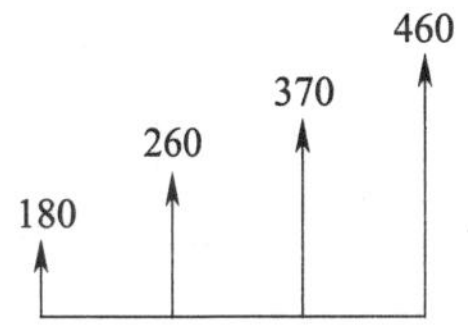

答案：D

［解题要点］ 首先根据1 200万元为现金流入判定选项A、B错误；选项C，$150+200\times(1+i)^{-1}+300\times(1+i)^{-2}+450\times(1+i)^{-3}<1\,200$万元，错误。选项D正确。

4. 某企业于年初向银行借款1 500万元，其年有效利率为10%，若按月复利计息，则该年第3季度末借款本利和为（　　）万元。

A. 1 611.1　　　　B. 1 612.5

C. 1 616.3　　　　D. 1 237.5

答案：A

［解题要点］ 本题考核的是有效利率和名义利率。年有效利率为10%，按照有效利率的计算关系式：年有效利率＝$(1+月利率)^{12}-1$，则月利率＝$(年有效利率+1)^{1/12}-1$，按月复利计息，则该年第3季度末借款本利和为1 500万元×$(1+月利率)^{9}$＝1 611.1万元。

5. 某企业向银行借贷一笔资金，按月计息，月利率为1.2%，则年名义利率和年有效利率分别为（　　）。

A. 13.53%和14.40%　　　　B. 13.53%和15.39%

C. 14.40%和15.39%　　D. 14.40%和15.62%

答案：C

[解题要点] 本题考核的是名义利率和有效利率。年名义利率＝1.2%×12＝14.40%，年有效利率＝$(1+1.2\%)^{12}-1=15.39\%$。

6. 某项目初期投资额为2 000万元，从第1年年末开始每年净收益为480万元。若基准收益率为10%，并已知（*P*/*A*，10%，5）＝3.790 8和（*P*/*A*，10%，6）＝4.355 3，则该项目的静态投资回收期和动态投资回收期分别为（　　）。

A. 4.17年和5.33年　　B. 4.17年和5.67年

C. 4.83年和5.33年　　D. 4.83年和5.67年

答案：B

[解题要点] 本题考核的是静态投资回收期和动态投资回收期的求法，应注意到每年的考题都涉及考核静态投资回收期，或者与动态投资回收期一起考核，或者与净现值一起考核。本题的具体求解方法为：

（1）静态投资回收期（P_t）。

年　　序	0	1	2	3	4	5
各年净现金流量/万元	−2 000	480	480	480	480	480
累计净现金流量/万元	−2 000	−1 520	−1 040	−560	−80	400

$$P_t=5-1+\frac{|-80|}{480}=4.17\text{（年）}$$

（2）动态投资回收期（P_t'）。

年　　序	0	1	2	3	4	5	6
各年净现金流量/万元	−2 000	480	480	480	480	480	480
各年净现金流量现值/万元							270.95
累计净现金流量现值/万元						−180.416	90.544

根据题中给出的条件，在第5年末的累计净现金流量现值为：

$$NPV=-2\,000+480\times(P/A,10\%,5)=-180.416\text{(万元)}$$

根据题中给出的条件，在第6年末的累计净现金流量现值为：

$$NPV=-2\,000+480\times(P/A,10\%,6)=90.544\text{（万元）}$$

$$P_t'=6-1+\frac{|-180.416|}{270.95}=5.67\text{（年）}$$

7. 在计算期不同的互斥方案经济效果的评价中，净现值（*NPV*）法常用的两种方法是（　　）。

A. 最小公倍数法、研究期法　　B. 最大公约数法、无限计算期法

C. 最小公倍数法、无限计算期法　　D. 研究期法、无限计算期法

答案：A

[解题要点] 净现值（*NPV*）用于互斥方案评价时，必须考虑时间的可比性，即在相同的计算期下比较净现值（*NPV*）的大小。常用的方法有最小公倍数法和研究期法。

8. 下列关于投资收益率的表述中正确的是（　　）。

A. 用投资收益率进行方案评价时，方案可行的条件是投资收益率非负

B. 总投资收益率是项目达到设计生产能力后正常年份的年净利润与项目总投资的比值

C. 资本金净利润率是项目达到设计生产能力后正常年份年息税前利润与项目资本金的比值

D. 鉴于投资收益率主观性比较强，以投资收益率指标作为主要的决策依据不太可靠

答案：D

[解题要点] 投资收益率的评价准则：将计算出的投资收益率（R）与所确定的基准投资收益率（R_c）进行比较：①若 $R \geqslant R_c$，则方案在经济上可以考虑接受；②若 $R < R_c$，则方案在经济上是不可行的。

投资收益率的应用指标：根据分析目的的不同，投资收益率又可分为总投资收益率（ROI）和资本金净利润率（ROE）。

（1）总投资收益率（ROI），表示项目总投资的盈利水平：

$$ROI = \frac{EBIT}{TI} \times 100\%$$

式中：$EBIT$——项目达到设计生产能力后正常年份的年息税前利润或运营期内年平均息税前利润；

TI——项目总投资。

总投资收益率高于同行业的收益率参考值，表明用总投资收益率表示的项目盈利能力满足要求。

（2）资本金净利润率（ROE），表示项目资本金的盈利水平：

$$ROE = \frac{NP}{EC} \times 100\%$$

式中：NP——项目达到设计生产能力后正常年份的年净利润或运营期内年平均净利润；

EC——项目资本金。

资本金净利润率高于同行业的净利润率参考值，表明用项目资本金净利润率表示的项目盈利能力满足要求。

投资收益率指标的优点与不足：投资收益率指标的经济意义明确、直观，计算简便，在一定程度上反映了投资效果的优劣，可适用于各种投资规模。但不足的是，没有考虑投资收益的时间因素，忽视了资金具有时间价值的重要性；指标计算的主观随意性太强，换句话说，就是正常生产年份的选择比较困难，如何确定带有一定的不确定性和人为因素。因此，以投资收益率指标作为主要的决策依据不太可靠。

9. 进行投资方案经济评价时，基准收益率的确定应以（　　）为基础。

A. 行业平均收益率　　B. 社会平均折现率

C. 项目资金成本率　　D. 社会平均利润率

答案：A

[解题要点] 基准收益率的确定一般以行业的平均收益率为基础，同时综合考虑资金成本、投资风险、通货膨胀以及资金限制等影响因素。

10. 下列关于盈亏平衡点的说法，正确的是（　　）。

A. 盈亏平衡点反映了项目对市场变化的适应能力和抗风险能力

B. 盈亏平衡分析不仅能够度量项目风险的大小，还能揭示产生项目风险的根源

C. 盈亏平衡点越低，适应市场变化的能力越弱，抗风险能力越差

D. 盈亏平衡分析可同时用于财务评价和国民经济评价

答案：A

[解题要点] 盈亏平衡分析虽然能够度量项目风险的大小，但并不能揭示产生项目风险的根源，选项 B 错误；盈亏平衡点反映了项目对市场变化的适应能力和抗风险能力，项目投产后盈利的可能性越大，适应市场变化的能力越强，抗风险能力也越强，选项 C 错误；盈亏平衡分析只适用于财务评

价，敏感性分析和风险分析可同时用于财务评价和国民经济评价，选项D错误。

11. 关于财务内部收益率的说法，正确的是（　　）。

A. 财务内部收益率大于基准收益率时，技术方案在经济上可以接受

B. 财务内部收益率是一个事先确定的基准折现率

C. 财务内部收益率受项目外部参数的影响较大

D. 独立方案用财务内部收益率评价与财务净现值评价，结论通常不一致

答案：A

［**解题要点**］选项A正确，财务内部收益率大于基准收益率时，技术方案在经济上可以接受。选项B错误，内部收益率指标考虑了资金的时间价值以及项目在整个计算期内的经济状况；能够直接衡量项目未回收投资的收益率；不需要事先确定一个基准收益率，而只需要知道基准收益率的大致范围即可。选项C错误，由于内部收益率不是初始投资在整个计算期内的盈利率，因而它不仅受项目初始投资规模的影响，而且受项目计算期内各年净收益大小的影响。选项D错误，用财务内部收益率与财务净现值均可对独立方案进行评价，且结论是一致的。

12. 对于非国家投资的项目而言，投资者在确定基准收益率时考虑的因素很多，但其基础因素为(　　)。

A. 资金限制和投资风险

B. 资金成本和机会成本

C. 目标利润和投资风险

D. 目标利润和通货膨胀

答案：B

［**解题要点**］非政府投资项目，可由投资者自行确定基准收益率。确定基准收益率时应考虑以下因素：①资金成本和机会成本；②投资风险；③通货膨胀。总之，资金成本和机会成本是确定基准收益率的基础，投资风险和通货膨胀是确定基准收益率必须考虑的影响因素。

13. 某方案的现金流量表如下，基准收益率为8%，计算动态回收期和净年值为（　　）。

单位：万元

年　序	1	2	3	4	5	6
净现金流量	−300	100	200	200	200	200

A. 3年，132万元

B. 3.21年，82.69万元

C. 3.21年，89.97万元

D. 3年，82.69万元

答案：B

［**解题要点**］本题考核的是经济评价指标的计算。动态回收期的计算过程为：

单位：万元

年　　序	1	2	3	4	5	6
净现金流量	−300	100	200	200	200	200
净现金流量现值	−277.78	85.73	158.78	147.00	136.12	126.03
净现金流量现值累计	−277.78	−192.05	−33.27	113.73	249.85	375.88

动态回收期＝4－1＋（｜－33.27｜÷147.00）＝3.21（年）

净年值计算过程：根据 $NAV=NPV\dfrac{i\ (1+i)^n}{(1+i)^n-1}$，得：

$$NAV=375.88\times0.22=82.69\text{（万元）}$$

14. 甲、乙两个建设方案的现金流量表如下，已知基准收益率为10%，（P/A，10%，6）=4.355，（P/A，10%，3）=2.487，则最佳方案为（　　）。

单位：万元

年　　序	0	1～3	4～6
甲方案	−1 000	300	300
乙方案	−1 200	500	

A. 采用净现值法，$NPV_{甲}$=306.5万元，$NPV_{乙}$=43.5万元，甲方案最佳

B. 采用最小公倍数法，$NPV_{甲}$=306.5万元，$NPV_{乙}$=443.5万元，乙方案最佳

C. 采用年值法，$NAV_{甲}$=70.38万元，$NAV_{乙}$=17.49万元，甲方案最佳

D. 采用研究期数法，$NPV_{甲}$=175.03万元，$NPV_{乙}$=253.67万元，乙方案最佳

答案：C

[解题要点] 本题考核的是寿命周期不同的互斥方案的比选方法和所列指标的计算。选项A的计算是正确的，但是由于两个方案的寿命周期不同，不能直接应用该数据；选项B和选项D均是计算错误，选项C采用的方法和计算正确。选项C的计算过程如下：

甲方案现金流量图：

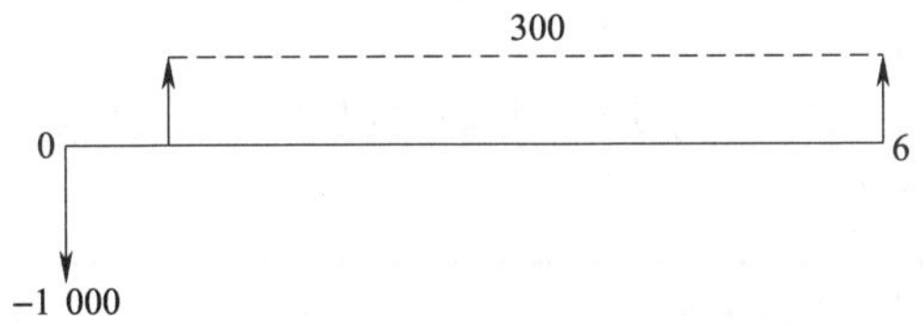

$$NAV_{甲}=-1\,000+300\times(P/A,10\%,6)\times(A/P,10\%,6)=70.38\text{（万元）}$$

乙方案现金流量图：

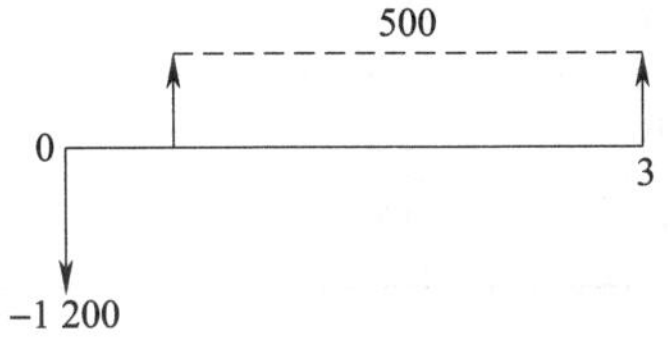

$$NAV_{乙}=-1\,200+500\times(P/A,10\%,3)\times(A/P,10\%,3)=17.49\text{（万元）}$$

15. 对于效益基本相同、但效益难以用货币直接计量的互斥投资方案，在进行比选时常用（　　）替代净现值进行评价。

A. 增量投资　　B. 费用现值

C. 年折算费用　　D. 净现值率

答案：B

[解题要点] 在工程经济分析中，对效益相同（或基本相同）、但效益无法或很难用货币直接计量的互斥方案进行比较，常用费用现值（PW）比较替代净现值进行评价。为此，首先计算各备选方案的费用现值PW，然后进行对比，以费用现值最低的方案为最佳。

16. 某投资方案建设期为2年，建设期内每年年初投资400万元，运营期每年年末净收益为150万元。若基准收益率为12%，运营期为18年，残值为零，并已知（P/A，12%，18）=7.249 7，则该投资方案的净现值和静态投资回收期分别为（　　）。

A. 213.80万元和7.33年　　B. 213.80万元和6.33年

C. 109.77万元和7.33年　　D. 109.77万元和6.33年

答案：C

［**解题要点**］本题考核的是资金时间价值的计算和经济评价指标的计算。现金流量图如下：

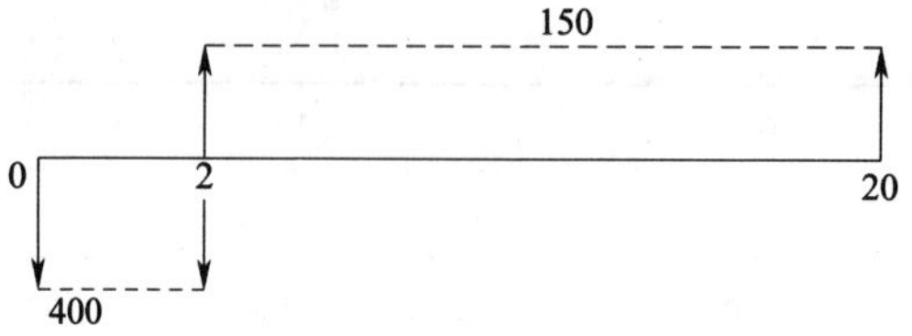

静态回收期计算过程如下：

单位：万元

年　序	0	1	2	3	4	5	6	7	8	…	20
净现金流量	－400	－400	0	150	150	150	150	150	150	…	150
净现金流量累积	－400	－800	－800	－650	－500	－350	－200	－50	100		

$$静态回收期=8-1+(|-50|/150)=7.33(年)$$

净现值计算过程如下：

$$NPV=-400-400\times(P/F,12\%,1)+150\times(P/A,12\%,18)\times(P/F,12\%,2)$$
$$=109.77(万元)$$

17. 某项目有 4 种方案，各方案的投资、现金流量及有关评价指标见下表。若已知基准收益率为 18％，则经比较最优的方案为（　　）。

方　案	投资额/万元	IRR/％	ΔIRR/％
A	250	20	—
B	350	24	$\Delta IRR_{B-A}=20.0$
C	400	18	$\Delta IRR_{C-B}=5.3$
D	500	26	$\Delta IRR_{D-B}=31.0$

A. 方案 A　　B. 方案 B

C. 方案 C　　D. 方案 D

答案：D

［**解题要点**］本题考核的是用增量内部收益率法评价寿命周期相同的互斥方案。将 $IRR_j \geqslant i_c$ 的方案按初始投资额由小到大依次排列；按初始投资额由小到大依次计算相邻两个方案的增量内部收益率 ΔIRR，若 $\Delta IRR > i_c$，则说明初始投资大的方案优于初始投资小的方案，保留投资大的方案；反之，若 $\Delta IRR < i_c$，则保留投资小的方案。直至全部方案比较完毕，保留的方案就是最优方案。

18. 采用增量投资内部收益率（ΔIRR）法比选计算期不同的互斥方案时，对于已通过绝对效果检验的投资方案，确定优选方案的准则是（　　）。

A. ΔIRR 大于基准收益率时，选择初始投资额小的方案

B. ΔIRR 大于基准收益率时，选择初始投资额大的方案

C. 无论 ΔIRR 是否大于基准收益率时，均选择初始投资额小的方案

D. 无论 ΔIRR 是否大于基准收益率时，均选择初始投资额大的方案

答案：B

［**解题要点**］ΔIRR 大于基准收益率时，则初始投资额大的方案为优选方案；ΔIRR 小于基准收益率时，则初始投资额小的方案为优选方案。

19. 在投资项目经济评价中进行敏感性分析时，如果要分析投资大小对方案资金回收能力的影响，可选用的分析指标是（　　）。

A. 净现值　　　　B. 投资收益率

C. 内部收益率　　　　D. 借款偿还期

答案：C

［**解题要点**］在投资项目经济评价中进行敏感性分析时，如果主要分析方案状态和参数变化对方案投资回收快慢的影响，则可选用投资回收期作为分析指标；如果主要分析产品价格波动对方案超额净收益的影响，则可选用净现值作为分析指标；如果主要分析投资大小对方案资金回收能力的影响，则可选用内部收益率指标等。

20. 关于投资方案不确定性分析与风险分析的说法，正确的是（　　）。

A. 敏感性分析只适用于财务评价

B. 风险分析只适用于国民经济评价

C. 盈亏平衡分析只适用于财务评价

D. 盈亏平衡分析只适用于国民经济评价

答案：C

［**解题要点**］盈亏平衡分析只适用于财务评价，敏感性分析和风险分析可同时用于财务评价和国民经济评价。

21. 盈亏平衡分析分线性盈亏平衡分析和非线性盈亏平衡分析。其中，线性盈亏平衡分析的前提条件之一是（　　）。

A. 只生产单一产品，且生产量等于销售量

B. 单位可变成本随生产量的增加呈比例降低

C. 生产量与销售量之间呈线性比例关系

D. 销售收入是销售量的线性函数

答案：A

［**解题要点**］本题是 2004 年的考题。本题可以认为是 2004 年考题中最容易的题目之一。教材中给出了线性盈亏平衡分析的前提条件，包括生产量等于销售量；产量变化，销售单价不变；产量变化，单位可变成本不变；只生产单一产品，或者生产多种产品，但可换算为单一产品计算。

22. 某项目设计生产能力为 50 万件产品，预计单位产品价格为 100 元，单位产品可变成本为 70 元，年固定成本为 400 万元。若该产品的销售税金及附加的合并税率为 5%，则用生产能力利用率和单位产品价格表示的项目盈亏平衡点为（　　）。

A. 32%和 82.11 元　　　　B. 32%和 82 元

C. 16%和 82.11 元　　　　D. 16%和 82 元

答案：A

［**解题要点**］本题考核的是不同方式表示的盈亏平衡点的计算方法，其公式为：

用产量表示的盈亏平衡点：$BEP(Q)=C_F/(p-C_V-t)$

用生产能力利用率表示的盈亏平衡点：$BEP(\%)=BEP(Q)/Qd$

用销售金额表示的盈亏平衡点：$BEP(S)=BEP(Q)\cdot BEP(p)$

用销售单价表示的盈亏平衡点：$BEP(p)=C_F/Qd+C_V+t$

根据题目：$BEP(\%)=BEP(Q)/Qd=[400/(100-70-100\times5\%)]/50=32\%$

$BEP(p)=C_F/Qd+C_V+t=400/50+70+BEP(p)\times 5\%$

$BEP(p)=78/(1-5\%)=82.11$（元）

23. 工程项目盈亏平衡分析的特点是（　　）。

A. 能够预测项目风险发生的概率，但不能确定项目风险的影响程度

B. 能够确定项目风险的影响范围，但不能量化项目风险的影响效果

C. 能够分析产生项目风险的根源，但不能提出应对项目风险的策略

D. 能够度量项目风险的大小，但不能揭示产生项目风险的根源

答案：D

［解题要点］ 盈亏平衡分析虽然能够度量项目风险的大小，但并不能揭示产生项目风险的根源。

24. 某既有产品功能现实成本和重要性系数见下表。若保持产品总成本不变，按成本降低幅度考虑，应优先选择的改进对象是（　　）。

功能区	功能现实成本	功能重要性系数
F_1	150	0.30
F_2	180	0.45
F_3	70	0.15
F_4	100	0.10
总计	500	1.00

A. F_1　　B. F_2　　C. F_3　　D. F_4

答案：D

［解题要点］

功能区	功能现实成本 C	功能重要性系数	根据产品现实成本和功能重要性系数重新分配的功能区成本 F	成本降低幅度 $\Delta C=(C-F)$
F_1	150	0.30	150	0
F_2	180	0.45	225	−45
F_3	70	0.15	75	−5
F_4	100	0.10	50	50
总计	500	1.00	500	50

选项 A 成本没有变化，选项 B、C 成本增加，只有选项 D 成本降低，按照题意，按成本降低幅度考虑，应优先选择的改进对象是 F_4。

25. 某工程有甲、乙、丙、丁四个设计方案，各方案的功能指数和单方造价见下表，按价值指数应优选设计方案（　　）。

设计方案	甲	乙	丙	丁
功能指数	0.26	0.25	0.20	0.29
单方造价/（元/ m^2）	3 200	2 960	2 680	3 140

A. 甲　　B. 乙　　C. 丙　　D. 丁

答案：D

［**解题要点**］总造价＝3 200＋2 960＋2 680＋3 140＝11 980。成本指数，甲：3 200/11 980＝0.27；乙：2 960/11 980＝0.25；丙：2 680/11 980＝0.22；丁：3 140/11 980＝0.26。价值指数，甲：0.26/0.27＝0.96；乙：0.25/0.25＝1；丙：0.20/0.22＝0.91；丁：0.29/0.26＝1.12。进行方案比选时，价值指数大的为优选方案。

26. 某部件有5个部件组成，产品的某项功能由其中3个部件共同实现，3个部件共有4个功能，关于该功能成本的说法，正确的是（　　）。

A. 该项功能成本为产品总成本的60％

B. 该项功能成本占全部功能成本比超过50％

C. 该项功能成本为3个部件相应成本之和

D. 该项功能成本为承担该功能的3个部件成本之和

答案：C

［**解题要点**］当一个零部件只具有一个功能时，该零部件的成本就是其本身的功能成本；当一项功能要由多个零部件共同实现时，该功能的成本就等于这些零部件的功能成本之和。当一个零部件具有多项功能或与多项功能有关时，就需要将零部件成本根据具体情况分摊给各项有关功能（选项D语义是指承担该功能的3个部件成本之和，没有根据具体情况分摊，而选项C中3个部件相应成本之和可以理解为分摊后的功能成本之和）。

27. 在价值工程活动中，价值指数V_I的计算结果不同，采取的改进策略也不同。下列改进策略中正确的是（　　）。

A. $V_I<1$时，应将评价对象列为改进对象，改善的方向主要是提高功能水平

B. $V_I>1$时，应将评价对象列为改进对象，改善的方向主要是降低功能水平

C. $V_I<1$时，应将评价对象列为改进对象，改善的方向主要是增加成本

D. $V_I>1$时，是否将评价对象列为改进对象，应做进一步分析后再确定

答案：B

［**解题要点**］本题考核的内容是价值功能分析。其中：当$V_I<1$时，评价对象的成本比重大于其功能比重，表明相对于系统内的其他对象而言，目前所占的成本偏高，从而会导致该对象的功能过剩。应将评价对象列为改进对象，改善方向主要是降低成本。当$V_I>1$时，评价对象的成本比重小于其功能比重。出现这种结果的原因可能有三个：第一个原因是现实成本偏低，不能满足评价对象实现其应具有的功能的要求，致使对象功能偏低，这种情况应列为改进对象，改善方向是增加成本；第二个原因是对象目前具有的功能已经超过了其应该具有的水平，即存在过剩功能，这种情况也应列为改进对象，改善方向是降低功能水平；第三个原因是对象在技术、经济等方面具有某些特征，在客观上存在着功能很重要而需要消耗的成本却很少的情况，这种情况一般就不必列为改进对象了。

28. 某产品运用价值工程分析进行方案创新，产生了甲、乙、丙、丁四个方案。有关各方案的部分数据见下表，则优选方案应是（　　）。

方　　案	功能指数	成本指数	价值指数
甲	0.35		1.4
乙		0.3	0.6
丙	0.2		
丁		0.2	

A. 甲　　B. 乙　　C. 丙　　D. 丁

答案：A

［**解题要点**］方案创新后的方案评价，价值指数最大的为优选方案。本题的关键是计算价值指数，根据价值指数＝功能指数/成本指数、Σ功能指数＝1 和Σ成本指数＝1，将以上表格填好，可以得到甲为优选方案。

29. 某产品各个零部件功能重要程度采用 0—4 评分法的结果见下表。

零 部 件	Ⅰ	Ⅱ	Ⅲ	Ⅳ
Ⅰ	×			
Ⅱ	1	×		
Ⅲ	2	3	×	
Ⅳ	0	4	2	×

在不修整各功能累计得分的前提下，零部件Ⅲ的功能重要性系数为（　　）。

A. 0.167　　B. 0.375

C. 0.292　　D. 0.208

答案：C

［**解题要点**］本题考核的是采用 0—4 评分法计算功能重要性系数。计算结果见下表。

零部件	Ⅰ	Ⅱ	Ⅲ	Ⅳ	得分	功能重要性系数
Ⅰ	×	3	2	4	9	0.375
Ⅱ	1	×	1	0	2	0.083
Ⅲ	2	3	×	2	7	0.292
Ⅳ	0	4	2	×	6	0.250
合计					24	1.000

采用 0—4 评分法计算任何零部件的功能重要性系数都是这种方法。

30. 下列方法中，可用于工程寿命周期成本评价的方法是（　　）。

A. 环比分析法　　B. 动态比率法

C. 强制评分法　　D. 权衡分析法

答案：D

［**解题要点**］本题考核的是工程寿命周期成本分析法。常用的工程寿命周期成本评价方法有费用效率法、固定效率法、固定费用法、权衡分析法等。

二、多项选择题

1. 在工程经济学中，利息作为衡量资金时间价值的绝对尺度，它是指（　　）。

A. 占用资金所付出的代价　　B. 放弃使用资金所得到的补偿

C. 考虑通货膨胀所得到的补偿　　D. 资金的一种机会成本

E. 投资者的一种收益

答案：A、B、D、E

［**解题要点**］从本质上说，利息是由贷款发生利润的一种再分配。在工程经济学中，利息常常被看作是资金的机会成本，这是因为如果放弃资金的使用权力，相当于失去收益的机会，也就相当于付出一定的代价。从投资者的角度来看，利息体现对放弃现期消费的损失所做的必要补偿。总之利息是占用资金所付出的代价或者是放弃使用资金所得到的补偿。并不是因为通货膨胀所得到的补偿，但通

货膨胀会导致资金贬值，往往会使利息无形中成为负值。

2. 某人向银行申请住房按揭贷款 50 万元，期限 10 年，年利率为 4.8%，还款方式为按月等额本息还款，复利计息。关于该项贷款的说法，正确的有（　　）。

A. 宜采用偿债基金系数直接计算每月还款额

B. 借款年名义利率为 4.8%

C. 借款的还款期数为 120 期

D. 借款期累计支付利息比按月等额本金还款少

E. 该项借款的月利率为 0.4%

答案：B、C、E

［**解析**］偿债基金计算（已知 F 求 A）是等额支付系列终值计算的逆运算，根据题目给出的条件，是资金回收计算（已知 P 求 A），因此，选项 A 错误；年利率为 4.8%即为年名义利率，选项 B 正确；期限为 10 年，按月还款，所以还款期限为 10×12=120（期），选项 C 正确；借款期累计支付利息比按月等额本金还款多，因为是复利计算，利息也会产出利息，选项 D 错误；月利率为 4.8%÷12=0.4%，选项 E 正确。

3. 关于年有效利率的说法，正确的有（　　）。

A. 当每年计息周期数大于 1 时，名义利率大于年有效利率

B. 年有效利率比名义利率更能准确反映资金的时间价值

C. 名义利率一定，计息周期越短，年有效利率与名义利率差异越小

D. 名义利率为 r，一年内计息 m 次，则计息周期利率为 r/m

E. 当每年计息周期数等于 1 时，年有效利率等于名义利率

答案：B、D、E

［**解题要点**］若用计息周期利率来计算利率周期有效利率，并将利率周期内的利息再生利息因素考虑进去，这时所得的利率周期利率称为利率周期有效利率（又称利率周期实际利率）。所以年有效利率比名义利率更能准确反映资金的时间价值。已知利率周期名义利率 r，一个利率周期内计息 m 次，则计息周期利率为 $i=r/m$。在名义利率 r 一定时，每年计息期数 m 越多，i_{eff} 与 r 相差越大。当计息周期数 m 等于 1 时，年有效利率等于名义利率；当计息周期数 m 大于 1 时，年有效利率大于名义利率。

4. 对经营性技术方案，经济效果评价主要分析拟订方案的（　　）。

A. 盈利能力　　B. 偿债能力

C. 抗风险能力　　D. 财务生存能力

E. 可持续运行能力

答案：A、B、C、D

［**解题要点**］投资方案经济效果评价的内容主要包括盈利能力分析、偿债能力分析、财务生存能力分析和抗风险能力评价。

5. 下列投资方案指标中，属于静态评价指标的有（　　）。

A. 资产负债率　　B. 内部收益率

C. 偿债备付率　　D. 净现值率

E. 投资收益率

答案：A、C、E

［**解题要点**］选项 A、C、E 属于静态评价指标，选项 B、D 属于动态评价指标。

6. 关于项目财务内部收益的说法，正确的有（　　）。

A. 内部收益不是初始投资在整个计算期内的盈利率

B. 计算内部收益率需要事先确定基准收益

C. 内部收益率是使项目财务净现值为零的收益率

D. 内部收益率的评价准则是 $IRR \geqslant 0$ 时方案可行

E. 内部收益率是项目初始投资在寿命期内的收益率

答案：A、C

［**解题要点**］由于内部收益率不是初始投资在整个计算期内的盈利率，因而它不仅受项目初始投资规模的影响，而且受项目计算期内各年净收益大小的影响，选项A正确，选项E错误。内部收益率不需要事先确定一个基准收益率，而只需要知道基准收益率的大致范围即可，选项B错误。内部收益率是使投资方案在计算期内各年净现金流量的现值累计等于零时的折现率，选项C正确。当 $IRR \geqslant i_c$，表明方案在经济上是可行的，选项D错误。

7. 净现值和内部收益率作为评价经济方案经济效果的主要指标，二者的共同特点包括（　　）。

A. 均考虑了项目在计算期内的经济状况

B. 均取决于投资过程的现金流量而不受外部参数的影响

C. 均可用于独立方案的评价，并且结论是一致的

D. 均能够反映投资过程的收益程度

E. 均能直接反映项目在运营期间各年的经营情况

答案：A、C

［**解题要点**］净现值和内部收益率的计算均考虑了项目在计算期内的经济状况；不能反映投资过程的收益程度，也不能直接反映项目在运营期间各年的经营情况；净现值可用于单方案和多方案的评价，而内部收益率可用于单方案的评价，而对于多方案的评价，只适用于独立方案的评价；内部收益率取决于投资过程的现金流量而不受外部参数的影响，但净现值取决于投资过程的现金流量，并且受项目外部参数的影响。

8. 下列评价方法中，属于互斥型投资方案经济效果动态评价方法的有（　　）。

A. 增量投资内部收益率法

B. 年折算费用法

C. 增量投资回收期法

D. 方案重复法

E. 无限计算期法

答案：A、D、E

［**解题要点**］年折算费用法和增量投资回收期法均属于互斥方案静态评价方法；增量投资内部收益率法是动态评价方法，方案重复法就是最小公倍数法，最小公倍数法和无限期计算法均属于互斥方案评价方法中的净现值法。

9. 有三项投资，资料如下，要比较哪项投资有利，可以使用的方法是（　　）。

投资方案	现金流量		
	0	一年末	二年末
A	−5 000		9 000
B	−5 000	4 000	4 000
C	−5 000	7 000	

A. *NPV* 法

B. *NAV* 法

C. 最小公倍数法

D. *IRR* 法

E. ΔIRR 法

答案：B、C、E

［**解题要点**］本题比较简单，题目考核的是不同计算期的互斥方案的评价方法，本题可以采用的方法是 *NAV* 法、最小公倍数法和 ΔIRR 法。

10. 造成价值工程活动对象的价值系数 $V<1$ 的可能原因有（　　）。

A. 评价对象的显示成本偏低

B. 功能现实成本大于功能评价值

C. 可能存在着不足的功能

D. 实现功能的条件或方法不佳

E. 可能存在着过剩的功能

答案：B、D、E

［**解题要点**］$V<1$，即功能现实成本大于功能评价值。表明评价对象的现实成本偏高，而功能要求不高。这时，一种可能是存在着过剩的功能，另一种可能是功能虽无过剩，但实现功能的条件或方法不佳，以致使实现功能的成本大于功能的现实需要。这两种情况都应列入功能改进的范围，并且以剔除过剩功能及降低现实成本为改进方向，使成本与功能比例趋于合理。

11. 利用功能指数法进行价值分析时，如果 $V_I>1$，出现这种情况的原因可能是（　　）。

A. 目前成本偏低，不能满足评价对象应具有的功能要求

B. 功能过剩，已经超过了其应具有的功能水平

C. 功能成本比较好，正是价值分析所追求的目标

D. 功能很重要但成本较低，不必列为改进对象

E. 实现功能的条件和方法不佳，致使成本过高

答案：A、B、D

［**解题要点**］本题考核的是价值工程功能分析。关键要理解下列内容：当 $V_I>1$ 时，评价对象的成本比重小于其功能比重。出现这种结果的原因可能有三个：第一个原因是现实成本偏低，不能满足评价对象实现其应具有的功能的要求，致使对象功能偏低，这种情况应列为改进对象，改善方向是增加成本；第二个原因是对象目前具有的功能已经超过了其应该具有的水平，即存在过剩功能，这种情况也应列为改进对象，改善方向是降低功能水平；第三个原因是对象在技术、经济等方面具有某些特征，在客观上存在着功能很重要而需要消耗的成本却很少的情况，这种情况一般就不必列为改进对象了。

12. 在价值工程活动中，常用于方案综合评价的定量方法包括（　　）。

A. 优缺点列举法

B. 直接评分法

C. 加权评分法

D. 比较价值评分法

E. 几何平均值评分法

答案：B、C、D、E

［**解题要点**］本题考核的是价值工程方案综合评价的方法。用于方案综合评价的方法有很多，常用的定性方法有德尔菲（Delphi）法、优缺点列举法等；常用的定量方法有直接评分法、加权评分法、比较价值评分法、环比评分法、强制评分法、几何平均值评分法等。

13. 工程寿命周期成本为设置费和维持费的合计额，也就是系统在工程寿命周期内的总费用。费用估算的方法有（　　）。

A. 费用模型估算法

B. 参数估算法

C. 类比估算法

D. 费用项目分别估算法

E. 权衡分析法

答案：A、B、C、D

［**解题要点**］本题考核的是工程寿命周期成本费用估算的方法。包括：费用模型估算法、参数估算法、类比估算法、费用项目分别估算法。注意与工程寿命周期成本评价方法之间的区别。

第五章　工程项目投融资

考纲要求

1. 项目资本金制度、项目资金筹措的渠道与方式；
2. 项目资金成本与资本结构；
3. 项目融资的程序和方式；
4. 与工程项目有关的税收及保险规定。

本章知识架构

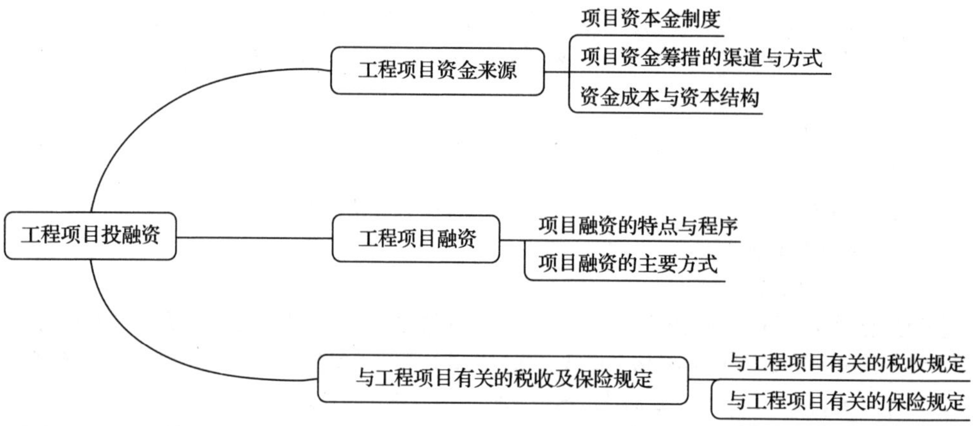

考点与题型详解

考点一：工程项目资金来源

点评：从如何理解各个知识点角度观察，本考点难度不是很大，但对于大多数考生而言，过去几乎没有接触过这方面的知识，学习时尚需花费一定精力；从应试角度分析，考生可以参考历年考题，分析可能出现的考核内容和题型。

知识要点集成

一、项目资本金制度

表 5-1　项目资本金概念与适用范围

概念	项目资本金是指在项目总投资中由投资者认缴的出资额。对项目来说，项目资本金是非债务性资金，项目法人不承担这部分资金的任何利息和债务。投资者可按其出资的比例依法享有所有者权益，也可转让其出资，但不得以任何方式抽回
适用范围	各种经营性固定资产投资项目，包括国有单位的基本建设、技术改造、房地产开发项目和集体投资项目，试行资本金制度，投资项目必须首先落实资本金才能进行建设。个体和私营企业的经营性投资项目参照规定执行。公益性投资项目不实行资本金制度

表 5-2　项目资本金的来源

来源	项目资本金可以用货币出资，也可以用实物、工业产权、非专利技术、土地使用权作价出资。对作为资本金的实物、工业产权、非专利技术、土地使用权，必须经过有资格的资产评估机构依照法律、法规评估作价，不得高估或低估。以工业产权、非专利技术作价出资的比例不得超过投资项目资本金总额的 20%，国家对采用高新技术成果有特别规定的除外
货币出资来源	（1）各级人民政府的财政预算内资金、国家批准的各种专项建设基金、经营性基本建设基金回收的本息、土地批租收入、国有企业产权转让收入、地方人民政府按国家有关规定收取的各种规费及其他预算外资金。 （2）国家授权的投资机构及企业法人的所有者权益（包括资本金、资本公积金、盈余公积金和未分配利润、股票上市收益等）、企业折旧资金以及投资者按照国家规定从资金市场上筹措的资金。 （3）社会个人合法所有的资金。 （4）国家规定的其他可以用作投资项目资本金的资金

表 5-3　项目资本金占项目总投资最低比例

序号	投资项目		最低资本金比例/%
1	城市和交通基础设施项目	城市轨道交通项目	20
		港口、沿海及内河航运项目	
		铁路、公路项目	
		机场项目	25
2	房地产开发项目	保障性住房和普通商品住房项目	20
		其他项目	25
3	产能过剩行业项目	钢铁、电解铝项目	40
		水泥项目	35
		煤炭、电石、铁合金、烧碱、焦炭、黄磷、多晶硅项目	30

续表 5-3

序号	投资项目		最低资本金比例/%
4	其他工业项目	玉米深加工项目	20
		化肥（钾肥除外）项目	25
		电力等其他项目	20

注：作为计算资本金基数的总投资，是指投资项目的固定资产投资与铺底流动资金之和，具体核定时以经批准的动态概算为依据。

表 5-4　外商投资企业注册资本占投资总额的最低比例

序号	投资总额	注册资本占投资总额的最低比例	特别要求
1	300 万美元以下（含 300 万美元）	7/10	—
2	300 万美元～1 000 万美元（含 1 000 万美元）	1/2	投资总额 420 万美元以下的，注册资金不低于 210 万美元
3	1 000 万美元～3 000 万美元（含 3 000 万美元）	2/5	投资总额在 1 250 万美元以下的，注册资金不低于 500 万美元
4	3 000 万美元以上	1/3	投资总额在 3 600 万美元以下的，注册资金不低于 1 200 万美元

表 5-5　项目资本金的管理

筹措与认缴	投资项目在可行性研究报告中要就资本金筹措情况做出详细说明，包括出资方、出资方式、资本金来源及数额、资本金认缴进度等有关内容。上报可行性研究报告时须附有各出资方承诺出资的文件，以实物、工业产权、非专利技术、土地使用权作价出资的，还须附有资产评估证明等有关材料。 主要使用商业银行贷款的投资项目，投资者应将资本金按分年应到位数量存入其主要贷款银行；主要使用国家开发银行贷款的投资项目，应将资本金存入国家开发银行指定的银行。投资项目资本金只能用于项目建设，不得挪作他用，更不得抽回。有关银行承诺贷款后，要根据投资项目建设进度和资本金到位情况分年发放贷款
监督与处罚	有关部门要按照国家规定对投资项目资本金到位和使用情况进行监督。对资本金未按照规定进度和数额到位的投资项目，投资管理部门不发给投资许可证，金融部门不予贷款。对将已存入银行的资本金挪作他用的，在投资者未按规定予以纠正之前，银行要停止对该项目拨付贷款。 对资本金来源不符合有关规定，弄虚作假，以及抽逃资本金的，要根据情节轻重，对有关责任者处以行政处分或经济处罚，必要时停缓建有关项目。 凡资本金不落实的投资项目，一律不得开工建设

二、项目资金筹措的渠道与方式

表 5-6　项目资金筹措应遵循的基本原则

规模适宜原则	筹措资金的目的在于确保项目所必需的资金，筹资的数量不能盲目确定，必须做到以需定筹。若筹资不足，必然会影响其生产经营活动的正常开展；反之，又会造成资金浪费，降低资金的使用效率，因此，在筹资时必须掌握一个合理的规模，使资金的筹集量与需求量达到平衡
时机适宜原则	筹资的时机应依据资金的使用时间来合理安排。筹资过早，会造成资金闲置；筹资太迟，又会影响投资机会
经济效益原则	筹资渠道和方式多种多样，不同筹资渠道和方式的资金成本、筹资的难易程度、资金供给者的约束条件等可能各不相同，因此，应综合考虑，力求以最低的综合资金成本实现最大的投资效益
结构合理原则	合理的资金来源结构包括两个方面：一是合理安排权益资本和债务资金的比例；二是合理安排长期资金和短期资金的比例。因此，在筹资过程中，应合理安排筹资结构，寻求筹资方式的最优组合

表 5-7　资本金筹措的渠道与方式

既有法人项目资本金筹措	内部资金来源	企业现金	扣除保持必要的日常经营所需的货币资金额，多余的资金可用于项目投资
		未来生产经营中获得的可用于项目的资金	可以用于再投资及偿还债务的企业经营净现金＝净利润＋折旧＋无形及其他资产摊销－流动资金占用的增加－利润分红－利润中需要留作企业盈余公积金和公益金的部分
		企业资产变现	既有法人可将流动资产、长期投资或固定资产变现，取得现金用于新项目投资。企业资产变现通常包括：短期投资、长期投资、固定资产、无形资产的变现
		企业产权转让	企业可将原拥有的产权部分或全部转让给他人，换取资金用作新项目的资本金
		说明	资产变现表现为一个企业资产总额构成的变化，即非现金货币资产的减少，现金货币资产的增加，而资产总额并没有发生变化。产权转让则是企业资产控制权或产权结构发生变化，对于原有的产权人，经转让后其控制的企业原有资产总量会减少

续表 5-7

既有法人项目资本金筹措	外部资金来源	企业增资扩股	企业可以通过原有股东增资扩股以及吸收新股东增资扩股，包括国家股、企业法人股、个人股和外资股的增资扩股
		优先股	（1）优先股与普通股相同的是没有还本期限，与债券特征相似的是股息固定。相对于其他借款融资，优先股的受偿顺序通常靠后，对于项目公司其他债权人来说，可视为项目资本金。 （2）对于普通股股东来说，优先股通常要优先受偿，是一种负债。 （3）优先股是一种介于股本资金与负债之间的融资方式。优先股股东不参与公司经营管理，没有公司控制权，不会分散普通股东的控股权。 （4）发行优先股通常不需要还本，只需支付固定股息，可减少公司的偿债风险和压力，但优先股融资成本较高，且股利不能像债券利息一样在税前扣除
		国家预算内投资	国家预算内投资是指以国家预算资金为来源并列入国家计划的固定资产投资。目前包括国家预算、地方财政、主管部门和国家专项投资拨给或委托银行贷给建设单位的基本建设拨款及中央基本建设基金，拨给企业单位的更新改造拨款，以及中央财政安排的专项拨款中用于基本建设的资金
新设法人项目资本金筹措	方式一	在新设法人设立时由发起人和投资人按项目资本金额度要求提供足额资金： （1）按照资本金制度的相关规定，应由投资人或项目发起人认缴或筹集足够的资本金提供给新设法人。 （2）新设项目法人项目资本金通常以注册资本的方式投入。 （3）说明：有些情况下，项目最初的投资人或项目发起人对投资项目的资本金并没有安排到位，而是要通过初期设立的项目法人进一步进行资本金筹措活动。这样的安排背景原因很多，有的是受制于投资能力，有的是为了回避投资风险，有的是为了吸引外来投资，有的是为了完善投资结构等	
	方式二	新设法人项目在资本市场上进行融资形成项目资本金： （1）在资本市场募集股本资金。在资本市场募集股本资金可以采取两种基本方式：私募与公开募集。 （2）合资合作。通过在资本投资市场上寻求新的投资者，由初期设立的项目法人与新的投资者以合资合作等多种形式，重新组建新的法人，或者由设立初期项目法人的发起人和投资人与新的投资者进行资本整合，重新设立新的法人。采用这一方式，新法人往往需要重新进行公司注册或变更登记	

表 5-8　债务资金筹措的渠道与方式

特点	债务融资的优点是速度快、成本较低，缺点是融资风险较大，有还本付息的压力
影响因素	筹措债务资金应考虑债务期限、债务偿还、债务序列、债权保证、违约风险利率结构、货币结构与国家风险等主要因素

续表 5-8

信贷方式融资	商业银行贷款	（1）分类： 1）按照所有制形式不同，我国的商业银行分为国有商业银行和股份制银行。 2）按照经营区域不同，我国的商业银行分为全国性银行和地区性银行。境外的商业银行也是得到银行贷款的来源。 3）按照贷款期限，商业银行的贷款分为短期贷款、中期贷款和长期贷款。贷款期限在 1 年以内的为短期贷款，超过 1 年至 3 年的为中期贷款，3 年以上期限的为长期贷款。 4）按照资金使用用途分，商业银行贷款在银行内部管理中分为固定资产贷款、流动资金贷款、房地产开发贷款等。 （2）说明： 1）项目投资使用中长期银行贷款，银行要进行独立的项目评估。 2）除了商业银行可以提供贷款，一些城市或农村信用社、信托投资公司等非银行金融机构也提供商业贷款，条件与商业银行类似。 3）国外商业银行贷款利率有浮动利率与固定利率两种形式。浮动利率通常以某种国际金融市场的利率为基础，加上一个固定的加成率构成。 4）中国人民银行已放开贷款利率管制，取消商业银行贷款利率 70%的下限，由商业银行根据商业原则自主确定贷款利率水平，对农村信用社贷款利率也不再设立上限。商业银行与客户协商定价的空间将进一步扩大
	政策性银行贷款	政策性银行贷款利率通常比商业银行贷款利率低。我国的政策性银行有：中国进出口银行、中国农业发展银行。国家开发银行原来也属于政策性银行，但在 2008 年年底改制后，成为开发性金融机构，为实现国家中长期发展战略提供投融资服务和开发性金融服务
	出口信贷	（1）买方信贷。是出口商所在地银行为促进本国商品的出口，而对国外进口商（或其银行）所发放的一种贷款。 （2）卖方信贷。是出口商所在地有关银行，为便于该国出口商以延期付款形式出口商品而给予本国出口商的一种贷款。 （3）福费廷。一些大型资本货物，如在大型水轮机组和发电机组等设备的采购中，由于从设备的制造、安装到投产需要多年时间，进口商往往要求延期付款，按项目的建设周期分期偿还。为了鼓励设备出口，几家出口商所在地银行专门开设了针对大型设备出口的特殊融资：出口商把经进口商承兑的、期限在半年以上到 5～6 年以上的远期汇票，无追索权地出售给出口商所在地的银行，出口商提前取得现款。为了保证在进口商不能履行义务的情况下出口商也能获得贷款，出口商要求进口商承兑的远期汇票附有银行担保
	银团贷款	随着工程项目的规模扩大，所需的建设资金也越来越多，出于风险控制或银行资金实力方面的考虑，一家商业银行的贷款往往无法满足项目债务资金的需求，于是出现了银团贷款，也称辛迪加贷款

续表 5-8

信贷方式融资	国际金融机构贷款	（1）国际货币基金组织（International Monetary Fund，IMF）。IMF 的贷款只限于成员国的财政和金融当局，IMF 不与任何企业发生业务，贷款用途限于弥补国际收支逆差或用于经常项目的国际支付，期限为 1～5 年。 （2）世界银行（The World Bank）。世界银行主要提供用于确定工程项目的贷款，以鼓励较不发达国家生产与资源的开发。世界银行贷款仅限于会员国，凡参加世界银行的国家必须首先是国际货币基金组织的成员国，若贷款对象为非会员国的政府时，则该贷款须由会员国政府、中央银行和世界银行认可的机构进行担保。贷款的发放和管理按照项目周期进行，必须专款专用，并接受世界银行的监督。贷款期限一般较长，最长可达 30 年。 （3）亚洲开发银行贷款（Asian Development Bank，ADB）。ADB 是类似于世界银行但只面向亚太地区的区域性政府间金融开发机构。ADB 根据 1990 年人均国民生产总值的不同，将发展中国家成员分为 A、B、C 三类，对不同种类的国家或地区采用不同的贷款或捐赠条件。 （4）亚洲基础设施投资银行（Asian Infrastructure Investment Bank，AIIB）。亚洲基础设施投资银行简称亚投行，是由中国倡议设立的一个政府间性质的亚洲区域多边开发机构，主要业务是援助亚太地区国家的基础设施建设，以促进亚洲区域的建设互联互通化和经济一体化进程，并加强中国及其他亚洲国家和地区的合作
债券方式融资	相关概念	债券筹资是一种直接融资，除一般债券融资外，还有可转换债券融资。可转换债券是企业发行的一种特殊形式的债券。在预先约定的期限内，可转换债的债券持有人有权选择按照预先规定的条件将债权转换为发行人公司的股权
	优点	（1）筹资成本较低。发行债券筹资的成本要比股票筹资的成本低。这是因为债券发行费用较低，其利息允许在所得税前支付，可以享受扣减所得税的优惠，所以企业实际上负担的债券成本一般低于股票成本。 （2）保障股东控制权。债券持有人无权干涉管理事务，因此，发行企业债券不会像增发股票那样可能会分散股东对企业的控制权。 （3）发挥财务杠杆作用。不论企业盈利水平如何，债券持有人只收取固定的利息，更多的收益可用于分配给股东，或留归企业以扩大经营。 （4）便于调整资本结构。企业通过发行可转换债券，或在发行债券时规定可提前赎回债券，有利于企业主动地、合理地调整资本结构确定负债与资本的合理比率
	缺点	（1）可能产生财务杠杆负效应。债券必须还本付息，是企业固定的支付费用。随着这种固定支出的增加，企业的财务负担和破产可能性增大。一旦企业资产收益率下降到债券利息率之下，会产生财务杠杆的负效应。 （2）可能使企业总资金成本增大。企业财务风险和破产风险会因其债务的增加而上升，这些风险的上升又导致企业债券成本、权益资金成本上升，从而增大了企业总资金成本。 （3）经营灵活性降低。在债券合同中，各种保护性条款使企业在股息策略融资方式和资金调度等多方面受到制约，经营灵活性降低

续表 5-8

<table>
<tr><td rowspan="4">租赁方式融资</td><td>经营租赁</td><td colspan="2">经营租赁是出租方以自己经营的设备租给承租方使用，出租方收取租金</td></tr>
<tr><td rowspan="3">融资租赁</td><td>概念</td><td>融资租赁又称为金融租赁或财务租赁。采取这种租赁方式，通常由承租人选定需要的设备，由出租人购置后给承租人使用，承租人向出租人支付租金，承租人租赁取得的设备按照固定资产计提折旧，租赁期满，设备一般要由承租人所有，由承租人以事先约定的很低的价格向出租人收购的形式取得设备的所有权</td></tr>
<tr><td>特点</td><td>（1）融资租赁是一种融资与融物相结合的融资方式，能够迅速获得所需资产的长期使用权。
（2）融资租赁可以避免长期借款筹资所附加的各种限制性条款，具有较强的灵活性。
（3）融资租赁的融资与进口设备都由有经验和对市场熟悉的租赁公司承担，可以减少设备进口费，从而降低设备取得成本</td></tr>
<tr><td>租金构成</td><td>（1）租赁资产的成本：租赁资产的成本大体由资产的购买价、运杂费、运输途中的保险费等项目构成。
（2）租赁资产的利息：承租人所实际承担的购买租赁设备的贷款利息。
（3）租赁手续费：包括出租人承办租赁业务的费用以及出租人向承租人提供租赁服务所赚取的利润</td></tr>
</table>

三、资金成本与资本结构

表 5-9　资金成本

<table>
<tr><td rowspan="2">分类</td><td>资金筹集成本</td><td>指在资金筹集过程中所支付的各项费用，如发行股票或债券支付的印刷费、发行手续费、律师费、资信评估费、公证费、担保费、广告费等。资金筹集成本一般属于一次性费用，筹资次数越多，资金筹集成本也就越大</td></tr>
<tr><td>资金使用成本</td><td>指占用资金而支付的费用，主要包括支付给股东的各种股息和红利、向债权人支付的贷款利息以及支付给其他债权人的各种利息费用等。资金使用成本一般与所筹集的资金多少以及使用时间的长短有关，具有经常性、定期性的特征，是资金成本的主要内容</td></tr>
<tr><td>性质</td><td colspan="2">（1）资金成本是资金使用者向资金所有者和中介机构支付的占用费和筹资费。
（2）资金成本与资金的时间价值既有联系，又有区别。资金的时间价值反映了资金随着其运动时间的不断延续而不断增值，是一种时间函数，而资金成本除可以看作是时间函数外，还表现为资金占用额的函数。
（3）资金成本具有一般产品成本的基本属性。资金成本是企业的耗费，企业要为占用资金而付出代价、支付费用，而且这些代价或费用最终也要作为收益的扣除额来得到补偿。但是资金成本只有一部分具有产品成本的性质，即这一部分耗费计入产品成本，而另一部分则作为利润的分配，不能列入产品成本</td></tr>
</table>

续表 5-9

<table>
<tr><td>作用</td><td colspan="4">(1) 个别资金成本主要用于比较各种筹资方式资金成本的高低，是确定筹资方式的重要依据。工程项目筹集长期资金一般有多种方式可供选择，如长期借款、发行债券、发行股票等。运用不同的筹资方式，个别资金成本是不同的。这时，个别资金成本的高低可作为比较各种融资方式优劣的一个依据。
(2) 综合资金成本是项目公司资本结构决策的依据。通常，项目所需的全部长期资金是采用多种筹资方式组合构成的，这种筹资组合往往有多个筹资方案可供选择。所以，综合资金成本的高低就是比较各个筹资方案，做出最佳资本结构决策的基本依据。
(3) 边际资金成本是追加筹资决策的重要依据。项目公司为了扩大项目规模，增加所需资产或投资，往往需要追加筹集资金。在这种情况下，边际资金成本就成为比较选择各个追加筹资方案的重要依据</td></tr>
<tr><td rowspan="12">计算</td><td>一般关系式</td><td colspan="3">$K=\frac{D}{P-F}$或$K=\frac{D}{P(1-f)}$</td></tr>
<tr><td rowspan="10">各种资金来源的资金成本</td><td>优先股成本</td><td colspan="2">$K_p=\frac{D_p}{P_0(1-f)}$或$K_p=\frac{P_0\cdot i}{P_0(1-f)}=\frac{i}{1-f}$</td></tr>
<tr><td rowspan="3">普通股成本</td><td>股利增长模型法</td><td>$K_s=\frac{D_c}{P_c(1-f)}+g=\frac{i_c}{1-f}+g$</td></tr>
<tr><td>税前债务成本加风险溢价法</td><td>$K_s=K_b+RP_c$</td></tr>
<tr><td>资本资产定价模型法</td><td>$K_s=R_f+\beta(R_m-R_f)$</td></tr>
<tr><td>保留盈余成本</td><td colspan="2">$K_R=\frac{D_c}{P_c}+g=i+g$</td></tr>
<tr><td rowspan="2">债券成本</td><td>关系式</td><td>$K_B=\frac{I_t(1-T)}{B(1-f)}$或$K_B=i_b\cdot\frac{1-T}{1-f}$</td></tr>
<tr><td>注意</td><td>若债券溢价或折价发行，为更精确地计算资金成本，应以实际发行价格作为债券筹资额</td></tr>
<tr><td>银行借款</td><td colspan="2">$K_g=\frac{I_t(1-T)}{G-F}=i_g\cdot\frac{1-T}{1-f}$</td></tr>
<tr><td>租赁成本</td><td colspan="2">$K_L=\frac{E}{P_L}(1-T)$</td></tr>
<tr><td>考虑时间价值的负债融资成本计算</td><td colspan="2">$P_0(1-f)=\sum_{t=1}^{n}\frac{P_t+I_t(1-T)}{(1+K_d)^t}$</td></tr>
<tr><td>加权平均资金成本</td><td colspan="3">$K_w=\sum_{i=1}^{n}W_i\cdot K_i$</td></tr>
</table>

注：资金成本的计算这部分内容每年都要出一道考题，掌握该部分内容应理解资金成本一般关系式，由此可以推导各种来源的资金成本的计算关系式。

表 5-10　资本结构

<table>
<tr><td>概念</td><td colspan="2">资本结构是指项目融资方案中各种资金来源的构成及其比例关系，又称资金结构。在项目融资活动中，资本结构有广义和狭义之分。广义的资本结构是指项目公司全部资本的构成，不但包括长期资本，还包括短期资本，主要是短期债务资本。狭义的资本结构是指项目公司所拥有的各种长期资本的构成及其比例关系，尤其是指长期的股权资本与债务资本的构成及其比例关系</td></tr>
<tr><td rowspan="2">项目资本金与债务资金比例</td><td>权益投资人的角度</td><td>项目融资的资金结构应追求以较低的资本金投资争取较多的债务资金，同时要争取尽可能低的对股东的追索，另外由于债务资本的利息在所得税前列支，在考虑公司所得税的基础上，债务资本要比项目资本金的资金成本低很多，由于财务杠杆作用，适当的债务资本比例能够提高项目资本金财务内部收益率</td></tr>
<tr><td>提供债务资金的债权人角度</td><td>希望债权得到有效的风险控制，项目有较高的资本金比例可以承担较高的市场风险，有利于债权得到有效的风险控制。同时，项目资本金比例越高，贷款的风险越低，贷款的利率可以越低，如果权益资金过大，风险可能会过于集中，财务杠杆作用下滑。但如果项目资本金占的比重太少，会导致负债融资的难度提升和融资成本的提高</td></tr>
<tr><td>项目资本金结构</td><td colspan="2">项目资本金内部结构比例是指项目投资各方的出资比例。投资方对项目不同的出资比例决定了投资各方对项目的建设和经营所享有的决策权、应承担的责任以及项目收益的分配</td></tr>
<tr><td>项目债务资金结构</td><td colspan="2">（1）债务期限配比。在项目负债结构中，长短期负债借款需要合理搭配。短期借款利率低于长期借款，适当安排一些短期融资可以降低总的融资成本，但如果过多的采用短期融资，会使项目公司的财务流动性不足，项目的财务稳定性下降，产生过高的财务风险。长期负债融资的期限应当与项目的经营期限相协调。
（2）债务偿还顺序。长期债务需要根据一个事先确定下来的比较稳定的还款计划表来还本付息。对于从建设期开始的项目融资，债务安排中一般还有一定的宽限期。在此期间，贷款的利息可以资本化。
（3）境内外借款占比。对于借款公司来讲，使用境外借款或国内银行外汇贷款，如果贷款条件一样，并没有什么区别。境内外借款主要决定于项目使用外汇的额度，同时可能主要由借款取得可能性及方便程度决定。
（4）利率结构。项目融资中的债务资金利率主要为浮动利率、固定利率以及浮动/固定利率三种机制。评价项目融资中应该采用何种利率结构，需要综合考虑三方面的因素：
1）项目现金流量的特征起着决定性的作用。对于一些工程项目而言，项目的现金流量相对稳定，可预测性很强。
2）对进入市场中利率的走向分析在决定债务资金利率结构时也起到很重要的作用。
3）任何一种利率结构都有可能为借款人带来一定的利益，但也会相应增加一定的成本，最终取决于借款人如何在控制融资风险和减少融资成本之间的权衡。
（5）货币结构。项目融资债务资金的货币结构可以依据项目现金流量的货币结构加以设计，以减少项目的外汇风险</td></tr>
</table>

续表 5-10

资本结构的比选方法	关系式	$EPS=\frac{(S-VC-F-I)(1-T)-D_p}{N}=\frac{(EBIT-I)(1-T)-D_p}{N}$
	说明	一般来说，每股收益受资本结构的影响，同样也受销售水平的影响。因此，可运用融资的每股收益分析方法分析三者的关系。判断资本结构合理与否，其一般方法是以分析每股收益的变化来衡量。能提高每股收益的资本结构是合理的，反之则不够合理。利用每股收益的无差别点进行融资的每股收益分析

经典考题剖析

一、2023 年考题

1. 依据我国固定资产投资项目资本金制度，通过发行权益类金融工具等方式筹措的项目资本金在资本金总额中的占比上限是（　　）。

A. 30％　　B. 40％　　C. 50％　　D. 60％

答案：C

［解析］通过发行金融工具等方式筹措的各类资金，按照国家统一的会计制度应当分类为权益工具的，可以认定为投资项目资本金，但不得超过资本金总额的 50％。

2. 通过国际金融机构贷款方式筹集建设资金的特点是（　　）。

A. 利率高于商业银行贷款利率

B. 安排贷款期限较短

C. 通常不需要支付借款承诺费等附加费用

D. 通常要求设备采购进行国际招标

答案：D

［解析］国际金融机构的贷款通常带有一定的优惠性，贷款利率低于商业银行贷款利率，贷款期限可以安排得很长，但也有可能需要支付某些附加费用，例如承诺费。国际金融机构贷款通常要求设备采购进行国际招标。

3. 进行追加筹资决策所依据的资金成本是（　　）

A. 社会平均资金成本　　B. 边际资金成本

C. 账面综合资金成本　　D. 递减资金成本

答案：B

［解析］项目公司为了扩大项目规模，增加所需资产或投资，往往需要追加筹集资金。在这种情况下，边际资金成本就成为比较选择各个追加筹资方案的重要依据。

4. 某企业采用融资租赁方式租入一套大型设备。设备的资产价值为 800 万元。租赁期为 10 年。按租赁合同约定，该公司每年需定期支付租金 100 万元。公司所得税税率为 25％，该设备租赁成本率是（　　）。

A. 9.38%　　B. 12.50%　　C. 15.00%　　D. 16.67%

答案：A

［解析］$K_L=E(1-T)/P_L=100\times(1-25\%)/800=9.38\%$。

5. 进行资本结构分析时，通常需要分析每股收益无差别点。每股收益无差别点的含义是（　　）。

A. 不同融资方式下每股收益均为零的销售水平

B. 不同融资方式下每股收益均为零的融资总额

C. 每股收益不受融资方式影响的销售水平

D. 每股收益不受融资方式影响的融资总额

答案：C

［解析］每股收益分析是利用每股收益的无差别点进行的。所谓每股收益的无差别点，是指每股收益不受融资方式影响的销售水平。根据每股收益无差别点，可以分析判断不同销售水平下适用的资本结构。

6. 按照《国务院关于固定资产投资项目试行资本金制度的通知》，需要试行资本金的项目是（　　）

A. 国家投资的基础项目　　B. 房地产开发项目

C. 国家投资的技术改造项目　　D. 集体投资项目

E. 公益性投资项目

答案：A、B、C、D

［解析］为了建立投资风险约束机制，有效地控制投资规模，《国务院关于固定资产投资项目试行资本金制度的通知》（国发〔1996〕35号）规定，各种经营性固定资产投资项目，包括国有单位的基本建设、技术改造、房地产开发项目和集体投资项目，试行资本金制度，投资项目必须首先落实资本金才能进行建设。个体和私营企业的经营性投资项目参照规定执行。公益性投资项目不实行资本金制度。外商投资项目（包括外商投资、中外合资、中外合作经营项目）按现行有关法规执行。

选项B、D，是有争议的选项，笔者认为尽管没有提到是国家投资或集体投资，但仍然是经营性投资项目，不是公益项目，应试行资本金制度。

二、2022年考题

1. 下列项目中，项目资本金占项目总投资最低比例最大的是（　　）。

A. 城市轨道交通项目　　B. 保障房项目

C. 普通商品房项目　　D. 机场项目

答案：D

［解析］机场项目项目资本金占项目总投资最低比例为25%，选项A、B、C的项目资本金占项目总投资最低比例为20%。

2. 关于债券方式筹集资金的说法，正确的是（　　）。

A. 降低总成本　　B. 无法保障股东控制权

C. 可能发生财务杠杆负效应　　D. 筹资成本较高

答案：C

［解析］债券筹资的优点：①筹资成本较低；②保障股东控制权；③发挥财务杠杆作用；④便于调整资本结构。债券筹资的缺点：①可能产生财务杠杆负效应；②可能使企业总资金成本增大；③经营灵活性降低。

3. 贷款 1 000 万元，贷款期为 5 年，贷款利率为 9%，所得税税率为 25%，筹资费费率 2%，则资金成本率为（　　）。

A. 6.89%　　B. 9.00%　　C. 11.76%　　D. 11.0%

答案：A

［解析］$K=9\%\times(1-25\%)\div(1-2\%)=6.89\%$。

4. 无差别点是指使不同资本结构的每股收益相等时的（　　）。

A. 息税前利润　　B. 税前净利润

C. 税后净利润　　D. 税前利润

答案：A

［解析］所谓每股收益的无差别点，是指每股收益不受融资方式（不同资本结构）影响的销售水平，销售水平可以是销售额和息税前利润。

5. 通过每股收益的变化衡量资本结构是否合理，最优的是（　　）。

A. 每股收益的无差别点　　B. 价值最大

C. 每股收益增加的资本结构　　D. 提高利润

答案：C

［解析］资本结构是否合理，一般是通过分析每股收益的变化来进行衡量的。凡是能够提高每股收益的资本结构就是合理的，反之则是不合理的。

6. 资本金筹措方式中，项目新设法人进行的资本金筹措方式有（　　）。

A. 合资合作　　B. 公开募集

C. 融资租赁　　D. 私募

E. 政策性贷款

答案：A、B、D

［解析］由初期设立的项目法人进行的资本金筹措形式主要有：①在资本市场募集股本资金，即私募与公开募集；②合资合作。选项 C、E 属于债务资金筹措方式。

三、2021 年考题

1. 根据《国务院关于固定资产投资项目试行资本金制度的通知》，下列各类项目中，不实行资本金制度的固定资产投资项目的是（　　）。

A. 外商投资项目　　B. 国有企业房地产开发项目

C. 国有企业技术改造项目　　D. 公益性投资项目

答案：D

［解析］《国务院关于固定资产投资项目试行资本金制度的通知》规定，各种经营性固定资产投资项目，包括国有单位的基本建设、技术改造、房地产开发项目和集体投资项目，试行资本金制度，投资项目必须首先落实资本金才能进行建设。个体和私营企业的经营性投资项目参照规定执行。公益性投资项目不实行资本金制度。外商投资项目（包括外商投资、中外合资、中外合作经营项目）按现行有关法规

执行。

2. 下列资金筹措的方式中，可用来筹措项目资本金的是（　　）。

A. 私募　　B. 借贷　　C. 发行债券　　D. 融资租赁

答案：A

［**解析**］在资本市场募集股本资金可以采取两种基本方式，即私募与公开募集。其他属于债务资金的筹措。选项 B、C、D 属于债务资金筹集方式。

3. 4 000 万元 5 年债券，利率为 5%，筹资费费率为 4%，所得税税率为 25%，资金成本率为（　　）。

A. 3.16%　　B. 3.91%　　C. 5.21%　　D. 6.25%

答案：B

［**解析**］$K_B=i_b(1-T)/(1-f)=5\%\times(1-25\%)\div(1-4\%)=3.91\%$。

4. 在确定项目债务资金结构比例时，重要的是在（　　）之间取得平衡。

A. 债务期限和融资成本　　B. 融资成本和融资风险

C. 融资风险和债务额度　　D. 债务额度和债务期限

答案：B

［**解析**］在确定项目债务资本结构比例时，需要在融资成本和融资风险之间取得平衡，既要降低融资成本，又要控制融资风险。

5. 下列各项费用中，构成融资租赁租金的有（　　）。

A. 租赁资产的成本　　B. 承租人的使用成本

C. 出租人购买租赁资产的贷款利息　　D. 出租人的利润

E. 承租人承办租赁业务的费用

答案：A、C、D

［**解析**］融资租赁租金包括三大部分：①租赁资产的成本：租赁资产的成本大体由资产的购买价、运杂费、运输途中的保险费等项目构成；②租赁资产的利息：出租人所实际承担的购买租赁设备的贷款利息（教材中“承租人所实际承担的购买租赁设备的贷款利息”，在融资租赁过程，是出租人购买设备，承租人向出租人租赁设备，故认为教材“承租人”应该为“出租人”）；③租赁手续费：包括出租人承办租赁业务的费用以及出租人向承租人提供租赁服务所赚取的利润。

四、其他年份考题

1. 关于优先股的说法，正确的是（　　）。

A. 优先股有还本期限　　B. 优先股股息不固定

C. 优先股股东没有公司的控制权　　D. 优先股股利税前扣除

答案：C

［**解析**］优先股是指与普通股股东相比具有一定的优先权，主要指优先分得股利和剩余财产。优先股股息固定，与债券特征相似，但优先股没有还本期限，这又与普通股相同。相对于其他借款融资，优先股通常处于较后的受偿顺序，对于项目公司的其他债权人来说，可以视为项目的资本金。而对于普通股股东来说，优先股通常要优先受偿，是一种负债。因此，优先股是一种介于股本资金与负债之间的融资

方式。优先股股东不参与公司的经营管理，没有公司的控制权，不会分散普通股东的控股权。发行优先股通常不需要还本，只需支付固定股息，可减少公司的偿债风险和压力。由于优先股股息固定，当公司发行优先股而获得丰厚的利润时，普通股股东会享受到更多的利益，产生财务杠杆的效应。但优先股融资成本较高，且股利不能像债权利息一样在税前扣除。

2. 新设项目法人的项目资本金，可通过（　　）方式筹措。

A. 企业产权转让　　B. 在证券市场上公开发行股票

C. 商业银行贷款　　D. 在证券市场上公开发行债券

答案：B

［**解析**］由初期设立的项目法人进行的资本金筹措形式主要有：①在资本市场募集股本资金；②合资合作。

3. 与发行股票相比，发行债券融资的优点是（　　）。

A. 企业财务负担小　　B. 企业经营灵活性高

C. 便于调整资本机构　　D. 无须第三方担保

答案：C

［**解析**］债券筹资的优点为：①筹资成本较低；②保障股东控制权；③发挥财务杠杆作用；④便于调整资本结构。

4. 项目资金结构应有合理安排，如果项目资本金所占比例过大，会导致（　　）。

A. 财务杠杆作用下滑　　B. 信贷融资风险加大

C. 负债融资难度增加　　D. 市场风险承受力降低

答案：A

［**解析**］如果项目资本金所占比例过大，说明负债比例很小，则信贷融资风险降低，减小融资难度，市场风险承受力增强；同时财务杠杆作用下滑。

5. 关于融资租赁方式及其特点的说法，正确的有（　　）。

A. 由承租人选定所需设备

B. 由出租人购置所需设备

C. 由出租人计提固定资产折旧

D. 租赁期满后出租人收回设备所有权

E. 租金包括租赁设备的成本、利息及手续费

答案：A、B、E

［**解析**］选项A、B、C、D，融资租赁又称为金融租赁或财务租赁。采取这种租赁方式，通常由承租人选定需要的设备，由出租人购置后给承租人使用，承租人向出租人支付租金，承租人租赁取得的设备按照固定资产计提折旧，租赁期满，设备一般要由承租人所有，由承租人以事先约定的很低的价格向出租人收购的形式取得设备的所有权。选项E，融资的租赁的租金包括三大部分：①租赁资产的成本；②租赁资产的利息；③租赁手续费。

6. 项目公司资本结构是否合理，一般是通过分析（　　）的变化进行衡量。

A. 利率　　B. 风险报酬率　　C. 股票筹资　　D. 每股收益

答案：D

［**解析**］项目公司资本结构是否合理，一般是通过分析每股收益的变化进行衡量。

考点二：工程项目融资

点评：本考点大部分内容延续着近十年的知识，唯有对PPP的内容进行了大篇幅的修改，增加了很多内容，撰写的思路、逻辑与其他地方也不一致。考生学习时可以根据自己的精力调整，毕竟我们是应试学习。分析近几年考题，PPP内容基本考核1分，考核的内容变化不大，考生可以参照本书经典考题剖析题目所反映的内容重点复习，或者忽略这部分内容。

知识要点集成

一、项目融资的特点与程序

表5-11　项目融资的特点与程序

概念	从狭义上理解，项目融资就是通过项目来融资，也可以说是以项目的资产、收益作抵押来融资
特点	①项目导向；②有限追索；③风险分担；④非公司负债型融资；⑤信用结构多样化；⑥融资成本较高；⑦可以利用税务优势
特别注意	所谓充分利用税务优势，是指在项目所在国法律允许的范围内，通过精心设计的投资结构、融资模式，将所在国政府对投资的税务鼓励政策在项目参与各方中最大限度地加以分配和利用，以此降低筹资成本、提高项目的偿债能力。这些税务政策随国家不同、地区的不同而变化，通常包括加速折旧、利息成本、投资优惠以及其他费用的抵税法规等
步骤	**投资决策分析阶段** ·工业部门分析； ·项目可行性研究； ·投资决策——初步确定项目投资结构 **融资决策分析阶段** ·选择项目的融资方式——决定是否采用项目融资； ·任命项目融资顾问——明确融资任务和具体目标要求 **融资结构设计阶段** ·评价项目风险因素； ·评价项目的融资结构和资金结构——修正项目融资结构 **融资谈判阶段** ·选择银行、发出项目融资建议书； ·组织贷款银团； ·起草融资法律文件； ·融资谈判 **融资执行阶段** ·签署项目融资文件； ·执行项目投资计划； ·贷款银团经理人监督并参与项目决策； ·项目风险控制与管理

二、BOT方式

表5-12 BOT方式

BOT方式	特点	①扩大资金来源，政府能在资金缺乏的情况下利用外部资金建设一些基础设施项目；②提高项目管理的效率，增加国有企业人员对外交往的经验及提高管理水平；③发展中国家可吸收外国投资，引进国外先进技术
	融资过程	项目主办方注册一家项目公司，项目公司与承包商签订施工合同，接受保证金，同时接受分包商或供应商的保证金的转让，与经营者签订经营协议，项目公司与商业银行签订贷款协议，与出口信用贷款人签订买方信贷协议，商业银行提供出口信用贷款担保，并接受项目担保，项目公司向担保信托方转让收入
	具体形式	（1）标准BOT（建设—经营—移交）； （2）BOOT（建设—拥有—经营—移交）； （3）BOO（建设—拥有—经营）
	BOT演变方式(BT)	指政府在项目建成后从民营机构中购回项目（可一次支付也可分期支付）。与政府投资建造项目不同，政府用于购买项目的资金往往是事后支付（可通过财政拨款，但更多的是通过运营项目收费来支付）；民营机构用于项目建设的资金大多来自银行的有限追索权贷款。事实上，如果建设资金不是来自银行的有限追索权贷款的话，BT方式实际上成为“垫资承包”或“延期付款”，这样就超出了项目融资范畴

三、TOT方式

表5-13 TOT方式

TOT方式	含义	TOT（Transfer-Operate-Transfer），即移交—经营—移交，是指通过出售现有投产项目在一定期限内的现金流量，从而获得资金来建设新项目的一种融资方式。具体说来，是东道国把已经投产运行的项目在一定期限内移交（T）给外资经营（O），以项目在该期限内的现金流量为标的，一次性地从外商那里融得一笔资金，用于建设新的项目；外资经营期满后，再把原来项目移交（T）回东道国
	运作过程	①东道国项目发起人设立SPC，发起人把完工项目的所有权和新建项目的所有权均转让给SPC；②SPC与外商洽谈以达成转让投产运行项目在未来一定期限内全部或部分经营权的协议，并取得资金；③东道国利用获得的资金来建设新项目；④新项目投入运行；⑤移交经营项目期满后，收回移交的项目

续表 5-13

TOT 方式	特点	①有利于引进先进的管理方式；②项目引资成功的可能性增加；③使建设项目的建设和营运时间提前；④融资对象更为广泛；⑤具有很强的可操作性
	BOT 方式与 TOT 方式区别	(1) 从项目融资的角度看，TOT 方式是通过转让已建成项目的产权和经营权来融资的，而 BOT 方式是政府给予投资者特许经营权的许诺后，由投资者融资新建项目，即 TOT 方式是通过已建成项目为其他新项目进行融资，BOT 方式则是为筹建中的项目进行融资。 (2) 从具体运作过程看，TOT 方式由于避开了建造过程中所包含的大量风险和矛盾（如建设成本超支、延期、停建、无法正常运营等），并且只涉及转让经营权，不存在产权、股权等问题，在项目融资谈判过程中比较容易使双方意愿达成一致，并且不会威胁国内基础设施的控制权与国家安全。 (3) 从东道国政府的角度看，通过 TOT 方式吸引国外或民间投资者购买现有的资产，将从两个方面进一步缓解中央和地方政府财政支出的压力：通过经营权的转让，得到一部分外资或民营资本，可用于偿还因为基础设施建设而承担的债务，也可作为当前迫切需要建设而又难以吸引外资或民营资本的项目；转让经营权后，可大量减少基础设施运营的财政补贴支出。 (4) 从投资者的角度看，TOT 方式既可回避建设中的超支、停建或者建成后不能正常运营、现金流量不足以偿还债务等风险，又能尽快取得收益。采用 BOT 方式，投资者先要投入资金建设，并要设计合理的信用保证结构，花费时间很长，承担风险大；采用 TOT 方式，投资者购买的是正在运营的资产和对资产的经营权，资产收益具有确定性，也不需要太复杂的信用保证结构

四、ABS 方式

表 5-14　ABS 方式

ABS 方式	含义	ABS（Asset-Backed Securitization）是以资产支持的证券化之意。具体地讲，它是以目标项目所拥有的资产为基础，以该项目资产的未来收益为保证，通过在国际资本市场上发行债券筹集资金的一种项目融资方式。ABS 方式的目的在于，通过其特有的提高信用等级方式，使原本信用等级较低的项目照样可以进入高等级证券市场，利用该市场信用等级高、债券安全性高、流动性高、债券利率低的特点大幅度降低发行债券筹集资金的成本
	运作过程	①组建特殊目的机构 SPV；②SPV 与项目结合；③利用信用增级手段使该组资产获得预期的信用等级；④SPV 发行债券；⑤SPV 偿债

续表 5-14

ABS方式	BOT方式与ABS方式区别	（1）项目所有权、运营权归属。BOT方式中，项目的所有权与经营权在特许经营期内是属于项目公司的，在特许经营期结束之后，所有权及与经营权将会移交给政府；在ABS方式中，根据合同规定，项目的所有权在债券存续期内由原始权益人转至SPV，而经营权与决策权仍属于原始权益人，债券到期后，利用项目所产生的收益还本付息并支付各类费用之后，项目的所有权重新回到原始权益人手中。 （2）适用范围。对于关系国家经济命脉或包括国防项目在内的敏感项目，采用BOT方式是不可行的，容易引起政治、社会、经济等各方面的问题；在ABS方式中，虽在债券存续期内资产的所有权归SPV所有，但是资产的运营与决策权仍然归属原始权益人，SPV不参与运营，不必担心外商或私营机构控制，因此应用更加广泛。 （3）资金来源。BOT方式与ABS方式的资金来源主要都是民间资本，可以是国内资金，也可以是外资，如项目发起人自有资金、银行贷款等；但ABS方式强调通过证券市场发行债券这一方式筹集资金，这是ABS方式与其他项目融资方式一个较大的区别。 （4）对项目所在国的影响。BOT方式会给东道国带来一定负面效应，如掠夺性经营、国家税收流失及国家承担价格、外汇等多种风险，ABS方式则较少出现上述问题。 （5）风险分散度。BOT方式风险主要由政府、投资者/经营者、贷款机构承担；ABS方式则由众多的投资者承担，而且债券可以在二级市场上转让，变现能力强。 （6）融资成本。BOT方式过程复杂、牵涉面广、融资成本因中间环节多而增加；ABS方式则只涉及原始权益人、SPV、证券承销商和投资者，无须政府的许可、授权、担保等，是民间的非政府途径，过程简单，降低了融资成本

五、PFI方式

表 5-15　PFI方式

PFI方式	含义	PFI（Private Finance Initiative）即“私人主动融资”，是指由私营企业进行项目的建设与运营，从政府方或接受服务方收取费用以回收成本。该方式是政府与私人企业合作，由私营企业承担部分政府公共物品的生产或提供公共服务，政府购买私营企业提供的产品或服务，或给予私营企业以收费特许权，或政府与私营企业以合伙方式共同营运等方式，来实现政府公共物品产出中的资源配置最优化、效率和产出的最大化	
	典型模式	经济上自立的项目	这种方式实施的PFI项目，私人企业自提供服务时，政府不向其提供财政的支持，但是在政府的政策支持下，私人企业是通过项目的服务向最终使用者收费，来回收成本和实现利润
		向公共部门出售服务的项目	私人部门提供项目服务所产生的成本，完全地或主要地通过私人部门服务提供者向公共部门收费来补偿

续表 5-15

PFI 方式	典型模式	合资经营	公共部门和私人企业共同出资、分担成本和共享收益。但是，为了使项目成为一个真正的 PFI 项目，项目的控制权必须是由私人部门来掌握，公共部门只是一个合伙人的角色
	PFI 方式与 BOT 方式比较	（1）适用领域。BOT 方式主要用于基础设施或市政设施，如机场、港口、电厂、公路、自来水厂等，以及自然资源开发项目。PFI 方式的应用面更广，除上述项目之外，一些非营利性的、公共服务设施项目（如学校、医院、监狱等）同样可以采用 PFI 方式。 （2）合同类型。两种融资方式中，政府与私营部门签署的合同类型不尽相同，BOT 项目的合同类型是特许经营合同，而 PFI 项目中签署的是服务合同，PFI 项目的合同中一般会对设施的管理、维护提出特殊要求。 （3）承担风险。BOT 项目中，私营企业不参与项目设计，因此设计风险由政府承担，而 PFI 项目由于私营企业参与项目设计，需要承担设计风险。 （4）合同期满处理方式。BOT 项目在合同中一般会规定特许经营期满后，项目必须无偿交给政府管理及运营，而 PFI 项目的服务合同中往往规定，如果私营企业通过正常经营未达到合同规定的收益，可以继续保持运营权	

六、PPP 方式

表 5-16　PPP 方式的相关概念

一般概念	政府和社会资本合作模式（Public-Private Partnership，PPP）
广义概念	广义 PPP 泛指公共部门与私营部门为提供公共产品或服务而建立的长期合作关系
狭义概念	狭义 PPP 则强调政府通过商业而非行政的方法，如在项目公司中占股份来加强对项目的控制，以及与企业合作过程中的优势互补、风险共担和利益共享
概念说明	国际学术界和企业界较为认同的是广义的 PPP，即将 PPP 认定为政府与企业长期合作的一系列方式的统称，包含 BOT 方式、TOT 方式、PFI 方式等多种方式，并特别强调合作过程中政企双方的平等、风险分担、利益共享、效率提高和保护公众利益
适用项目	根据《关于印发〈政府和社会资本合作模式操作指南（试行）〉的通知》（财金〔2014〕113 号）的规定：投资规模较大、需求长期稳定、价格调整机制灵活、市场化程度较高的基础设施及公共服务类项目，适宜采用政府和社会资本合作模式
发起与组织	政府和社会资本合作项目由政府或社会资本发起，以政府发起为主。政府或其指定的有关职能部门或事业单位可作为项目实施机构，负责项目准备、采购、监管和移交等工作。项目实施机构应组织编制项目实施方案

表 5-17 PPP 项目实施方案的内容

项目概况	项目概况主要包括基本情况、经济技术指标和项目公司股权情况等。基本情况主要明确项目提供的公共产品和服务内容、项目采用政府和社会资本合作模式运作的必要性和可行性，以及项目运作的目标和意义。经济技术指标主要明确项目区位、占地面积、建设内容或资产范围、投资规模或资产价值、主要产出说明和资金来源等。项目公司股权情况主要明确是否要设立项目公司以及公司股权结构
风险分配基本框架	按照风险分配优化、风险收益对等和风险可控等原则，综合考虑政府风险管理能力、项目回报机制和市场风险管理能力等要素，在政府和社会资本间合理分配项目风险。原则上，项目设计、建造、财务和运营维护等商业风险由社会资本承担，法律、政策和最低需求等风险由政府承担，不可抗力等风险由政府和社会资本合理共担
项目运作方式	项目运作方式主要包括委托运营、管理合同、建设—运营—移交、建设—拥有—运营、转让—运营—移交和改建—运营—移交等。具体运作方式的选择主要由收费定价机制、项目投资收益水平、风险分配基本框架、融资需求、改扩建需求和期满处置等因素决定
交易结构	交易结构主要包括项目投融资结构、回报机制和相关配套安排。项目投融资结构主要说明项目资本性支出的资金来源、性质和用途，项目资产的形成和转移等。项目回报机制主要说明社会资本取得投资回报的资金来源，包括使用者付费、可行性缺口补助和政府付费等支付方式。相关配套安排主要说明由项目以外相关机构提供的土地、水、电、气和道路等配套设施和项目所需的上下游服务
合同体系	合同体系主要包括项目合同、股东合同、融资合同、工程承包合同、运营服务合同、原料供应合同、产品采购合同和保险合同等。项目合同是其中最核心的法律文件。项目边界条件是项目合同的核心内容，主要包括权利义务、交易条件、履约保障和调整衔接等边界。权利义务边界主要明确项目资产权属、社会资本承担的公共责任、政府支付方式和风险分配结果等。交易条件边界主要明确项目合同期限、项目回报机制、收费定价调整机制和产出说明等。履约保障边界主要明确强制保险方案以及由投资竞争保函、建设履约保函、运营维护保函和移交维修保函组成的履约保函体系。调整衔接边界主要明确应急处置、临时接管和提前终止、合同变更、合同展期、项目新增改扩建需求等应对措施
监管架构	监管架构主要包括授权关系和监管方式。授权关系主要是政府对项目实施机构的授权，以及政府直接或通过项目实施机构对社会资本的授权；监管方式主要包括履约管理、行政监管和公众监督等
采购方式选择	项目采购应根据《政府采购法》及相关规章制度执行，采购方式包括公开招标、竞争性谈判、邀请招标、竞争性磋商和单一来源采购。项目实施机构应根据项目采购需求特点，依法选择适当采购方式。公开招标主要适用于核心边界条件和技术经济参数明确、完整、符合国家法律法规和政府采购政策，且采购中不做更改的项目
审核部门	财政部门（或政府和社会资本合作中心）应对项目实施方案进行物有所值和财政承受能力验证，通过验证的，由项目实施机构报政府审核；未通过验证的，可在实施方案调整后重新验证；经重新验证仍不能通过的，不再采用政府和社会资本合作模式

表 5-18　PPP 项目物有所值（VFM）评价

概念	物有所值（Value for Money，VFM）评价是判断是否采用 PPP 模式代替政府传统投资运营方式提供公共服务项目的一种评价方法。在中国境内拟采用 PPP 模式实施的项目，应在项目识别或准备阶段开展物有所值评价。物有所值评价包括定性评价和定量评价。现阶段以定性评价为主，鼓励开展定量评价
用途	定量评价可作为项目全寿命期内风险分配、成本测算和数据收集的重要手段，以及项目决策和绩效评价的参考依据。应统筹定性评价和定量评价结论，做出物有所值评价结论。物有所值评价结论分为“通过”和“未通过”。“通过”的项目，可进行财政承受能力论证；“未通过”的项目，可在调整实施方案后重新评价，仍未通过的不宜采用 PPP 模式

表 5-19　PPP 项目物有所值（VFM）评价方法

物有所值评价所需资料与权能分配		开展物有所值评价所需资料主要包括：（初步）实施方案、项目产出说明、风险识别和分配情况、存量公共资产的历史资料、新建或改扩建项目的（预）可行性研究报告、设计文件等。 开展物有所值评价时，项目本级财政部门（或政府和社会资本合作中心）应会同行业主管部门，明确是否开展定量评价，并明确定性评价程序、指标及其权重、评分标准等基本要求。项目本级财政部门（或政府和社会资本合作中心）应会同行业主管部门，明确定量评价内容、测算指标和方法，以及定量评价结论是否作为采用 PPP 模式的决策依据
定性方法	指标	六项基本评价指标包括全生命周期整合程度、风险识别与分配、绩效导向与鼓励创新、潜在竞争程度、政府机构能力、可融资性； 补充评价指标包括：项目规模大小、预期使用寿命长短、主要固定资产种类、全生命周期成本测算准确性、运营收入增长潜力、行业示范性等
	权重与打分	物有所值定性评价一般采用专家打分法。在各项评价指标中，六项基本评价指标权重为 80%，其中任一指标权重一般不超过 20%；补充评价指标权重为 20%，其中任一指标权重一般不超过 10%。每项指标评分分为五个等级，即：有利、较有利、一般、较不利、不利，对应分值分别为 100～81、80～61、60～41、40～21、20～0 分。原则上，评分结果在 60 分及以上的，可以认为通过定性评价；否则，认为未通过定性评价
定量方法	评价原理	定量评价是在假定采用 PPP 方式与政府传统投资方式产出绩效相同的前提下，通过对 PPP 项目全生命周期内政府方净成本的现值（PPP 值）与公共部门比较值（PSC 值）进行比较，判断 PPP 方式能否降低项目全寿命期成本。 PPP 值小于或等于 PSC 值的，认为通过定量评价；PPP 值大于 PSC 值的，认为未通过定量评价

续表 5-19

定量方法	相关概念	PPP 值可等同于 PPP 项目全生命周期内股权投资、运营补贴、风险承担和配套投入等各项财政支出责任的现值。PSC 值是以下三项成本的全生命周期现值之和：①参照项目的建设和运营维护净成本；②竞争性中立调整值；③项目全部风险成本
评价报告内容	(1) 项目基础信息。主要包括项目概况、项目产出说明和绩效标准、PPP 运作方式、风险分配框架和付费机制等。 (2) 评价方法。主要包括定性评价程序、指标及权重、评分标准、评分结果、专家组意见以及定量评价的 PSC 值、PPP 值的测算依据、测算过程和结果等。 (3) 评价结论，分为“通过”和“未通过”。 (4) 附件。通常包括（初步）实施方案、项目产出说明、可行性研究报告、设计文件、存量公共资产的历史资料、PPP 项目合同、绩效监测报告和中期评估报告等	

表 5-20 PPP 项目财政承受能力论证

概念	财政承受能力论证是指识别、测算 PPP 项目的各项财政支出责任，科学评估项目实施对当前及今后年度财政支出的影响，为 PPP 项目财政管理提供依据。财政承受能力论证的结论分为“通过论证”和“未通过论证”。“通过论证”的项目，各级财政部门应当在编制年度预算和中期财政规划时，将项目财政支出责任纳入预算统筹安排。“未通过论证”的项目，则不宜采用 PPP 模式	
责任识别	概念	PPP 项目全生命周期过程的财政支出责任，主要包括股权投资、运营补贴、风险承担、配套投入等
	各个阶段责任	(1) 股权投资支出责任是指在政府与社会资本共同组建项目公司的情况下，政府承担的股权投资支出责任。如果社会资本单独组建项目公司，政府不承担股权投资支出责任。 (2) 运营补贴支出责任是指在项目运营期间，政府承担的直接付费责任。不同付费模式下，政府承担的运营补贴支出责任不同。政府付费模式下，政府承担全部运营补贴支出责任；可行性缺口补助模式下，政府承担部分运营补贴支出责任；使用者付费模式下，政府不承担运营补贴支出责任。 (3) 风险承担支出责任是指项目实施方案中政府承担风险带来的财政或有支出责任。通常由政府承担的法律风险、政策风险、最低需求风险以及因政府方原因导致项目合同终止等突发情况，会产生财政或有支出责任。 (4) 配套投入支出责任是指政府提供的项目配套工程等其他投入责任，通常包括土地征收和整理、建设部分项目配套措施、完成项目与现有相关基础设施和公用事业的对接、投资补助、贷款贴息等。配套投入支出应依据项目实施方案合理确定

续表 5-20

支出测算	股权投资支出	股权投资支出＝项目资本金×政府占项目公司股权比例
	运营补贴支出	对政府付费模式的项目： 当年运营补贴支出数额＝ $\frac{项目全部建设成本\times(1+合理利润率)\times(1+年度折现率)^n}{财政运营补贴周期（年）}$＋年度运营成本×（1＋合理利润率）－当年使用者付费数额 对可行性缺口补助模式的项目： 当年运营补贴支出数额＝ $\frac{项目全部建设成本\times(1+合理利润率)\times(1+年度折现率)^n}{财政运营补贴周期（年）}$＋年度运营成本×（1＋合理利润率）
	风险承担支出	风险承担支出应充分考虑各类风险出现的概率和带来的支出责任，可采用比例法、情景分析法及概率法进行测算。 （1）比例法。在各类风险支出数额和概率难以进行准确测算的情况下，可以按照项目的全部建设成本和一定时期内的运营成本的一定比例确定风险承担支出。 （2）情景分析法。在各类风险支出数额可以进行测算、但出现概率难以确定的情况下，可针对影响风险的各类事件和变量进行“基本”“不利”“最坏”等情景假设，测算各类风险发生带来的风险承担支出。计算公式为： 风险承担支出数额＝基本情景下财政支出数额×基本情景出现的概率＋不利情景下财政支出数额×不利情景出现的概率＋最坏情景下财政支出数额×最坏情景出现的概率 （3）概率法。在各类风险支出数额和发生概率均可进行测算的情况下，可将所有可变风险参数作为变量，根据概率分布函数，计算各种风险发生带来的风险承担支出
	配套投入支出	配套投入支出责任应综合考虑政府将提供的其他配套投入总成本和社会资本方为此支付的费用。计算公式为： 配套投入支出数额＝政府拟提供的其他投入总成本－社会资本方支付的费用
能力评估	相关概念	财政部门（或政府和社会资本合作中心）识别和测算单个项目的财政支出责任后，汇总年度全部已实施和拟实施的 PPP 项目，进行财政承受能力评估。 财政承受能力评估包括财政支出能力评估以及行业和领域平衡性评估。财政支出能力评估，是根据 PPP 项目预算支出责任，评估 PPP 项目实施对当前及今后年度财政支出的影响；行业和领域均衡性评估，是根据 PPP 模式适用的行业和领域范围，以及经济社会发展需要和公众对公共服务的需求，平衡不同行业和领域 PPP 项目，防止某一行业和领域 PPP 项目过于集中

续表 5-20

能力评估	相关规定	根据《关于进一步推动政府和社会资本合作（PPP）规范发展、阳光运行的通知》（财金〔2022〕119 号），省级财政部门应压实辖内市县财政部门财政承受能力论证责任，指导市县财政部门规范开展财政承受能力论证工作，严守每一年度本级全部 PPP 项目从一般公共预算列支的财政支出责任不超过当年本级一般公共预算支出 10%的红线。合理分担跨地区、跨层级项目财政支出责任，严禁通过“借用”未受益地区财政承受能力空间等方式，规避财政承受能力 10%红线约束。审慎合理预测一般公共预算支出规模和增长率，严禁脱离项目实际通过“报小建大”等方式调整项目财政支出责任，规避财政承受能力 10%红线约束。PPP 项目财政支出责任超过 10%红线的地区，不得新上 PPP 项目；PPP 项目财政支出责任超过 5%的地区，不得新上政府付费 PPP 项目。 “通过论证”且经同级人民政府审核同意实施的 PPP 项目，各级财政部门应当将其列入 PPP 项目目录，并在编制中期财政规划时，将项目财政支出责任纳入预算统筹安排
	基本程序	PPP 项目财政承受能力论证工作流程图见图 5-1

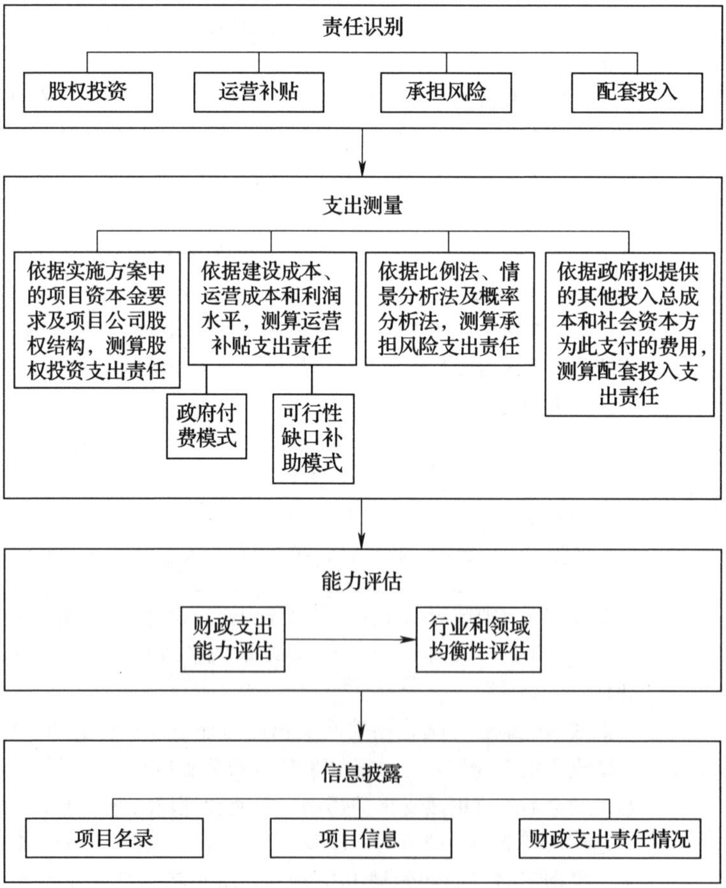

图 5-1　PPP 项目财政承受能力论证工作流程图

经典考题剖析

一、2023年考题

1. 与传统融资方式不同，项目融资主要以（　　）来安排融资。

A. 项目的资产、预期收益、预期现金流

B. 项目投资人的资信和拥有的资产

C. 项目发起人的资信和项目预期收益

D. 第三人为项目投资人提供的抵押担保

答案：A

[解析] 与其他融资过程相比，项目融资主要以项目的资产、预期收益、预期现金流等来安排融资，而不是以项目的投资者或发起人的资信为依据。

2. 按照项目融资程序，融资决策分析的前提工作是（　　）。

A. 进行融资谈判

B. 设计融资结构

C. 起草融资法律文件

D. 初步确定项目投资结构

答案：D

[解析] 选项A、B、C是融资决策分析完成后的工作，融资决策分析前的阶段是投资决策分析阶段，在投资决策分析阶段工作之一是进行投资决策，以初步确定项目投资结构，如下图所示。

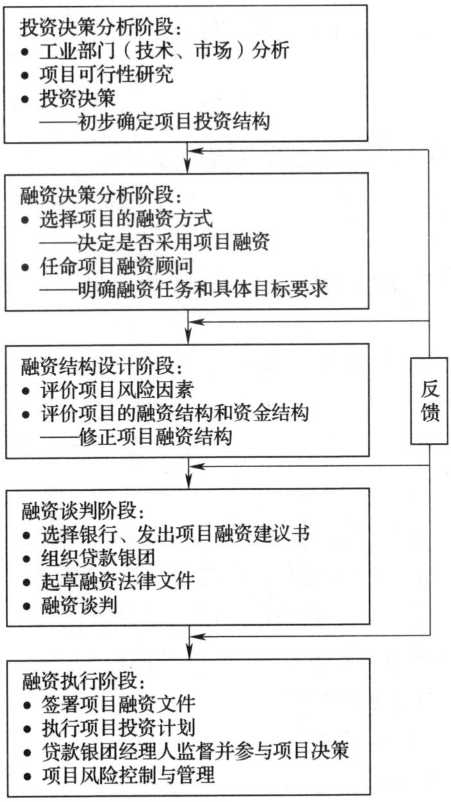

3. 为保证政府和社会资本合作（PPP）规范发展，各地财政每一年度本级全部PPP项目从一般公共预算列支的财政支出比例上限是（　　）。

A. 8%　　B. 10%　　C. 15%　　D. 20%

答案：B

［**解析**］每一年度全部PPP项目需要从预算中安排的支出责任，占一般公共预算支出比例应当不超过10%。

4. 采用资产证券化（ABS）方式来进行项目融资时，组建的特殊目的机构（SPV）在ABS项目运作中的作用有（　　）。

A. 充当ABS融资的载体

B. 负责将项目实物资产转让给第三方

C. 提供专业化的信用担保

D. 以项目资产的现金流入量清偿债券本息

E. 割断项目资产原始权益人本身的风险

答案：A、C、D、E

［**解析**］选项A，由于SPV是进行ABS融资的载体，成功组建SPV是ABS方式能够成功运作的基本条件和关键因素。选项B，SPV不涉及任何实物资产的转让。选项C，SPV通过提供专业化的信用担保进行信用升级，之后委托资信评估机构进行信用评级，确定ABS债券的资信等级。选项D，SPV利用项目资产的现金流入量，清偿其在国际高等级投资证券市场上所发行债券的本息。选项E，SPV与项目的结合，就是以合同、协议等方式将原始权益人所拥有的项目资产的未来现金收入的权利转让给SPV，转让的目的在于将原始权益人本身的风险割断。

二、2022年考题

1. 利用已建好的项目为新项目进行融资的方式是（　　）方式。

A. BOT　　B. TOT　　C. ABS　　D. PPP

答案：B

［**解析**］TOT方式是通过已建成项目为其他新项目进行融资。选项A、C、D都是为拟建项目融资。

2. PPP项目物有所值定性评价的基本指标包括（　　）。

A. 行业示范性　　B. 可融资性

C. 监管完备性　　D. 全生命周期成本测算准确性

答案：B

［**解析**］定性评价指标包括全生命周期整合程度、风险识别与分配、绩效导向与鼓励创新、潜在竞争程度、政府机构能力、可融资性六项基本评价指标，以及根据具体情况设置的补充指标。补充评价指标主要是六项基本评价指标未涵盖的其他影响因素，包括项目规模大小、预期使用寿命长短、主要固定资产种类、全生命周期成本测算准确性、运营收入增长潜力、行业示范性等。

3. PPP项目运营补贴中政府付费模式是（　　）。

A. 政府承担全部用于补贴支出　　B. 根据可行性缺口补贴支出

C. 政府不承担支出　　　　D. 政府承担部分支出

答案：A

[**解析**] 不同付费模式下，政府承担的运营补贴支出责任不同。政府付费模式下，政府承担全部运营补贴支出责任；可行性缺口补助模式下，政府承担部分运营补贴支出责任；使用者付费模式下，政府不承担运营补贴支出责任。

4. 与传统贷款方式相比，项目融资的特点是（　　）。

A. 以项目投资人的资信为基础安排融资

B. 贷款人可以对项目投资人进行完全追索

C. 帮助投资人将贷款安排成非公司负债型融资

D. 信用结构安排灵活多样

E. 组织融资所需时间较长

答案：C、D、E

[**解析**] 项目融资主要具有项目导向、有限追索、风险分担、非公司负债型融资、信用结构多样化、融资成本高、可利用税务优势的特点。选项 A、B 属于传统贷款的特性。

三、2021 年考题

1. 根据项目融资程序，分析项目所在行业状况、技术水平和市场情况，应在（　　）阶段完成。

A. 投资决策分析　　　　B. 融资结构设计

C. 融资决策分析　　　　D. 融资谈判

答案：A

[**解析**] 在进行项目投资决策之前，投资者需要对一个项目进行相当周密的投资决策分析，这些分析包括宏观经济形势的趋势判断，项目的行业、技术和市场分析，以及项目的可行性研究等标准内容。

2. PPP 项目物有所值的定性评价，六项基本评价指标权重为（　　）。

A. 60%　　B. 70%　　C. 80%　　D. 90%

答案：C

[**解析**] 六项基本评价指标权重为 80%，其中任一指标权重一般不超过 20%；补充评价指标权重为 20%，其中任一指标权重一般不超过 10%。

3. 论证 PPP 项目财政承受能力，支出测算完成后，紧接着进行的工作是（　　）。

A. 责任识别　　　　B. 能力评估

C. 信息披露　　　　D. 投资风险预测

答案：B

[**解析**] PPP 项目财政承受能力论证的工作流程：责任识别—支出测算—能力评估—信息披露。

4. 与 BOT 方式相比，TOT 方式的优点有（　　）。

A. 通过已建成项目与其他项目融资建设

B. 不影响东道国对国内基础设施的控制权

C. 投资者对移交项目拥有自主处置权

D. 投资者可规避建设超支、停建风险

E. 投资者的收益具有较高确定性

答案：A、B、D、E

［解析］选项 A，TOT 方式是通过转让已建成项目的产权和经营权来融资的；选项 B，TOT 方式由于避开了建造过程中所包含的大量风险和矛盾（如建设成本超支、延期、停建、无法正常运营等）并且不会威胁国内基础设施的控制权与国家安全；选项 C，投资人没有项目所有权，不拥有自主处置权；选项 D，TOT 方式可回避建设中的超支、停建或者建成后不能正常运营、现金流量不足以偿还债务等风险；选项 E，采用 TOT 方式，投资者购买的是正在运营的资产和对资产的经营权，资产收益具有确定性，也不需要太复杂的信用保证结构。

四、其他年份考题

1. 与传统的贷款融资方式不同，项目融资主要是以（　　）来安排融资。

A. 项目资产和预期收益　　B. 项目投资者的资信水平

C. 项目第三方担保　　D. 项目管理的能力和水平

答案：A

［解析］与其他融资过程相比，项目融资主要以项目的资产、预期收益、预期现金流等来安排融资，而不是以项目的投资者或发起人的资信为依据。

2. 地方政府每一年度全部 PPP 项目预算支出占一般公共预算支出比例应当不超过（　　）。

A. 5%　　B. 10%　　C. 15%　　D. 20%

答案：B

［解析］每一年度全部 PPP 项目需要从预算中安排的支出责任，占一般公共预算支出比例应当不超过 10%。

3. 关于 PPP 项目的说法，正确的是（　　）。

A. 应该由政府发起

B. 应该由社会资本发起

C. 由政府或社会资本发起，以政府发起为主

D. 由政府或社会资本发起，以社会资本发起为主

答案：C

［解析］政府和社会资本合作项目由政府或社会资本发起，以政府发起为主。

4. 物有所值定性评价中，基本指标权重分配原则是（　　）。

A. 六项基本指标权重为 60%，任一指标权重一般不超过 20%

B. 六项基本指标权重为 80%，任一指标权重一般不超过 20%

C. 六项基本指标权重为 60%，任一指标权重一般不超过 10%

D. 六项基本指标权重为 60%，任一指标权重一般不超过 15%

答案：B

［解析］物有所值定性评价一般采用专家打分法。在各项评价指标中，六项基本评价指标权重为 80%，其中任一指标权重一般不超过 20%。

考点三：与工程项目有关的税收及保险规定

点评：本考点唯一调整的是增值税，将“营业税改征增值税”，标题下内容进行相应调整。分析近几年的考题，考点比较分散，但难易程度比较稳定；对考生来说，这部分内容比较生疏，全面掌握比较困难，也没有必要，建议考生通过历年考题，体会本考点的考核方式，熟悉相关内容。

知识要点集成

一、增值税

表 5-21 增值税

<table>
<tr><td rowspan="18">税率</td><td>序号</td><td colspan="2">增值税纳税行业</td><td>一般纳税人
增值税税率</td></tr>
<tr><td rowspan="3">1</td><td colspan="2">销售或进口货物（另有列举的货物除外）</td><td rowspan="3">13%</td></tr>
<tr><td rowspan="2">提供服务</td><td>提供加工、修理、修配劳务</td></tr>
<tr><td>提供有形动产租赁服务</td></tr>
<tr><td rowspan="6">2</td><td rowspan="5">销售或进口货物</td><td>粮食等农产品、食用植物油、食用盐</td><td rowspan="6">9%</td></tr>
<tr><td>自来水、暖气、冷气、热气、煤气、石油液化气、天然气、沼气、居民用煤炭制品</td></tr>
<tr><td>图书、报纸、杂志、音像制品、电子出版物</td></tr>
<tr><td>饲料、化肥、农药、农机、农膜</td></tr>
<tr><td>国务院规定的其他货物</td></tr>
<tr><td>提供服务</td><td>转让土地使用权、销售不动产、提供不动产租赁、提供建筑服务、提供交通运输服务、提供邮政服务、提供基础电信服务</td></tr>
<tr><td rowspan="5">3</td><td rowspan="5">提供服务</td><td>增值电信服务</td><td rowspan="5">6%</td></tr>
<tr><td>金融服务</td></tr>
<tr><td>现代服务（租赁服务除外）</td></tr>
<tr><td>生活服务</td></tr>
<tr><td>销售无形资产（转让土地使用权除外）</td></tr>
<tr><td rowspan="3">4</td><td colspan="2">出口货物（国务院另有规定的除外）</td><td rowspan="3">零税率</td></tr>
<tr><td rowspan="2">提供服务</td><td>国际运输服务、航天运输服务</td></tr>
<tr><td>向境外单位提供的完全在境外消费的相关服务</td></tr>
</table>

续表 5-21

应纳税额计算	纳税人销售货物、劳务、服务、无形资产、不动产（以下统称应税销售行为），应纳税额为当期销项税额抵扣当期进项税额后的余额。应纳税额计算公式： 应纳税额＝当期销项税额－当期进项税额 当期销项税额小于当期进项税额不足抵扣时，其不足部分可以结转下期继续抵扣。 纳税人发生应税销售行为，按照销售额和增值税暂行条例规定的税率计算收取的增值税额，为销项税额。销项税额计算公式： 销项税额＝销售额×税率 销售额为纳税人发生应税销售行为收取的全部价款和价外费用，但不包括收取的销项税额。 销售额以人民币计算。纳税人以人民币以外的货币结算销售额的，应当折合成人民币计算。 纳税人购进货物、劳务、服务、无形资产、不动产支付或者负担的增值税额，为进项税额。 （1）准予抵扣的进项税额。下列进项税额准予从销项税额中抵扣： 1）从销售方取得的增值税专用发票上注明的增值税额； 2）从海关取得的海关进口增值税专用缴款书上注明的增值税额； 3）自境外单位或者个人购进劳务、服务、无形资产或者境内的不动产，从税务机关或者扣缴义务人取得的代扣代缴税款的完税凭证上注明的增值税额。 准予抵扣的项目和扣除率的调整，由国务院决定。 纳税人购进货物、劳务、服务、无形资产、不动产，取得的增值税扣税凭证不符合法律、行政法规或者国务院税务主管部门有关规定的，其进项税额不得从销项税额中抵扣。 （2）不得抵扣的进项税额。下列项目的进项税额不得从销项税额中抵扣： 1）用于简易计税方法计税项目、免征增值税项目、集体福利或者个人消费的购进货物、劳务、服务、无形资产和不动产； 2）非正常损失的购进货物，以及相关的劳务和交通运输服务； 3）非正常损失的在产品、产成品所耗用的购进货物（不包括固定资产）、劳务和交通运输服务； 4）国务院规定的其他项目
小规模纳税人应纳税额简易计算办法	小规模纳税人发生应税销售行为，实行按照销售额和征收率计算应纳税额的简易办法，并不得抵扣进项税额。应纳税额计算公式： 应纳税额＝销售额×征收率 小规模纳税人的标准由国务院财政、税务主管部门规定。 小规模纳税人增值税征收率为3%，国务院另有规定的除外。 小规模纳税人以外的纳税人应当向主管税务机关办理登记。具体登记办法由国务院税务主管部门制定
建筑业增值税计算办法	一般纳税人发生应税行为适用一般计税方法计税。小规模纳税人发生应税行为适用简易计税方法计税。 （1）一般计税方法。当采用一般计税方法时，建筑业增值税税率为9%。计算公式为： 增值税销项税额＝税前造价×9% 税前造价为人工费、材料费、施工机具使用费、企业管理费、利润和规费之和，各费用项目均以不包含增值税可抵扣进项税额的价格计算。 （2）简易计税方法。简易计税方法的应纳税额，是指按照销售额和增值税征收率计算的增值税额，不得抵扣进项税额。 当采用简易计税方法时，建筑业增值税征收率为3%。计算公式为： 增值税＝税前造价×3% 税前造价为人工费、材料费、施工机具使用费、企业管理费、利润和规费之和，各费用项目均以包含增值税进项税额的含税价格计算

续表 5-21

纳税地点	(1) 固定业户应当向其机构所在地或者居住地主管税务机关申报纳税。总机构和分支机构不在同一县（市）的，应当分别向各自所在地的主管税务机关申报纳税；经财政部和国家税务总局或者其授权的财政和税务机关批准，可以由总机构汇总向总机构所在地的主管税务机关申报纳税。 (2) 非固定业户应当向应税行为发生地主管税务机关申报纳税；未申报纳税的，由其机构所在地或者居住地主管税务机关补征税款。 (3) 其他个人提供建筑服务，销售或者租赁不动产，转让自然资源使用权，应向建筑服务发生地、不动产所在地、自然资源所在地主管税务机关申报纳税。 (4) 扣缴义务人应当向其机构所在地或者居住地主管税务机关申报缴纳扣缴的税款

二、所得税

表 5-22　所得税

概念	所得税又称所得课税、收益税，是指国家对法人、自然人和其他经济组织在一定时期内的各种所得征收的一类税收。所得税主要包括企业所得税和个人所得税
纳税人	企业所得税的纳税人是指企业或其他取得收入的组织（以下统称企业），可分为居民企业和非居民企业
课税对象	(1) 居民企业是指依法在中国境内成立，或者依照外国（地区）法律成立但实际管理机构在中国境内的企业。居民企业应当就其来源于中国境内、境外的所得缴纳企业所得税。 (2) 非居民企业是指依照外国（地区）法律成立且实际管理机构不在中国境内，但在中国境内设立机构、场所的，或者在中国境内未设立机构、场所，但有来源于中国境内所得的企业。 1) 非居民企业在中国境内设立机构、场所的，应当就其所设机构、场所取得的来源于中国境内的所得，以及发生在中国境外但与其所设机构、场所有实际联系的所得，缴纳企业所得税。 2) 非居民企业在中国境内未设立机构、场所的，或者虽设立机构、场所但取得的所得与其所设机构、场所没有实际联系的，应当就其来源于中国境内的所得缴纳企业所得税
计税依据	企业所得税的计税依据为应纳税所得额。即：企业每一纳税年度的收入总额，减除不征税收入、免税收入、各项扣除以及允许弥补的以前年度亏损后的余额。计算公式为： 应纳税所得额＝收入总额－不征税收入－免税收入－各项扣除－弥补以前年度亏损
计税依据说明（特别注意）	(1) 收入总额。是指企业以货币形式和非货币形式从各种来源取得的收入，包括：销售货物收入；提供劳务收入；转让财产收入；股息、红利等权益性投资收益；利息收入；租金收入；特许权使用费收入；接受捐赠收入；其他收入。 (2) 不征税收入。收入总额中的下列收入为不征税收入：财政拨款；依法收取并纳入财政管理的行政事业性收费、政府性基金；国务院规定的其他不征税收入。 (3) 免税收入。企业的下列收入为免税收入：国债利息收入；符合条件的居民企业之间的股息、红利等权益性投资收益；在中国境内设立机构、场所的非居民企业从居民企业取得与该机构、场所有实际联系的股息、红利等权益性投资收益；符合条件的非营利组织的收入。 (4) 各项扣除。企业实际发生的与取得收入有关的、合理的支出，包括成本、费用、税金、损失和其他支出，准予在计算应纳税所得额时扣除。同时，企业发生的公益性捐赠支出，在年度利润总额 12%以内的部分，准予在计算应纳税所得额时扣除。 (5) 弥补以前年度亏损。根据利润的分配顺序，企业发生的年度亏损，在连续 5 年内可以用税前利润弥补进行弥补。 (6) 在计算应纳税所得额时，不得扣除的支出：向投资者支付的股息、红利等权益性投资收益款项；企业所得税税款；税收滞纳金；罚金、罚款和被没收财物的损失；允许扣除范围以外的捐赠支出；赞助支出；未经核定的准备金支出；与取得收入无关的其他支出

续表 5-22

税率	企业所得税实行25%的比例税率。对于非居民企业取得的应税所得额，适用税率为20%。符合条件的小型微利企业，减按20%的税率征收企业所得税。国家需要重点扶持的高新技术企业，减按15%的税率征收企业所得税。此外，企业的下列所得可以免征、减征企业所得税：从事农、林、牧、渔业项目的所得；从事国家重点扶持的公共基础设施项目投资经营的所得；从事符合条件的环境保护、节能节水项目的所得；符合条件的技术转让所得	
应纳税额计算	计算式	应纳税额=应纳税所得额×所得税税率-减免和抵免的税额
	关于抵免	企业取得的下列所得已在境外缴纳的所得税税额，可以从其当期应纳税额中抵免，抵免限额为该项所得依照规定计算的应纳税额；超过抵免限额的部分，可以在以后5个年度内，用每年度抵免限额抵免当年应抵税额后的余额进行抵补： （1）居民企业来源于中国境外的应税所得； （2）非居民企业在中国境内设立机构、场所，取得发生在中国境外且与该机构、场所有实际联系的应税所得。 居民企业从其直接或者间接控制的外国企业分得的来源于中国境外的股息、红利等权益性投资收益，外国企业在境外实际缴纳的所得税税额中属于该项所得负担的部分，可以作为该居民企业的可抵免境外所得税税额，在规定的抵免限额内抵免

注：在历年的考试中，针对所得税的考题出现的频数是非常高的。

三、城市维护建设税与教育费附加

表 5-23　城市维护建设税与教育费附加

城市维护建设税	城市维护建设税的计税依据，是纳税人实际缴纳的增值税、消费税税额。纳税人因违反增值税、消费税有关规定而缴纳的滞纳金和罚款，不作为城市维护建设税的计税依据，但纳税人在被查补增值税、消费税和被处以罚款时，应同时对其城市维护建设税进行补税、征收滞纳金和罚款。 城市维护建设税实行差别比例税率。按照纳税人所在地区的不同，设置了三档比例税率，即：①纳税人所在地区为市区的，税率为7%；②纳税人所在地区为县城、镇的，税率为5%；③纳税人所在地区不在市区、县城或镇的，税率为1%
教育费附加	教育费附加以纳税人实际缴纳的增值税、消费税税额之和作为计税依据。现行教育费附加征收比率为3%。 地方教育附加。地方教育附加征收标准为单位和个人实际缴纳的增值税和消费税税额的2%

四、房产税

表 5-24　房产税

纳税人	房产税的纳税义务人是征税范围内的房屋的产权所有人，包括国家所有和集体、个人所有房屋的产权所有人、承典人、代管人或使用人三类。 （1）产权属国家所有的，由经营管理单位纳税；产权属集体和个人所有的，由集体单位和个人纳税。 （2）产权出典的，由承典人纳税。所谓产权出典，是指产权所有人将房屋、生产资料等的产权，在一定期限内典当给他人使用，从而取得资金的一种融资业务。 （3）产权所有人、承典人不在房屋所在地的，产权未确定及租典纠纷未解决的，由房产代管人或者使用人纳税。 （4）无租使用其他单位房产的房产，应由使用人代为缴纳房产税。 （5）外商投资企业、外国企业和外国人经营的房产不适用房产税
纳税对象	房产税的纳税对象为房产。与房屋不可分割的各种附属设施或不单独计价的配套设施，也属于房屋，应一并征收房产税；但独立于房屋之外的建筑物（如水塔、围墙等）不属于房屋，不征房产税。 房地产开发企业建造的商品房，在出售前，不征收房产税；但对出售前房地产开发企业已使用或出租、出借的商品房应按规定征收房产税
计税依据和税率	（1）从价计征。计税依据是房产原值一次减除10%～30%的扣除比例后的余值，税率为1.2%。 房产原值是指纳税人按照会计制度规定，在账簿“固定资产”科目中记载的房屋原价。房产原值应包括与房屋不可分割的各种附属设备或一般不单独计算价值的配套设施。纳税人对原有房屋进行改建、扩建的，要相应增加房屋的原值。 需要注意的特殊问题： 1）以房产联营投资的，房产税计税依据应区别对待： ①以房产联营投资，共担经营风险的，按房产余值为计税依据计征房产税； ②以房产联营投资，不承担经营风险，只收取固定收入的，实际是以联营名义取得房产租金，因此，应由出租方按租金收入计征房产税。 2）融资租赁房屋的，以房产余值为计税依据计征房产税，租赁期内该税的纳税人，由当地税务机关根据实际情况确定。 3）新建房屋空调设备价值计入房产原值的，应并入房产税计税依据计征房产税。 （2）从租计征。计税依据为房产租金收入，税率为12%，对个人按市场价格出租的居民住房，暂按4%税率征收房产税

续表 5-24

	计税方法	计税依据	税率	税额计算公式
应纳税额	从价计征	房产计税余值	1.2%	全年应纳税额＝应税房产原值×（1－扣除比例）×1.2%
	从租计征	房屋租金	12% （个人为4%）	全年应纳税额＝租金收入×12%（个人为4%）

注：在历年的考试中，针对房产税的题目出现的频数也是很高的，考生应特别关注“计税依据和税率”。

五、城镇土地使用税

表 5-25　城镇土地使用税

纳税人	城镇土地使用税的纳税义务人，是指在城市、县城、建制镇、工矿区范围内使用土地的单位和个人。单位包括国有企业、集体企业、私营企业、股份制企业、外商投资企业、外国企业以及其他企业和事业单位、社会团体、国家机关、军队以及其他单位；个人包括个体工商户以及其他个人
纳税对象	城镇土地使用税的纳税对象包括在城市、县城、建制镇和工矿区内的国有和集体所有土地，但不包括农村土地
计税依据和税率	城镇土地使用税以纳税人实际占用的土地面积（m^2）为计税依据。 纳税人实际占用的土地面积按下列办法确定： （1）凡由省、自治区、直辖市人民政府确定的单位组织测定土地面积的，以测定的面积为准。 （2）尚未组织测量，但纳税人持有政府部门核发的土地使用证书的，以证书确认的土地面积为准。 （3）尚未核发出土地使用证书的，应由纳税人申报土地面积，据以纳税，待核发土地使用证以后再作调整。 城镇土地使用税采用定额税率。按大、中、小城市和县城、建制镇和工矿区分别规定每平方米土地使用税年应纳税额。具体标准为：①大城市 1.5～30 元；②中等城市 1.2～24 元；③小城市 0.9～18 元；④县城、建制镇和工矿区 0.6～12 元。 各省、自治区、直辖市人民政府可根据市政建设情况和经济繁荣程度在规定税额幅度内，确定所辖地区适用税额幅度
应纳税额	城镇土地使用税应纳税额可通过纳税人实际占用的土地面积乘以该土地所在地段的适用税额求得。计算公式为： 全年应纳税额＝实际占用应税土地面积（m^2）×适用税额

六、土地增值税

表 5-26 土地增值税

<table>
<tr><td>纳税人</td><td colspan="2">土地增值税的纳税人是转让国有土地使用权、地上建筑物及其附着物并取得收入的单位和个人。包括内外资企业、行政事业单位、中外籍个人等</td></tr>
<tr><td>课税对象</td><td colspan="2">土地增值税的纳税对象为：转让国有土地使用权、地上建筑物及其附属物连同国有土地使用权一并转让所取得的增值额。土地增值税的征税范围常以以下三个标准来判定：
（1）转让的土地使用权是否国家所有；
（2）土地使用权、地上建筑物及其附着物是否发生产权转让；
（3）转让房地产是否取得收入</td></tr>
<tr><td>计税依据</td><td colspan="2">土地增值税以纳税人转让房地产所取得的收入减除税法规定的扣除项目金额后的余额为计税依据</td></tr>
<tr><td>税率</td><td colspan="2">土地增值税实行四级超率累进税率：<table><tr><th>增值额占扣除项目金额比例</th><th>税率/%</th><th>速算扣除系数/%</th></tr><tr><td>50%以下（含 50%）</td><td>30</td><td>0</td></tr><tr><td>50%～100%（含 100%）</td><td>40</td><td>5</td></tr><tr><td>100%～200%（含 200%）</td><td>50</td><td>15</td></tr><tr><td>200%以上</td><td>60</td><td>35</td></tr></table></td></tr>
<tr><td rowspan="3">税额计算</td><td>计算式</td><td>土地增值税应纳税额的计算公式为：
应纳税额＝∑（每级距的土地增值额×适用税率）
或
应纳税额＝增值额×适用税率－扣除项目金额×速算扣除系数
土地增值额＝转让收入－扣除项目金额</td></tr>
<tr><td>收入总额</td><td>指纳税人转让房地产从受让方收取的，没有任何扣除的全部收入，包括货币收入、实物收入和其他收入</td></tr>
<tr><td>扣除项目金额</td><td>①取得土地使用权所支付的金额。指纳税人有偿取得国有土地使用权所支付的金额，原来是通过行政划拨方式无偿取得土地使用权的应依照国家有关规定缴纳土地使用权出让金；②开发土地的成本、费用。应包括纳税人已经支付的土地征用及拆除补偿费用，以及对土地进行平整、通水、通电、通路等费用；③新建房屋本身及室内外配套设施的成本、费用；④旧房及建筑物的评估价格。指已使用的房屋及建筑物在出售时，由政府指定的房地产价格评估部门评定的价格；⑤与转让房地产有关的营业税、城市维护建设税、教育费附加等；⑥旧房及建筑物的评估价格</td></tr>
<tr><td>税收优惠</td><td colspan="2">（1）纳税人建造普通住宅出售时，增值额未超过扣除项目金额 20%的，免征土地增值税；增值额超过扣除项目金额 20%的，就其全部增值额计税。
（2）对个人转让房地产的，凡居住满 5 年或以上的，免征土地增值税；满 3 年未满 5 年的，减半征收；未满 3 年的，不实行优惠。
（3）因国家建设需要依法征用、收回的房地产，免征土地增值税。
（4）1994 年 1 月 1 日前签订的房地产转让合同，无论房地产在何时转让，均免征土地增值税</td></tr>
</table>

注：针对土地增值税的内容，应关注税额计算。

七、契税

表 5-27 契税

纳税人	契税的纳税义务人是境内转移土地、房屋权属承受的单位和个人。单位包括内外资企业、事业单位、国家机关、军事单位和社会团体。个人包括中国公民和外籍人员
纳税对象	契税的纳税对象是在境内转移土地、房屋权属的行为。具体包括以下五种情况： （1）国有土地使用权出让（转让方不交土地增值税）。 （2）国有土地使用权转让（转让方还应交土地增值税）。 （3）房屋买卖（转让方符合条件的还需交土地增值税），以下几种特殊情况也视同买卖房屋： 1）以房产抵债或实物交换房屋； 2）以房产做投资或做股权转让； 3）买房拆料或翻建新房。 （4）房屋赠予，包括以获奖方式承受土地房屋权属。 （5）房屋交换（单位之间进行房地产交换还应交土地增值税）
计税依据	契税的计税依据是不动产的价格。依不动产的转移方式、定价方法不同，契税计税依据有以下几种情况： （1）国有土地使用权出让、土地使用权出售、房屋买卖，以成交价格为计税依据； （2）土地使用权赠予、房屋赠予，由征收机关参照土地使用权出售、房屋买卖的市场价格核定； （3）土地使用权交换、房屋交换，以所交换的土地使用权、房屋的价格差额为计税依据； （4）以划拨方式取得土地使用权，经批准转让房地产时，由房地产转让者补交契税，计税依据为补交的土地使用权出让费用或者土地收益； （5）房屋附属设施征收契税的依据： 1）采取分期付款方式购买房屋附属设施土地使用权、房屋所有权的，应按合同规定的总价款计征契税； 2）承受的房屋附属设施权属如为单独计价的，按照当地确定的适用税率征收契税；如与房屋统一计价的，适用与房屋相同的契税税率
税率	契税实行3%～5%的幅度税率
应纳税额	契税应纳税额的计算公式为：契税应纳税额＝计税依据×税率

八、进口关税

表 5-28 进口关税

纳税人	进出口关税的纳税人是进口货物的收货人、出口货物的发货人及进境物品的所有人	
计税依据和税率	依据	进出口关税的计税依据以进出口货物的完税价格为计税依据。进（出）口货物的完税价格由海关以该货物的成交价格以及该货物运抵中华人民共和国境内输入（输出）地点起卸前的运输及其相关费用、保险费为基础审查确定
	税率	进口关税设置最惠国税率、协定税率、特惠税率、普通税率、关税配额税率等税率。对进出口货物在一定期限内可以实行暂定税率。

续表 5-28

计税依据和税率	税率	(1) 原产于共同适用最惠国待遇条款的世界贸易组织成员的进口货物，原产于与中华人民共和国签订含有相互给予最惠国待遇条款的双边贸易协定的国家或者地区的进口货物，以及原产于中华人民共和国境内的进口货物，适用最惠国税率。 (2) 原产于与中华人民共和国签订含有关税优惠条款的区域性贸易协定的国家或者地区的进口货物，适用协定税率。 (3) 原产于与中华人民共和国签订含有特殊关税优惠条款的贸易协定的国家或者地区的进口货物，适用特惠税率。 (4) 原产于本条第一款、第二款和第三款所列以外国家或者地区的进口货物，以及原产地不明的进口货物，适用普通税率
应纳税额	关税应纳税额＝货物完税价格×适用税率	
免税范围	(1) 对符合《外商投资产业指导目录》鼓励类和限制乙类，并转让技术的外商投资项目，在投资总额内进口的自用设备，除《外商投资项目不予免税的进口商品目录》所列商品外，免征关税和进口环节增值税。 外国政府贷款和国际金融组织贷款项目进口的自用设备、加工贸易外商提供的作价进口设备，比照上款执行，即除《外商投资项目不予免税的进口商品目录》所列商品外，免征关税和进口环节增值税。 (2) 对符合《当前国家重点鼓励发展的产业、产品和技术目录》的国内投资项目，在投资总额内进口的自用设备，除《国内投资项目不予免税的进口商品目录》所列商品外，免征关税和进口环节增值税。 (3) 对符合上述规定的项目，按照合同随设备进口的技术及配套件、备件，也免征关税和进口环节增值税。 (4) 在上述规定范围之外的进口设备减免征，由国务院决定	

九、工程保险的概念与险别

表 5-29 工程保险的概念与险别

概念	工程保险是承保建筑、安装工程在建筑安装过程中因遭受自然灾害或意外事故的损失给予补偿的保险。工程保险属于财产保险和人身保险的范畴，是业主和承包商转移风险的一种重要手段
险别	(1) 建筑工程一切险，包括建筑工程第三者责任险； (2) 安装工程一切险，包括安装工程第三者责任险； (3) 专业责任险（如勘察设计、工程监理及其他工程咨询机构的职业责任险）； (4) 社会保险（如建筑职工意外伤害险、业主责任险及其他国家法令规定的强制保险）； (5) 信用保险与保证保险（如工程质量保修保险）； (6) 机动车辆险； (7) 十年责任险（房屋建筑的主体工程）和两年责任险（小工程）等
补充说明	目前，我国已开办的工程保险包括建筑工程一切险、安装工程一切险和意外伤害保险；正在逐步推行勘察设计、工程监理及其他工程咨询机构的职业责任险、工程质量保修保险等。本书主要综述教材所介绍的我国建筑工程一切险、安装工程一切险和意外伤害保险的相关规定

注：理解概念是掌握后续内容的重要基础。

十、建筑工程一切险

表 5-30　建筑工程一切险

<table>
<tr><td>概念</td><td colspan="3">建筑工程一切险是承保以土木建筑为主体的工程项目在整个建筑期间因自然灾害或意外事故造成的物质损失，以及依法应承担的第三者责任的保险</td></tr>
<tr><td>被保险人</td><td colspan="3">(1) 业主：建设单位或工程所有人；
(2) 承包商：总承包商及分包商；
(3) 技术顾问：业主聘请的建筑师、设计师、工程师和其他专业顾问；
(4) 其他关系方，如贷款银行或其他债权人</td></tr>
<tr><td>投保人</td><td colspan="3">(1) 全部承包方式，由承包方负责投保；
(2) 部分承包方式，在合同中规定由某一方投保；
(3) 分段承包方式，一般由业主投保；
(4) 施工单位只提供劳务的承包方式，一般也由业主投保</td></tr>
<tr><td rowspan="4">保险项目与保险金额</td><td>物质损失</td><td colspan="2">(1) 建筑工程。包括永久和临时性工程及物料。这是建筑工程保险的主要保险项目。该部分保险金额为承包工程合同的总金额，即建成该项工程的实际价格，包括设计费、材料设备费、施工费（人工及施工设备费）、运杂费、税款及其他有关费用。
(2) 业主提供的物料及项目。是指未包括在工程合同价格之内的，由业主提供的物料及负责建筑的项目。该项保险金额应按这一部分标的的重置价值确定。
(3) 安装工程项目。是指承包工程合同中未包含的机器设备安装工程项目。该项目的保险金额为其重置价值。所占保额不应超过总保险金额的 20%。超过 20% 的，按安装工程一切险费率计收保费；超过 50%的，则另投保安装工程一切险。
(4) 施工用机器、装置及设备。是指施工用的推土机、钻机、脚手架、吊车等机器设备。此类物品一般为承包商所有，其价值不包括在工程合同价之内，因而作专项承保。该项保险金额应按机器、装置及设备的重置价值（重新购置同一厂牌、型号、规格、性能或类似型号、规格、性能的机器、设备及装置的价格，包括出厂价、运费、关税、安装费及其他必要的费用在内）确定。
(5) 场地清理费。指发生承保风险所致损失后，为清理工地现场所必须支付的一项费用，不包括在工程合同价格之内。该项保险金额一般按大工程不超过其工程合同价格的 5%，小工程不超过工程合同价格的 10%计算。
(6) 工地内现成的建筑物。是指不在承保的工程范围内的，业主或承包单位所有的或由其保管的工地内已有的建筑物或财产。该项保险金额由双方共同商定，但最高不得超过该建筑物的实际价值。
(7) 业主或承包商在工地上的其他财产。是指上述六项范围之外的其他可保财产。该项保险金额由双方共同商定。
以上各部分之和为建筑工程一切险物质损失部分总的保险金额。货币、票证、有价证券、文件、账簿、图表、技术资料，领有公共运输执照的车辆、船舶以及其他无法鉴定价值的财产，不能作为建筑工程一切险的保险项目</td></tr>
<tr><td rowspan="2">第三者责任</td><td>概念</td><td>指被保险人在工程保险期内因意外事故造成工地及工地附近的第三者人身伤亡或财产损失依法应负的赔偿责任。保险金额一般通过一个赔偿限额来确定，该限额根据工地责任风险的大小确定</td></tr>
<tr><td>赔偿限额</td><td>(1) 只规定每次事故的赔偿限额，不具体限定为人身伤亡或财产损失的分项限额，也不规定在保险期限内的累计赔偿限额，这种方式适用于责任风险较低的第三者责任。
(2) 先规定每次事故人身伤亡及财产损失的分项赔偿限额，进而规定对每人的限额，然后将分项的人身伤亡限额与财产损失限额组成每次事故的总赔偿限额，最后再规定保险期限内的累计赔偿限额，这种方式适用于责任风险较大的第三者责任</td></tr>
<tr><td>附加险</td><td colspan="2">根据投保人的特别要求或某项工程的特性需要可以增加一些附加保险，保险金额由双方商定</td></tr>
</table>

续表 5-30

物质损失的保险责任与除外责任	责任范围	（1）在保险期限内，若保险单列明的被保险财产在列明的工地范围内，因发生除外责任之外的任何自然灾害或意外事故造成的物质损失，保险人应负责赔偿。自然灾害包括：地震、海啸、雷电、飓风、台风、龙卷风、风暴、暴雨、洪水、水灾、冻灾、冰雹、地崩、雪崩、火山爆发、地面下陷下沉及其他人力不可抗拒的破坏力强大的自然现象。意外事故是指不可预料的以及被保险人无法控制并造成物质损失或人身伤亡的突发性事件，包括火灾和爆炸等。 （2）上述有关费用包括必要的场地清理费用和专业费用等，也包括被保险人采取施救措施而支出的合理费用。但这些费用并非自动承保，保险人在承保时需在明细表中列明有关费用，并加上相应的附加条款。如果被保险人没有向保险公司投保清理费用，保险公司将不负责该项费用的赔偿
	除外责任（保险人不承担赔偿责任的情形）	（1）设计错误引起的损失和费用； （2）自然磨损、内在或潜在缺陷、物质本身变化、自燃、自热、氧化、锈蚀、渗漏、鼠咬、虫蛀、大气（气候或气温）变化、正常水位变化或其他渐变原因造成的被保险财产自身的损失和费用； （3）因原材料缺陷或工艺不善引起的被保险财产本身的损失以及为换置、修理或矫正这些缺点错误所支付的费用； （4）非外力引起的机械或电气装置的本身损失，或施工用机具、设备、机械装置失灵造成的本身损失； （5）维修保养或正常检修的费用； （6）档案、文件、账簿、票据、现金、各种有价证券、图表资料及包装物料的损失； （7）盘点时发现的短缺； （8）领有公共运输行驶执照的，或已由其他保险予以保障的车辆、船舶和飞机的损失； （9）除已将工地内现成的建筑物或其他财产列入保险范围，在被保险工程开始以前已经存在或形成的位于工地范围内或其周围的属于被保险人的财产的损失； （10）除非另有约定，在保险期限终止以前，被保险财产中已由工程所有人签发完工验收证书或验收合格或实际占有或使用或接收的部分
第三者责任的保险责任与除外责任	责任范围	（1）在保险期限内，因发生与承保工程直接相关的意外事故引起工地内及邻近区域的第三者人身伤亡、疾病或财产损失，依法应由被保险人承担的经济赔偿责任，保险公司负责赔偿。 （2）对被保险人因上述原因而支付的诉讼费用以及事先经保险公司书面同意而支付的其他费用，保险公司亦负责赔偿
	除外责任（保险人不承担赔偿责任的情形）	（1）物质损失项下或本应在该项下予以负责的损失及各种费用； （2）由于振动、移动或减弱支撑而造成的任何财产、土地、建筑物的损失及由此造成的任何人身伤害和物质损失； （3）下列原因引起的赔偿责任： 1）工程所有人、承包商或其他关系方或他们所雇用的在工地现场从事与工程有关工作的职员、工人以及他们的家庭成员的人身伤亡或疾病； 2）工程所有人、承包商或其他关系方或他们所雇用的职员、工人所有的或由其照管、控制的财产发生的损失； 3）领有公共运输行驶执照的车辆、船舶、飞机造成的事故； 4）被保险人根据与他人的协议应支付的赔偿或其他款项。但即使没有这种协议，被保险人仍应承担的责任不在此限
总除外责任	（1）战争、类似战争行为、敌对行为、武装冲突、恐怖活动、谋反、政变引起的任何损失、费用和责任；政府命令或任何公共当局的没收、征用、销毁或毁坏；罢工、暴动、民众骚乱引起的任何损失、费用和责任； （2）被保险人及其代表的故意行为或重大过失引起的任何损失、费用和责任； （3）核裂变、核聚变、核武器、核材料、核辐射及放射性污染引起的任何损失、费用和责任； （4）大气、土地、水污染及其他各种污染引起的任何损失、费用和责任； （5）工程部分停工或全部停工引起的任何损失、费用和责任； （6）罚金、延误、丧失合同及其他后果损失； （7）保险单明细表或有关条款中规定的应由被保险人自行负担的免赔额	

续表 5-30

保险期限	概念	保险期限是在保险单列明的建筑期限内，自投保工程动工日或自被保险项目被卸至建筑工地时起生效，直至建筑工程完毕经验收合格时终止
	建筑期	（1）保险责任的开始有两种情况：①工程破土动工之日；②保险工程材料、设备运抵至工地时。以先发生者为准，但不得超过保单规定的生效日期。 （2）保险责任的终止也有两种情况：①工程所有人对部分或全部工程签发验收证书或验收合格时；②工程所有人实际占有或使用或接受该部分或全部工程时。以先发生者为准且最迟不得超过保单规定的终止日期。在实际承保中，在保险期限终止日前，如其中一部分保险项目先完工验收移交或实际投入使用时，该完工部分自验收移交或交付使用时，保险责任即告终止
	试车期	若被保险设备本身是在本次安装前已被使用过的设备或转手设备，则自其试车之日起，保险责任即告终止。如安装的是新机器，保险人按保单列明的试车期，对试车和考核期限内引起的损失、费用和责任负责赔偿
	保证期	保证期的保险期限一般与工程合同中规定的质量保修期一致。从工程所有人对部分或全部工程签发完工验收证书或验收合格或工程所有人实际占有或使用或接收该部分或全部工程时起算，以先发生者为准。保证期投保与否，由投保人自己决定，需要投保时，必须加批单，增收相应的保费
	保险期限的延长	如工程不能在保险单规定的保险期内完工，经投保人申请并加缴规定的保费后，可签发批单延长保险期限
保险费率		建筑工程一切险的费率应分项确定，一般可分为以下几项： （1）建筑工程、安装工程、场地清理费、业主提供的物质及项目、工地内现成的建筑物、业主或承包商在工地上的其他财产，各项为一个总的费率，整个工期实行一次性费率； （2）施工用机器、装置及设备为单独的年费率。保期不足一年的，按短期费率计收保费； （3）保证期费率，是整个保证期一次性费率； （4）各种附加保障增收费率，也是整个工期一次性费率； （5）第三者责任险费率，按整个工期一次性费率计取
赔偿处理		（1）保险财产发生损失，保险人以将被保险财产修复至或基本恢复至其受损前状态的费用扣除残值后的金额为准进行赔偿；但若修复费用等于或超过被保险财产损失前的价值时，则以被保险财产损失前的实际价值扣除残值后的金额为准。被保险人为减少损失而采取必要措施所产生的合理费用，保险人可予赔偿，但本项费用与物质损失赔偿金额之和以受损的被保险财产的保险金额为限。 （2）保险人可有三种赔偿方式，即以现金支付赔款、修复或重置、赔付修理费用。具体采用哪种方式应视具体情况与被保险人商定。但保险人的赔偿责任就每一项或每一件保险财产而言不得超过其单独列明的保额，就总体而言不得超过保单列明的总保险金额。 （3）损失赔付后，保险金额应相应减少，并且不退还保险金额减少部分的保险费。如被保险人要求恢复至原保险金额，应按约定的保险费率加缴恢复部分从损失发生之日起至保险期限终止之日止按日比例计算的保险费。 （4）在发生第三者责任项下的索赔时：保险人有权以被保险人的名义接办或自行处理任何诉讼或解决任何索赔案件。被保险人有义务向保险人提供一切所需的资料和协助。 （5）在发生物质损失时，若受损保险财产的分项或总保险金额低于对应的应保险金额，其差额部分视为被保险人所自保，保险人按保险列明的保险金额与应保险金额的比例负责赔偿，即： 赔款金额＝损失金额×某项目现行保额/某项目按规定应投保金额 （6）如同一保险财产损失存在着一种以上的保险保障，不论该保险赔偿与否，保险公司按该种保险的保险单保额与所有保单保额之和的比例承担保险责任。 （7）被保险人的索赔期限，从损失发生之日起，不得超过两年

注：关于建筑工程一切险，本表格所列出的内容都应理解。

十一、安装工程一切险

表 5-31　安装工程一切险

<table>
<tr><td>概念</td><td colspan="2">安装工程一切险是以设备的购货合同价和安装合同价加各种费用或以安装工程的最后建成价格为保额的，以重置基础进行赔偿的，是指专门承保新建、扩建或改造的工矿企业的机器、设备或钢结构建筑物在安装、调试期间，由于保险责任范围内的风险造成的保险财产的物质损失和列明的费用的保险</td></tr>
<tr><td>特点</td><td colspan="2">（1）建筑工程一切险的保险标的从开工以后逐步增加，保险额也逐步提高，而安装工程一切险的保险标的一开始就存放于工地，保险公司一开始就承担着全部货价的风险。在机器安装好之后，试车、考核和保证阶段风险最大。由于风险集中，试车期的安装工程一切险的保险费通常占整个工期的保险费的三分之一左右。
（2）在一般情况下，建筑工程一切险承担的风险主要为自然灾害，而安装工程一切险承担的风险主要为人为事故损失。
（3）安装工程一切险的风险较大，保险费率也要高于建筑工程一切险。
建筑工程一切险和安装工程一切险在保单结构、条款内容、保险项目上基本一致，是承保工程项目相辅相成的两个险种</td></tr>
<tr><td>被保险人</td><td colspan="2">①业主；②承包商（含分包商）；③供货商，即负责提供被安装机器设备的一方；④制造商，即被安装机器设备的制造商，但因制造商的过失引起的直接损失，即本身部分，不包括在安装工程一切险责任范围内；⑤技术顾问；⑥其他关系方</td></tr>
<tr><td>投保人</td><td colspan="2">一般来说，在全部承包方式下，由承包商作为投保人投保整个工程的安装工程一切险。同时把有关利益方列为共同被保险人。如非全部承包方式，最好由业主投保</td></tr>
<tr><td rowspan="6">保险项目与保险金额</td><td>安装项目</td><td>（1）新建工厂、矿山或某一车间生产线安装的成套设备。
（2）单独的大型机械装置如发电机组、锅炉、巨型吊车、传送装置的组装工程。
（3）各种钢结构建筑物，如储油罐、桥梁、电视发射塔之类的安装和管道、电缆的铺设工程等。这部分的保险金额的确定与承包方式有关，在采用完全承包方式时，为该项目的承包合同价；由业主投保引进设备时，保险金额应包括设备的购货合同价加上国外运费和保险费、国内运费和保险费、关税和安装费（人工、材料）</td></tr>
<tr><td>土木建筑工程项目</td><td>指新建、扩建厂矿必须有的工程项目。保险金额应为该工程项目建成的价格，包括设计费、材料设备费、施工费、运杂费、税款及其他有关费用。该项保险金额不能超过安装工程一切险金额的 20%，超过 20%时，应按建筑工程一切险费率计收保险费；超过 50%时，则需单独投保建筑工程一切险</td></tr>
<tr><td>安装施工用机器设备</td><td>保险金额按重置价值计算</td></tr>
<tr><td>业主或承包商在工地上的其他财产</td><td>保险金额可由保险人与被保险人商定，但最高不能超过其实际价值</td></tr>
<tr><td>清理费用</td><td>此项费用的保险金额由被保险人自定并单独投保，不包括在工程合同价内。保险金额，对大工程一般不超过其工程总价值的 5%；对小工程一般不超过工程总价值的 10%</td></tr>
<tr><td>说明</td><td>以上各项之和即可构成安装工程一切险物质损失部分总的保险金额。被保险人可以以工程合同规定的工程造价确定投保金额。第三者责任保险金额的确定同建筑工程一切险</td></tr>
</table>

续表 5-31

<table>
<tr><td>保险责任</td><td colspan="2">安装工程一切险的保险责任与建筑工程一切险基本相同，主要承保保单列明的除外责任以外的任何自然灾害或/和意外事故造成的损失及有关费用</td></tr>
<tr><td>除外责任</td><td colspan="2">安装工程一切险与建筑工程一切险的除外责任除以下两条外基本相同：
（1）因设计错误、铸造或原材料缺陷或工艺不善引起的保险财产本身的损失以及为换置、修理或矫正这些缺点错误所支付的费用，都属于除外责任范围。值得注意的是，安装工程一切险只对设计错误等原因引起保险财产的直接损失及其有关费用不予赔偿，而对由于设计错误等原因造成其他保险财产的损失仍予以负责。因为设计错误等原因造成保险财产的直接损失，被保险人可根据购货合同向设计者或供货方或制造商要求赔偿。
建筑工程一切险不承保设计错误引起的保险财产本身的损失及费用，同时也不负责因此造成其他保险财产的损失和费用。
（2）由于超负荷、超电压、碰线等电气原因造成电气设备或电气用具本身的损失，安装工程一切险不予负责。安装工程一切险只对由于电气原因造成的其他保险财产的损失予以赔偿。而建筑工程一切险对于此种原因造成的任何损失都不予以赔偿</td></tr>
<tr><td rowspan="4">保险期限</td><td>安装期</td><td>（1）保险责任的开始。在保险单列明的起始日期前提下，实际保险责任的开始有两种情况：①投保工程动工之日；②保险财产运到施工地点。以先发生者为准，但不得超过保单列明的生效日。
（2）保险责任的终止，也有两种情况：①安装完毕签发验收证书或验收合格时终止；②工程所有人实际占有或使用或接受该部分或全部工程之时，最晚终止日不超过保险单中列明的终止日期。在实践中，工程的安装一般分期或分项进行，尤其是大型项目。因此，对于在保险期限内提前验收移交或实际投入使用的部分项目，则在验收完毕或实际投入使用时对该部分的责任即告终止</td></tr>
<tr><td>试车
考核期</td><td>指工程安装完毕后的冷试、热试和试生产。其长短由保险人与被保险人商定或根据工程合同上的规定来决定，并在保单上列明。试车考核期的保险责任一般不超过 3 个月，若超过 3 个月，应另行加费。对于试车考核期内，因试车引起的损失、费用和责任，保险人负责赔偿；若保险设备是使用过的，则自试车之时起，保险人的责任终止</td></tr>
<tr><td>保证期</td><td>保证期的保险期限一般与工程合同中规定的质量保修期一致。保证期自工程验收合格或工程所有人使用时开始，以先发生者为准。工程提前完工，则从该日起算加上规定的月份数至该期限的最后一天终止；如按时完工，则按保单上规定的日期终止。要注意的是，对旧的机器设备，一律不负责试车，也不承保保证期责任。试车一开始，保险责任即告终止</td></tr>
<tr><td>保险期限
的延长</td><td>与建筑工程一切险的有关规定相同</td></tr>
<tr><td>保险费率</td><td colspan="2">安装工程一切险的费率应按不同类型的工程项目确定，主要考虑以下因素：
（1）工程本身的危险程度，工程的性质及安装技术难度。
（2）工地及邻近地区的自然地理条件，有无特别危险存在。
（3）最大可能损失程度及工地现场管理和施工及安全条件。
（4）被安装机器设备的质量、型号。
（5）工期长短及安装季节，试车期和保证期的长短。
（6）承包商及其他工程关系方的资信，施工人员的技术水平和管理人员的素质。
（7）同类工程以往的损失记录。
（8）免赔额的高低及特种危险的赔偿限额。
同时，还应注意，安装工程一切险的费率与建筑工程一切险基本相同，只是对试车期设定单独费率，是一次性费率</td></tr>
</table>

注：与“建筑工程一切险”比较着学习。

十二、工伤保险

表 5-32　工伤保险

被保险人与投保人	工伤保险的投保人是中华人民共和国境内的用人单位，而被保险人则是其用人单位的全部职工或者雇工	
责任范围	工伤责任范围	（1）在工作时间和工作场所内，因工作原因受到事故伤害的； （2）工作时间前后在工作场所内，从事与工作有关的预备性或者收尾性工作受到事故伤害的； （3）在工作时间和工作场所内，因履行工作职责受到暴力等意外伤害的； （4）患职业病的； （5）因工外出期间，由于工作原因受到伤害或者发生事故下落不明的； （6）在上下班途中，受到非本人主要责任的交通事故或者城市轨道交通、客运轮渡、火车事故伤害的； （7）法律、行政法规规定应当认定为工伤的其他情形
	视同工伤范围	（1）在工作时间和工作岗位，突发疾病死亡或者在48小时之内经抢救无效死亡的； （2）在抢险救灾等维护国家利益、公共利益活动中受到伤害的； （3）职工原在军队服役，因战、因公负伤致残，已取得革命伤残军人证，到用人单位后旧伤复发的。 职工有第一项、第二项情形的，按照《工伤保险条例》中有关规定享受工伤保险待遇；职工有第三项情形的，按照《工伤保险条例》中有关规定享受除一次性伤残补助金以外的工伤保险待遇
	工伤除外责任	（1）故意犯罪的； （2）醉酒或者吸毒的； （3）自残或者自杀的
工伤保险基金与费率	工伤保险基金	工伤保险基金由以下三部分构成：企业缴纳的工伤保险费、工伤保险基金的利息和其他资金。 （1）工伤保险费，由企业按照职工工资总额的一定比例缴纳，职工个人不缴纳工伤保险费。企业缴纳的工伤保险费按照国家规定的渠道列支，企业的开户银行按规定代为扣缴。 （2）保险基金的利息，是指在对工伤保险基金的管理过程中，工伤保险基金所产生的利息。 （3）其他资金，是指在其他法律、法规中规定应纳入工伤保险基金的各种资金
	费率	《关于工伤保险费率问题的通知》（劳保部发〔2003〕29号）对行业划分、费率确定和费率浮动做出了规定：根据不同行业的工伤风险程度，参照《国民经济行业分类》GB/T 4754—2002，将行业划分为三个类别：一类为风险较小行业（如银行业、证券业等）；二类为中等风险行业（如房地产业、铁路运输业等）；三类为风险较大行业（如建筑业、煤炭开采、石油加工等）。分别实行三种不同的工伤保险费率。各地区三类行业的基准费率要分别控制在用人单位职工工资总额的0.5%左右、1.0%左右、2.0%左右，平均为1%。 用人单位属一类行业的，按行业基准费率缴费，不实行费率浮动。用人单位属二、三类行业的，费率实行浮动。用人单位的初次缴费费率，按行业基准费率确定，以后由统筹地区社会保险经办机构根据用人单位工伤保险费使用、工伤发生率、职业病危害程度等因素，1～3年浮动一次。在行业基准费率的基础上，可上下各浮动两档：上浮第一档到本行业基准费率的120%，上浮第二档到本行业基准费率的150%，下浮第一档到本行业基准费率的80%，下浮第二档到本行业基准费率的50%。费率浮动的具体办法由各统筹地区劳动保障行政部门会同财政、卫生、安全监管部门制定

十三、意外伤害保险

表 5-33 意外伤害保险

概念	意外伤害保险是指建筑企业为施工现场从事施工作业和管理的人员，向保险公司办理意外伤害保险、支付保险费，保险公司对于在施工活动过程中发生的人身意外伤亡事故、对遭受意外伤害的施工人员实施赔付的保险
被保险人与投保人	意外伤害保险是以工程项目作为投保单位。凡在建筑工程施工现场从事作业和管理并与施工企业建立劳动关系的人员均可作为被保险人，还应包括在施工现场从事监理工作和需要到施工现场履行视察、监督检查职责或参与施工现场救援抢险等有关人员。有关文件规定，意外伤害保险实行不记名的投保方式
保险范围	意外伤害保险的范围应当覆盖工程项目，是指施工单位为施工现场从事施工作业和管理的人员受到的意外伤害，以及由于施工现场施工直接给其他人员造成的意外伤害。已在企业所在地参加工伤保险的人员，从事现场施工时仍可参加意外伤害保险
保险金额	各地建设主管部门结合本地区实际情况确定合理的最低保险金额。意外伤害保险投保的保险金额不得低于最低保险金额。最低保险金额要能够保障施工伤亡人员得到有效的经济补偿
保险期限	意外伤害保险期限应从施工工程项目被批准正式开工，并且投保人已缴付保险费的次日（或约定起保日）零时起，至施工合同规定的工程竣工之日二十四时止。提前竣工的，保险责任自行终止。工程因故延长工期或停工的，需书面通知保险人并办理保险期间顺延手续，但保险期间自开工之日起最长不超过五年。工程停工期间，保险人不承担保险责任
保险费率	施工单位和保险公司双方根据各类风险因素商定意外伤害保险费率，实行差别费率和浮动费率。差别费率可与工程规模、类型、工程项目风险程度和施工现场环境等因素挂钩。浮动费率可与施工单位安全生产业绩、安全生产管理状况等因素挂钩

经典考题剖析

一、2023 年考题

1. 从事加工、修理、维修等劳务服务的一般纳税人，按（ ）的税率征收增值税。

A. 3%　　B. 6%　　C. 9%　　D. 13%

答案：D

[**解析**] 根据我国现行规定，一般纳税人增值税税率分为 13%、9%、6%和零税率，其中提供服务（包括提供加工、修理、修理劳务）增值税税率为 13%。

2. 对于符合条件的小型微利企业，企业所得税应减按（ ）的税率征收。

A. 20%　　B. 15%　　C. 13%　　D. 10%

答案：A

[解析] 符合条件的小型微利企业，减按 20%的税率征收企业所得税。

3. 与工程项目有关的税收中，按超率累进税率征收的是（　　）。

A. 城镇土地使用税　　B. 土地增值税

C. 城市维护建设税　　D. 增值税附加

答案：B

[解析] 土地增值税实行四级超率累进税率。

4. 投保建筑工程一切险时，如安装工程项目保额占总保险金额的比例超过（　　），则须另投保安装工程一切险。

A. 30%　　B. 40%　　C. 50%　　D. 60%

答案：C

[解析] 投保建筑工程一切险时，安装工程项目所占保额不应超过总保险金额的 20%。超过 20%的，按安装工程一切险费率计收保费；超过 50%，则另投保安装工程一切险。

5. 根据《工伤保险条例》，下列不同情形中，可认定为工伤的有（　　）。

A. 因工外出期间由于工作原因受到伤害的

B. 在工作岗位上突发疾病后 72 小时之内经抢救无效死亡的

C. 上下班途中受到非本人主要责任的交通事故伤害的

D. 工作时间前在工作场所从事预备性工作受到事故伤害的

E. 工作时间后在工作场所从事收尾性工作受到事故伤害的

答案：A、C、D、E

[解析] 工伤责任范围。《工伤保险条例》明确规定了认定工伤的七种情形，具体包括：

(1) 在工作时间和工作场所内，因工作原因受到事故伤害的；

(2) 工作时间前后在工作场所内，从事与工作有关的预备性或者收尾性工作受到事故伤害的；

(3) 在工作时间和工作场所内，因履行工作职责受到暴力等意外伤害的；

(4) 患职业病的；

(5) 因工外出期间，由于工作原因受到伤害或者发生事故下落不明的；

(6) 在上下班途中，受到非本人主要责任的交通事故或者城市轨道交通、客运轮渡、火车事故伤害的；

(7) 法律、行政法规规定应当认定为工伤的其他情形。

二、2022 年考题

1. 企业发生年度亏损，可以用下一年度的税前利润弥补，下一年度所得不足弥补的，可延续弥补的年限是（　　）年。

A. 2　　B. 3　　C. 4　　D. 5

答案：D

[解析] 所得税又称所得课税、收益税，是指国家对法人、自然人和其他经济组织在一定时期内的各种所得征收的一类税收。所得税主要包括企业所得税和个人所得税。

企业所得税的计税依据为应纳税所得额，即企业每一纳税年度的收入总额，减除不征税收入、免税收入、各项扣除以及允许弥补的以前年度亏损后的余额。根据利润的分配顺序，企业发生的年度亏损，在连续5年内可以用税前利润弥补。

2. 小规模纳税人按照简易计税的应纳税额应为（　　）。

A. 增值税税前×9%　　B. 增值税税后×9%

C. 增值税税前×3%　　D. 增值税税后×3%

答案：C

［**解析**］小规模纳税人发生应税销售行为，实行按照销售额和征收率计算应纳税额的简易办法，并不得抵扣进项税额。应纳税额计算公式：

应纳税额＝销售额×征收率

小规模纳税人的标准由国务院财政、税务主管部门规定。

小规模纳税人增值税征收率为3%，国务院另有规定的除外。

增值税税前即含税销售额。

3. 地方教育附加的计税依据是（　　）。

A. 增值税和消费税　　B. 增值税和所得税

C. 所得税和营业税　　D. 增值税和城市维护建设税

答案：A

［**解析**］地方教育附加以纳税人实际缴纳的增值税、消费税税额之和作为计税依据。

4. 与建筑工程一切险相比，安装工程一切险的特点是（　　）。

A. 保险费率一般高于建筑工程一切险

B. 主要风险为人为事故损失

C. 对设计错误引起的直接损失应赔偿

D. 保险公司开始就承担着全部货价的风险

E. 由于超荷载使用导致电气设备本身损失不赔偿

答案：A、B、D

［**解析**］在一般情况下，建筑工程一切险承担的风险主要为自然灾害，而安装工程一切险承担的风险主要为人为事故损失（选项B）。安装工程一切险的风险较大，保险费率也要高于建筑工程一切险（选项A）。

建筑工程一切险的保险标的从开工以后逐步增加，保险额也逐步提高，而安装工程一切险的保险标的一开始就存放于工地，保险公司一开始就承担着全部货价的风险（选项D）。

选项C、E属于保险的除外责任范畴。其中，选项C，对设计错误引起的直接损失属于除外责任；选项E，由于超荷载使用导致电气设备本身损失属于除外责任，不予赔偿，尽管选项E是正确的，但不应作为安装工程一切险的“特点”。

三、2021年考题

1. 一般纳税人采用简易计税方法，建筑业增值税征收率为（　　）。

A. 3%　　B. 6%　　C. 9%　　D. 10%

答案：A

［解析］当采用简易计税方法时，建筑业增值税征收率为3%。

2. 下列收入中，属于企业所得税免税收入的是（　　）。

A. 转让财产收入　　B. 接受捐赠收入

C. 国债利息收入　　D. 提供劳务收入

答案：C

［解析］企业的下列收入为免税收入：国债利息收入；符合条件的居民企业之间的股息、红利等权益性投资收益；在中国境内设立机构、场所的非居民企业从居民企业取得与该机构、场所有实际联系的股息、红利等权益性投资收益；符合条件的非营利组织的收入。

3. 某项目处于市区，城市维护建设税征收税率为（　　）。

A. 1%　　B. 3%　　C. 5%　　D. 7%

答案：D

［解析］城市维护建设税实行差别比例税率。按照纳税人所在地区的不同，设置了三档比例税率：①纳税人所在地区为市区的，税率为7%；②纳税人所在地区为县城、镇的，税率为5%；③纳税人所在地区不在市区、县城或镇的，税率为1%。

4. 对于投保建筑工程一切险的工程项目，下列情形中，保险人不承担赔偿责任的有（　　）。

A. 因台风使工地范围内建筑物损毁

B. 工程停工引起的任何损失

C. 因暴雨引起地面下陷，造成施工用吊车损毁

D. 因恐怖袭击引起的任何损失

E. 工程设计错误引起的损失

答案：B、D、E

［解析］保险人对以下情况不承担赔偿责任：设计错误引起的损失和费用；战争、类似战争行为、敌对行为、武装冲突、恐怖活动、谋反、政变引起的任何损失、费用和责任；政府命令或任何公共当局的没收、征用、销毁或毁坏；罢工、暴动、民众骚乱引起的任何损失、费用和责任；工程部分停工或全部停工引起的任何损失、费用和责任等。

四、其他年份考题

1. 某工程投保建筑工程一切险，在工程建设期间发生的下列情况中，应由保险人承担保险责任的是（　　）。

A. 设计错误引起的损失　　B. 施工机械装置失灵造成损坏

C. 工程档案文件损毁　　D. 地面下降沉造成的损失

答案：D

［解析］选项D属于保险责任，选项A、B、C属于保险除外责任。

2. 对于需要国家重点扶持的高新技术企业，减按（　　）的税率征收企业所得税。

A. 12%　　B. 15%　　C. 20%　　D. 25%

答案：B

［解析］符合条件的小型微利企业，减按20%的税率征收企业所得税。国家需要重

点扶持的高新技术企业，减按15%的税率征收企业所得税。

3. 下列关于意外伤害保险期限的说法，正确的是（　　）。

A. 保险期限应在施工合同规定的工程竣工之日二十四时止

B. 工程提前竣工的，保险责任自行终止

C. 工程因故延长工期的，保险期限自动延长

D. 保险期限自开工之日起最长不超过三年

E. 保险期内工程停工的，保险人应当承担保险责任

答案：A、B

［**解析**］意外伤害保险期限应从施工工程项目被批准正式开工，并且投保人已缴付保险费的次日（或约定起保日）零时起，至施工合同规定的工程竣工之日二十四时止。提前竣工的，保险责任自行终止。工程因故延长工期或停工的，需书面通知保险人并办理保险期间顺延手续，但保险期间自开工之日起最长不超过五年。工程停工期间，保险人不承担保险责任。

4. 关于意外伤害保险的说法，正确的有（　　）。

A. 意外伤害保险以工程项目为投保单位

B. 意外伤害保险应实行记名制投保方式

C. 意外伤害保险实行固定费率

D. 意外伤害保险不只局限于施工现场作业人员

E. 意外伤害保险期间自开工之日起最长不超过五年

答案：A、D、E

［**解析**］选项A正确，意外伤害保险是以工程项目作为投保单位的。选项B错误，有关文件规定，意外伤害保险实行不记名的投保方式。选项C错误，施工单位和保险公司双方根据各类风险因素商定意外伤害保险费率，实行差别费率和浮动费率。选项D正确，意外伤害保险的范围应当覆盖工程项目，是指施工单位为施工现场从事施工作业和管理的人员受到的意外伤害，以及由于施工现场施工直接给其他人员造成的意外伤害。已在企业所在地参加工伤保险的人员，从事现场施工时仍可参加意外伤害保险。选项E正确，意外伤害保险期限应从施工工程项目被批准正式开工，并且投保人已缴付保险费的次日（或约定起保日）零时起，至施工合同规定的工程竣工之日二十四时止。提前竣工的，保险责任自行终止。工程因故延长工期或停工的，需书面通知保险人并办理保险期间顺延手续，但保险期间自开工之日起最长不超过五年。

难 题 解 析

一、单项选择题

1. 既有法人筹措新建项目资本金时，不属于其内部资金来源的是（　　）。

A. 企业增资扩股

B. 未来生产经营中获得的可用于项目的资金

C. 企业资产变现

D. 企业产权转让

答案：A

［**解题要点**］既有法人项目资本金筹措内部资金来源，主要包括企业的现金、未来生产经营中获得的可用于项目的资金、企业资产变现、企业产权转让。

2. 根据《国务院关于固定资产投资项目试行资本金制度的通知》，各种经营性固定资产投资项目必须实行资本金制度，用于计算资本金基数的总投资是指投资项目的（　　）。

A. 静态投资与动态投资之和　　B. 固定资产投资与铺底流动资金之和

C. 固定资产总投资　　D. 建筑安装工程总造价

答案：B

［**解题要点**］本题考核的是项目资本金制度，计算资本金基数的总投资，是指投资项目的固定资产投资与铺底流动资金之和。

3. 下列关于项目资本金性质或特征的说法，正确的是（　　）。

A. 项目资本金是债务性资金　　B. 项目法人不承担项目资本金的利息

C. 投资者不可转让其出资　　D. 投资者可以任何方式抽回其出资

答案：B

［**解题要点**］对项目来说，项目资本金是非债务性资金，项目法人不承担这部分资金的任何利息和债务。投资者可按其出资的比例依法享有所有者权益，也可转让其出资，但不得以任何方式抽回。

4. 既有法人作为项目法人的，下列项目资本金来源中，属于既有法人外部资金来源的是（　　）。

A. 企业增资扩股　　B. 企业银行存款

C. 企业资产变现　　D. 企业产权转让

答案：A

［**解题要点**］外部资金来源包括既有法人通过在资本市场发行股票和企业增资扩股，以及一些准资本金手段，如发行优先股获取外部投资人的权益资金投入，同时也包括接受国家预算内资金为来源的融资方式。选项B属于负债，选项C、D属于既有法人内部资金来源。

5. 下列关于优先股的说法，不正确的是（　　）。

A. 优先股与普通股相同的是没有还本期限

B. 优先股与债券特征相似的是股息固定

C. 相对于其他借款融资，优先股通常处于优先的受偿顺序

D. 优先股股东不参与公司经营管理，没有公司控制权

答案：C

［**解题要点**］优先股与普通股相同的是没有还本期限，与债券特征相似的是股息固定。相对于其他借款融资，优先股的受偿顺序通常靠后，对于项目公司其他债权人来说，可视为项目资本金。而对于普通股股东来说，优先股通常要优先受偿，是一种负债。因此，优先股是一种介于股本资金与负债之间的融资方式。优先股股东不参与公司经营管理，没有公司控制权，不会分散普通股东的控股权。发行优先股通常不需要还本，只需支付固定股息，可减少公司的偿债风险和压力。但优先股融资成本较高，且股利不能像债券利息一样在税前扣除。

6. 由初期设立的项目法人进行的资本金筹措形式主要有（　　）。

A. 合资合作和优先股　　B. 合资合作和国家预算内投资

C. 国家预算内投资和合资合作　　D. 在资本市场募集股本资金和合资合作

答案：D

［**解题要点**］由初期设立的项目法人进行的资本金筹措形式主要有在资本市场募集股本资金和合

资合作。

7. 为新建项目筹集债务资金时，对利率结构起决定性作用的因素是（　　）。

A. 进入市场的利率走向　　B. 借款人对于融资风险的态度

C. 项目现金流量的特征　　D. 资金筹集难易程度

答案：C

[**解题要点**] 利率结构。项目融资中的债务资金利率主要为浮动利率、固定利率以及浮动/固定利率三种机制。评价项目融资中应该采用何种利率结构，需要综合考虑三方面的因素：①项目现金流量的特征起着决定性的作用；②对进入市场中利率的走向分析在决定债务资金利率结构时也起到很重要的作用；③任何一种利率结构都有可能为借款人带来一定的利益，但也会相应增加一定的成本，最终取决于借款人如何在控制融资风险和减少融资成本之间的权衡。

8. 关于融资中每股收益与资本结构、销售水平之间关系的说法，正确的是（　　）。

A. 受资本结构的影响，也受销售水平的影响

B. 受资本结构的影响，不受销售水平的影响

C. 不受资本结构的影响，受销售水平的影响

D. 不受资本结构的影响，也不受销售水平的影响

答案：A

[**解题要点**] 一般来说，每股收益受资本结构的影响，同样也受销售水平的影响。

9. 在比较筹资方式、选择筹资方案时，作为项目公司资本结构决策依据的资金成本是（　　）。

A. 个别资金成本　　B. 筹集资金成本

C. 综合资金成本　　D. 边际资金成本

答案：C

[**解题要点**] 资金成本是比较筹资方式、选择筹资方案的依据。资金成本有个别资金成本、综合资金成本、边际资金成本等形式。个别资金成本主要用于比较各种筹资方式资金成本的高低，是确定筹资方式的重要依据；综合资金成本是项目公司资本结构决策的依据；边际资金成本是追加筹资决策的重要依据。

10. 在下列筹资方式中，不改变企业控制权，并能将资金使用代价计入成本的是（　　）。

A. 发行优先股　　B. 发行普通股

C. 发行债券　　D. 吸收国外资本直接投资

答案：C

[**解题要点**] 本题考核的是负债筹资。

11. 在资金成本中，具有产品成本性质的部分应计入产品成本，另一部分应作为（　　）。

A. 产品净收益　　B. 利润的分配

C. 实收资本　　D. 未分配利润

答案：B

[**解题要点**] 资金成本具有一般产品成本的基本属性。资金成本是企业的耗费，企业要为占用资金而付出代价、支付费用，而且这些代价或费用最终也要作为收益的扣除额来得到补偿。但是资金成本只有一部分具有产品成本的性质，即这一部分耗费计入产品成本，而另一部分则作为利润的分配，不能列入产品成本。

12. 某企业账面反映的长期资金为 4 000 万元，其中优先股为 1 200 万元，应付长期债券为 2 800 万元。发行优先股的筹资费费率为 3%，年股息率为 9%；发行长期债券的票面利率为 7%，筹资费费率为 5%，企业所得税税率为 25%，则该企业的加权平均资金成本率为（　　）。

A. 3.96%　　B. 6.11%

C. 6.65%　　　　D. 8.15%

答案：C

［**解题要点**］根据该企业的加权平均资金成本率 $K_w=\sum_{i=1}^{n}W_i \cdot K_i$，则：

企业的加权平均资金成本率=0.3×9%/（1−3%）+0.7×（1−25%）×7%/（1−5%）=6.65%

13. 选择债务融资结构时，需要考虑债务偿还顺序，正确的债务偿还方式是（　　）。

A. 以债券形式融资的，应在一定年限内尽量提前还款

B. 对于固定利率的银行贷款，应尽量提前还款

C. 对于有外债的项目，应后偿还硬货币债务

D. 在多种债务中，应后偿还利率较低的债务

答案：D

［**解题要点**］一些债券形式要求至少一定年限内借款人不能提前还款，故选项A错误。采用固定利率的银行贷款，因为银行安排固定利率的成本原因，如果提前还款，借款人可能会被要求承担一定的罚款或分担银行的成本，故选项B错误。对于有外债的项目，由于有汇率风险，通常应先偿还硬货币的债务，后偿还软货币的债务，故选项C错误。

14. 在项目总投资和投资风险一定的条件下，项目资本金比例越高，则（　　）。

A. 权益投资人投入项目的资金越多，承担的风险越高

B. 权益投资人投入项目的资金越多，承担的风险越低

C. 权益投资人投入项目的资金越低，提供债务资金的债权人承担的风险越低

D. 权益投资人投入项目的资金多少与提供债务资金的债权人承担的风险无关

答案：A

［**解题要点**］在项目总投资和投资风险一定的条件下，项目资本金比例越高，权益投资人投入项目的资金越多，承担的风险越高，而提供债务资金的债权人承担的风险越低。

15. 在项目融资过程中，评价项目风险因素和选择项目融资方式所处的项目融资阶段分别为（　　）阶段。

A. 融资结构设计和融资决策分析　　　　B. 融资决策分析和融资执行

C. 融资决策分析和融资结构设计　　　　D. 投资决策分析和融资执行

答案：A

［**解题要点**］本题考核的内容是融资的步骤和各个阶段的内容。各阶段与内容的对应关系如下：

投资决策分析阶段	融资决策分析阶段	融资结构设计阶段
• 工业部门分析； • 项目可行性研究； • 投资决策——初步确定项目投资结构	• 选择项目的融资方式——决定是否采用项目融资； • 任命项目融资顾问——明确融资任务和具体目标要求	• 评价项目风险因素； • 评价项目的融资结构和资金结构——修正项目融资结构

融资谈判阶段	融资执行阶段
• 选择银行、发出项目融资建议书； • 组织贷款银团； • 起草融资法律文件； • 融资谈判	• 签署项目融资文件； • 执行项目投资计划； • 贷款银团经理人监督并参与项目决策； • 项目风险控制与管理

16. 采用ABS方式融资，应当组建SPC，其作用是（　　）。

A. 由 SPC 直接在资金市场上发行债券　　B. 由 SPC 与商业银行签订贷款协议

C. SPC 作为项目的法人　　D. 由 SPC 运营项目

答案：A

[解题要点] 本题考核的内容是项目融资的主要方式。采用 ABS 方式融资，第一步就是组建 SPC，通过 SPC 发行债券融资。ABS 方式不改变原项目的法人地位，SPC 也不参与项目的运营。

注意：关于项目融资的主要方式是历年考试中都要考核的内容，考生应特别关注项目融资主要方式的特点，并进行相互比较。

17. 下列项目融资方式中，需要利用信用增级手段使项目资产获得预期信用等级，进而在资本市场上发行债券募集资金的是（　　）方式。

A. BOT　　B. PPP

C. ABS　　D. TOT

答案：C

[解题要点] 利用信用增级手段使该项目资产获得预期的信用等级。为此，就要调整项目资产现有的财务结构，使项目融资债券达到投资级水平，达到 SPV 关于承包 ABS 债券的条件要求。SPV 通过提供专业化的信用担保进行信用升级，之后委托资信评估机构进行信用评级，确定 ABS 债券的资信等级。

18. 为确保政府财政承受能力，每一年全部 PPP 项目需要从预算中安排的支出占一般公共预算支出的比例，应当不超过（　　）。

A. 20%　　B. 15%　　C. 10%　　D. 5%

答案：C

[解题要点] 每一年度全部 PPP 项目需要从预算中安排的支出责任，占一般公共预算支出比例应当不超过 10%。省级财政部门可根据本地实际情况，因地制宜地确定具体比例，并报财政部备案，同时对外公布。

19. 对小规模纳税人而言，增值税应纳税额的计算公式是（　　）。

A. 销售额×征收率　　B. 销项税额－进项税额

C. 销售额/（1－征收率）×征收率　　D. 销售额×（1－征收率）×征收率

答案：A

[解题要点]（按照 2017 年版教材解析）增值税的计税方法包括一般计税方法和简易计税方法。小规模纳税人发生应税行为适用简易计税方法计税。简易计税方法的应纳税额，是指按照销售额和增值税征收率计算的增值税额，不得抵扣进项税额。应纳税额计算公式：应纳税额＝销售额×征收率。

20. 根据国家有关规定，下列不属于契税的纳税对象的是（　　）。

A. 以房产做投资或做股权转让

B. 房屋赠予

C. 买房拆料或翻建新房

D. 企业以授权经营方式取得原国有划拨土地

答案：D

[解题要点] 契税的纳税对象是在境内转移土地、房屋权属的行为。具体包括以下 5 种情况：

（1）国有土地使用权出让（转让方不交土地增值税）。

（2）国有土地使用权转让（转让方还应交土地增值税）。

（3）房屋买卖（转让方符合条件的还需交土地增值税）。以下几种特殊情况也视同买卖房屋：①以房产抵债或实物交换房屋；②以房产做投资或做股权转让；③买房拆料或翻建新房。

（4）房屋赠予，包括以获奖方式承受土地房屋权属。

（5）房屋交换（单位之间进行房地产交换还应交土地增值税）。

21. 我国城镇土地使用税采用的税率是（　　）。

A. 定额税率　　B. 超率累进税率

C. 幅度税率　　D. 差别比例税率

答案：A

［解题要点］ 城镇土地使用税采用定额税率。

22. 建筑工程一切险的保险项目包括物质损失部分、第三者责任及附加险三部分。其中，物质损失部分不应包括（　　）。

A. 业主提供的物料及项目　　B. 施工用机器、装置及设备

C. 工地内现成的建筑物　　D. 建筑工程的技术资料

答案：D

［解题要点］ 建筑工程一切险的保险项目中的物质损失部分包括：①建筑工程；②业主提供的物料及项目；③安装工程项目；④施工用机器、装置及设备；⑤场地清理费；⑥工地内现成的建筑物；⑦业主或承包商在工地上的其他财产。

以上各部分之和为建筑工程一切险物质损失部分总的保险金额。货币、票证、有价证券、文件、账簿、图表、技术资料，领有公共运输执照的车辆、船舶以及其他无法鉴定价值的财产，不能作为建筑工程一切险的保险项目。

23. 下列四种情形中，不属于工伤保险工伤责任范围的是（　　）。

A. 在工作时间和工作场所内醉酒驾驶车辆造成死亡的

B. 在工作时间和工作场所内，因工作原因受到事故伤害的

C. 工作时间前后在工作场所内，从事与工作有关的预备性或者收尾性工作受到事故伤害的

D. 患职业病的

答案：A

［解题要点］ 关于工伤责任范围，《工伤保险条例》明确规定了认定工伤的七种情形，具体包括：

(1) 在工作时间和工作场所内，因工作原因受到事故伤害的；

(2) 工作时间前后在工作场所内，从事与工作有关的预备性或者收尾性工作受到事故伤害的；

(3) 在工作时间和工作场所内，因履行工作职责受到暴力等意外伤害的；

(4) 患职业病的；

(5) 因工外出期间，由于工作原因受到伤害或者发生事故下落不明的；

(6) 在上下班途中，受到非本人主要责任的交通事故或者城市轨道交通、客运轮渡、火车事故伤害的；

(7) 法律、行政法规规定应当认定为工伤的其他情形。

选项 B、C、D 属于工伤保险工伤责任范围。

24. 投保人投保建筑工程一切险，下列情形中，保险人应承担第三者责任保险责任的是指（　　）。

A. 工程所有人、承包商或其他关系方或他们所雇用的在工地现场从事与工程有关工作的职员、工人以及他们的家庭成员的人身伤亡或疾病

B. 工程所有人、承包商或其他关系方或他们所雇用的职员、工人所有的或由其照管、控制的财产发生的损失

C. 被保险人根据与他人的协议应支付的赔偿或其他款项

D. 在保险期限内，因发生与承保工程直接相关的意外事故引起工地内及邻近区域的第三者人身伤亡

答案：D

［解题要点］ 本题考核的是第三者责任的保险责任与除外责任的相关内容。相关内容如下：

（1）责任范围：①在保险期限内，因发生与承保工程直接相关的意外事故引起工地内及邻近区域的第三者人身伤亡、疾病或财产损失，依法应由被保险人承担的经济赔偿责任，保险公司负责赔偿；②对被保险人因上述原因而支付的诉讼费用以及事先经保险公司书面同意而支付的其他费用，保险公司亦负责赔偿。

（2）除外责任：①物质损失项下或本应在该项下予以负责的损失及各种费用；②由于振动、移动或减弱支撑而造成的任何财产、土地、建筑物的损失及由此造成的任何人身伤害和物质损失；③下列原因引起的赔偿责任：工程所有人、承包商或其他关系方或他们所雇用的在工地现场从事与工程有关工作的职员、工人以及他们的家庭成员的人身伤亡或疾病；工程所有人、承包商或其他关系方或他们所雇用的职员、工人所有的或由其照管、控制的财产发生的损失；领有公共运输行驶执照的车辆、船舶、飞机造成的事故；被保险人根据与他人的协议应支付的赔偿或其他款项。但即使没有这种协议，被保险人仍应承担的责任不在此限。

25. 计算房地产开发企业应纳土地增值税时，可以从收入中据实扣除的是（　　）。

A. 开发间接费用　　B. 开发项目有关的管理费用

C. 开发项目有关的财务费用　　D. 开发项目有关的销售费用

答案：A

［**解题要点**］据实扣除的是房地产开发成本。包括土地的征用及拆迁补偿费、前期工程费、建筑安装费、基础设施费、公共配套设施费、开发间接费用。

二、多项选择题

1. 按照我国现行规定，必须由中方控股的是指（　　）项目。

A. 电网　　B. 核电站

C. 铁路干线路网　　D. 综合水利枢纽

E. 电信

答案：A、B、C

［**解题要点**］按照我国现行规定，有些项目不允许国外资本控股，有些项目要求国有资本控股。《外商投资产业指导目录（2017 年修订）》中明确规定，电网、核电站、铁路干线路网等项目，必须由中方控股。民用机场项目必须由中方相对控股。

2. 既有法人项目资本金筹措其内部资金来源主要包括（　　）。

A. 企业的现金　　B. 未来生产经营中获得的可用于项目的资金

C. 企业增资扩股　　D. 企业资产变现

E. 国家预算内投资

答案：A、B、D

［**解题要点**］既有法人项目资本金筹措其内部资金来源主要包括：企业的现金、未来生产经营中获得的可用于项目的资金、企业资产变现、企业产权转让。

3. 项目建设需要进口设备的，可以使用设备出口国的出口信贷。出口信贷的方式是指（　　）。

A. 买方信贷　　B. 卖方信贷

C. 福费廷　　D. 国际货币基金组织贷款

E. 世界银行贷款

答案：A、B、C

［**解题要点**］项目建设需要进口设备的，可以使用设备出口国的出口信贷。按照获得贷款资金的借款人，出口信贷分为买方信贷、卖方信贷和福费廷等。

4. 债券筹资的优点是指（　　）。

A. 经营灵活性提高　　B. 筹资成本较低

C. 利息允许在所得税后支付　　D. 保障股东控制权

E. 便于调整资本结构

答案：B、D、E

[解题要点] 债券筹资的优点：

(1) 筹资成本较低。发行债券筹资的成本要比股票筹资的成本低。这是因为债券发行费用较低，其利息允许在所得税前支付，可以享受扣减所得税的优惠，所以企业实际上负担的债券成本一般低于股票成本。

(2) 保障股东控制权。债券持有人无权干涉管理事务，因此，发行企业债券不会像增发股票那样可能会分散股东对企业的控制权。

(3) 发挥财务杠杆作用。不论企业盈利水平如何，债券持有人只收取固定的利息，更多的收益可用于分配给股东，或留归企业以扩大经营。

(4) 便于调整资本结构。企业通过发行可转换债券，或在发行债券时规定可提前赎回债券，有利于企业主动地、合理地调整资本结构确定负债与资本的合理比率。

5. 债务资金利率主要有浮动利率、固定利率以及浮动/固定利率等不同的利率机制。融资中应采用何种利率结构，需要考虑的因素是（　　）。

A. 债权人是否要求第三方担保　　B. 项目现金流量的特征

C. 借款人对债务期限的要求　　D. 金融市场上利率的走向

E. 借款人对控制融资风险的要求

答案：B、D、E

[解题要点] 债务资金利率主要有浮动利率、固定利率以及浮动/固定利率等不同的利率机制。融资中应该采用何种利率结构，需要考虑：①项目现金流量的特征；②金融市场上利率的走向；③借款人对控制融资风险的要求。

6. 下列关于债券方式融资的说法，正确的是（　　）。

A. 企业债券融资是一种间接的融资方式　　B. 可转换债券可以视为公司的资本金融资

C. 债券融资比资本金融资资金成本低　　D. 债券融资发挥财务杠杆作用

E. 债券融资必须采用公开发行的方式

答案：C、D

[解题要点] 企业债券融资是一种直接融资。现有公司发行可转换债券，通常并不设定后于其他债权受偿，对于其他向公司提供贷款的债权人来说，可转换债不能视为公司的资本金融资，债券筹资的优点：筹资成本较低、保障股东控制权、发挥财务杠杆作用、便于调整资本结构。债券发行与股票发行相似，可在资本市场上公开发行，也可以私募方式发行。

7. 下列费用中属于资金使用成本的有（　　）。

A. 股票发行广告费　　B. 贷款利息

C. 股息和红利　　D. 债券印刷费

E. 资信评估费

答案：B、C

[解题要点] 本题考核的是资金成本。资金成本一般包括资金筹集成本和资金使用成本两部分。

(1) 资金筹集成本。资金筹集成本是指在资金筹集过程中所支付的各项费用，如发行股票或债券支付的印刷费、发行手续费、律师费、资信评估费、公证费、担保费、广告费等。资金筹集成本一般属于一次性费用，筹资次数越多，资金筹集成本也就越大。

(2) 资金使用成本。资金使用成本又称资金占用费，是指占用资金而支付的费用，主要包括支付给股东的各种股息和红利、向债权人支付的贷款利息以及支付给其他债权人的各种利息费用等。

8. 项目融资与传统的贷款相比较，具有的特点包括（　　）。

A. 资金的来源主要是依赖项目的现金流量

B. 贷款人对项目的借款人具有完全追索权

C. 资金的来源主要依赖于项目的投资者的资信

D. 用于支持贷款的信用结构的安排是灵活和多样化的

E. 项目的债务不表现在项目借款人的公司资产负债表中

答案：A、D、E

［**解题要点**］项目融资是通过项目的资产、收益作抵押来融资，不是依靠项目所在的企业的信誉、收益或企业的负责人的信誉来融资；项目建设失败，贷款人只能通过清理项目的资产得到一部分清偿，所以，贷款人只对项目具有有限追索权，项目的债务不表现在项目借款人的公司资产负债表中；信用结构多样化，项目融资的框架结构由四个基本模块组成，即项目投资结构、项目融资结构、项目资金结构和项目的信用保证结构。

9. 下列关于 PFI 方式和 BOT 方式的说法，正确的是（　　）。

A. PFI 方式的应用面比 BOT 方式更广

B. BOT 项目的合同类型是特许经营合同，而 PFI 项目中签署的是服务合同

C. BOT 方式主要应用于公共服务设施项目

D. PFI 项目由于私营企业参与项目设计，需要承担设计风险

E. BOT 项目在合同中一般会规定特许经营期满后，项目必须无偿交给政府管理及运营

答案：A、B、D、E

［**解题要点**］(1) 适用领域。BOT 方式主要用于基础设施或市政设施，如机场、港口、电厂、公路、自来水厂等，以及自然资源开发项目。PFI 方式的应用面更广，除上述项目之外，一些非营利的、公共服务设施项目（如学校、医院、监狱等）同样可以采用 PFI 方式。

(2) 合同类型。两种融资方式中，政府与私营部门签署的合同类型不尽相同，BOT 项目的合同类型是特许经营合同，而 PFI 项目中签署的是服务合同，PFI 项目的合同中一般会对设施的管理、维护提出特殊要求。

(3) 承担风险。BOT 项目中，私营企业不参与项目设计，因此设计风险由政府承担，而 PFI 项目由于私营企业参与项目设计，需要承担设计风险。

(4) 合同期满处理方式。BOT 项目在合同中一般会规定特许经营期满后，项目必须无偿交给政府管理及运营，而 PFI 项目的服务合同中往往规定，如果私营企业通过正常经营未达到合同规定的收益，可以继续保持运营权。

10. 根据国家有关规定，下列进项税额准予从销项税额中抵扣正确的有（　　）。

A. 从海关取得的海关进口增值税专用缴款书上注明的增值税额

B. 从销售方取得的增值税专用发票上注明的增值税额

C. 从境外单位购进不动产，自税务机关取得的解缴税款的完税凭证上注明的增值税额

D. 购进农产品，除取得增值税专用发票或者海关进口增值税专用缴款书外，按照农产品收购发票或者销售发票上注明的农产品买价和 13%的扣除率计算的进项税额

E. 购进农产品，按照《农产品增值税进项税额核定扣除试点实施办法》抵扣进项税额的也可按销售发票上注明的农产品买价和 13%的扣除率计算的进项税额

答案：A、B、C、D

［**解题要点**］下列进项税额准予从销项税额中抵扣：

(1) 从销售方取得的增值税专用发票上注明的增值税额。

(2) 从海关取得的海关进口增值税专用缴款书上注明的增值税额。

(3) 购进农产品，除取得增值税专用发票或者海关进口增值税专用缴款书外，按照农产品收购发票或者销售发票上注明的农产品买价和 13%的扣除率计算的进项税额。计算公式为：

进项税额＝买价×扣除率

买价是指纳税人购进农产品在农产品收购发票或者销售发票上注明的价款和按照规定缴纳的烟叶税。购进农产品，按照《农产品增值税进项税额核定扣除试点实施办法》抵扣进项税额的除外。

(4) 从境外单位或者个人购进服务、无形资产或者不动产，自税务机关或者扣缴义务人取得的解缴税款的完税凭证上注明的增值税额。

11. 下列关于建筑工程一切险的有关讨论中，正确的是（　　）。

A. 因原材料缺陷或工艺不善引起的被保险财产本身的损失不属于物质损失的责任范围

B. 施工用机器、装置及设备的保险费率按整个工期一次性费率计取

C. 保险人赔偿的方式包括以现金支付赔款；修复或重置；赔付修理费用

D. 建筑工程一切险的费率与免赔额的高低无关

E. 在发生第三者责任项下的索赔时，保险人有权以被保险人的名义接办或自行处理任何诉讼或解决任何索赔案件

答案：A、C、E

［**解题要点**］本题考核的是关于建筑工程一切险的内容。这样的题目是非常难回答的，该类型题目考核的内容非常宽泛，甚至在该题目项下的任何一句话都可以作为本题的备选答案。本题的意义在于提醒考生对于这部分内容，应该仔细阅读每一句话，加深理解其内容。

12. 对于投保建筑工程一切险，保险人不承担赔偿责任的有（　　）。

A. 因暴雨造成的物质损失

B. 发生火灾引起的场地清理费用

C. 工程设计错误引起的损失

D. 因地面下沉引起的物质损失

E. 由于现场管理原因导致工伤事故

答案：C、E

［**解题要点**］选项A、D属于自然灾害；选项B属于意外事故，保险人承担赔偿责任；选项C属于保险人的除外责任；选项E，“现场管理原因”不属于自然灾害和意外事故，不属于保险人责任范围。

13. 下列实物项目中，可投保建筑工程一切险的有（　　）。

A. 已完成尚未移交业主的工程

B. 业主采购并已运抵工地范围内的材料

C. 工地范围内施工用的推土机

D. 工地范围内施工用的规范、文件

E. 工程设计文件及有关批复文件

答案：A、B、C

［**解题要点**］建筑工程一切险的保险项目包括物质损失部分、第三者责任及附加险三部分。其中物质损失：

(1) 建筑工程。包括永久和临时性工程及物料。这是建筑工程一切险的主要保险项目。该部分保险金额为承包工程合同的总金额，即建成该项工程的实际价格，包括设计费、材料设备费、施工费(人工及施工设备费)、运杂费、税款及其他有关费用。

(2) 业主提供的物料及项目。是指未包括在工程合同价格之内的，由业主提供的物料及负责建筑的项目。该项保险金额应按这一部分标的重置价值确定。

(3) 安装工程项目。是指承包工程合同中未包含的机器设备安装工程项目。该项目的保险金额为其重置价值。所占保险金额不应超过总保险金额的20%。超过20%的，按安装工程一切险费率计收保费；超过50%的，则另投保安装工程一切险。

(4) 施工用机器、装置及设备。是指施工用的推土机、钻机、脚手架、吊车等机器设备。此类物品一般为承包商所有，其价值不包括在工程合同价之内，因而作专项承保。该项保险金额应按机器、装置及设备的重置价值确定。

(5) 场地清理费。指发生承保风险所致损失后，为清理工地现场所必须支付的一项费用，不包括

在工程合同价格之内。该项保险金额一般按大工程不超过其工程合同价格的5%，小工程不超过工程合同价格的10%计算。

（6）工地内现成的建筑物。是指不在承保的工程范围内的，业主或承包单位所有的或由其保管的工地内已有的建筑物或财产。该项保险金额由双方共同商定，但最高不得超过该建筑物的实际价值。

（7）业主或承包商在工地上的其他财产，是指上述六项范围之外的其他可保财产。该项保险金额由双方共同商定。

以上各部分之和为建筑工程一切险物质损失部分的总保险金额。货币、票证、有价证券、文件、账簿、图表、技术资料，领有公共运输执照的车辆、船舶以及其他无法鉴定价值的财产，不能作为建筑工程一切险的保险项目。

第六章　工程建设全过程造价管理

考纲要求

1. 决策阶段造价管理的内容和方法；
2. 设计阶段造价管理的内容和方法；
3. 发承包阶段造价管理的内容和方法；
4. 施工阶段造价管理的内容和方法；
5. 竣工阶段造价管理的内容与方法。

本章知识架构

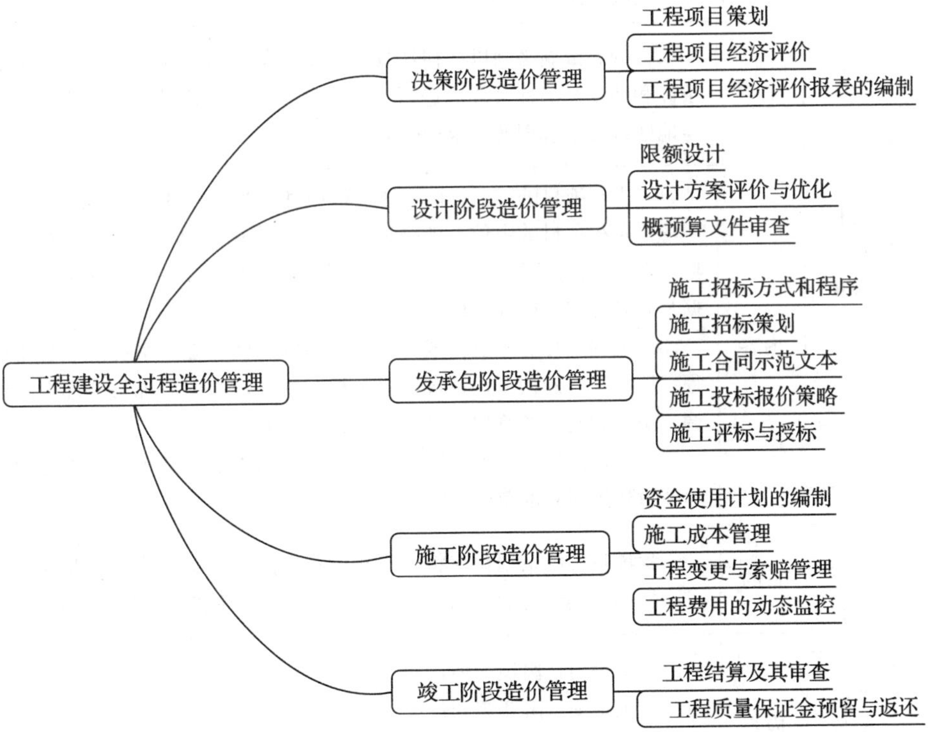

考点与题型详解

考点一：工程项目策划

点评：理解工程项目策划的概念，掌握分类、相关内容和比选方法。

知识要点集成

表 6-1 工程项目策划

<table>
<tr><td>概念</td><td colspan="3">工程项目策划是指将建设意图转换为定义明确、系统清晰、目标具体且具有策略性运作思路的高智力的系统活动。工程项目策划主要包括建设前期项目系统构思策划、建设期间项目管理策划和项目建成后的运营策划</td></tr>
<tr><td>作用</td><td colspan="3">构思工程项目系统框架；奠定工程项目决策基础；指导工程项目管理工作</td></tr>
<tr><td rowspan="5">主要内容</td><td>分类</td><td colspan="2">工程项目策划可分为总体策划和局部策划两种。工程项目总体策划一般是指在项目立项决策过程中所进行的全面策划，而工程项目局部策划可以是对全面策划任务进行分解后的一个单项性或专业性问题的策划，例如，一个生产子系统的工艺策划或设备选型配置策划等</td></tr>
<tr><td rowspan="2">工程项目构思策划</td><td>依据</td><td>项目构思策划必须以法律法规和有关政策方针为依据，结合实际建设条件和地区经济社会环境进行。如果已确定在特定的地点建设，还必须与地区或城市规划的要求相适应</td></tr>
<tr><td>内容</td><td>(1) 工程项目的定义。即描述工程项目的性质、用途和基本内容。
(2) 工程项目的定位。即描述工程项目的建设规模、建设水准，工程项目在社会经济发展中的地位、作用和影响力，并进行工程项目定位依据及必要性和可能性分析。
(3) 工程项目的系统构成。描述系统的总体功能，系统内部各单项工程、单位工程的构成，各自作用和相互联系，内部系统与外部系统的协调、协作和配套的策划思路及方案的可行性分析。
(4) 其他。与工程项目实施及运行有关的重要环节策划，均可列入工程项目构思策划的范畴</td></tr>
<tr><td rowspan="2">工程项目实施策划</td><td>目的</td><td>工程项目实施策划旨在将体现建设意图的工程项目构思，变成有实现可能性和可操作性的行动方案，提出带有谋略性和指导性的设想</td></tr>
<tr><td>内容</td><td>(1) 工程项目组织策划；
(2) 工程项目融资策划；
(3) 工程项目目标策划；
(4) 工程项目实施过程策划</td></tr>
</table>

续表 6-1

多方案比选	技术方案比选		技术方案比选方法分为两大类，即传统方法和现代方法。 （1）传统方法包括：经验判断法、方案评分法和经济计算法。 1）经验判断法。利用人们的知识、经验和主观判断能力，靠直觉进行方案评价。其优点是适用性强，决策灵活；缺点是缺乏严格的科学论证，容易导致主观、片面的结果。 2）方案评分法。根据评价指标对方案进行打分，最后根据得分多少判断优劣。常用的方法有加法评分法、乘法评分法、综合价值系数法。其优点是能够定量判断方案的优劣，比起笼统地用“很好”“对”“不好”等字眼评价要更为细致、更为准确。 3）经济计算法。通过指标的大小来判断方案的优劣，是一种准确的方案比选方法。可应用于较准确地计算各方案经济效益的场合，如价值工程中的新产品开发、技术改造、可行性研究中的投资方案等。 （2）现代方法。主要包括：目标规划法、层次分析法、模糊数学综合评价法、灰色理论分析法和人工神经网络法等
	经济效益比选	方案比选要点	（1）筛选备选方案。筛选备案方案实际上就是单方案检验，利用经济评价指标的判断准则剔除不可行方案。 （2）保证备选方案之间的可比性。既可按方案的全部因素计算多个方案的全部经济效益和费用，进行全面的分析对比；也可就各个方案的不同因素计算其相对经济效益和费用，进行局部的分析对比，但要遵循效益和费用计算口径一致的原则，保证各个方案之间的可比性。 （3）针对备选方案的结构类型选用适宜的比选方法。对于不同结构类型的方案，要选用不同的比较方法和评价指标。考察结构类型所涉及的因素有：方案的计算期是否相同；方案所需的资金来源是否有限制；方案的投资额是否相差过大等
		方案比选方法	互斥型方案的比选方法包括：静态差额投资收益率法、静态差额投资回收期法、差额投资内部收益率法、净现值法、净现值率法、年值法、总费用现值比较法、年费用比较法等

经典考题剖析

一、2022 年考题

工程项目策划的首要任务是（　　）。

A. 项目的用途和规模　　B. 项目的性质和用途

C. 项目的定义和定位　　D. 项目的目标和组织

答案：C

[解析] 工程项目策划的首要任务是根据建设意图进行工程项目的定义和定位，全面构想一个待建项目系统。

二、2021 年考题

下面工程项目策划的内容中，属于实施策划内容的是（　　）。

A. 项目系统构成策划　　　　B. 项目定位策划

C. 项目的定义　　　　　　　D. 工程项目融资策划

答案：D

［解析］工程项目实施策划的内容包括：①工程项目组织策划；②工程项目融资策划；③工程项目目标策划；④工程项目实施过程策划。选项 A、B、C 属于构思策划的内容。

三、2020 年考题

对工程项目进行多方案比选时，比选的内容应包括（　　）。

A. 工艺方案比选和经济效益比选　　　　B. 技术方案比选和经济效益比选

C. 技术方案比选和融资方案比选　　　　D. 工艺方案比选和融资方案比选

答案：B

［解析］工程项目多方案比选主要包括工艺方案比选、规模方案比选、选址方案比选，甚至包括污染防治措施方案比选等。无论哪一类方案比选，均包括技术方案比选和经济效益比选两个方面。

四、其他年份考题

下列工程项目策划内容中，属于工程项目构思策划的有（　　）。

A. 工程项目组织系统　　　　B. 工程项目系统构成

C. 工程项目发包模式　　　　D. 工程项目建设规模

E. 工程项目融资方案

答案：B、D

［解析］项目构想策划的主要内容包括：

（1）工程项目的定义。即描述工程项目的性质、用途和基本内容。

（2）工程项目的定位。即描述工程项目的建设规模、建设水准，工程项目在社会经济发展中的地位、作用和影响力，并进行工程项目定位依据及必要性和可能性分析。

（3）工程项目的系统构成。描述系统的总体功能，系统内部各单项工程、单位工程的构成，各自作用和相互联系，内部系统与外部系统的协调、协作和配套的策划思路及方案的可行性分析。

（4）其他。与工程项目实施及运行有关的重要环节策划，均可列入工程项目构思策划的范畴。

考点二：工程项目经济评价

点评：以理解财务分析和经济分析的基本概念为基础，尤其是二者概念上的区别；

分析历年考题，本知识点考核的主要是财务分析和经济分析的基本概念以及由此延伸的一些基本原理。建议考生参照经典考题剖析的题目，有针对性地重点掌握相关内容。

知识要点集成

表 6-2　工程项目经济评价

<table>
<tr><td rowspan="3">工程项目经济评价内容、方法和原则</td><td>内容</td><td colspan="2">工程项目经济评价包括财务分析和经济分析。
(1) 财务分析。财务分析是在国家现行财税制度和价格体系的前提下，从项目的角度出发，计算项目范围内的财务效益和费用，分析项目的盈利能力和清偿能力，评价项目在财务上的可行性。
(2) 经济分析。经济分析是在合理配置社会资源的前提下，从国家经济整体利益的角度出发，计算项目对国民经济的贡献，分析项目的经济效率、效果和对社会的影响，评价项目在宏观经济上的合理性</td></tr>
<tr><td rowspan="2">财务分析与经济分析的联系和区别</td><td>联系</td><td>(1) 财务分析是经济分析的基础。
(2) 大型工程项目中，经济分析是财务分析的前提</td></tr>
<tr><td>区别</td><td>(1) 两种分析的出发点和目的不同。项目财务分析是站在企业或投资人的立场上，从其利益角度分析评价项目的财务收益和成本，而项目经济分析则是从国家或地区的角度分析评价项目对整个国民经济乃至整个社会所产生的收益和成本。
(2) 两种分析中费用和效益的组成不同。在项目财务分析中，凡是流入或流出的项目货币收支均视为企业或投资者的费用和效益，而在项目经济分析中，只有当项目的投入或产出能够给国民经济带来贡献时才被当作项目的费用或效益进行评价。
(3) 两种分析的对象不同。项目财务分析的对象是企业或投资人的财务收益和成本，而项目经济分析的对象是由项目带来的国民收入增值情况。
(4) 两种分析中衡量费用和效益的价格尺度不同。项目财务分析关注的是项目的实际货币效果，它根据预测的市场交易价格去计量项目投入和产出物的价值，而项目经济分析关注的是对国民经济的贡献，采用体现资源合理有效配置的影子价格去计量项目投入和产出物的价值。
(5) 两种分析的内容和方法不同。项目财务分析主要采用企业成本和效益的分析方法，项目经济分析需要采用费用和效益分析、成本和效益分析和多目标综合分析等方法。
(6) 两种分析采用的评价标准和参数不同。项目财务分析的主要标准和参数是净利润、财务净现值、市场利率等，而项目经济分析的主要标准和参数是净收益、经济净现值、社会折现率等。
(7) 两种分析的时效性不同。项目财务分析必须随着国家财务制度的变更而做出相应的变化，而项目经济分析多数是按照经济原则进行评价</td></tr>
</table>

续表 6-2

工程项目经济评价内容、方法和原则	内容和方法的选择		（1）对于一般项目，财务分析结果将对其决策、实施和运营产生重大影响，财务分析必不可少。由于这类项目产出品的市场价格基本上能够反映其真实价值，当财务分析的结果能够满足决策需要时，可以不进行经济分析。 （2）对于那些关系国家安全、国土开发、市场不能有效配置资源等具有较明显外部效果的项目（一般为政府审批或核准项目），需要从国家经济整体利益角度来考察项目，并以能反映资源真实价值的影子价格来计算项目的经济效益和费用，通过经济评价指标的计算和分析，得出项目是否对整个社会经济有益的结论。 （3）对于特别重大的工程项目，除进行财务分析与经济费用效益分析外，还应专门进行项目对区域经济或宏观经济影响的研究与分析
	基本原则		（1）“有无对比”的原则。 （2）效益与费用计算口径对应一致的原则。 （3）收益与风险权衡的原则。 （4）定量分析与定性分析相结合，以定量分析为主的原则。 （5）动态分析与静态分析相结合，以动态分析为主的原则
工程项目财务评价	财务效益和费用的估算	应注意的问题	（1）财务效益和费用的估算应注意遵守现行财务、会计以及税收制度的规定。 （2）财务效益和费用的估算应遵守“有无对比”的原则。 （3）财务效益和费用的估算范围应体现效益和费用对应一致的原则。 （4）财务效益和费用的估算应根据项目性质、类别和行业特点，明确相关政策和其他依据、选取适宜的方法，进行文字说明，并编制相关表格
		财务效益和费用的构成	项目的财务效益与项目目标有直接的关系，项目目标不同，财务效益包含的内容也不同。 （1）市场化运作的经营性项目，项目目标是通过销售产品或提供服务实现盈利，其财务效益主要是指所获取的营业收入。对于某些国家鼓励发展的经营性项目，可以获得增值税的优惠。按照有关会计及税收制度，先征后返的增值税应记作补贴收入，作为财务效益进行核算。财务分析中应根据国家规定的优惠范围落实是否可采用这些优惠政策。对先征后返的增值税，财务分析中可进行有别于实际的处理，不考虑“征”和“返”的时间差。 （2）对于以提供公共产品服务于社会或以保护环境等为目标的非经营性项目，往往没有直接的营业收入，也就没有直接的财务效益。这类项目需要政府提供补贴才能维持正常运转，应将补贴作为项目的财务收益，通过预算平衡计算所需要补贴的数额。 （3）对于为社会提供准公共产品或服务，且运营维护采用经营方式的项目，如市政公用设施、交通、电力等项目，其产出价格往往受到政府管制，营业收入可能基本满足或不能满足补偿成本的要求，有些需要在政府提供补贴的情况下才具有财务生存能力。因此，这类项目的财务效益包括营业收入和补贴收入。 （4）项目所支出的费用主要包括投资、成本费用和税金等

续表 6-2

<table>
<tr><td rowspan="5">工程项目财务评价</td><td rowspan="2">财务效益和费用的估算</td><td>财务效益和费用采用的价格</td><td>财务分析应采用以市场价格体系为基础的预测价格。在建设期内，一般应考虑投入的相对价格变动及价格总水平变动。在运营期内，若能合理判断未来市场价格变动趋势，投入与产出可采用相对变动价格；若难以确定投入与产出的价格变动，一般可采用项目运营期初的价格；有要求时，也可考虑价格总水平的变动。运营期财务效益和费用的估算采用的价格，应符合下列要求：①效益和费用估算采用的价格体系应一致；②采用预测价格，有要求时可考虑价格变动因素；③对适用增值税的项目，运营期内投入和产出的估算表格可采用不含增值税价格；若采用含增值税价格，应予以说明，并调整相关表格</td></tr>
<tr><td>财务效益和费用的估算步骤</td><td>财务效益和费用的估算步骤应该与财务分析的步骤相匹配。在进行融资前分析时，应先估算独立于融资方案的建设投资和营业收入，然后是经营成本和流动资金。在进行融资后分析时，应先确定初步融资方案，然后估算建设期利息，进而完成固定资产原值的估算，通过还本付息计算求得运营期各年利息，最终完成总成本费用的估算</td></tr>
<tr><td>财务评价参数</td><td colspan="2">基准收益率、计算期、财务分析判断参数</td></tr>
<tr><td rowspan="2">财务分析——经营性项目财务分析</td><td>融资前分析</td><td>（1）融资前动态分析应以营业收入、建设投资、经营成本和流动资金的估算为基础，考察整个计算期内现金流入和现金流出，编制项目投资现金流量表，利用资金时间价值的原理进行折现，计算项目投资内部收益率和净现值等指标。
（2）根据分析角度的不同，融资前分析可选择计算所得税前指标和（或）所得税后指标。融资前分析也可计算静态投资回收期（P_0）指标，用以反映收回项目投资所需要的时间</td></tr>
<tr><td>融资后分析</td><td>（1）目的：融资后分析应以融资前分析和初步的融资方案为基础，考察项目在拟定融资条件下的盈利能力、偿债能力和财务生存能力，判断项目方案在融资条件下的可行性。融资后分析用于比选融资方案，帮助投资者做出融资决策。
（2）融资后的盈利能力分析应包括动态分析和静态分析。①动态分析包括两个层次：a. 项目资本金现金流量分析，应在拟定的融资方案下，从项目资本金出资者整体的角度，确定其现金流入和现金流出，编制项目资本金现金流量表，利用资金时间价值的原理进行折现，计算项目资本金财务内部收益率指标，考察项目资本金可获得的收益水平；b. 投资各方现金流量分析，应从投资各方实际收入和支出的角度，确定其现金流入和现金流出，分别编制投资各方现金流量表，计算投资各方的财务内部收益率指标，考察投资各方可能获得的收益水平。当投资各方不按股本比例进行分配或有其他不对等的收益时，可选择进行投资各方现金流量分析。②静态分析系指不采取折现方式处理数据，依据利润与利润分配表计算项目资本金净利润率（ROE）和总投资收益率（ROI）指标。静态盈利能力分析可根据项目的具体情况选做。
（3）财务生存能力分析，应在财务分析辅助表和利润与利润分配表的基础上编制财务计划现金流量表，通过考察项目计算期内的投资、融资和经营活动所产生的各项现金流入和流出，计算净现金流量和累计盈余资金，分析项目是否有足够的净现金流量维持正常运营，以实现财务可持续性。财务可持续性应首先体现在有足够大的经营活动净现金流量，其次是各年累计盈余资金不应出现负值。若出现负值，应进行短期借款，同时分析该短期借款的年份长短和数额大小，进一步判断项目的财务生存能力。短期借款应体现在财务计划现金流量表中，其利息应计入财务费用。为维持项目正常运营，还应分析短期借款的可靠性</td></tr>
</table>

续表 6-2

工程项目财务评价	财务分析——非经营性项目财务分析	（1）没有营业收入的项目，不进行盈利能力分析，主要考察项目财务生存能力。此类项目通常需要政府长期补贴才能维持运营，应合理估算项目运营期各年所需的政府补贴数额，并分析政府补贴的可能性与支付能力。对有债务资金的项目，还应结合借款偿还要求进行财务生存能力分析。 （2）对有营业收入的项目，财务分析应根据收入抵补支出的程度，区别对待。收入补偿费用的顺序应为：补偿人工、材料等生产经营耗费、缴纳流转税、偿还借款利息、计提折旧和偿还借款本金。有营业收入的非经营性项目可分为下列两类：①营业收入在补偿生产经营耗费、缴纳流转税、偿还借款利息、计提折旧和偿还借款本金后尚有盈余，表明项目在财务上有盈利能力和生存能力，其财务分析方法与一般项目基本相同。②对一定时期内收入不足以补偿全部成本费用，但通过在运行期内逐步提高价格（收费）水平，可实现其设定的补偿生产经营耗费、缴纳流转税、偿还借款利息、计提折旧、偿还借款本金的目标，并预期在中、长期产生盈余的项目，可只进行偿债能力分析和财务生存能力分析。由于项目运营前期需要政府在一定时期内给予补贴，以维持运营，因此应估算各年所需的政府补贴数额，并分析政府在一定时期内可能提供财政补贴的能力
	经济分析的范围	（1）有垄断特征的项目； （2）产出具有公共产品特征的项目； （3）外部效果显著的项目； （4）资源开发项目； （5）涉及国家经济安全的项目； （6）受过度行政干预的项目
	经济效益和费用的识别和计算	（1）项目经济效益和费用的识别应符合下列要求：①遵循“有无对比”的原则；②对项目所涉及的所有成员及群体的费用和效益进行全面分析；③正确识别正面和负面外部效果，防止误算、漏算或重复计算；④合理确定效益和费用的空间范围和时间跨度；⑤正确识别和调整转移支付，根据不同情况区别对待。 （2）经济效益的计算应遵循支付意愿（WTP）原则和（或）接受补偿意愿（WTA）原则；经济费用的计算应遵循机会成本原则。经济效益和经济费用可直接识别，也可通过调整财务效益和财务费用得到。经济效益和经济费用应采用影子价格计算，具体包括货物影子价格、影子工资、影子汇率等。 （3）效益表现为费用节约的项目，应根据“有无对比”分析，计算节约的经济费用，计入项目相应的经济效益。 （4）对于表现为时间节约的运输项目，其经济价值应采用“有无对比”分析方法，根据不同人群、货物、出行目的等，区别情况计算时间节约价值：①根据不同人群及不同出行目的对时间的敏感程度，分析受益者为得到这种节约所愿意支付的货币数量，测算出行时间节约的价值。②根据不同货物对时间的敏感程度，分析受益者为了得到这种节约所愿意支付的价格，测算其时间节约的价值。 （5）外部效果系指项目的产出或投入无意识地给他人带来费用或效益，且项目却没有为此付出代价或为此获得收益。为防止外部效果计算扩大化，一般只应计算一次相关效果。 （6）环境及生态影响的外部效果是经济费用效益分析必须加以考虑的一种特殊形式的外部效果，应尽可能对项目所带来的环境影响的效益和费用（损失）进行量化和货币化，将其列入经济现金流

续表 6-2

工程项目经济分析	经济费用效益分析	（1）经济费用效益分析应采用以影子价格体系为基础的预测价格，不考虑价格总水平变动因素。项目经济费用效益分析采用社会折现率对未来经济效益和经济费用流量进行折现。项目的所有效益和费用（包括不能货币化的效果）一般均应在共同的时点基础上予以折现。 （2）经济费用效益分析可在直接识别估算经济费用和经济效益的基础上，利用表格计算相关指标；也可在财务分析的基础上将财务现金流量转换为经济效益与费用流量，利用表格计算相关指标。如果项目的经济费用和效益能够进行货币化，应在费用效益识别和计算的基础上，编制经济费用效益流量表，计算经济费用效益分析指标，分析项目投资的经济效率，具体可以采用经济净现值（*ENPV*）、经济内部收益率（*EIRR*）、经济效益费用比（*RBC*）等指标。 （3）在完成经济费用效益分析之后，应进一步分析对比经济费用效益与财务现金流量之间的差异，并根据需要对财务分析与经济费用效益分析结论之间的差异进行分析，找出受益或受损群体，分析项目对不同利益相关者在经济上的影响程度，并提出改进资源配置效率及财务生存能力的政策建议	
	费用效果分析	费用效果分析系通过比较项目预期的效果与所支付的费用，判断项目的费用有效性或经济合理性。效果难以或不能货币化，或货币化的效果不是项目目标的主体时，在经济评价中应采用费用效果分析法，其结论作为项目投资决策的依据之一	
	区域经济与宏观经济影响分析	适用项目	（1）项目投资巨大、工期超长（跨五年计划或十年规划）； （2）项目实施前后对所在区域或国家的经济结构、社会结构以及群体利益格局等有较大改变； （3）项目导致技术进步和技术转变，引发关联产业或新产业群体的发展变化； （4）项目对生态与环境影响大，范围广； （5）项目对国家经济安全影响较大； （6）项目对区域或国家长期财政收支影响较大； （7）项目的投入或产出对进出口影响大； （8）其他对区域经济或宏观经济有重大影响的项目
		分析内容	（1）直接贡献。项目对区域经济或宏观经济的直接贡献通常表现在：促进经济增长，优化经济结构，提高居民收入，增加就业，减少贫困，扩大进出口，改善生态环境，增加地方或国家财政收入，保障国家经济安全等方面。 （2）间接贡献。项目对区域经济或宏观经济影响的间接贡献表现在：促进人口合理分布和流动，促进城市化，带动相关产业，克服经济瓶颈，促进经济社会均衡发展，提高居民生活质量，合理开发、有效利用资源，促进技术进步，提高产业国际竞争力等方面。 （3）不利影响。项目可能产生的不利影响包括：非有效占用土地资源、污染环境、损害生态平衡、危害历史文化遗产；出现供求关系与生产格局的失衡，引发通货膨胀；冲击地方传统经济；产生新的相对贫困阶层及隐性失业；对国家经济安全可能带来的不利影响等

续表 6-2

工程项目经济分析	区域经济与宏观经济影响分析	分析指标	(1) 经济总量指标。反映项目对国民经济总量的贡献，包括增加值、净产值、纯收入、财政收入等经济指标；总量指标可使用当年值、净现值总额和折现年值。 (2) 经济结构指标。反映项目对经济结构的影响，主要包括三次产业结构、就业结构、影响力系数等指标。 (3) 社会与环境指标。主要包括就业效果指标、收益分配效果指标、资源合理利用指标和环境影响效果指标等。为了分析项目对贫困地区经济的贡献，可设置贫困地区收益分配比重指标

经典考题剖析

一、2023 年考题

1. 工程项目策划可分为建设前期项目构思策划、建设期间的项目管理策划和建成后运营策划，下列项目策划内容中，属于建设前期构思策划的是（　　）。

A. 工程项目招标策划　　B. 项目合同结构策划

C. 工程项目管理制度策划　　D. 工程项目定位策划

答案：D

[解析] 项目构想策划的主要内容包括：①工程项目的定义。②工程项目的定位。③工程项目的系统构成。④其他。选项 A、B、C 属于工程项目实施策划（项目管理策划）中内容。

2. 下列不同类别的项目中，在投资决策阶段既需进行财务分析又需进行经济费用效益分析的是（　　）。

A. 规模较大的房地产开发项目　　B. 外部效果显著的投资项目

C. 财务效益不理想的经营性项目　　D. 需采用进口设备的生产性项目

答案：B

[解析] 对于那些关系国家安全、国土开发、市场不能有效配置资源等具有较明显外部效果的项目（一般为政府审批或核准项目），需要从国家经济整体利益角度来考察项目，并以能反映资源真实价值的影子价格来计算项目的经济效益和费用，通过经济评价指标的计算和分析，得出项目是否对整个社会经济有益的结论——即经济分析。任何项目都要进行财务分析，测算项目的盈利能力和清偿能力，分析项目在财务上的可行性。

3. 进行投资项目经济费用效益分析时，项目有关投入物和产出物的价格应按照（　　）计算。

A. 价格评估机构评估确定的价格　　B. 经济分析基准日的市场价格

C. 反映资源真实价值的影子价格　　D. 预测的项目建设期市场平均价格

答案：C

[解析] 对于那些关系国家安全、国土开发、市场不能有效配置资源等具有较明显

外部效果的项目（一般为政府审批或核准项目），需要从国家经济整体利益角度来考察项目，并以能反映资源真实价值的影子价格来计算项目的经济效益和费用，通过经济评价指标的计算和分析，得出项目是否对整个社会经济有益的结论。

4. 对于特别重大的工程项目，除进行财务分析与（　　）分析外，还应专门进行（　　）。

A. 项目财务分析

B. 项目经济费用效益分析

C. 项目不影响评价

D. 项目对区域经济或宏观经济影响的研究和分析

E. 项目社会影响合适应性评价

答案：B、D

［解析］对于特别重大的工程项目，除进行财务分析与经济费用效益分析外，还应专门进行项目对区域经济或宏观经济影响的研究和分析。

二、2022年考题

1. 工程项目经济分析的主要标准和参数是（　　）。

A. 市场利率　B. 净收益　C. 财务净现值　D. 净利润

E. 社会折现率

答案：B、E

［解析］项目财务分析的主要标准和参数是净利润、财务净现值、市场利率等，而项目经济分析的主要标准和参数是净收益、经济净现值、社会折现率等。

2. 项目经营性评价中，属于经济费用效益分析的有（　　）。

A. 资源开发项目　B. 外部效果不显著的项目

C. 内部收益率低的项目　D. 具有垄断特征的项目

E. 采用新技术新工艺的项目

答案：A、D

［解析］本题考核的是经济分析的范围。下列类型项目应进行经济费用效益分析：①具有垄断特征的项目；②产出具有公共产品特征的项目；③外部效果显著的项目；④资源开发项目；⑤涉及国家经济安全的项目；⑥受过度行政干预的项目。

三、2021年考题

1. 下列工程项目经济评价标准或参数中，用于项目财务分析的是（　　）。

A. 市场利率　B. 社会折现率　C. 经济净现值　D. 净收益

答案：A

［解析］项目财务分析的主要标准和参数是净利润、财务净现值、市场利率等。选项B、C、D是经济分析时采用的参数。

2. 下列财务评价指标中，适用于评价项目偿债能力的指标有（　　）。

A. 流动比率　B. 资本金净利润率

C. 资产负债率　D. 财务内部收益率

E. 总投资收益率

答案：A、C

［**解析**］判断项目偿债能力的参数主要包括利息备付率、偿债备付率、资产负债率、流动比率、速动比率等指标的基准值或参考值。选项 B、D、E 是盈利性指标。

3. 下列关于工程项目经济评价中财务分析和经济分析区别的说法，正确的有（　　）。

A. 财务分析是从企业或投资人角度，经济分析是从国家或地区角度

B. 财务分析的对象是项目本身的财务收益和成本，经济分析的对象是由项目给企业带来的收入增值

C. 财务分析是用预测的市场价格去计量项目投入和产出物的价值，经济分析是用影子价格计量项目投入和产出物的价值

D. 财务分析主要采用企业成本和效益的分析方法，经济分析主要采用费用和效益等分析方法

E. 财务分析的主要参数是财务净现值等，经济分析的主要参数是经济净现值等

答案：A、C、D、E

［**解析**］选项 A、B，项目财务分析是站在企业或投资人立场上，从其利益角度分析评价项目的财务收益和成本，而项目经济分析则是从国家或地区的角度分析评价项目对整个国民经济乃至整个社会所产生的收益和成本。选项 C，项目财务分析关注的是项目的实际货币效果，它根据预测的市场交易价格去计量项目投入和产出物的价值，而项目经济分析关注的是对国民经济的贡献，采用体现资源合理有效配置的影子价格去计量项目投入和产出物的价值。选项 D，项目财务分析主要采用企业成本和效益的分析方法，项目经济分析需要采用费用和效益分析、成本和效益分析和多目标综合分析等方法。选项 E，项目财务分析的主要标准和参数是净利润、财务净现值、市场利率等，而项目经济分析的主要标准和参数是净收益、经济净现值、社会折现率等。

四、其他年份考题

1. 在工程项目财务分析和经济分析中，下列关于工程项目投入和产出物价值计量的说法，正确的是（　　）。

A. 经济分析采用影子价格计量，财务分析采用预测的市场交易价格计量

B. 经济分析采用预测的市场交易价格计量，财务分析采用影子价格计量

C. 经济分析和财务分析均采用预测的市场交易价格计量

D. 经济分析和财务分析均采用影子价格计量

答案：A

［**解析**］财务分析和经济分析中衡量费用和效益的价格尺度不同。项目财务分析关注的是项目的实际货币效果，它根据预测的市场交易价格去计量项目投入和产出物的价值，而项目经济分析关注的是对国民经济的贡献，采用体现资源合理有效配置的影子价格去计量项目投入和产出物的价值。

2. 经营性项目的财务分析可分为融资前分析和融资后分析，下列关于融资前分析的说法，正确的是（　　）。

A. 以静态分析为主，动态分析为辅　　B. 只进行静态分析

C. 以动态分析为主，静态分析为辅　　D. 只进行动态分析

答案：C

［解析］经营性项目的财务分析可分为融资前分析和融资后分析，一般宜先进行融资前分析，在融资前分析结论满足要求的情况下，初步设定融资方案，再进行融资后分析。在项目建议书阶段，可只进行融资前分析。融资前分析应以动态分析（考虑资金的时间价值）为主，静态分析（不考虑资金的时间价值）为辅。

3. 工程项目经济评价中，财务分析依据的基础数据是根据（　　）确定的。

A. 完全市场竞争下的价格体系　　B. 影子价格和影子工资

C. 最优资源配置下的价格体系　　D. 现行价格体系

答案：D

［解析］财务分析是在国家现行财税制度和价格体系的前提下，从项目的角度出发，计算项目范围内的财务效益和费用，分析项目的盈利能力和清偿能力，评价项目在财务上的可行性。

4. 下列财务评价指标中，可用来判断项目盈利能力的是（　　）。

A. 资产负债率　　B. 流动比率　　C. 总投资收益率　　D. 速动比率

答案：C

［解析］判断项目盈利能力的参数主要包括财务内部收益率（*FIRR*）、总投资收益率、项目资本金净利润率等指标的基准值或参考值。

考点三：工程项目经济评价报表的编制

点评：理解各个报表的编制方法；按照以下内容细致掌握相关内容，属于本科目的难点和重要考点。

知识要点集成

表 6-3　工程项目经济评价报表的编制

投资方案现金流量表	投资现金流量表	投资现金流量表是以投资方案为一独立系统进行设置的。它以投资方案建设所需的总投资作为计算基础，反映投资方案在整个计算期（包括建设期和生产运营期）内现金的流入和流出，其现金流量表构成见教材表 6.1.1。 通过投资现金流量表可计算投资方案的财务内部收益率、财务净现值和静态投资回收期等经济效果评价指标，并可考察投资方案融资前的盈利能力，为各个方案进行比较建立共同的基础。根据需要，可从所得税前（即息税前）和（或）所得税后（即息税后）两个角度进行考察，选择计算所得税前和（或）所得税后指标。 注意，这里所指的“所得税”是根据息税前利润（计算时其原则上不受融资方案变动的影响，即不受利息多少的影响）乘以所得税税率计算的，称为“调整所得税”

续表 6-3

<table>
<tr><td rowspan="5">投资方案现金流量表</td><td>资本金现金流量表</td><td colspan="2">资本金现金流量表是从投资方案权益投资者整体（即项目法人）角度出发，以投资方案资本金作为计算的基础，把借款本金偿还和利息支付作为现金流出，用以计算资本金财务内部收益率，反映在一定融资方案下投资者权益投资的获利能力，用以比选融资方案，为投资者投资决策、融资决策提供依据。资本金现金流量表构成见教材表 6.1.2</td></tr>
<tr><td>投资各方现金流量表</td><td colspan="2">投资各方现金流量表是分别从投资方案各个投资者的角度出发，以投资者的出资额作为计算的基础，用以计算投资方案投资各方财务内部收益率。投资各方现金流量表构成见教材表 6.1.3。一般情况下，投资方案投资各方按股本比例分配利润和分担亏损及风险，因此，投资各方的利益一般是均等的，没有必要计算投资各方的财务内部收益率。只有投资方案投资者中各方有股权之外的不对等的利益分配时（契约式的合作企业常常会有这种情况），投资各方的收益率才会有差异，此时经常需要计算投资各方的财务内部收益率，以看出各方收益是否均衡，或者其非均衡性是否在一个合理的水平，有助于促成投资方案投资各方在合作谈判中达成平等互利的协议</td></tr>
<tr><td>财务计划现金流量表</td><td colspan="2">财务计划现金流量表反映投资方案计算期各年的投资、融资及经营活动的现金流入和流出，用于计算累计盈余资金，分析投资方案的财务生存能力。财务计划现金流量表构成见教材表 6.1.4</td></tr>
<tr><td rowspan="2">投资方案现金流量表的构成要素</td><td>营业收入</td><td>营业收入是指投资方案实施后各年销售产品或提供服务所获得的收入，即：
营业收入＝产品销售量（或服务量）×产品单价（或服务）
产品销售价格一般采用出厂价格，即：
产品出厂价格＝目标市场价格－运杂费</td></tr>
<tr><td>补贴收入</td><td>某些经营性的公益事业、基础设施投资方案，如城市轨道交通项目、垃圾处理项目、污水处理项目等，政府在项目运营期给予一定数额的财政补助，以维持正常运营，使投资者能获得合理的投资收益。对这类投资方案应按有关规定估算企业可能得到与收益相关的政府补助（与资产相关的政府补助不在此处核算，与资产相关的政府补助是指企业取得的、用于购建或以其他方式形成长期资产的政府补助），包括先征后返的增值税、按销量或工作量等依据国家规定的补助定额计算并按期给予的定额补贴，以及属于财政扶持而给予的其他形式的补贴等，应按相关规定合理估算，记作补贴收入</td></tr>
</table>

续表 6-3

投资方案现金流量表	投资方案现金流量表的构成要素	投资	投资是投资主体为了特定的目的，以达到预期收益的价值垫付行为。投资方案经济效果评价中的总投资是建设投资、建设期利息和流动资金之和。 （1）建设投资是指投资方案按拟定建设规模（分期实施的投资方案为分期建设规模）、产品方案、建设内容进行建设所需的投入。在投资方案建成后按有关规定建设投资中的各分项将分别形成固定资产、无形资产和其他资产。 （2）建设期利息系指筹措债务资金时在建设期内发生并按规定允许在投产后计入固定资产原值的利息，即资本化利息。建设期利息包括银行借款和其他债务资金的利息，以及其他融资费用。其他融资费用是指某些债务融资中发生的手续费、承诺费、管理费、信贷保险费等融资费用，一般情况下应将其单独计算并计入建设期利息。分期建成投产的投资方案，应按各期投产时间分别停止借款费用的资本化，此后发生的借款利息应计入总成本费用。 （3）流动资金系指运营期内长期占用并周转使用的营运资金，不包括运营中需要的临时性营运资金。流动资金的估算基础是经营成本和商业信用等，它是流动资产与流动负债的差额。流动资产的构成要素一般包括存货、库存现金、应收账款和预付账款；流动负债的构成要素一般只考虑应付账款和预收账款。投产第一年所需的流动资金应在投资方案投产前安排，为了简化计算，投资方案经济效果评价中流动资金可从投产第一年开始安排。在投资方案寿命期结束时，投入的流动资金应予以回收
		投资方案资本金	投资方案的资本金是由投资方案的发起人、股权投资人以获得投资方案财产权和控制权的方式投入的资金。资本金出资形态可以是现金，也可以是实物、工业产权、非专利技术、土地使用权、资源开采权作价出资，但必须经过有资格的资产评估机构评估作价。通常企业未分配利润以及从税后利润提取的公积金可投资于投资方案，成为投资方案的资本金
		维持运营投资	某些投资方案在运营期需要进行一定的固定资产投资才能得以维持正常运营，例如，设备更新费用、油田的开发费用、矿山的井巷开拓延伸费用等。不同类型和不同行业的投资方案投资的内容可能不同，但发生维持运营投资时应估算其投资费用，并在现金流量表中将其作为现金流出，参与财务内部收益率等指标的计算。同时，也应反映在财务计划现金流量表中，参与财务生存能力分析。维持运营投资是否能予以资本化，按照《企业会计准则——固定资产》，取决于其是否能为企业带来经济利益且该固定资产的成本是否能够可靠地计量。投资方案经济效果评价中，如果该投资投入延长了固定资产的使用寿命，或使产品质量实质性提高，或成本实质性降低等，使可能流入企业的经济利益增加，那么，该维持运营投资应予以资本化，即应计入固定资产原值，并计提折旧。否则该投资只能费用化，不形成新的固定资产原值

续表 6-3

投资方案现金流量表	投资方案现金流量表的构成要素	总成本	总成本费用＝外购原材料、燃料及动力费＋工资及福利费＋修理费＋折旧费＋摊销费＋财务费用（利息支出）＋其他费用 （1）外购原材料、燃料及动力费。 外购原材料、燃料及动力费＝$\sum$年消耗量×原材料、燃料及动力供应单价 （2）工资及福利费。工资及福利费是指企业为获得职工提供的服务而给予各种形式的报酬以及其他相关支出，通常包括职工工资、奖金、津贴和补贴，职工福利费，以及医疗、养老、失业、工伤、生育等社会保险费和住房公积金中由职工个人缴付的部分。工资及福利费一般按照投资方案建成投产后各年所需的职工总数即劳动定员数和人均年工资及福利费水平测算，即： 工资及福利费＝企业职工定员数×人均年工资及福利费 （3）修理费。修理费是指为保持固定资产的正常运转和使用，充分发挥使用效能，对其进行必要修理所发生的费用。按修理范围的大小和修理时间间隔的长短可以分为大修理和中小修理。投资方案评价中可直接按固定资产原值（扣除所含的建设期利息）或折旧额的一定百分数估算，百分数的选取应考虑行业的投资方案特点，修理费可按下列公式之一计算： 修理费＝固定资产原值×计提比率（%） 修理费＝固定资产折旧额×计提比率（%） （4）折旧费。固定资产折旧费，可以分类计算，也可以综合计算。 （5）摊销费。摊销费是指无形资产和其他资产在投资方案投产后一定期限内分期摊销的费用。按照有关规定，无形资产从开始使用之日起，在有效使用期限内平均摊入成本。法律和合同规定了法定有效期限或者受益年限的，摊销年限从其规定，否则摊销年限应注意符合税法的要求。无形资产的摊销一般采用平均年限法，不计残值。 其他资产的摊销可以采用平均年限法，不计残值，摊销年限应注意符合税法的要求。 （6）利息支出。利息支出是指按照会计法规，企业为筹集所需资金而发生的费用称为借款费用，又称财务费用，包括利息支出（减利息收入）、汇兑损失（减汇兑收益）以及相关的手续费等。在投资方案的经济效果分析中，通常只考虑利息支出。利息支出的估算包括长期借款利息、流动资金借款利息和短期借款利息三部分。建设投资贷款在生产期间的利息支出应根据不同的还款方式和条件采用不同的计息方法；流动资金借款利息按照每年年初借款余额和预计的年利率计算。需要引起注意的是，在生产运营期利息是可以进入总成本的，因而每年计算的利息不再参与以后各年利息的计算。 （7）其他费用。其他费用包括其他制造费用、其他管理费用和其他营业费用这三项费用，系指制造费用、管理费用和营业费用中分别扣除工资及福利费、折旧费、摊销费、修理费以后的其余部分，应计入生产总成本费用的其他所有费用。产品出口退税和减免税项目按规定不能抵扣的进项税额也可包括在内

续表 6-3

<table>
<tr><td rowspan="2">投资方案现金流量表</td><td rowspan="2">投资方案现金流量表的构成要素</td><td>经营成本</td><td>经营成本作为投资方案现金流量表中运营期现金流出的主体部分，是从投资方案本身考察的，在一定期间（通常为一年）内由于生产和销售产品及提供服务而实际发生的现金支出。按下式计算：
经营成本＝总成本费用－折旧费－摊销费－利息支出
或：
经营成本＝外购原材料、燃料及动力费＋工资及福利费＋修理费＋其他费用
经营成本与融资方案无关。因此在完成建设投资和营业收入估算后，就可以估算经营成本，为投资方案融资前分析提供数据</td></tr>
<tr><td>税金</td><td>投资方案经济效果评价涉及的税费主要包括关税、增值税、营业税、消费税、所得税、资源税、城市维护建设税和教育费附加等，有些行业还包括土地增值税。税金一般属于财务现金流出，在进行税金计算时应说明税种、税基、税率、计税额等</td></tr>
<tr><td>经济分析主要报表</td><td colspan="3">经济分析主要报表包括项目投资经济费用效益流量表、经济费用效益分析投资费用估算调整表和经济费用效益分析经营费用估算调整表</td></tr>
</table>

经典考题剖析

一、2022 年考题

属于技术方案投资现金流量表中现金流出的是（　　）。

A. 流动资金　　B. 借款本金偿还

C. 借款利息支付　　D. 提取折旧

答案：A

［**解析**］流动资金是投资现金流量表中现金流出，借款本金偿还和借款利息支付属于资本金现金流量表现金流出，提取折旧不属于现金流量活动。

二、2021 年考题

在投资方案经济效果评价中，下列费用中，属于经营成本的是（　　）。

A. 固定资产折旧费　　B. 利息支出

C. 无形资产摊销费　　D. 职工福利

答案：D

［**解析**］经营成本＝外购原材料、燃料及动力费＋工资及福利费＋修理费＋其他费用，或者经营成本＝总成本－固定资产折旧费－利息支出－摊销费。

三、2020 年考题

投资方案现金流量表中，可用来考察投资方案融资前的盈利能力，为比较各投资方案建立共同基础的是（　　）。

A. 资本金现金流量表　　B. 投资各方现金流量表

C. 财务计划现金流量表　　D. 投资现金流量表

答案：D

［**解析**］通过投资现金流量表可计算投资方案的财务内部收益率、财务净现值和静态投资回收期等经济效果评价指标，并可考察投资方案融资前的盈利能力，为各个方案进行比较建立共同的基础。

四、其他年份考题

1. 下列财务费用中，在投资方案效果分析中通常只考虑（　　）。

A. 汇兑损失　　B. 汇兑收益

C. 相关手续费　　D. 利息支出

答案：D

［**解析**］利息支出是指按照会计法规，企业为筹集所需资金而发生的费用称为借款费用，又称财务费用，包括利息支出（减利息收入）、汇兑损失（减汇兑收益）以及相关的手续费等。在投资方案的经济效果分析中，通常只考虑利息支出。

2. 下列报表中，体现具体还本付息额的报表是（　　）。

A. 项目投资财务现金流量表　　B. 项目资本金现金流量表

C. 投资各方财务现金流量表　　D. 利润和利润分配表

E. 财务计划现金流量表

答案：B、E

［**解析**］项目资本金现金流量表是融资后分析反映盈利能力的报表，还本付息额均需计入现金流出。财务计划现金流量表是反映项目财务生存能力的报表，还本付息额属于筹资活动引起的现金流出。

3. 某些经营性的公益事业、基础设施投资方案，应按有关规定估算企业可能得到与收益相关的政府补助，这类收入不包括（　　）。

A. 先征后返的增值税

B. 按销量或工作量等依据国家规定的补助定额计算并按期给予的定额补贴

C. 用于购建或以其他方式形成长期资产的政府补助

D. 属于财政扶持而给予的其他形式的补贴

答案：C

［**解析**］某些经营性的公益事业、基础设施投资方案，如城市轨道交通项目、垃圾处理项目、污水处理项目等，政府在项目运营期给予一定数额的财政补助，以维持正常运营，使投资者能获得合理的投资收益。对这类投资方案应按有关规定估算企业可能得到与收益相关的政府补助（与资产相关的政府补助不在此处核算，与资产相关的政府补助是指企业取得的、用于购建或以其他方式形成长期资产的政府补助），包括先征后返的增值税、按销量或工作量等依据国家规定的补助定额计算并按期给予的定额补贴，以及属于财政扶持而给予的其他形式的补贴等。

4. 下列关于建设期利息的说法，不正确的是（　　）。

A. 建设期利息包括银行借款和其他债务资金的利息，以及其他融资费用

B. 建设期利息指资本化利息

C. 投产以后发生的借款利息应计入建设期利息

D. 分期建成投产的投资方案，应按各期投产时间分别停止借款费用的资本化

答案：C

［**解析**］建设期利息系指筹措债务资金时在建设期内发生并按规定允许在投产后计入固定资产原值的利息，即资本化利息。建设期利息包括银行借款和其他债务资金的利息，以及其他融资费用。其他融资费用是指某些债务融资中发生的手续费、承诺费、管理费、信贷保险费等融资费用，一般情况下应将其单独计算并计入建设期利息。分期建成投产的投资方案，应按各期投产时间分别停止借款费用的资本化，此后发生的借款利息应计入总成本费用。

5. 下列科目中，属于资产负债表中的流动资产的有（　　）。

A. 货币资金　　B. 应收账款　　C. 预付账款　　D. 存货

E. 预收账款

答案：A、B、C、D

［**解析**］流动资金的估算基础是经营成本和商业信用等，它是流动资产与流动负债的差额。流动资产的构成要素一般包括存货、库存现金、应收账款和预付账款，流动负债的构成要素一般只考虑应付账款和预收账款。

考点四：设计阶段造价管理

点评：本考点是大多数考生生疏的内容，考试分值起伏较大。建议考生详细阅读知识点集成的内容、理解相关概念，有关具体考核内容、题目形式建议参照经典考题剖析的题目重点复习。分析近几年考题，具有考题难度起伏比较大、综合性比较强、考分起伏大的特点。因为对这些内容生疏，考生复习难度非常大（或者说记不住）。建议考生分析近几年考题反映的教材内容，采取重点复习、有所舍弃的策略复习，把有限的精力投入容易得分或者自己特长的内容。

知识要点集成

表 6-4　设计阶段造价管理

限额设计	限额设计工作内容	（1）合理确定设计限额目标。投资决策阶段是限额设计的关键。对政府工程而言，投资决策阶段的可行性研究报告是政府部门核准投资总额的主要依据，而批准的投资总额则是进行限额设计的重要依据。为此，应在多方案技术经济分析和评价后确定最终方案，提高投资估算准确度，合理确定设计限额目标。 （2）确定合理的初步设计方案。初步设计阶段需要依据最终确定的可行性研究方案和投资估算，对影响投资的因素按照专业进行分解，并将规定的投资限额下达到各专业设计人员。设计人员应用价值工程基本原理，通过多方案技术经济

续表 6-4

限额设计	限额设计工作内容	比选，创造出价值较高、技术经济性较为合理的初步设计方案，并将设计概算控制在批准的投资估算内。 （3）在概算范围内进行施工图设计。施工图是设计单位的最终成果文件，应按照批准的初步设计方案进行限额设计，施工图预算需控制在批准的设计概算范围内
	限额设计实施程序	（1）目标制定。限额设计目标包括：造价目标、质量目标、进度目标、安全目标及环保目标。各个目标之间既相互关联又相互制约，因此，在分析论证限额设计目标时，应统筹兼顾，全面考虑，追求技术经济合理的最佳整体目标。 （2）目标分解。分解工程造价目标是实行限额设计的一个有效途径和主要方法。首先，将上一阶段确定的投资额分解到建筑、结构、电气、给排水和暖通等设计部门的各个专业。其次，将投资限额再分解到各个单项工程、单位工程、分部工程及分项工程。在目标分解过程中，要对设计方案进行综合分析与评价。最后，将各细化的目标明确到相应设计人员，制定明确的限额设计方案。通过层层目标分解和限额设计，实现对投资限额的有效控制。 （3）目标推进。目标推进通常包括限额初步设计和限额施工图设计两个阶段。 1）限额初步设计阶段。应严格按照分配的工程造价控制目标进行方案的规划和设计。在初步设计方案完成后，由工程造价管理人员及时编制初步设计概算，并进行初步设计方案的技术经济分析，直至满足限额要求。初步设计只有在满足各项功能要求并符合限额设计目标的情况下，才能作为下一阶段的限额目标给予批准。 2）限额施工图设计阶段。遵循各目标协调并进的原则，做到各目标之间的有机结合和统一，防止忽略其中任何一个。在施工图设计完成后，进行施工图设计的技术经济论证，分析施工图预算是否满足设计限额要求，以供设计决策者参考。 （4）成果评价。成果评价是目标管理的总结阶段。通过对设计成果的评价，总结经验和教训，作为指导和开展后续工作的重要依据
设计方案的评价与优化	基本程序	设计方案评价与优化的基本程序如下： （1）按照使用功能、技术标准、投资限额的要求，结合工程所在地实际情况，探讨和建立可能的设计方案； （2）从所有可能的设计方案中初步筛选出各方面都较为满意的方案作为比选方案； （3）根据设计方案的评价目的，明确评价的任务和范围； （4）确定能反映方案特征并能满足评价目的的指标体系； （5）根据设计方案计算各项指标及对比参数； （6）根据方案评价的目的，将方案的分析评价指标分为基本指标和主要指标，通过评价指标的分析计算，排出方案的优劣次序，并提出推荐方案；

续表 6-4

<table>
<tr><td rowspan="4">设计方案的评价与优化</td><td>基本程序</td><td colspan="2">(7) 综合分析，进行方案选择或提出技术优化建议；
(8) 对技术优化建议进行组合搭配，确定优化方案；
(9) 实施优化方案并总结备案</td></tr>
<tr><td>评价指标体系</td><td colspan="2">(1) 使用价值指标，即工程项目满足需要程度（功能）的指标；
(2) 消耗量指标，即反映创造使用价值所消耗的资金、材料、劳动量等资源的指标；
(3) 其他指标。
对建立的指标体系，可按指标的重要程度设置主要指标和辅助指标，并选择主要指标进行分析比较</td></tr>
<tr><td rowspan="2">评价方法</td><td>多指标法</td><td>(1) 工程造价指标。造价指标是指反映建设工程一次性投资的综合货币指标，根据分析和评价工程项目所处的时间段，可依据设计概（预）算予以确定。例如：每平方米建筑造价、给排水工程造价、采暖工程造价、通风工程造价、设备安装工程造价等。
(2) 主要材料消耗指标。该指标从实物形态的角度反映主要材料的消耗数量，如钢材消耗量指标、水泥消耗量指标、木材消耗量指标等。
(3) 劳动消耗指标。该指标所反映的劳动消耗量，包括现场施工和预制加工厂的劳动消耗。
(4) 工期指标。工期指标是指建设工程从开工到竣工所耗费的时间，可用来评价不同方案对工期的影响。
以上四类指标，可以根据工程的具体特点来选择。从建设工程全面造价管理的角度考虑，仅利用这四类指标还不能完全满足设计方案的评价，还需要考虑建设工程全寿命期成本，并考虑工期成本、质量成本、安全成本及环保成本等诸多因素</td></tr>
<tr><td>单指标法</td><td>(1) 综合费用法。这里的费用包括方案投产后的年度使用费、方案的建设投资以及由于工期提前或延误而产生的收益或亏损等。该方法的基本出发点在于将建设投资和使用费结合起来考虑，同时考虑建设周期对投资效益的影响，以综合费用最小为最佳方案。综合费用法是一种静态价值指标评价方法，没有考虑资金的时间价值，只适用于建设周期较短的工程。此外，由于综合费用法只考虑费用，未能反映功能、质量、安全、环保等方面的差异，因而只有在方案的功能、建设标准等条件相同或基本相同时才能采用。
(2) 全寿命期费用法。建设工程全寿命期费用除包括筹建、征地拆迁、咨询、勘察、设计、施工、设备购置以及贷款支付利息等与工程建设有关的一次性投资费用之外，还包括工程完成后交付使用期内经常发生的费用支出，如维修费、设施更新费、采暖费、电梯费、空调费、保险费等。这些费用统称为使用费，按年计算时称为年度使用费。全寿命期费用评价法考虑了资金的时间价值，是一种动态的价值指标评价方法。由于不同技术方案的寿命期不同，因此，应用全寿命期费用评价法计算费用时，不用净现值法，而用年度等值法，以年度费用最小者为最优方案。
(3) 价值工程法。价值工程法主要是对产品进行功能分析，研究如何以最低的全寿命期成本实现产品的必要功能，从而提高产品价值</td></tr>
</table>

续表 6-4

设计方案的评价与优化	评价方法	多因素评分优选法	多因素评分优选法是多指标法与单指标法相结合的一种方法。对需要进行分析评价的设计方案设定若干个评价指标，按其重要程度分配权重，然后按照评价标准给各指标打分，将各项指标所得分数与其权重采用综合方法整合，得出各设计方案的评价总分，以获总分最高者为最佳方案。多因素评分优选法综合了定量分析评价与定性分析评价的优点，可靠性高，应用较广泛
		方案优化	设计优化是使设计质量不断提高的有效途径，在设计招标以及设计方案竞赛过程中可以将各方案的可取之处重新组合，吸收众多设计方案的优点，使设计更加完美。而对于具体方案，则应综合考虑工程质量、造价、工期、安全和环保五大目标，基于全要素造价管理进行优化
概预算文件的审查	设计概算的审查	编制依据的审查	（1）审查编制依据的合法性。设计概算采用的编制依据必须经过国家和授权机关的批准，符合概算编制的有关规定。同时，不得擅自提高概算定额、指标或费用标准。 （2）审查编制依据的时效性。设计概算文件所使用的各类依据，如定额、指标、价格、取费标准等，都应根据国家有关部门的规定进行。 （3）审查编制依据的适用范围。各主管部门规定的各类专业定额及其取费标准，仅适用于该部门的专业工程；各地区规定的各种定额及其取费标准，只适用于该地区范围内，特别是地区的材料预算价格应按工程所在地区的具体规定执行
		编制深度的审查	（1）审查编制说明。审查设计概算的编制方法、深度和编制依据等重大原则性问题。 （2）审查设计概算编制的完整性。对于一般大中型项目的设计概算，审查是否具有完整的编制说明和三级设计概算文件（总概算、综合概算、单位工程概算），是否达到规定的深度。 （3）审查设计概算的编制范围。包括：设计概算编制范围和内容是否与批准的工程项目范围相一致；各项费用应列的项目是否符合法律法规及工程建设标准；是否存在多列或遗漏的取费项目等
		主要内容的审查	设计概算的审查内容： （1）概算编制是否符合法律法规及相关规定。 （2）概算所编制工程项目的建设规模和建设标准、配套工程等是否符合批准的可行性研究报告或立项批文。对总概算投资超过批准投资估算10%以上的，应进行技术经济论证，需重新上报进行审批。 （3）概算所采用的编制方法、计价依据和程序是否符合相关规定。 （4）概算工程量是否准确。应将工程量较大、造价较高、对整体造价影响较大的项目作为审查重点。 （5）概算中主要材料用量的正确性和材料价格是否符合工程所在地的价格水平，材料价差调整是否符合相关规定等。 （6）概算中设备规格、数量、配置是否符合设计要求，设备原价和运杂

续表 6-4

概预算文件的审查	设计概算的审查	主要内容的审查	费是否正确；非标准设备原价的计价方法是否符合规定；进口设备的各项费用的组成及其计算程序、方法是否符合规定。 （7）概算中各项费用的计取程序和取费标准是否符合国家或地方有关部门的规定。 （8）总概算文件的组成内容是否完整地包括了工程项目从筹建至竣工投产的全部费用组成。 （9）综合概算、总概算的编制内容、方法是否符合国家相关规定和设计文件的要求。 （10）概算中工程建设其他费用中的费率和计取标准是否符合国家、行业有关规定。 （11）概算项目是否符合国家对于环境治理的要求和相关规定。 （12）概算中技术经济指标的计算方法和程序是否正确
		设计概算的审查方法	（1）对比分析法。通过对比分析建设规模、建设标准、概算编制内容和编制方法、人材机单价等，发现设计概算存在的主要问题和偏差。 （2）主要问题复合法。对审查中发现的主要问题以及有较大偏差的设计进行复核，对重要、关键设备和生产装置或投资较大的项目进行复查。 （3）查询核实法。对一些关键设备和设施、重要装置以及图纸不全、难以核算的较大投资进行多方查询核对，逐项落实。 （4）分类整理法。对审查中发现的问题和偏差，对照单项工程、单位工程的顺序目录分类整理，汇总核增或核减的项目及金额，最后汇总审核后的总投资及增减投资额。 （5）联合会审法。在设计单位自审、承包单位初审、咨询单位评审、邀请专家预审、审批部门复审等层层把关后，由有关单位和专家共同审核
	施工图预算的审查	内容	（1）工程量的审查。工程量计算是编制施工图预算的基础性工作之一，对施工图预算的审查，应首先从审查工程量开始。 （2）定额使用的审查。应重点审查定额子目的套用是否正确。同时，对于补充的定额子目，要对其各项指标消耗量的合理性进行审查，并按程序进行报批，及时补充到定额当中。 （3）设备材料及人工、机械价格的审查。设备材料及人工、机械价格受时间、资金和市场行情等因素的影响较大，且在工程总造价中所占比例较高，因此，应作为施工图预算审查的重点。 （4）相关费用的审查。审查各项费用的选取是否符合国家和地方有关规定，审查费用的计算和计取基数是否正确、合理
		方法	（1）全面审查法，又称逐项审查法。是指按预算定额顺序或施工的先后顺序，逐一进行全部审查。其优点是全面、细致，审查的质量高；缺点是工作量大，审查时间较长。 （2）标准预算审查法。是指对于利用标准图纸或通用图纸施工的工程，先集中力量编制标准预算，然后以此为标准对施工图预算进行审查。其优点是审查时间较短，审查效果好；缺点是应用范围较小。

续表 6-4

概预算文件的审查	施工图预算的审查	方法	(3) 分组计算审查法。是指将相邻且有一定内在联系的项目编为一组，审查某个分量，并利用不同量之间的相互关系判断其他几个分项工程量的准确性。其优点是可加快工程量审查的速度；缺点是审查的精度较差。 (4) 对比审查法。是指用已完工程的预结算或虽未建成但已审查修正的工程预结算对比审查拟建类似工程施工图预算。其优点是审查速度快，但同时需要具有较为丰富的相关工程数据库作为开展工作的基础。 (5) 筛选审查法，也属于一种对比方法。即对数据加以汇集、优选、归纳，建立基本值，并以基本值为准进行筛选，对于未被筛下去的，即不在基本值范围内的数据进行较为详尽的审查。其优点是便于掌握，审查速度较快；缺点是有局限性，较适用于住宅工程或不具备全面审查条件的工程项目。 (6) 重点抽查法。是指抓住工程预算中的重点环节和部分进行审查。其优点是重点突出，审查时间较短，审查效果较好；不足之处是对审查人员的专业素质要求较高，在审查人员经验不足或了解情况不够的情况下，极易造成判断失误，严重影响审查结论的准确性。 (7) 利用手册审查法。是指将工程常用的构配件事先整理成预算手册，按手册对照审查。 (8) 分解对比审查法。是将一个单位工程按直接费和间接费进行分解，然后将直接费按工种和分部工程进行分解，分别与审定的标准预结算进行对比分析

经典考题剖析

一、2023 年考题

1. 对于实行限额设计的工程项目造价，初步设计的限额目标应根据（　　）确定。

A. 初步设计内容对应的投资估算额

B. 初步设计范围对应的工程概算

C. 已经审定的同类工程施工图预算

D. 初步设计内容对应的最高投标限价

答案：A

［**解析**］投资决策阶段是限额设计的关键。对政府工程而言，投资决策阶段的可行性研究报告是政府部门核准投资总额的主要依据，而批准的投资总额则是进行限额设计的重要依据。为此，应在多方案技术经济分析和评价后确定最终方案，提高投资估算准确度，合理确定设计限额目标。

2. 设计方案的评价和优化工作包括：①计算设计方案各项指标及对比参数；②确定能反映方案特征并能满足评价目的的指标体系；③根据设计方案的评价目的，明确评价的任务和范围。仅就此三项工作而言，正确的工作程序是（　　）。

A. ①②③　　B. ①③②　　C. ③②①　　D. ②①③

答案：C

［**解析**］设计方案评价与优化的基本程序如下：

(1) 按照使用功能、技术标准、投资限额的要求，结合工程所在地实际情况，探讨和建立可能的设计方案；

(2) 从所有可能的设计方案中初步筛选出各方面都较为满意的方案作为比选方案；

(3) 根据设计方案的评价目的，明确评价的任务和范围；

(4) 确定能反映方案特征并能满足评价目的的指标体系；

(5) 根据设计方案计算各项指标及对比参数；

(6) 根据方案评价的目的，将方案的分析评价指标分为基本指标和主要指标，通过评价指标的分析计算，排出方案的优劣次序，并提出推荐方案；

(7) 综合分析，进行方案选择或提出技术优化建议；

(8) 对技术优化建议进行组合搭配，确定优化方案；

(9) 实施优化方案并总结备案。

3. 关于设计概算审查的说法，正确的有（　　）。

A. 可采用主要问题复核法对设计概算进行审查

B. 项目总概算是指工程项目从筹建到竣工投产的全部工程费用

C. 应审查主要材料用量的正确性和材料价格是否符合工程所在地价格水平

D. 工程建设标准应符合批准的可行性研究报告或立项批文

E. 应重点审查工程量较大、造价较高、对整体造价影响较大的项目

答案：A、C、D、E

［**解析**］选项 A，主要问题复核法是设计概算审查方法之一；选项 B，竣工决算综合反映工程项目从筹建到竣工投产的全部工程费用，不是项目总概算；选项 C，设计概算审查内容之一：概算中主要材料用量的正确性和材料价格是否符合工程所在地的价格水平，材料价差调整是否符合相关规定等；选项 D，设计概算审查内容之一：概算所编制工程项目的建设规模和建设标准、配套工程等是否符合批准的可行性研究报告或立项批文；选项 E，设计概算审查内容之一：概算工程量是否准确。应将工程量较大、造价较高、对整体造价影响较大的项目作为审查重点。

二、2022 年考题

1. 关于设计方案评价中综合费用法的说法，正确的有（　　）。

A. 综合费用法常用多因素评价方法

B. 基本出发点在于将建设投资和使用费综合起来考虑

C. 综合费用法是一种动态价值指标评价方法

D. 既考虑费用，也考虑功能和质量

E. 只适用于功能和建设条件相同或基本相同的方案

答案：B、E

［**解析**］综合费用法。这里的费用包括方案投产后的年度使用费、方案的建设投资以及由于工期提前或延误而产生的收益或亏损等。该方法的基本出发点在于将建设投资和使用费结合起来考虑（选项 B），同时考虑建设周期对投资效益的影响，以综合费用

最小为最佳方案。综合费用法是一种静态价值指标评价方法（选项 C），没有考虑资金的时间价值，只适用于建设周期较短的工程。此外，由于综合费用法只考虑费用，未能反映功能、质量、安全、环保等方面的差异（选项 D），因而只有在方案的功能、建设标准等条件相同或基本相同时才能采用（选项 E）。

选项 A，综合费用法属于单指标法。

2. 设计概算的审查方法有（　　）。

A. 分类整理法　　B. 查询核实法

C. 层次分析法　　D. 对比分析法

E. 联合会审法

答案：A、B、D、E

［解析］设计概算的审查方法有：①对比分析法；②主要问题复核法；③查询核实法；④分类整理法；⑤联合会审法。

三、2021 年考题

1. 关于限额设计目标及分解的说法，正确的是（　　）。

A. 限额设计目标只包括造价目标

B. 限额设计的造价总目标是初步设计确定的设计概算额

C. 在初步设计前将决策阶段确定的投资额分解到各专业设计造价限额

D. 各专业造价限额在任何情况下均不得修改、突破

答案：C

［解析］选项 A，限额设计目标包括造价目标、质量目标、进度目标、安全目标及环保目标。选项 B，限额设计中，批准的投资总额是进行限额设计的重要依据，是限额设计的总目标。选项 C，初步设计阶段需要依据确定的可行性研究方案和投资估算，对影响投资的因素按照专业进行分解，并将规定的投资限额下达到各专业设计人员，设计人员应用价值工程等进行限额设计。选项 D，造价限额应统筹兼顾，全面考虑，追求技术经济合理的最佳整体目标（不是固化各个专业造价限额）。

2. 下列施工图预算审查方法中，审查质量高，但审查工作量大、时间相对较长的是（　　）。

A. 对比审查法　　B. 全面审查法

C. 分组计算审查法　　D. 标准预算审查法

答案：B

［解析］全面审查法，其优点是全面、细致，审查的质量高；缺点是工作量大，审查时间较长。

四、其他年份考题

1. 限额设计方式中，采用综合费用法评价设计方案的不足是没有考虑（　　）。

A. 投资方案全寿命期费用

B. 建设周期对投资效益的影响

C. 投资方案投产后的使用费

D. 资金的时间价值

答案：D

［解析］综合费用法。这里的费用包括方案投产后的年度使用费、方案的建设投资以及由于工期提前或延误而产生的收益或亏损等。该方法的基本出发点在于将建设投资和使用费结合起来考虑，同时考虑建设周期对投资效益的影响，以综合费用最小为最佳方案。综合费用法是一种静态价值指标评价方法，没有考虑资金的时间价值，只适用于建设周期较短的工程。此外，由于综合费用法只考虑费用，未能反映功能、质量、安全、环保等方面的差异，因而只有在方案的功能、建设标准等条件相同或基本相同时才能采用。

2. 采用单指标法评价设计方案时，可采用的评价方法有（　　）。

A. 重点抽查法　　B. 综合费用法

C. 价值工程法　　D. 分类整理法

E. 全寿命期费用法

答案：B、C、E

［解析］单指标法是以单一指标为基础对建设工程技术方案进行综合分析与评价的方法。单指标法有很多种类，各种方法的使用条件也不尽相同，较常用的有以下几种：①综合费用法；②全寿命期费用法；③价值工程法。

3. 对工程量大、结构复杂的工程施工图预算，要求审查时间短、效果好的审查方法是（　　）。

A. 重点抽查法　　B. 分组计算审查法

C. 对比审查法　　D. 分解对比审查法

答案：A

［解析］审查施工图预算的方法较多，主要有全面审查法、标准预算审查法、分组计算审查法、对比审查法、筛选审查法、重点抽查法、利用手册审查法和分解对比审查法八种。其中重点抽查法的优点是重点突出，审查时间短、效果好。

4. 采用分组计算审查法审查施工图预算的特点是（　　）。

A. 可加快审查进度，但审查精度较差

B. 审查质量高，但审查时间较长

C. 应用范围广，但审查工作量大

D. 审查效果好，但应用范围有局限性

答案：A

［解析］分组计算审查法，是将相邻且有一定内在联系的项目编为一组，审查某个分量，并利用不同量之间的相互关系判断其他几个分量的准确性。其优点是可加快工程量审查的速度，缺点是审查的精度较差。

5. 审查施工图预算，应首先从审查（　　）开始。

A. 定额使用　　B. 工程量

C. 设备材料价格　　D. 人工、机械使用价格

答案：B

［解析］工程量计算是编制施工图预算的基础性工作之一，对施工图预算的审查，应首先从审查工程量开始。

考点五：施工招标方式和程序

点评：理解公开招标和邀请招标的特点，掌握施工招标过程中招标人和投标人的工作内容。

知识要点集成

表 6-5 施工招标方式

公开招标	概念	公开招标又称无限竞争性招标，是指招标人按程序，通过报刊、广播、电视、网络等媒体发布招标公告，邀请具备条件的施工承包商投标竞争，然后从中确定中标者并与之签订施工合同的过程
	特点	优点是：招标人可以在较广的范围内选择承包商，投标竞争激烈，择优率更高，有利于招标人将工程项目交予可靠的承包商实施，并获得有竞争性的商业报价，同时，也可在较大程度上避免招标过程中的贿标行为。因此，国际上政府采购通常采用这种方式。 缺点是：准备招标、对投标申请者进行资格预审和评标的工作量大，招标时间长、费用高。同时，参加竞争的投标者越多，中标的机会就越小；投标风险越大，损失的费用也就越多，而这种费用的损失必然会反映在标价中，最终会由招标人承担，故这种方式在一些国家较少采用
邀请招标	概念	邀请招标也称有限竞争性招标，是指招标人以投标邀请书的形式邀请预先确定的若干家施工承包商投标竞争，然后从中确定中标者并与之签订施工合同的过程
	特点	采用邀请招标方式时，邀请对象应以 5～10 家为宜，至少不应少于 3 家，否则就失去了竞争意义。 与公开招标方式相比，邀请招标方式的优点是：不发布招标公告，不进行资格预审，简化了招标程序，因而节约了招标费用、缩短了招标时间。而且由于招标人比较了解投标人以往的业绩和履约能力，从而减少了合同履行过程中承包商违约的风险。对于采购标的较小的工程项目，采用邀请招标方式比较有利。此外，有些工程项目的专业性强，有资格承接的潜在投标人较少或者需要在短时间内完成投标任务等，不宜采用公开招标方式的，也应采用邀请招标方式。值得注意的是，尽管采用邀请招标方式时不进行资格预审，但为了体现公平竞争和便于招标人对各投标人的综合能力进行比较，仍要求投标人按招标文件的有关要求，在投标文件中提供有关资质资料，在评标时以资格后审的形式作为评审内容之一。 邀请招标方式的缺点是：由于投标竞争的激烈程度较差，有可能会提高中标合同价，也有可能排除某些在技术上或报价上有竞争力的承包商参与投标

表 6-6　施工招标主要工作内容

阶段	主要工作步骤	主要工作内容	
		招标人	投标人
招标准备	申请审批、核准招标	将施工招标范围、招标方式、招标组织形式报项目审批、核准部门审批、核准	进行市场调研； 组成投标小组； 收集招标信息； 准备投标资料
	组建招标组织	自行建立招标组织或委托招标代理机构	
	策划招标方案	划分施工标段、选择合同计价方式及合同类型	
	招标公告或投标邀请	发布招标公告或发出投标邀请函	
	编制标底或招标控制价	编制标底或确定招标控制价	
	准备招标文件	编制资格预审文件和招标文件	
	发售资格预审文件	发售资格预审文件	索购资格预审文件； 填报资格预审材料
	进行资格预审	分析资格预审材料； 确定合格投标单位名单； 发出资格预审结果通知	接收资格预审结果通知
	发售招标文件	发售招标文件	购买招标文件； 分析招标文件
	组织现场踏勘和标前会议	组织现场踏勘和标前会议，进行招标文件的澄清和补遗	参加现场踏勘和标前会议，对招标文件提出质疑
	递交和接收投标文件	接收投标文件（包括投标保函）	编制投标文件； 递交投标文件（包括投标保函）
决标成交	开标	组织开标会议	参加开标会议
	评标	初步评审投标文件； 详细评审投标文件； 必要时组织投标单位答辩； 编写评标报告	按要求进行答辩； 按要求提供证明材料
	授标	发出中标通知书（退回未中标者投标保函）； 组织合同谈判； 签订施工合同	接收中标通知书； 参加合同谈判； 提交履约保函； 签订施工合同

经典考题剖析

说明：作者自编了其他题目，供考生训练。

其他题目

1. 公开招标与邀请招标相比，其优点是（　　）。

A. 缩短了招标时间　　B. 节约了招标费用

C. 不进行资格预审　　D. 可以在较广的范围内选择承包商

答案：D

［解析］公开招标方式的优点是：招标人可以在较广的范围内选择承包商，投标竞争激烈，择优率更高，有利于招标人将工程项目交予可靠的承包商实施，并获得有竞争性的商业报价，同时，也可在较大程度上避免招标过程中的贿标行为。因此，国际上政府采购通常采用这种方式。

2. 招标人在评标步骤中需要完成的工作是（　　）。

A. 投标文件初评　　B. 确定中标人

C. 发出中标通知书　　D. 进行合同谈判

答案：A

［解析］招标人在评标步骤中需要完成的工作：投标文件初评、要求投标人提交澄清资料（必要时）、编写评标报告。

考点六：施工招标策划

点评：理解划分施工标段的影响因素和合同计价方式，理解选择适合的合同类型的影响因素。

知识要点集成

表 6-7　施工招标策划

施工标段划分及承包模式确定	划分施工标段时，应考虑的因素包括： （1）工程特点。如果工程场地集中、工程量不大、技术不太复杂，由一家承包单位总包易于管理，则一般不分标。但如果工地场面大、工程量大，有特殊技术要求，则应考虑划分为若干标段。 （2）对工程造价的影响。通常情况下，一项工程由一家施工单位总承包易于管理，同时便于劳动力、材料、设备的调配，因而可得到交底造价。但对于大型、复杂的工程项目，对承包单位的施工能力、施工经验、施工设备等有较高要求。在这种情况下，如果不划分标段，就可能使有资格参加投标的承包单位大幅减少。竞争对手的减少，必然会导致工程报价的上涨，反而得不到较为合理的报价。

续表 6-7

<table>
<tr><td>施工标段划分及承包模式确定</td><td>（3）承包单位专长的发挥。工程项目是由单项工程、单位工程或专业工程组成，在考虑划分施工标段时，既要考虑不会产生各承包单位施工的交叉干扰，又要注意各承包单位之间在空间和时间上的衔接。
（4）工地管理。从工地管理角度看，分标时应考虑两方面问题：一是工程进度的衔接，二是工地现场的布置和干扰。工程进度的衔接很重要，特别是工程网络计划中关键线路上的项目一定要选择施工水平高、能力强、信誉好的承包单位，以防止影响其他承包单位的进度。从现场布置的角度看，承包单位越少越好。分标时要对几个承包单位在现场的施工场地进行细致周密的安排。
（5）其他因素。除上述因素外，还有许多其他因素影响施工标段的划分，如建设资金、设计图纸供应等。资金不足、图纸分期供应时，可先进行部分招标。
施工承包模式有施工总承包、平行承包、联合体承包、合作体承包等模式</td></tr>
<tr><td>不同计价方式的比较</td><td>
<table>
<tr><td rowspan="2">合同类型</td><td rowspan="2">总价合同</td><td rowspan="2">单价合同</td><td colspan="4">成本加酬金合同</td></tr>
<tr><td>百分比酬金</td><td>固定酬金</td><td>浮动酬金</td><td>目标成本加奖罚</td></tr>
<tr><td>应用范围</td><td>广泛</td><td>广泛</td><td colspan="3">有局限性</td><td>酌情</td></tr>
<tr><td>建设单位造价控制</td><td>易</td><td>较易</td><td>最难</td><td>难</td><td>不易</td><td>有可能</td></tr>
<tr><td>施工承包单位风险</td><td>大</td><td>小</td><td colspan="2">基本没有</td><td>不大</td><td>有</td></tr>
</table>
</td></tr>
<tr><td>合同类型的选择</td><td>建设单位应综合考虑以下因素来选择适合的合同类型：
（1）工程项目的复杂程度。建设规模大且技术复杂的工程项目，承包风险较大，各项费用不易准确估算，因而不宜采用固定总价合同。最好是对有把握的部分采用固定总价合同，估算不准的部分采用单价合同或成本加酬金合同。有时，在同一施工合同中采用不同的计价方式，是建设单位与施工承包单位合理分担施工风险的有效办法。
（2）工程项目的设计深度。工程项目的设计深度是选择合同类型的重要因素。如果已完成工程项目的施工图设计，施工图纸和工程量清单详细而明确，则可选择总价合同；如果实际工程量与预计工程量可能有较大出入时，应优先选择单价合同；如果只完成工程项目的初步设计，工程量清单不够明确时，则可选择单价合同或成本加酬金合同。
（3）施工技术的先进程度。如果在工程施工中有较大部分采用新技术、新工艺，建设单位和施工承包单位对此缺乏经验，又无国家标准时，为了避免投标单位盲目地提高承包价款，或由于对施工难度估计不足而导致承包亏损，不宜采用固定总价合同，而应选用成本加酬金合同。
（4）施工工期的紧迫程度。对于一些紧急工程（如灾后恢复工程等），要求尽快开工且工期较紧时，可能仅有实施方案，还没有施工图纸，施工承包单位不可能报出合理的价格，选择成本加酬金合同较为合适</td></tr>
</table>

经典考题剖析

一、2023 年考题

下列选项中，对于建设单位最容易控制工程造价的合同方式为（　　）。

A. 单价合同　　B. 成本加酬金合同

C. 百分比成本加酬金合同　　D. 总价合同

答案：D

［**解析**］不同计价方式合同的比较见下表。

<table>
<tr><td rowspan="2">合同类型</td><td rowspan="2">总价合同</td><td rowspan="2">单价合同</td><td colspan="4">成本加酬金合同</td></tr>
<tr><td>百分比酬金</td><td>固定酬金</td><td>浮动酬金</td><td>目标成本加奖罚</td></tr>
<tr><td>应用范围</td><td>广泛</td><td>广泛</td><td colspan="3">有局限性</td><td>酌情</td></tr>
<tr><td>建设单位造价控制</td><td>易</td><td>较易</td><td>最难</td><td>难</td><td>不易</td><td>有可能</td></tr>
<tr><td>施工承包单位风险</td><td>大</td><td>小</td><td colspan="2">基本没有</td><td>不大</td><td>有</td></tr>
</table>

二、其他年份考题

1. 下列不同计价方式的合同中，施工承包单位承担造价控制风险最小的合同是（　　）。

A. 成本加浮动酬金合同　　B. 单价合同

C. 成本加固定酬金合同　　D. 总价合同

答案：C

［**解析**］不同计价方式合同的比较见下表。

<table>
<tr><td rowspan="2">合同类型</td><td rowspan="2">总价合同</td><td rowspan="2">单价合同</td><td colspan="4">成本加酬金合同</td></tr>
<tr><td>百分比酬金</td><td>固定酬金</td><td>浮动酬金</td><td>目标成本加奖罚</td></tr>
<tr><td>应用范围</td><td>广泛</td><td>广泛</td><td colspan="3">有局限性</td><td>酌情</td></tr>
<tr><td>建设单位造价控制</td><td>易</td><td>较易</td><td>最难</td><td>难</td><td>不易</td><td>有可能</td></tr>
<tr><td>施工承包单位风险</td><td>大</td><td>小</td><td colspan="2">基本没有</td><td>不大</td><td>有</td></tr>
</table>

2. 施工合同有多种类型，下列工程中不宜采用总价合同的有（　　）。

A. 没有施工图纸的采购灾后紧急恢复工程

B. 设计深度不够，工程量清单不够明确的过程

C. 已完成施工图审查的单体住宅工程

D. 工程内容单一，施工图设计已完成路面铺装工程

E. 采用较多新技术新工艺的工程

答案：A、B、E

[解析] 选项A，选择成本加酬金合同较为合适；选项B，选择单价合同或成本加酬金合同；选项C、D，可以选择总价合同；选项E，应选用成本加酬金合同。

3. 下列工程项目中，不宜采用固定总价合同的有（　　）。

A. 建设规模大且技术复杂的工程项目

B. 施工图纸和工程量清单详细而明确的项目

C. 施工中有较大部分采用新技术，且施工单位缺乏经验的项目

D. 施工工期紧的紧急工程项目

E. 承包风险不大，各项费用易于准确估算的项目

答案：A、C、D

[解析] 选项A、E，建设规模大且技术复杂的工程项目，承包风险较大，各项费用不易准确估算，因而不宜采用固定总价合同；选项B，如果已完成工程项目的施工图设计，施工图纸和工程量清单详细而明确，则可选择总价合同；选项C，如果在工程施工中有较大部分采用新技术、新工艺，建设单位和施工承包单位对此缺乏经验，又无国家标准时，为了避免投标单位盲目地提高承包价款，或由于对施工难度估计不足而导致承包亏损，不宜采用固定总价合同；选项D，对于一些紧急工程（如灾后恢复工程等），要求尽快开工且工期较紧时，可能仅有实施方案，还没有施工图纸，施工承包单位不可能报出合理的价格，选择成本加酬金合同较为合适。

考点七：《标准施工招标文件》通用条款

点评： 本考点将2017年版教材中很多内容安排在第三章第六节中，只保留了与工程造价有关的条款，这是重点考核内容。

知识要点集成

表6-8 《标准施工招标文件》通用条款

合同价格和费用	（1）签约合同价。是指签订合同时合同协议书中写明的，包括暂列金额、暂估价的合同总金额。 1）暂列金额。是指已标价工程量清单中所列的一笔款项，用于在签订协议书时尚未确定或不可预见变更的施工及其所需材料、工程设备、服务等的金额，包括以计日工方式支付的金额。 2）暂估价。是指发包人在工程量清单中给定的用于支付必然发生但暂时不能确定价格的材料、工程设备以及专业工程的金额。 （2）合同价格。是指承包人按合同约定完成包括缺陷责任期内的全部承包工作后，发包人应付给承包人的金额，包括在履行合同过程中按合同约定进行的变更、价款调整、通过索赔应予补偿的金额。合同价格也是承包人完成全部承包工作后的工程结算价格。 （3）费用。是指为履行合同所发生的或将要发生的所有合理开支，包括管理费和应分摊的其他费用，但不包括利润

续表 6-8

涉及费用的主要条款	（1）化石、文物。在施工场地发掘的所有文物、古迹以及具有地质研究或考古价值的其他遗迹、化石、钱币或物品属于国家所有。一旦发现上述文物，承包人应采取有效合理的保护措施，防止任何人员移动或损坏上述物品，并立即报告当地文物行政部门，同时通知监理人。发包人、监理人和承包人应按文物行政部门要求采取妥善保护措施，由此导致费用增加和（或）工期延误由发包人承担。 （2）专利技术。承包人在投标文件中采用专利技术的，专利技术的使用费包含在投标报价内。 （3）不利物质条件。承包人遇到不利物质条件时，应采取适应不利物质条件的合理措施继续施工，并及时通知监理人。监理人应当及时发出指示，指示构成变更的，按合同约定的变更办理。监理人没有发出指示的，承包人因采取合理措施而增加的费用和（或）工期延误，由发包人承担。 （4）材料和工程设备。 1）承包人提供的材料和工程设备。对承包人提供的材料和工程设备，承包人应会同监理人进行检验和交货验收，查验材料合格证明和产品合格证书，并按合同约定和监理人指示，进行材料的抽样检验和工程设备的检验测试，检验和测试结果应提交监理人，所需费用由承包人承担。 2）发包人提供的材料和工程设备。发包人要求向承包人提前交货的，承包人不得拒绝，但发包人应承担承包人由此增加的费用。承包人要求更改交货日期或地点的，应事先报请监理人批准。由于承包人要求更改交货时间或地点所增加的费用和（或）工期延误由承包人承担。发包人提供的材料和工程设备的规格、数量或质量不符合合同要求，或由于发包人原因发生交货日期延误及交货地点变更等情况的，发包人应承担由此增加的费用和（或）工程延误，并向承包人支付合理利润。 3）禁止使用不合格的材料和工程设备。监理人有权拒绝承包人提供的不合格材料或工程设备，并要求承包人立即进行更换。监理人应在更换后再次进行检查和检验，由此增加的费用和（或）工期延误由承包人承担。发包人提供的材料或工程设备不符合合同要求的，承包人有权拒绝，并可要求发包人更换，由此增加的费用和（或）工期延误由发包人承担。 （5）施工设备和临时设施。 1）承包人提供的施工设备和临时设施。除专用合同条款另有约定外，承包人应自行承担修建临时设施的费用，需要临时占地的，应由发包人办理申请手续并承担相应费用。 2）要求承包人增加或更换施工设备。承包人使用的施工设备不能满足合同进度计划和（或）质量要求时，监理人有权要求承包人增加或更换施工设备，承包人应及时增加或更换，由此增加的费用和（或）工期延误由承包人承担。 （6）交通运输。 1）场内施工道路。除专用合同条款另有约定外，承包人应负责修建、维修、养护和管理施工所需的临时道路和交通设施，包括维修、养护和管理发包人提供的道路和交通设施，并承担相应费用。 2）场外交通。承包人车辆外出行驶所需的场外公共道路的通行费、养路费和税款等由承包人承担。 3）超大件和超重件的运输。由承包人负责运输的超大件或超重件，应由承包人负责向交通管理部门办理申请手续，发包人给予协助。运输超大件或超重件所需的道路和桥梁临时加固改造费用和其他有关费用，由承包人承担，但专用合同条款另有约定除外。

续表 6-8

涉及费用的主要条款	4）道路和桥梁的损坏责任。因承包人运输造成施工场地内外公共道路和桥梁损坏的，由承包人承担修复损坏的全部费用和可能引起的赔偿。 （7）测量放线。 1）施工测量。监理人可以指示承包人进行抽样复测，当复测中发现错误或出现超过合同约定的误差时，承包人应按监理人指示进行修正或补测，并承担相应的复测费用。 2）基准资料错误的责任。发包人应对其提供的测量基准点、基准线和水准点及其书面资料的真实性、准确性和完整性负责。发包人提供上述基准资料错误导致承包人测量放线工作的返工或造成工程损失的，发包人应当承担由此增加的费用和（或）工期延误，并向承包人支付合理利润。 3）监理人使用施工控制网。监理人需要使用施工控制网的，承包人应提供必要的协助，发包人不再为此支付费用。 （8）施工安全责任。 1）发包人的施工安全责任。发包人应负责赔偿以下各种情况造成的第三者人身伤亡和财产损失：①工程或工程的任何部分对土地的占用所造成的第三者财产损失；②由于发包人原因在施工场地及其毗邻地带造成的第三者人身伤亡和财产损失。 2）承包人的施工安全责任。由于承包人原因在施工场地及其毗邻地带造成的第三者人身伤亡和财产损失，由承包人负责赔偿。 （9）工期延误。 1）发包人的工期延误。在履行合同过程中，由于发包人的下列原因造成工期延误的，承包人有权要求发包人延长工期和（或）增加费用，并支付合理利润：①增加合同工作内容；②改变合同中任何一项工作的质量要求或其他特性；③发包人迟延提供材料、工程设备或变更交货地点的；④因发包人原因导致的暂停施工；⑤提供图纸延误；⑥未按合同约定及时支付预付款、进度款；⑦发包人造成工期延误的其他原因。 2）承包人的工期延误。由于承包人原因，未能按合同进度计划完成工作，或监理人认为承包人施工进度不能满足合同工期要求的，承包人应采取措施加快进度，并承担加快进度所增加的费用。由于承包人原因造成工期延误，承包人应支付逾期竣工违约金。承包人支付逾期竣工违约金，不免除承包人完成工程及修补缺陷的义务。 （10）暂停施工。除发生不可抗力事件或其他客观原因必须暂停施工外，工程施工过程中，当一方违约使另一方受到严重损失的，受损方有权要求暂停施工。但暂停施工将会影响合同的正常履行，为此，合同双方应尽量避免采取暂停施工的手段。 1）承包人暂停施工的责任。因下列暂停施工增加的费用和（或）工期延误由承包人承担：①承包人违约引起的暂停施工；②由于承包人原因为工程合理施工和安全保障所必需的暂停施工；③承包人擅自暂停施工；④承包人其他原因引起的暂停施工；⑤专用合同条款约定由承包人承担的其他暂停施工。 2）发包人暂停施工的责任。由于发包人原因引起的暂停施工造成工期延误的，承包人有权要求发包人延长工期和（或）增加费用，并支付合理利润。 3）暂停施工后的复工。暂停施工后，监理人应与发包人和承包人协商，采取有效措施积极消除暂停施工的影响。当工程具备复工条件时，监理人应立即向承包人发出复工通知。承包人收到复工通知后，应在监理人指定的期限内复工。承包人无故拖延和拒绝复工的，由此增加的费用和工期延误由承包人承担；因发包人原因无法按时复工的，承包人有权要求发包人延长工期和（或）增加费用，并支付合理利润。

续表 6-8

涉及费用的主要条款	4）暂停施工持续 56 天以上。监理人发出暂停施工指示后 56 天内未向承包人发出复工通知，除了该项停工属于承包人的责任外，承包人可向监理人提交书面通知，要求监理人在收到书面通知后 28 天内准许已暂停施工的工程或其中一部分工程继续施工。如监理人逾期不予批准，则承包人可以通知监理人，将工程受影响的部分按有关变更条款的约定视为可取消工作。如暂停施工影响到整个工程，可视为发包人违约，由发包人承担违约责任。由于承包人责任引起的暂停施工，如承包人在收到监理人暂停施工指示后 56 天内不认真采取有效的复工措施，造成工期延误，可视为承包人违约，由承包人承担违约责任。 （11）工程质量。 1）工程质量要求。因承包人原因造成工程质量达不到合同约定验收标准的，监理人有权要求承包人返工直至符合合同要求为止，由此造成的费用增加和（或）工期延误由承包人承担。因发包人原因造成工程质量达不到合同约定验收标准的，发包人应承担由于承包人返工造成的费用增加和（或）工期延误，并支付承包人合理利润。 2）工程隐蔽部位覆盖前的检查。经承包人自检确认的工程隐蔽部位具备覆盖条件后，承包人应通知监理人在约定的期限内检查。承包人的通知应附有自检记录和必要的检查资料。监理人应按时到场检查。经监理人检查确认质量符合隐蔽要求，并在检查记录上签字后，承包人才能进行覆盖。监理人检查确认质量不合格的，承包人应在监理人指示的时间内修正返工后，由监理人重新检查。①监理人重新检查。经监理人检查质量合格或监理人未按约定的时间进行检查的，承包人覆盖工程隐蔽部位后，监理人对质量有疑问的，可要求承包人对已覆盖的部位进行钻孔探测或揭开重新检验，承包人应遵照执行，并在检验后重新覆盖恢复原状。经检验证明工程质量符合合同要求的，由发包人承担由此增加的费用和（或）工期延误，并支付承包人合理利润；经检验证明工程质量不符合合同要求的，由此增加的费用和（或）工期延误由承包人承担。②承包人私自覆盖。承包人未通知监理人到场检查，私自将工程隐蔽部位覆盖的，监理人有权指示承包人钻孔探测或揭开检查，由此增加的费用和（或）工期延误由承包人承担。 3）清除不合格工程。承包人使用不合格材料、工程设备，或采用不适当的施工工艺，或施工不当，造成工程不合格的，监理人可以随时发出指示，要求承包人立即采取措施进行补救，直至达到合同要求的质量标准，由此增加的费用和（或）工期延误由承包人承担。由于发包人提供的材料或工程设备不合格造成的工程不合格，需要承包人采取措施补救的，发包人应承担由此增加的费用和（或）工期延误，并支付承包人合理利润。 （12）材料、工程设备和工程的试验和检验。承包人应按合同约定进行材料、工程设备和工程的试验和检验，并为监理人对上述材料、工程设备和工程的质量检查提供必要的试验资料和原始记录。按合同约定应由监理人与承包人共同进行试验和检验的，由承包人负责提供必要的试验资料和原始记录。监理人对承包人的试验和检验结果有疑问的，或为查清承包人试验和检验成果的可靠性要求承包人重新试验和检验的，可按合同约定由监理人与承包人共同进行。重新试验和检验的结果证明该项材料、工程设备或工程的质量不符合合同要求的，由此增加的费用和（或）工期延误由承包人承担；重新试验和检验结果证明该项材料、工程设备和工程符合合同要求，由发包人承担由此增加的费用和（或）工期延误，并支付承包人合理利润
竣工验收	（1）竣工验收申请报告。当工程具备以下条件时，承包人即可向监理人报送竣工验收申请报告： 1）除监理人同意列入缺陷责任期内完成的尾工（甩项）工程和缺陷修补工作外，合同范围内的全部单位工程以及有关工作，包括合同要求的试验、试运行以及检验和验收均已完成，并符合合同要求；

续表 6-8

竣工验收	2）已按合同约定的内容和份数备齐了符合要求的竣工资料； 3）已按监理人的要求编制了在缺陷责任期内完成的尾工（甩项）工程和缺陷修补工作清单以及相应施工计划； 4）监理人要求在竣工验收前应完成的其他工作； 5）监理人要求提交的竣工验收资料清单。 （2）竣工验收过程。监理人收到承包人提交的竣工验收申请报告后，应审查申请报告的各项内容，并按以下不同情况处理： 1）监理人审查后认为尚不具备竣工验收条件的，应在收到竣工验收申请报告后的28天内通知承包人，指出在颁发接收证书前承包人还需进行的工作内容。承包人完成监理人通知的全部工作内容后，应再次提交竣工验收申请报告，直至监理人同意为止。 2）监理人审查后认为已具备竣工验收条件的，应在收到竣工验收申请报告后的28天内提请发包人进行工程验收。 3）发包人经过验收后同意接收工程的，应在监理人收到竣工验收申请报告后的56天内，由监理人向承包人出具经发包人签认的工程接收证书。发包人验收后同意接收工程但提出整修和完善要求的，限期修好，并缓发工程接收证书。整修和完善工作完成后，监理人复查达到要求的，经发包人同意后，再向承包人出具工程接收证书。 4）发包人验收后不同意接收工程的，监理人应按发包人的验收意见发出指示，要求承包人对不合格工程认真返工重做或进行补救处理，并承担由此产生的费用。承包人在完成不合格工程的返工重做或补救工作后，应重新提交竣工验收申请报告。除专用合同条款另有约定外，经验收合格工程的实际竣工日期，以提交竣工验收申请报告的日期为准，并在工程接收证书中写明。发包人在收到承包人竣工验收申请报告56天后未进行验收的，视为验收合格，实际竣工日期以提交竣工验收申请报告的日期为准，但发包人由于不可抗力不能进行验收的除外
缺陷责任与保修责任	（1）缺陷责任。承包人应在缺陷责任期内对已交付使用的工程承担缺陷责任。缺陷责任期内，发包人对已接收使用的工程负责日常维护工作。发包人在使用过程中，发现已接收的工程存在新的缺陷或已修复的缺陷部位或部件又遭损坏的，承包人应负责修复，直至检验合格为止。监理人和承包人应共同查清缺陷和（或）损坏的原因。经查明属承包人原因造成的，应由承包人承担修复和查验的费用。经查验属发包人原因造成的，发包人应承担修复和查验的费用，并支付承包人合理利润。承包人不能在合理时间内修复缺陷的，发包人可自行修复或委托其他人修复，所需费用和利润由缺陷责任方承担。 （2）缺陷责任期的延长。由于承包人原因造成某项缺陷或损坏使某项工程或工程设备不能按原定目标使用而需要再次检查、检验和修复的，发包人有权要求承包人相应延长缺陷责任期，但缺陷责任期最长不超过2年。在缺陷责任期（或延长的期限）终止后14天内，由监理人向承包人出具经发包人签认的缺陷责任期终止证书，并退还剩余的质量保证金。 （3）保修责任。合同当事人根据有关法律规定，在专用合同条款中约定工程质量保修范围、期限和责任。保修期自实际竣工日期起计算。在全部工程竣工验收前，已经发包人提前验收的单位工程，其保修期的起算日期相应提前

续表 6-8

不可抗力	（1）不可抗力的通知。合同一方当事人遇到不可抗力事件，使其履行合同义务受到阻碍时，应立即通知合同另一方当事人和监理人，书面说明不可抗力和受阻碍的详细情况，并提供必要的证明。如不可抗力持续发生，合同一方当事人应及时向合同另一方当事人和监理人提交中间报告，说明不可抗力和履行合同受阻的情况，并于不可抗力事件结束后 28 天内提交最终报告及有关资料。 （2）不可抗力后果及其处理。除专用合同条款另有约定外，不可抗力导致的人员伤亡、财产损失、费用增加和（或）工期延误等后果，由合同双方按以下原则承担： 1）永久工程，包括已运至施工场地的材料和工程设备的损害，以及因工程损害造成的第三者人员伤亡和财产损失由发包人承担； 2）承包人设备的损坏由承包人承担； 3）发包人和承包人各自承担其人员伤亡和其他财产损失及其相关费用； 4）承包人的停工损失由承包人承担，但停工期间应监理人要求照管工程和清理、修复工程的金额由发包人承担； 5）不能按期竣工的，应合理延长工期，承包人不需支付逾期竣工违约金。发包人要求赶工的，承包人应采取赶工措施，赶工费用由发包人承担。 合同一方当事人延迟履行，在延迟履行期间发生不可抗力的，不免除其责任。 不可抗力发生后，发包人和承包人均应采取措施尽量避免和减少损失的扩大，任何一方没有采取有效措施导致损失扩大的，应对扩大的损失承担责任。合同一方当事人因不可抗力不能履行合同的，应当及时通知对方解除合同。合同解除后，承包人应按合同约定撤离施工场地。已经订货的材料、设备由订货方负责退货或解除订货合同，不能退还的货款和因退货、解除订货合同发生的费用，由发包人承担，因未及时退货造成的损失由责任方承担。合同解除后的付款，参照合同有关条款的约定，由监理人商定或确定
争议解决	（1）争议解决方式。发包人和承包人在履行合同中发生争议的，可以友好协商解决或者提请争议评审组评审。合同当事人友好协商解决不成、不愿提请争议评审或者不接受争议评审组意见的，可在专用合同条款中约定下列一种方式解决：①向约定的仲裁委员会申请仲裁；②向有管辖权的人民法院提起诉讼。 （2）争议评审。采用争议评审的，发包人和承包人应在开工日后的 28 天内或在争议发生后，协商成立争议评审组。争议评审组由有合同管理和工程实践经验的专家组成。 合同双方的争议，应首先由申请人向争议评审组提交一份详细的评审申请报告，并附必要的文件、图纸和证明材料，申请人还应将上述报告的副本同时提交给被申请人和监理人。被申请人在收到申请人评审申请报告副本后的 28 天内，向争议评审组提交一份答辩报告，并附证明材料。被申请人将答辩报告的副本同时提交给申请人和监理人。除专用合同条款另有约定外，争议评审组在收到合同双方报告后的 14 天内，邀请双方代表和有关人员举行调查会，向双方调查争议细节；必要时争议评审组可要求双方进一步提供补充材料。在调查会结束后的 14 天内，争议评审组应在不受任何干扰的情况下进行独立、公正的评审，做出书面评审意见，并说明理由。在争议评审期间，争议双方暂按总监理工程师的确定执行。 发包人和承包人接受评审意见的，由监理人根据评审意见拟定执行协议，经争议双方签字后作为合同的补充文件，并遵照执行。发包人或承包人不接受评审意见，并要求提交仲裁或提起诉讼的，应在收到评审意见后的 14 天内将仲裁或起诉意向书面通知另一方，并抄送监理人，但在仲裁或诉讼结束前应暂按总监理工程师的确定执行

经典考题剖析

一、2023年考题

1. 根据《标准施工招标文件》，由于发包人提供的工程设备不符合合同要求导致承包人费用增加、工期延误的，发包人给承包人的补偿是（　　）。

A. 工期补偿和费用补偿，但不包括利润

B. 工期补偿、费用补偿和合理利润

C. 工期补偿和合理利润，但不包括费用补偿

D. 费用补偿和合理利润，但不包括工期补偿

答案：B

［解析］发包人提供的材料和工程设备的规格、数量或质量不符合合同要求，或由于发包人原因发生交货日期延误及交货地点变更等情况的，发包人应承担由此增加的费用和（或）工程延误，并向承包人支付合理利润。

2. 根据《标准施工招标文件》，签约合同价的组成内容有（　　）。

A. 承包范围内的工程价款

B. 暂列金额

C. 建设管理费

D. 施工管理费

E. 专项工程暂估价

答案：A、B、E

［解析］签约合同价是指签订合同时合同协议书中写明的，包括暂列金额、暂估价的合同总金额。

二、2022年考题

1. 计日工应该包含在（　　）中。

A. 暂列金额

B. 暂估价

C. 预备费

D. 变更费用

答案：A

［解析］暂列金额是指已标价工程量清单中所列的一笔款项，用于在签订协议书时尚未确定或不可预见变更的施工及其所需材料、工程设备、服务等的金额，包括以计日工方式支付的金额。

2. 工程经竣工验收合格的，除专用合同条款另有约定外，实际竣工日期为（　　）。

A. 发包人验收合格之日

B. 承包人提交竣工验收申请报告之日

C. 履约证书签发之日

D. 政府质量监督机构认可意见之日

答案：B

［解析］除专用合同条款另有约定外，经验收合格工程的实际竣工日期，以提交竣工验收申请报告的日期为准。

三、2021年考题

1. 因不可抗力事件导致承包单位停工损失5万元，施工单位的设备损失6万元，已运至现场的材料损失4万元，第三者财产损失3万元，施工单位停工期间应监理要求照管现场清理和复原工作费用8万元，应由发包人承担的费用为（　　）万元。

A. 11　　B. 15

C. 20　　D. 26

答案：B

［**解析**］由发包人承担的费用：已运至现场的材料损失4万元，第三者财产损失3万元，施工单位停工期间应监理要求照管现场工作费用8万元。4+3+8=15（万元）。不可抗力导致的施工承包单位设备损失和停工损失由承包单位自己承担。

2. 下列导致承包人工期延长和费用增加的情形中，根据《标准施工招标文件》中的通用合同条款，发包人应延长工期和（或）增加费用，但不支付承包人利润的有（　　）。

A. 发包人提供图纸延误

B. 施工中遇到了难以预料的不利物质条件

C. 在施工场地发现文物

D. 发包人提供的基准资料错误

E. 发包人引起的暂停施工

答案：B、C

［**解析**］承包人遇到不利物质条件时，发包人承担承包人因采取合理措施而增加的费用和（或）工期延误。在施工场地发现文物，由此导致的费用增加和（或）工期延误由发包人承担。选项A、D、E属于发包人自身原因导致的责任，承担延长工期和（或）增加费用，并支付合理利润。

四、其他年份考题

1. 根据《标准施工招标文件》，由发包人提供的材料由于发包人原因发生交易地点变更的，发包人应承担的责任是（　　）。

A. 由此增加的费用，工期延误

B. 工期延误，但不考虑费用和利润的增加

C. 由此增加的费用和合理利润，但不考虑工期延误

D. 由此增加的费用，工期延误，以及承包商合理利润

答案：D

［**解析**］发包人提供的材料和工程设备的规格、数量或质量不符合合同要求，或由于发包人原因发生交货日期延误及交货地点变更等情况的，发包人应承担由此增加的费用和（或）工程延误，并向承包人支付合理利润。

2.《标准施工招标文件》附有的格式文件包括（　　）。

A. 承包人承揽工程项目一览表

B. 预付款担保

C. 工程质量保修书

D. 发包人供应材料设备一览表

答案：B

[**解析**]《标准施工招标文件》的合同条款由通用合同条款和专用合同条款两部分构成，且附有合同协议书、履约担保和预付款担保三个格式文件。

3. 根据《标准施工招标文件》，出现下列情况时，应由发包人负责赔偿的是（　　）。

A. 工程或工程的任何部分对土地的占用所造成的第三者财产损失

B. 在施工场地内造成的第三者人身伤亡

C. 在施工场地毗邻地带造成的第三者人身伤亡

D. 在施工场地毗邻地带造成的第三者财产损失

答案：A

[**解析**] 发包人的安全责任规定中，发包人应负责赔偿以下各种情况造成的第三者人身伤亡和财产损失：工程或工程的任何部分对土地的占用所造成的第三者财产损失；由于发包人原因在施工场地及其毗邻地带造成的第三者人身伤亡和财产损失。

4. 根据《标准施工招标文件》，下列因不可抗力而发生的费用或损失中，应由发包人承担的有（　　）。

A. 承包人的人员伤亡相关费用

B. 已运至施工场地的材料和工程设备的损害

C. 因工程损害造成的第三者财产损失

D. 承包人设备的损害

E. 承包人应监理人要求在停工期间照管工程的人工费用

答案：B、C、E

[**解析**] 不可抗力导致的人员伤亡、财产损失、费用增加和（或）工期延误等后果，由合同双方按以下原则承担：①永久工程，包括已运至施工场地的材料和工程设备的损害，以及因工程损害造成的第三者人员伤亡和财产损失由发包人承担；②承包人设备的损坏由承包人承担；③发包人和承包人各自承担其人员伤亡和其他财产损失及其相关费用；④承包人的停工损失由承包人承担，但停工期间应监理人要求照管工程和清理、修复工程的金额由发包人承担；⑤不能按期竣工的，应合理延长工期，承包人不需支付逾期竣工违约金；发包人要求赶工的，承包人应采取赶工措施，赶工费用由发包人承担。

考点八：《标准设计施工总承包招标文件》中的合同条款

点评：这是2019年版教材修改很大的内容，依据的“合同条件”不一样。本考点主要介绍的是与工程造价有关的条款。

知识要点集成

表 6-9 《标准设计施工总承包招标文件》中的合同条款

合同价格和费用（概念）	（1）价格清单。是指构成合同文件组成部分的由承包人按规定格式和要求填写并标明价格的清单。 （2）计日工。是指对零星工作采取的一种计价方式，按合同中的计日工子目及其单价计价付款。 （3）质量保证金。是指按合同约定用于保证在缺陷责任期内履行缺陷修复义务的金额	
涉及费用的主要条款	材料和工程设备	（1）承包人提供的材料和工程设备。对承包人提供的材料和工程设备，承包人应会同监理人进行检验和交货验收，查验材料合格证明和产品合格证书，并按合同约定和监理人指示，进行材料的抽样检验和工程设备的检验测试，检验和测试结果应提交监理人，所需费用由承包人承担。 （2）发包人提供的材料和工程设备。发包人要求向承包人提前交货的，承包人不得拒绝，但发包人应承担承包人由此增加的费用。承包人要求更改交货日期或地点的，应事先报请监理人批准。由于承包人要求更改交货时间或地点所增加的费用和（或）工期延误由承包人承担。发包人提供的材料和工程设备的规格、数量或质量不符合合同要求，或由于发包人原因发生交货日期延误及交货地点变更等情况的，发包人应承担由此增加的费用和（或）工期延误，并向承包人支付合理利润。 （3）不合格材料和工程设备的处置。监理人有权拒绝承包人提供的不合格材料或工程设备，并要求承包人立即进行更换。监理人应在更换后再次进行检查和检验，由此增加的费用和（或）工期延误由承包人承担。发包人提供的材料或工程设备不符合合同要求的，承包人有权拒绝，并可要求发包人更换，由此增加的费用和（或）工期延误由发包人承担
	施工设备和临时设施	（1）承包人提供的施工设备和临时设施。除专用合同条款另有约定外，承包人应自行承担修建临时设施的费用。需要临时占地的，应由发包人办理申请手续并承担相应费用。 （2）增加或更换施工设备。承包人使用的施工设备不能满足合同进度计划和（或）质量标准时，监理人有权要求承包人增加或更换施工设备，承包人应及时增加或更换，由此增加的费用和（或）工期延误由承包人承担

续表 6-9

<table>
<tr><td rowspan="2">涉及费用的主要条款</td><td>测量放线</td><td>（1）施工测量。监理人可以指示承包人进行抽样复测，当复测中发现错误或出现超过合同约定的误差时，承包人应按监理人指示进行修正或补测，并承担相应的复测费用。
（2）基准资料错误的责任。发包人应对其提供的测量基准点、基准线和水准点及其书面资料的真实性、准确性和完整性负责，对其提供上述基准资料错误导致承包人损失的，发包人应当承担由此增加的费用和（或）工期延误，并向承包人支付合理利润。
（3）监理人使用施工控制网。监理人需要使用施工控制网的，承包人应提供必要的协助，发包人不再为此支付费用</td></tr>
<tr><td>开始工作和竣工</td><td>（1）开始工作。除专用合同条款另有约定外，因发包人原因造成监理人未能在合同签订之日起90天内发出开始工作通知的，承包人有权提出价格调整要求，或者解除合同。发包人应当承担由此增加的费用和（或）工期延误，并向承包人支付合理利润。
（2）发包人引起的工期延误。在履行合同过程中，由于发包人的下列原因造成工期延误的，承包人有权要求发包人延长工期和（或）增加费用，并支付合理利润：
1）变更；
2）未能按照合同要求的期限对承包人文件进行审查；
3）因发包人原因导致的暂停施工；
4）未按合同约定及时支付预付款、进度款；
5）发包人按合同约定提供的基准资料错误；
6）发包人迟延提供材料、工程设备或变更交货地点的；
7）发包人未及时按照“发包人要求”履行相关义务；
8）发包人造成工期延误的其他原因。
（3）异常恶劣的气候条件。由于出现专用合同条款规定的异常恶劣气候的条件导致工期延误的，承包人有权要求发包人延长工期和（或）增加费用。
（4）承包人引起的工期延误。由于承包人原因，未能按合同进度计划完成工作，或监理人认为承包人工作进度不能满足合同工期要求的，承包人应采取措施加快进度，并承担加快进度所增加的费用。由于承包人原因造成工期延误，承包人应支付逾期竣工违约金。逾期竣工违约金的计算方法和最高限额在专用合同条款中约定。承包人支付逾期竣工违约金，不免除承包人完成工作及修补缺陷的义务。
（5）工期提前。发包人要求承包人提前竣工，或承包人提出提前竣工的建议能够给发包人带来效益的，应由监理人与承包人共同协商采取加快工程进度的措施和修订合同进度计划。发包人应承担承包人由此增加的费用，并向承包人支付专用合同条款约定的相应奖金。
（6）行政审批迟延。合同约定范围内的工作需国家有关部门审批的，发包人和（或）承包人应按照合同约定的职责分工完成行政审批报送。因国家有关部门审批迟延造成费用增加和（或）工期延误的，由发包人承担</td></tr>
</table>

续表 6-9

涉及费用的主要条款	暂停工作	(1) 由发包人暂停工作。由于发包人原因引起的暂停工作造成工期延误的，承包人有权要求发包人延长工期和（或）增加费用，并支付合理利润。由于承包人下列原因造成发包人暂停工作的，由此造成费用的增加和（或）工期延误由承包人承担： 1) 承包人违约； 2) 承包人擅自暂停工作； 3) 合同约定由承包人承担责任的其他暂停工作。 (2) 由承包人暂停工作。合同履行过程中发生下列情形之一的，承包人可向发包人发出通知，要求发包人采取有效措施予以纠正。发包人收到承包人通知后的28天内仍不履行合同义务，承包人有权暂停施工，并通知监理人，发包人应承担由此增加的费用和（或）工期延误责任，并支付承包人合理利润： 1) 发包人未能按合同约定支付价款，或拖延、拒绝批准付款申请和支付证书，导致付款延误的； 2) 监理人无正当理由没有在约定期限内发出复工指示，导致承包人无法复工的； 3) 发包人无法继续履行或明确表示不履行或实质上已停止履行合同的； 4) 发包人不履行合同约定其他义务的
	工程质量	(1) 工程质量要求。因承包人原因造成工程质量不符合法律的规定和合同约定的，监理人有权要求承包人返工直至符合合同要求为止，由此造成的费用增加和（或）工期延误由承包人承担。因发包人原因造成工程质量达不到合同约定验收标准的，发包人应承担由于承包人返工造成的费用增加和（或）工期延误，并支付承包人合理利润。 (2) 监理人重新检查。承包人按合同约定覆盖工程隐蔽部位后，监理人对质量有疑问的，可要求承包人对已覆盖的部位进行钻孔探测或揭开重新检验，承包人应遵照执行，并在检验后重新覆盖恢复原状。经检验证明工程质量符合合同要求的，由发包人承担由此增加的费用和（或）工期延误，并支付承包人合理利润；经检验证明工程质量不符合合同要求的，由此增加的费用和（或）工期延误由承包人承担。 (3) 承包人私自覆盖。承包人未通知监理人到场检查，私自将工程隐蔽部位覆盖的，监理人有权指示承包人钻孔探测或揭开检查，由此增加的费用和（或）工期延误由承包人承担
	预付款	预付款的额度和支付在专用合同条款中约定。除专用合同条款另有约定外，承包人应在收到预付款的同时向发包人提交预付款保函，预付款保函的担保金额应与预付款金额相同。保函的担保金额可根据预付款扣回的金额相应递减。预付款在进度付款中扣回，扣回办法在专用合同条款中约定。在颁发工程接收证书前，由于不可抗力或其他原因解除合同时，预付款尚未扣清的，尚未扣清的预付款余额应作为承包人的到期应付款

续表 6-9

<table>
<tr><td rowspan="3">涉及费用的主要条款</td><td>工程进度付款</td><td>除专用合同条款另有约定外，工程进度付款按月支付。工程进度付款时间如下：
（1）监理人在收到承包人进度付款申请单以及相应的支持性证明文件后的 14 天内完成审核，提出发包人到期应支付给承包人的金额以及相应的支持性材料，经发包人审批同意后，由监理人向承包人出具经发包人签认的进度付款证书。监理人未能在前述时间完成审核的，视为监理人同意承包人进度付款申请。监理人有权核减承包人未能按照合同要求履行任何工作或义务的相应金额。
（2）发包人最迟应在监理人收到进度付款申请单后的 28 天内，将进度应付款支付给承包人。发包人未能在前述时间内完成审批或不予答复的，视为发包人同意进度付款申请。发包人不按期支付的，按专用合同条款的约定支付逾期付款违约金。
（3）监理人出具进度付款证书，不应视为监理人已同意、批准或接受了承包人完成的该部分工作。
（4）进度付款涉及政府投资资金的，按照国库集中支付等国家相关规定和专用合同条款的约定执行</td></tr>
<tr><td>竣工结算</td><td>（1）竣工付款申请单。工程接收证书颁发后，承包人应按专用合同条款约定的份数和期限向监理人提交竣工付款申请单，并提供相关证明材料。除专用合同条款另有约定外，竣工付款申请单应包括下列内容：竣工结算合同总价、发包人已支付承包人的工程价款、应扣留的质量保证金、应支付的竣工付款金额。监理人对竣工付款申请单有异议的，有权要求承包人进行修正和提供补充资料。经监理人和承包人协商后，由承包人向监理人提交修正后的竣工付款申请单。
（2）竣工付款证书及支付时间。监理人在收到承包人提交的竣工付款申请单后的 14 天内完成核查，提出发包人到期应支付给承包人的价款送发包人审核并抄送承包人。发包人应在收到后 14 天内审核完毕，由监理人向承包人出具经发包人签认的竣工付款证书。监理人未在约定时间内核查，又未提出具体意见的，视为承包人提交的竣工付款申请单已经监理人核查同意；发包人未在约定时间内审核又未提出具体意见的，监理人提出发包人到期应支付给承包人的价款视为已经发包人同意。
发包人应在监理人出具竣工付款证书后的 14 天内，将应支付款支付给承包人</td></tr>
<tr><td>最终结清</td><td>（1）最终结清申请单。缺陷责任期终止证书签发后，承包人可按专用合同条款约定的份数和期限向监理人提交最终结清申请单，并提供相关证明材料。发包人对最终结清申请单内容有异议的，有权要求承包人进行修正和提供补充资料，由承包人向监理人提交修正后的最终结清申请单。
（2）最终结清证书和支付时间。监理人收到承包人提交的最终结清申请单后的 14 天内，提出发包人应支付给承包人的价款送发包人审核并抄送承包人。发包人应在收到后 14 天内审核完毕，由监理人向承包人出具经发包人签认的最终结清证书。监理人未在约定时间内核查，又未提出具体意见的，视为承包人提交的最终结清申请已经监理人核查同意；发包人未在约定时间内审核又未提出具体意见的，监理人提出应支付给承包人的价款视为已经发包人同意。发包人应在监理人出具最终结清证书后的 14 天内，将应支付款支付给承包人</td></tr>
</table>

经典考题剖析

说明：其他题目是作者自编的题目，供考生训练。

一、2023年考题

根据《标准设计施工总承包招标文件》，承包人在收到预付款的同时应向发包人提交的文件是（　　）。

A. 预付款保函　　B. 质量保证书

C. 预付款规范使用承诺书　　D. 工程进度款支付申请书

答案：A

［**解析**］除专用合同条款另有约定外，承包人应在收到预付款的同时向发包人提交预付款保函，预付款保函的担保金额应与预付款金额相同。

二、2021年考题

根据《标准设计施工总承包招标文件》，发包人最迟应在监理人收到进度付款申请单后（　　）天内，将进度应付款支付给承包人。

A. 7　　B. 14

C. 28　　D. 42

答案：C

［**解析**］发包人应在监理人收到进度付款申请单后28天内，将进度应付款支付给承包人。

三、其他题目

1. 根据《标准设计施工总承包招标文件》，质量保证金是指按合同约定用于保证在（　　）履行缺陷修复义务的金额。

A. 施工期　　B. 施工期和缺陷责任期

C. 缺陷责任期　　D. 保修期

答案：C

［**解析**］《标准设计施工总承包招标文件》规定：质量保证金是指按合同约定用于保证在缺陷责任期内履行缺陷修复义务的金额。

2. 根据《标准设计施工总承包招标文件》，由于发包人原因引起的工期延误，承包人有权要求发包人延长工期和（或）增加费用，并支付合理利润的情形是指（　　）。

A. 变更

B. 未能按照合同要求的期限对承包人文件进行审查

C. 异常恶劣的气候条件

D. 发包人未及时按照“发包人要求”履行相关义务

E. 因发包人原因导致的暂停施工

答案：A、B、D、E

[解析] 发包人引起的工期延误。在履行合同过程中，由于发包人的下列原因造成工期延误的，承包人有权要求发包人延长工期和（或）增加费用，并支付合理利润：

（1）变更；

（2）未能按照合同要求的期限对承包人文件进行审查；

（3）因发包人原因导致的暂停施工；

（4）未按合同约定及时支付预付款、进度款；

（5）发包人按合同约定提供的基准资料错误；

（6）发包人迟延提供材料、工程设备或变更交货地点的；

（7）发包人未及时按照"发包人要求"履行相关义务；

（8）发包人造成工期延误的其他原因。

选项C，由于出现专用合同条款规定的异常恶劣气候的条件导致工期延误的，承包人有权要求发包人延长工期和（或）增加费用。

3. 根据《标准设计施工总承包招标文件》，竣工付款申请单应包括内容是指（　　）。

A. 竣工结算合同总价

B. 未返还的预付款价款

C. 发包人已支付承包人的工程价款

D. 应扣留的质量保证金

E. 应支付的竣工付款金额

答案：A、C、D、E

[解析] 竣工付款申请单应包括下列内容：竣工结算合同总价、发包人已支付承包人的工程价款、应扣留的质量保证金、应支付的竣工付款金额。

4. 根据《标准设计施工总承包招标文件》，监理人收到承包人提交的最终结清申请单后的（　　）天内，提出发包人应支付给承包人的价款送发包人审核并抄送承包人。

A. 14　　　　B. 28

C. 42　　　　D. 56

答案：A

[解析] 监理人收到承包人提交的最终结清申请单后的14天内，提出发包人应支付给承包人的价款送发包人审核并抄送承包人。

考点九：FIDIC《施工合同条件》（红皮书）

点评： 本考点按照2017年FIDIC推出的《施工合同条件》（*Conditions of Contract for Construction*）（红皮书）简述了一些基本概念。

知识要点集成

表 6-10 FIDIC《施工合同条件》(红皮书)

FIDIC《施工合同条件》的组成及解释顺序	基本概念	FIDIC《施工合同条件》适用于土木工程施工的单价合同形式，由通用条件和专用条件两部分组成，并附有合同协议书、投标函和争端仲裁协议书格式
	通用条件	通用条件包括21个方面，即：一般规定，业主，工程师，承包商，分包商，职员与劳工，生产设备、材料和工艺，开工、延误及暂停，竣工检验，业主接收，接收后缺陷，计量与估价，变更与调整，合同价格与支付，业主提出终止，承包商提出暂停与终止，工程照管与保障，例外事件，保险，业主和承包商索赔，争端和仲裁。通用条件适用于所有土木工程，条款也非常具体而明确
	专用条件	FIDIC《施工合同条件》首次提出了专用条件起草的五项黄金原则：①合同所有参与方的职责、权利、义务、角色及责任一般都在通用条件中默示，并适应项目需求；②专用条件的起草必须明确和清晰；③专用条件不允许改变通用条件中风险与回报分配的平衡；④合同规定的各参与方履行义务的时间必须合理；⑤所有正式的争端在提交仲裁之前必须提交DAAB（争端避免/裁决委员会）取得具有临时性约束力的决定
	合同文件解释顺序	合同文件解释的优先顺序如下：①合同协议书；②中标函；③投标书；④专用条件；⑤通用条件；⑥规范；⑦图纸；⑧资料表和构成合同组成部分的其他文件
FIDIC《施工合同条件》中的各方主体	业主	业主在合同履行过程中的义务和权利包括： （1）应在投标书附录中规定的时间内给予承包商进入现场、占有现场各部分的权利。此项进入和占有权不可为承包商独享。 （2）应根据承包商的请求，提供以下合理协助：取得与合同有关但不易得到的工程所在国的法律文本；协助承包商申请工程所在国要求的许可、执照或批准。 （3）应负责保证在现场的业主人员和其他承包商做到与承包商的各项努力进行合作。 （4）应在收到承包商的任何要求28天内，提出其已做并将维持的资金安排的合理证明，说明业主能够按规定支付合同价格。 （5）如果根据合同条款或合同有关的另外事项，业主认为有权得到任何支付，和（或）对缺陷通知期限的延长，业主或者咨询工程师应当向承包商发出通知，说明细节。通知应当在业主了解引起索赔的事项或者情况后尽快发出。关于缺陷通知期限任何延长的通知，应在该期限到期前发出

续表6-10

<table>
<tr><td rowspan="2">FIDIC《施工合同条件》中的各方主体</td><td>（咨询）工程师</td><td>FIDIC《施工合同条件》基于以（咨询）工程师为核心的管理模式，因此，在合同条款中明示的（咨询）工程师的权限较大。（咨询）工程师的权力可概括为以下几个方面：
（1）工程质量控制。主要表现在：对运抵施工现场材料、设备质量进行检查和检验；对承包商施工过程中的工艺操作进行监督；对已完工程部位的质量进行确认或拒收；发布指令要求对不合格工程部位采取补救措施等。
（2）工程进度控制。主要表现在：审查批准承包商的施工进度计划；指示承包商修改施工进度计划；发布开工令、暂停施工令、复工令和赶工令。
（3）工程付款控制。主要表现在：确定变更工程的估价；批准使用暂定金额和计日工；签发各种付款证书等。
（4）施工合同管理。主要表现在：解释合同文件中的矛盾和歧义；批准分包工程（除劳务分包、采购分包及合同中指定的分包商对工程的分包）；发布工程变更指令；签发工程接收证书和缺陷责任证书；审核承包商的索赔；行使合同内必然引申的权力等</td></tr>
<tr><td>承包商</td><td>（1）承包商的一般义务包括：
1）应按照合同约定及（咨询）工程师的指示，设计（在合同规定的范围内）、实施和完成工程，并修补工程中的任何缺陷。
2）应提供合同规定的生产设备和承包商文件，以及此项设计、施工、竣工和修补缺陷所需的所有临时性或永久性的承包商人员、货物、消耗品及其他物品和服务。
3）应对所有现场作业、所有施工方法和全部工程的完备性、稳定性和安全性承担责任。除非合同另有规定，承包商对所有承包文件、临时工程及按照合同要求的每项生产设备和材料的设计承担责任，不应对其他永久工程的设计或规范负责。
4）当（咨询）工程师提出要求时，承包商应提交其建议采用的工程施工安排和方法的细节。
（2）承包商提供履约担保。承包商应在收到中标函后28天内向业主提交履约担保，并向（咨询）工程师送副本一份。履约担保可分为企业法人提供的保证书和金融机构提供的保函两类。履约担保一般为不需承包商确认违约的无条件担保形式。履约保函应担保承包商圆满完成施工和保修的义务，而不是到（咨询）工程师颁发工程接收证书为止。但工程接收证书的颁发是对承包商按合同约定完满完成施工义务的证明，承包商还应承担的义务仅为保修义务，如果双方有约定的话，允许颁发整个工程的接收证书后将履约保函的担保金额减少一定的百分比。业主应在收到履约证书副本后21天内，将履约担保退还承包商。
在下列情况下，业主可凭履约担保索赔：
1）专用条款约定的缺陷通知期满后仍未能解除承包商的保修义务时，承包商应延长履约保函有效期而未延长；
2）按照业主索赔或争议、仲裁等决定，承包商未向业主支付相应款项；
3）缺陷通知期内承包商接到业主修补缺陷通知后42天内未派人修补；
4）由于承包商的严重违约行为业主终止合同</td></tr>
</table>

续表 6-10

FIDIC《施工合同条件》中的各方主体	指定分包商	由于指定分包商是与承包商签订分包合同，因而在合同关系方面与一般分包商处于同等地位，对其施工过程的监督、协调工作应纳入承包商的管理之中。 为了不损害承包商的利益，给指定分包商的付款应从暂定金额内开支。承包商在每个月末报送工程进度款支付报表时，（咨询）工程师有权要求其出示以前已按指定分包合同给指定分包商付款的证明。如果承包商没有合法理由而扣押指定分包商上个月应得工程款，业主有权按（咨询）工程师出具的证明从本月应得款中扣除相应金额直接付给指定分包商
FIDIC《施工合同条件》中的争端解决	裁决	FIDIC《施工合同条件》规定，争端避免/裁决委员会（Dispute Avoidance/Adjudication Board，DAAB）是一个常设机构，在项目开工后要尽快成立 DAAB。 （1）DAAB 的委任。DAAB 是根据投标书附录中的规定由合同双方共同设立的。DAAB 由 1 人或 3 人组成，如果投标书附录中没有注明成员的数目，且合同双方没有其他协议，则 DAAB 应包含 3 名成员。若 DAAB 成员为 3 人，则由合同双方各提名一位成员供对方认可，双方共同确定第三位成员作为主席。如果合同中有 DAAB 成员的意向性名单，则必须从该名单中进行选择，除非被选择的成员不能或不愿接受 DAAB 的委任。合同双方应当共同商定对 DAAB 成员的支付条件，并由双方各支付酬金的一半。 任何成员的委任只有在合同双方同意的情况下才能终止，业主或承包商各自的行动将不能终止此类委任。 （2）DAAB 对争端的裁决。DAAB 可应合同双方的共同要求，非正式地参与或尝试进行合同双方潜在问题或分歧的处理。如果在合同双方之间产生起因于合同或实施过程或与之相关的任何争端（任何种类），包括对（咨询）工程师的任何证书的签发、决定、指示、意见或估价的任何争端，任何一方可以将此类争端事宜以书面形式提交 DAAB，供其裁定，并将副本送交另一方和（咨询）工程师。 DAAB 在收到书面报告后 84 天内对争端作出裁决，并说明理由。如果合同一方对 DAAB 的裁决不满，则应在收到裁决后的 28 天内向合同对方发出表示不满的通知，并说明理由，表明准备提请仲裁。如果 DAAB 未在 84 天内对争端作出裁决，则双方中的任何一方均有权在 84 天期满后的 28 天内向对方发出要求仲裁的通知。如果双方接受 DAAB 的裁决，或者没有按规定发出表示不满的通知，则该裁决将成为最终的决定并对合同双方均具有约束力。 DAAB 的裁决作出后，在未通过友好解决或仲裁改变该裁决之前，双方应当执行该裁决
	友好解决	合同当事人一方或双方发出表示对裁决不满的通知后，合同双方在仲裁开始前应尽力以友好的方式解决争端。除非合同双方另有协议，否则，仲裁将在表示不满的通知发出后第 56 天或此后开始，即使双方未曾做过友好解决的努力

续表 6-10

FIDIC《施工合同条件》中的争端解决	仲裁	如果DAAB有关争端的决定未能成为最终决定并具有约束力时，此类争端应由国际仲裁机构最终裁决。 仲裁人应有全权公开、审查和修改（咨询）工程师的任何证书的签发、决定、指示、意见或估价，以及任何DAAB有关争端事宜的裁决。（咨询）工程师有权作为证人向仲裁人提供任何与争端有关的证据。 合同双方的任一方在上述仲裁人的仲裁过程中均不受以前为取得争端裁决委员会的决定而提供的证据或论据或其不满意通知中提出的不满理由的限制。在仲裁过程中，可将DAAB的决定作为一项证据。 工程竣工之前或之后均可开始仲裁。但在工程进行过程中，合同双方、（咨询）工程师以及DAAB的各自义务不得因任何仲裁正在进行而改变。 仲裁裁决具有法律效力。但仲裁机构无权强制执行，如一方当事人不履行裁决，另一方当事人可向法院申请强制执行

经典考题剖析

说明：其他题目是作者自编的题目，供考生训练。

一、2021 年考题

根据 FIDIC《施工合同条件》提出的专用条件起草原则，不允许专用条件改变通用条件内容的是（　　）。

A. 合同争端的解决方式　　B. 承包人对临时工程应承担的责任

C.（咨询）工程师的权限　　D. 风险与回报分配的平衡

答案：D

［解析］专用条件不允许改变通用条件中风险与回报分配的平衡。

二、其他题目

1. FIDIC《施工合同条件》适用于土木工程施工的单价合同形式，由通用条件和专用条件两部分组成，并附有（　　）。

A. 合同协议书、投标函和争端仲裁协议书格式

B. 合同协议书、设计图纸和争端仲裁协议书格式

C. 投标函、设计图和争端仲裁协议书格式

D. 投标函、设计图和资料表

答案：A

［解析］FIDIC《施工合同条件》适用于土木工程施工的单价合同形式，由通用条件和专用条件两部分组成，并附有合同协议书、投标函和争端仲裁协议书格式。

2. FIDIC《施工合同条件》基于以（咨询）工程师为核心的管理模式，（咨询）工程师的权限较大。（咨询）工程师的权力是指（　　）。

A. 对已完工程部位的质量进行确认

B. 减少承包商的合同工作内容

C. 发布开工令

D. 确定变更工程的估价

E. 审核承包商的索赔

答案：A、C、D、E

[**解析**]（咨询）工程师的权力可概括为以下几个方面：

（1）工程质量控制。主要表现在：对运抵施工现场材料、设备质量进行检查和检验；对承包商施工过程中的工艺操作进行监督；对已完工程部位的质量进行确认或拒收；发布指令要求对不合格工程部位采取补救措施等。

（2）工程进度控制。主要表现在：审查批准承包商的施工进度计划；指示承包商修改施工进度计划；发布开工令、暂停施工令、复工令和赶工令。

（3）工程付款控制。主要表现在：确定变更工程的估价；批准使用暂定金额和计日工；签发各种付款证书等。

（4）施工合同管理。主要表现在：解释合同文件中的矛盾和歧义；批准分包工程（除劳务分包、采购分包及合同中指定的分包商对工程的分包）；发布工程变更指令；签发工程接收证书和缺陷责任证书；审核承包商的索赔；行使合同内必然引申的权力等。

其中，选项B的错误在于（咨询）工程师没有权力改变承包商的合同权利与义务。

3. 根据FIDIC《施工合同条件》，业主可凭履约担保索赔的情形包括（　　）。

A. 专用条款约定的缺陷通知期满后仍未能解除承包商的保修义务时，承包商应延长履约保函有效期而未延长

B. 按照业主索赔或争议、仲裁等决定，承包商未向业主支付相应款项

C. 缺陷通知期内承包商接到业主修补缺陷通知后42天内未派人修补

D. 由于承包商的严重违约行为业主终止合同

E. 承包商没有按照约定的期限履行缺陷修复义务

答案：A、B、C、D

[**解析**] 在下列情况下，业主可凭履约担保索赔：

（1）专用条款约定的缺陷通知期满后仍未能解除承包商的保修义务时，承包商应延长履约保函有效期而未延长；

（2）按照业主索赔或争议、仲裁等决定，承包商未向业主支付相应款项；

（3）缺陷通知期内承包商接到业主修补缺陷通知后42天内未派人修补；

（4）由于承包商的严重违约行为业主终止合同。

4. 根据FIDIC《施工合同条件》的规定，关于争端避免/裁决委员会（DAAB）及其裁决的说法，正确的有（　　）。

A. DAAB需由3人组成

B. 合同双方共同确定DAAB主席

C. 合同双方应当共同商定对DAAB成员的支付条件，并由双方各支付酬金的一半

D. 合同当事人有权不接受DAAB的裁决

E. 合同双方对DAAB的约定排出了合同裁决的可能性

答案：B、C、D

[**解析**] 关于选项A，DAAB由1人或3人组成；选项B，若DAAB成员为3人，

则由合同双方各提名一位成员供对方认可，双方共同确定第三位成员作为主席；选项C，合同双方应当共同商定对DAAB成员的支付条件，并由双方各支付酬金的一半；选项D，如果合同一方对DAAB的裁决不满，则应在收到裁决后的28天内向合同对方发出表示不满的通知，并说明理由，表明准备提请仲裁；选项E，合同当事人一方或双方发出表示对裁决不满的通知后，合同双方在仲裁开始前应尽力以友好的方式解决争端。除非合同双方另有协议，否则，仲裁将在表示不满的通知发出后第56天或此后开始，即使双方未曾做过友好解决的努力。

5. 根据FIDIC《施工合同条件》，给指定分包商的付款应从（　　）中开支。

A. 暂定金额　　B. 暂估价

C. 分包管理费　　D. 应分摊费用

答案：A

［**解析**］为了不损害承包商的利益，给指定分包商的付款应从暂定金额内并支。

考点十：施工投标报价策略

点评： 本考点考核频次不高，考核时多集中在“基本策略”和“不平衡报价”相关内容，建议考生参照经典考题剖析的题目重点复习。

知识要点集成

表6-11　施工投标报价策略

基本策略	可选择报高价的情形	投标单位遇下列情形时，其报价可高一些：施工条件差的工程（如条件艰苦、场地狭小或地处交通要道等）；专业要求高的技术密集型工程且投标单位在这方面有专长，声望也较高；总价低的小工程，以及投标单位不愿做而被邀请投标，又不便不投标的工程；特殊工程，如港口码头、地下开挖工程等；投标对手少的工程；工期要求紧的工程；支付条件不理想的工程
	可选择报低价的情形	投标单位遇下列情形时，其报价可低一些：施工条件好的工程，工作简单、工程量大而其他投标人都可以做的工程（如大量土方工程、一般房屋建筑工程等）；投标单位急于打入某一市场、某一地区，或虽已在某一地区经营多年，但即将面临没有工程的情况，机械设备无工地转移时；附近有工程而本项目可利用该工程的设备、劳务或有条件短期内突击完成的工程；投标对手多，竞争激烈的工程；非急需工程；支付条件好的工程
报价技巧	不平衡报价法	不平衡报价法适用于以下几种情况： （1）能够早日结算的项目（如前期措施费、基础工程、土石方工程等）可以适当提高报价，以利资金周转，提高资金时间价值。后期工程项目（如设备安装、装饰工程等）的报价可适当降低。 （2）经过工程量核算，预计今后工程量会增加的项目，适当提高单价，这样在最终结算时可多盈利；而对于将来工程量有可能减少的项目，适当降低单价。

续表 6-11

报价技巧	不平衡报价法	(3) 设计图纸不明确、估计修改后工程量要增加的，可以提高单价；而工程内容说明不清楚的，则可降低一些单价，在工程实施阶段通过索赔再寻求提高单价的机会。 (4) 对暂定项目要做具体分析。因这一类项目要在开工后由建设单位研究决定是否实施，以及由哪一家承包单位实施。如果工程不分标，不会另由一家承包单位施工，则其中肯定要施工的单价可报高些，不一定要施工的则应报低些。如果工程分标，该暂定项目也可能由其他承包单位施工时，则不宜报高价，以免抬高总报价。 (5) 单价与包干混合制合同中，招标人要求有些项目采用包干报价时，宜报高价。一则这类项目多半有风险，二则这类项目在完成后可全部按报价结算。对于其余单价项目，则可适当降低报价。 (6) 有时招标文件要求投标人对工程量大的项目报“综合单价分析表”，投标时可将单价分析表中的人工费及机械使用费报得高一些，而材料费报得低一些。这主要是为了在今后补充项目报价时，可以参考选用“综合单价分析表”中较高的人工费和机械使用费，而材料则往往采用市场价，因而可获得较高收益
	多方案报价法	多方案报价法是指在投标文件中报两个价：一个是按招标文件的条件报一个价；另一个是加注解的报价，即如果某条款做某些改动，报价可降低多少。这样，可降低总报价，吸引招标人。 多方案报价法适用于招标文件中的工程范围不很明确，条款不很清楚或很不公正，或技术规范要求过于苛刻的工程。采用多方案报价法，可降低投标风险，但投标工作量较大
	保本报价法	保本报价法通常在下列情形时采用： (1) 有可能在中标后，将大部分工程分包给索价较低的一些分包商； (2) 对于分期建设的工程项目，先以低价获得首期工程，而后赢得机会创造第二期工程中的竞争优势，并在以后的工程实施中获得盈利； (3) 较长时期内，投标单位没有在建工程项目，如果再不中标，就难以维持生存。因此，虽然本工程无利可图，但只要能有一定的管理费维持公司的日常运转，就可设法渡过暂时困难，以图将来东山再起
	突然降价法	突然降价法是指先按一般情况报价或表现出自己对该工程兴趣不大，等快到投标截止时，再突然降价。采用突然降价法，可以迷惑对手，提高中标概率。但对投标单位的分析判断和决策能力要求很高，要求投标单位能全面掌握和分析信息，做出正确判断
	其他报价技巧	(1) 计日工单价的报价。如果是单纯报计日工单价，且不计入总报价中，则可报高些，以便在建设单位额外用工或使用施工机械时多盈利。但如果计日工单价要计入总报价时，则需具体分析是否报高价，以免抬高总报价。总之，要分析建设单位在开工后可能使用的计日工数量，再来确定报价策略。 (2) 暂定金额的报价。暂定金额的报价有以下三种情形： 1) 招标单位规定了暂定金额的分项内容和暂定总价款，并规定所有投标单位都必须在总报价中加入这笔固定金额，但由于分项工程量不很准确，允许将来按投标单位所报单价和实际完成的工程量付款。这种情况下，由于暂定总价款是固定的，对各投标单位的总报价水平竞争力没有任何影响，因此，投标时应适当提高暂定金额的单价。

续表 6-11

报价技巧	其他报价技巧	2）招标单位列出了暂定金额的项目和数量，但并没有限制这些工程量的估算总价，要求投标单位既列出单价，也应按暂定项目的数量计算总价，当将来结算付款时可按实际完成的工程量和所报单价支付。这种情况下，投标单位必须慎重考虑。如果单价定得高，与其他工程量计价一样，将会增大总报价，影响投标报价的竞争力；如果单价定得低，将来这类工程量增大，会影响收益。一般来说，这类工程量可以采用正常价格。如果投标单位估计今后实际工程量肯定会增大，则可适当提高单价，以在将来增加额外收益。 3）只有暂定金额的一笔固定总金额，将来这笔金额做什么用，由招标单位确定。这种情况对投标竞争没有实际意义，按招标文件要求将规定的暂定金额列入总报价即可。 （3）可供选择项目的报价。有些工程项目的分项工程，招标单位可能要求按某一方案报价，而后再提供几种可供选择方案的比较报价。对于将来有可能被选择使用的规格应适当提高其报价；对于技术难度大或其他原因导致的难以实现的规格，可将价格有意抬高得更多一些，以阻挠招标单位选用。但是，所谓“可供选择项目”，是招标单位进行选择，并非由投标单位任意选择。因此，虽然适当提高可供选择项目的报价，并不意味着肯定可以取得较好的利润，只是提供了一种可能性，一旦招标单位今后选用，投标单位才可得到额外利益。 （4）增加建议方案。招标文件中有时规定，可提一个建议方案，即可以修改原设计方案，提出投标单位的方案。这时，投标单位应抓住机会，组织一批有经验的设计和施工工程师，仔细研究招标文件中的设计和施工方案，提出更为合理的方案以吸引建设单位，促成自己的方案中标。 （5）采用分包商的报价。总承包商通常应在投标前先取得分包商的报价，并增加总承包商摊入的管理费，将其作为自己投标总价的一个组成部分一并列入报价单中。 （6）许诺优惠条件。投标报价中附带优惠条件是一种行之有效的手段。招标单位在评标时，除了主要考虑报价和技术方案外，还要分析其他条件，如工期、支付条件等。因此，在投标时主动提出提前竣工、低息贷款、赠给施工设备、免费转让新技术或某种技术专利、免费技术协作、代为培训人员等，均是吸引招标单位、利于中标的辅助手段

经典考题剖析

其他年份考题

1. 施工投标采用不平衡报价法时，可以适当提高报价的项目有（　　）。

A. 工程内容说明不清楚的项目

B. 暂定项目中必定要施工的不分标项目

C. 单价与包干混合制合同中采用包干报价的项目

D. 综合单价分析表中的材料费项目

E. 预计开工后工程量会减少的项目

答案：B、C

［**解析**］选项 A，设计图纸不明确、估计修改后工程量要增加的，可以提高单价；

而工程内容说明不清楚的，则可降低一些单价，在工程实施阶段通过索赔再寻求提高单价的机会；选项 B，暂定项目如果工程不分标，不会另由一家承包单位施工，则其中肯定要施工的单价可报高些，不一定要施工的则应报低些；选项 C，单价与包干混合制合同中，招标人要求有些项目采用包干报价时，宜报高价；选项 D，有时招标文件要求投标人对工程量大的项目报“综合单价分析表”，投标时可将单价分析表中的人工费及机械设备费报高一些，而材料费报低一些；选项 E，经过工程量核算，预计今后工程量会增加的项目，适当提高单价。

2. 招标人在施工招标文件中规定了暂定金额的分项内容和暂定总价款时，投标人可采用的报价策略是（　　）。

A. 适当提高暂定金额分项内容的单价

B. 适当减少暂定金额中的分项工程量

C. 适当降低暂定金额分项内容的单价

D. 适当增加暂定金额中的分项工程量

答案：A

［解析］招标单位规定了暂定金额的分项内容和暂定总价款，并规定所有投标单位都必须在总报价中加入这笔固定金额，但由于分项工程量不很准确，允许将来按投标单位所报单价和实际完成的工程量付款。这种情况下，由于暂定总价款是固定的，对各投标单位的总报价水平竞争力没有任何影响，因此，投标时应适当提高暂定金额的单价。

3. 采用多方案报价法，可降低投标风险，但投标工作量较大。通常适用的情形是（　　）。

A. 招标文件中的工程范围不很明确

B. 单价与包干混合制合同中，招标人要求有些项目采用包干报价时

C. 项目在完成后全部按报价结算

D. 条款不很清楚或很不公正

E. 技术规范要求过于苛刻的工程

答案：A、D、E

［解析］多方案报价法适用于招标文件中的工程范围不很明确，条款不很清楚或很不公正，或技术规范要求过于苛刻的工程。

4. 下列工程，不适宜无利润报价法的情形是（　　）。

A. 有可能在中标后，将大部分工程分包给索价较低的一些分包商

B. 较长时期内，投标单位没有在建工程项目

C. 先以低价获得首期工程，而后赢得机会创造第二期工程中的竞争优势

D. 迷惑对手，提高中标概率

答案：D

［解析］无利润报价法（保本报价法）通常在下列情形时采用：

（1）有可能在中标后，将大部分工程分包给索价较低的一些分包商；

（2）对于分期建设的工程项目，先以低价获得首期工程，而后赢得机会创造第二期工程中的竞争优势，并在以后的工程实施中获得盈利；

（3）较长时期内，投标单位没有在建工程项目，如果再不中标，就难以维持生存。

考点十一：施工评标与授标

点评：熟悉评标委员会及其组建，掌握初步评审和详细评审的相关内容，熟悉评标报告和授标的内容。

知识要点集成

表 6-12　施工评标与授标

<table>
<tr><td rowspan="2">评标委员会及其组建</td><td>评标委员会的组成</td><td>评标委员会由招标单位或其委托的招标代理机构熟悉相关业务的代表，以及有关技术、经济等方面的专家组成，成员人数为 5 人以上单数，其中，技术、经济等方面的专家不得少于成员总数的 2/3。评标委员会设负责人的，评标委员会负责人由评标委员会成员推举产生或者由招标单位确定。评标委员会负责人与评标委员会的其他成员有同等的表决权</td></tr>
<tr><td>评标委员会中专家成员的确定及要求</td><td>（1）评标专家的确定。评标委员会的专家成员应当从省级以上人民政府有关部门提供的专家名册或者招标代理机构专家库中的相关专家名单中确定。评标专家的确定，可采取随机抽取或直接确定的方式。一般项目，可采取随机抽取的方式；技术特别复杂、专业性强或国家有特殊要求的招标项目，采取随机抽取方式确定的专家难以胜任的，可由招标单位直接确定。
（2）评标专家的基本条件。评标专家应符合下列条件：
1）从事相关专业领域工作满 8 年并具有高级职称或者同等专业水平；
2）熟悉有关招标投标的法律法规，并具有与招标项目相关的实践经验；
3）能够认真、公正、诚实、廉洁地履行职责。
（3）不得担任评标委员会成员的情形。有下列情形之一的，不得担任评标委员会成员，应当回避：
1）招标单位或投标单位主要负责人的近亲属；
2）项目主管部门或者行政监督部门的人员；
3）与投标单位有经济利益关系，可能影响对投标公正评审的；
4）曾因在招标、评标以及其他与招标投标有关的活动中从事违法行为而受过行政处罚或刑事处罚的。
（4）评标委员会成员应当客观、公正地履行职责，遵守职业道德，对所提出的评审意见承担个人责任。
1）评标委员会成员不得与任何投标单位或与招标结果有利害关系的人进行私下接触，不得收受投标单位、中介机构、其他利害关系人的财物或者其他好处。
2）评标委员会成员不得透露对投标文件的评审和比较、中标候选人的推荐情况以及与评标有关的其他情况</td></tr>
</table>

续表 6-12

<table>
<tr><td rowspan="2">评标的准备与初步评审</td><td>评标准备</td><td>评标委员会成员应当编制供评标使用的相应表格，认真研究招标文件，至少应了解和熟悉以下内容：
（1）招标的目标；
（2）招标项目的范围和性质；
（3）招标文件中规定的主要技术要求、标准和商务条款；
（4）招标文件规定的评标标准、评标方法和在评标过程中考虑的相关因素。
招标单位或其委托的招标代理机构应当向评标委员会提供评标所需的重要信息和数据。招标项目设有标底的，标底应保密，并在开标时公布。了解招标文件规定的评标标准和方法，也是评标委员会成员应完成的重要准备工作</td></tr>
<tr><td>初步评审</td><td>（1）投标文件的形式审查。包括：
1）提交的营业执照、资质证书、安全生产许可证是否与投标单位的名称一致。
2）投标函是否经法定代表人或其委托代理人签字并加盖单位章。
3）投标文件的格式是否符合招标文件的要求。
4）联合体投标人是否提交了联合体协议书；联合体的成员组成与资格预审的成员组成有无变化；联合体协议书的内容是否与招标文件要求一致。
5）报价的唯一性。不允许投标单位以优惠的方式，提出如果中标可将合同价降低多少的承诺。这种优惠属于一个投标两个报价。
（2）投标人的资格审查。对于未进行资格预审的，需要进行资格后审，资格审查的内容和方法与资格预审相同，包括：营业执照、资质证书、安全生产许可证等资格证明文件的有效性；企业财务状况；类似项目业绩；信誉；项目经理；正在施工和承接的项目情况；近年发生的诉讼及仲裁情况；联合体投标的申请人提交联合体协议书的情况等。
（3）投标文件对招标文件的响应性审查。包括：
1）投标内容是否与投标人须知中的工程或标段一致，不允许只投招标范围内的部分专业工程或单位工程的施工。
2）投标工期应满足投标人须知中的要求，承诺的工期可以比招标工期短，但不得超过要求的时间。
3）工程质量的承诺和质量管理体系应满足要求。
4）提交的投标保证金形式和金额是否符合投标须知的规定。
5）投标人是否完全接受招标文件中的合同条款，如果有修改建议的话，不得对双方的权利、义务有实质性背离且是否为招标单位所接受。
6）核查已标价的工程量清单。如果有计算错误，单价金额小数点有明显错误的除外，总价金额与依据单价计算出的结果不一致时，以单价金额为准修正总价；若是书写错误，当投标文件中的大写金额与小写金额不一致时，以大写金额为准。评标委员会对投标报价的错误予以修正后，请投标单位书面确认，作为投标报价的金额。投标单位不接受修正价格的，其投标作废标处理。
7）投标文件是否对招标文件中的技术标准和要求提出不同意见。
（4）施工组织设计和项目管理机构设置的合理性审查。
1）施工组织的合理性。包括：施工方案与技术措施；质量管理体系与措施；安全生产管理体系与措施；环境保护管理体系与措施等的合理性和有效性。</td></tr>
</table>

续表 6-12

评标的准备与初步评审	初步评审	2）施工进度计划的合理性。包括：总体工程进度计划和关键部位里程碑工期的合理性及施工措施的可靠性；机械和人力资源配备计划的有效性及均衡施工程度。 3）项目组织机构的合理性。包括：技术负责人的经验和组织管理能力；其他主要人员的配置是否满足实施招标工程的需要及技术和管理能力。 4）拟投入施工的机械和设备。包括：施工设备的数量、型号能否满足施工的需要；试验、检测仪器设备是否能够满足招标文件的要求等。 初步评审的内容中，投标文件有一项不符合规定的评审标准时，即作废标处理
	投标文件的澄清和说明	评标委员会可以书面方式要求投标单位对投标文件中含义不明确的内容做必要的澄清、说明或补正，但是澄清、说明或补正不得超出投标文件的范围或者改变投标文件的实质性内容。 投标人资格条件不符合国家有关规定和招标文件要求的，或者拒不按照要求对投标文件进行澄清、说明或者补正的，评标委员会可以否决其投标。 评标委员会发现投标单位的报价明显低于其他投标报价或者在设有标底时明显低于标底，使得其投标报价可能低于其个别成本的，应当要求该投标单位做出书面说明并提供相关证明材料。投标单位不能合理说明或者不能提供相关证明材料的，由评标委员会认定该投标单位以低于成本报价竞标，其投标应作废标处理
	投标偏差及其处理	（1）重大偏差。下列情况属于重大偏差： 1）没有按照招标文件要求提供投标担保或者所提供的投标担保有瑕疵； 2）投标文件没有投标单位授权代表签字和加盖公章； 3）投标文件载明的招标项目完成期限超过招标文件规定的期限； 4）明显不符合技术规格、技术标准的要求； 5）投标文件载明的货物包装方式、检验标准和方法等不符合招标文件的要求； 6）投标文件附有招标单位不能接受的条件； 7）不符合招标文件中规定的其他实质性要求。 投标文件有上述情形之一的，为未能对招标文件做出实质性响应，除招标文件对重大偏差另有规定外，应作废标处理。 （2）细微偏差。细微偏差是指投标文件在实质上响应招标文件要求，但在个别地方存在漏项或者提供了不完整的技术信息和数据等情况，并且补正这些遗漏或者不完整不会对其他投标单位造成不公平的结果。细微偏差不影响投标文件的有效性。 评标委员会应当书面要求存在细微偏差的投标单位在评标结束前予以补正。拒不补正的，在详细评审时可以对细微偏差作不利于该投标单位的量化，量化标准应在招标文件中规定

续表 6-12

详细评审	经评审的最低投标价法	经评审的最低投标价法一般适用于采用通用技术施工，项目的性能标准为规范中的一般水平，或者招标单位对施工没有特殊要求的招标项目。能够满足招标文件的实质性要求，并经评审的最低投标价的投标，应当推荐为中标候选人。 采用经评审的最低投标价法时，评标委员会应根据招标文件中规定的量化因素和标准进行价格折算，对所有投标单位的投标报价以及投标文件的商务部分作必要的价格调整。根据《标准施工招标文件》，主要的量化因素包括单价遗漏和付款条件等，招标单位可根据工程项目的具体特点和实际需要，进一步删减、补充或细化量化因素和标准。 根据经评审的最低投标价法完成详细评审后，评标委员会应当拟定一份“价格比较一览表”，连同书面评标报告提交招标单位。“价格比较一览表”应当载明投标单位的投标报价、对商务偏差的价格调整和说明以及已评审的最终投标价。 评标委员会按照经评审的投标价由低到高的顺序推荐中标候选人，或根据招标单位授权直接确定中标单位。经评审的投标价相等时，投标报价低的优先；投标报价也相等的，由招标单位自行确定
	综合评估法	综合评估法适用于较复杂工程项目的评标，由于工程投资额大、工期长、技术复杂、涉及专业面广，施工过程中存在较多的不确定因素，因此，对投标文件评审比较的主导思想是选择价格功能比最好的投标单位，而不过分偏重于投标价格的高低。 综合评估法是指将各个评审因素（包括技术部分和商务部分）以折算为货币或打分的方法进行量化，并在招标文件中明确规定需量化的因素及其权重，然后由评标委员会计算出每一投标的综合评估价或综合评估分，并将最大限度地满足招标文件中规定的各项综合评价标准的投标，推荐为中标候选人。 采用打分法时，评标委员会按规定的评分标准进行打分，并按得分由高到低顺序推荐中标候选人，或根据招标单位授权直接确定中标单位。综合评分相等时，以投标报价低的优先；投标报价也相等的，由招标单位自行确定。 根据综合评估法完成评标后，评标委员会应当拟订一份“综合评估比较表”，连同书面评标报告提交招标单位。“综合评估比较表”应当载明投标单位的投标报价、所做的任何修正、对商务偏差的调整、对技术偏差的调整、对各评审因素的评估以及对每一投标的最终评审结果
评标报告	评标报告应如实记载以下内容： （1）基本情况和数据表； （2）评标委员会成员名单； （3）开标记录； （4）符合要求的投标一览表； （5）废标情况说明； （6）评标标准、评标方法或者评标因素一览表； （7）经评审的价格或者评分比较一览表； （8）经评审的投标单位排序； （9）推荐的中标候选人名单与签订合同前要处理的事宜； （10）澄清、说明、补正事项纪要。 评标报告应由评标委员会全体成员签字。对评标结果有不同意见的评标委员会成员应以书面形式说明其不同意见和理由，评标报告应注明该不同意见。评标委员会成员拒绝在评标报告上签字又不书面说明其不同意见和理由的，视为同意评标结果	

续表 6-12

授标	中标单位的确定	对使用国有资金投资或者国家融资的项目，招标单位应确定排名第一的中标候选人为中标单位。排名第一的中标候选人放弃中标、因不可抗力提出不能履行合同，或者招标文件规定应当提交履约保证金而在规定的期限内未能提交的，招标单位可确定排名第二的中标候选人为中标单位。排名第二的中标候选人因上述同样原因不能签订合同的，招标单位可以确定排名第三的中标候选人为中标单位。 招标单位也可授权评标委员会直接确定中标单位
	中标通知	中标单位确定后，招标单位应向中标单位发出中标通知书，并同时将中标结果通知所有未中标的投标单位。中标通知书对招标单位和中标单位具有法律效力。中标通知书发出后，招标单位改变中标结果，或者中标单位放弃中标项目的，应当依法承担法律责任
签订施工合同	履约担保	在签订合同前，中标单位以及联合体中标人应按招标文件规定的金额、担保形式和履约担保格式，向招标单位提交履约担保。履约担保一般采用银行保函和履约担保书的形式，履约担保金额一般为中标价的10%。中标单位不能按要求提交履约担保的，视为放弃中标，其投标保证金不予退还，给招标单位造成的损失超过投标保证金数额的，中标单位还应对超过部分予以赔偿。中标后的承包商应保证其履约担保在建设单位颁发工程接收证书前一直有效。建设单位应在工程接收证书颁发后28天内将履约担保退还给承包商
	签订合同	招标单位与中标单位应自中标通知书发出之日起30天内，根据招标文件和中标单位的投标文件订立书面合同。中标单位无正当理由拒签合同的，招标单位取消其中标资格，其投标保证金不予退还；给招标单位造成的损失超过投标保证金数额的，中标单位还应对超过部分予以赔偿。发出中标通知书后，招标单位无正当理由拒签合同的，招标单位向中标单位退还投标保证金；给中标单位造成损失的，还应当赔偿损失。招标单位与中标单位签订合同后5个工作日内，应当向中标单位和未中标的投标单位退还投标保证金

经典考题剖析

说明：其他题目是作者自编的题目，供考生训练。

一、2022年考题

1. 发包人应在（　　）把履约担保退还给承包人。

A. 竣工验收合格14天内　　B. 工程接收证书颁发后28天内

C. 颁发工程接收证书14天内　　D. 收到履约保证书28天内

答案：B

［解析］中标后的承包商应保证其履约担保在建设单位颁发工程接收证书前一直有

效。建设单位应在工程接收证书颁发后 28 天内将履约担保退还给承包商。

2. 根据《标准施工招标文件》，在评标时，两家投标单位经评审的投标价格相等时，应优先考虑（　　）。

A. 技术标准高的　　B. 资质等级高的

C. 投标报价低的　　D. 有优惠条件的

答案：C

［解析］评标委员会按照经评审的投标价由低到高的顺序推荐中标候选人，或根据招标单位授权直接确定中标单位。经评审的投标价相等时，投标报价低的优先；投标报价也相等的，由招标单位自行确定。

二、2021 年考题

下列投标文件偏差中，属于重大投标偏差的是（　　）。

A. 投标文件载明的货物包装方式不符合要求

B. 报价中存在个别漏项

C. 投标总价金额与依据单价计算结果不一致

D. 投标文件载明的招标项目完成期限超过招标文件规定的期限

E. 提供的担保存在瑕疵

答案：A、D、E

［解析］下列情况属于重大偏差：

(1) 没有按照招标文件要求提供投标担保或者所提供的投标担保有瑕疵；

(2) 投标文件没有投标单位授权代表签字和加盖公章；

(3) 投标文件载明的招标项目完成期限超过招标文件规定的期限；

(4) 明显不符合技术规格、技术标准的要求；

(5) 投标文件载明的货物包装方式、检验标准和方法等不符合招标文件的要求；

(6) 投标文件附有招标单位不能接受的条件；

(7) 不符合招标文件中规定的其他实质性要求。

三、其他题目

1. 根据《评标委员会和评标方法暂行规定》，下列关于评标委员会的说法，正确的是（　　）。

A. 评标委员会由建设主管部门负责组建

B. 评标委员会由招标单位负责组建

C. 评标委员会成员名单一般应于投标截止日前确定

D. 评标委员会成员名单应在投标有效期前保密

答案：B

［解析］根据《评标委员会和评标方法暂行规定》，评标委员会由招标单位负责组建。评标委员会成员名单一般应于开标前确定，并应在中标结果确定前保密。

2. 有下列情形之一的，不得担任评标委员会成员，应当回避，是指（　　）。

A. 招标单位的主要负责人

B. 招标代理机构相关业务的代表

C. 与招标单位有经济利益关系，可能影响对投标公正评审的

D. 项目主管部门或者行政监督部门的人员

答案：D

［解析］有下列情形之一的，不得担任评标委员会成员，应当回避：

（1）招标单位或投标单位主要负责人的近亲属；

（2）项目主管部门或者行政监督部门的人员；

（3）与投标单位有经济利益关系，可能影响对投标公正评审的；

（4）曾因在招标、评标以及其他与招标投标有关活动中从事违法行为而受过行政处罚或刑事处罚的。

3. 根据我国现行规定，下列关于标底的说法，正确的是（　　）。

A. 招标项目必须设有标底

B. 标底应保密，可以在评标结束时公布

C. 评标时，标底作为参考，接近标底应作为中标的重要条件

D. 评标时，不得以投标报价超过标底上下浮动范围作为否决投标的条件

答案：D

［解析］招标单位或其委托的招标代理机构应当向评标委员会提供评标所需的重要信息和数据。招标项目设有标底的，标底应保密，并在开标时公布。评标时，标底仅作为参考，不得以投标报价是否接近标底作为中标条件，也不得以投标报价超过标底上下浮动范围作为否决投标的条件。

4. 核查已标价的工程量清单时，如果有计算错误，正确的处理方法是（　　）。

A. 总价金额与依据单价计算出的结果不一致时，以总价金额为准修正单价

B. 大写金额与小写金额不一致时，以大写金额为准

C. 评标委员会对投标报价的错误要求投标单位书面修正，作为投标报价的金额

D. 投标单位不接受修正价格的，可以继续参加投标，但会影响中标

答案：B

［解析］核查已标价的工程量清单时，如果有计算错误，单价金额小数点有明显错误的除外，总价金额与依据单价计算出的结果不一致时，以单价金额为准修正总价；若是书写错误，当投标文件中的大写金额与小写金额不一致时，以大写金额为准。评标委员会对投标报价的错误予以修正后，请投标单位书面确认，作为投标报价的金额。投标单位不接受修正价格的，其投标作废标处理。

5. 在评标时，未能对招标文件做出实质性响应，应作废标处理的情形有（　　）。

A. 投标文件没有投标单位授权代表签字和加盖公章

B. 大写金额与小写金额不一致

C. 明显不符合技术规格、技术标准的要求

D. 投标文件载明的招标项目完成期限超过招标文件规定的期限

E. 投标文件附有招标单位不能接受的条件

答案：A、C、D、E

［解析］下列情况属于重大偏差：

（1）没有按照招标文件要求提供投标担保或者所提供的投标担保有瑕疵；

（2）投标文件没有投标单位授权代表签字和加盖公章；

（3）投标文件载明的招标项目完成期限超过招标文件规定的期限；

（4）明显不符合技术规格、技术标准的要求；

（5）投标文件载明的货物包装方式、检验标准和方法等不符合招标文件的要求；

（6）投标文件附有招标单位不能接受的条件；

（7）不符合招标文件中规定的其他实质性要求。

投标文件有上述情形之一的，为未能对招标文件做出实质性响应，除招标文件对重大偏差另有规定外，应作废标处理。

6. 根据我国现行规定，下列关于中标和签订合同的说法，正确的是（　　）。

A. 中标单位无正当理由拒签合同的，招标单位取消其中标资格

B. 中标单位无正当理由拒签合同的，给招标单位造成的损失超过投标保证金数额的

C. 发出中标通知书后，招标单位无正当理由拒签合同的，招标单位向中标单位退还投标保证金

D. 发出中标通知书后，给中标单位造成损失的，还应当赔偿损失

E. 招标单位与中标单位签订合同后5个工作日内，应当退还投标保证金

答案：A、B、C、D

［**解析**］中标单位无正当理由拒签合同的，招标单位取消其中标资格，其投标保证金不予退还；给招标单位造成的损失超过投标保证金数额的，中标单位还应对超过部分予以赔偿。发出中标通知书后，招标单位无正当理由拒签合同的，招标单位向中标单位退还投标保证金；给中标单位造成损失的，还应当赔偿损失。招标单位与中标单位签订合同后5个工作日内，应当向中标单位和未中标的投标单位退还投标保证金。

考点十二：资金使用计划的编制

点评： 熟悉不同编制依据与相应资金使用计划。

知识要点集成

表6-13　资金使用计划的编制

按工程造价构成编制资金使用计划	按工程造价构成编制的资金使用计划也分为建筑安装工程费使用计划、设备工器具费使用计划和工程建设其他费使用计划。每部分费用比例根据以往经验或已建立的数据库确定，也可根据具体情况做出适当调整，每一部分还可以进一步的划分。这种编制方法比较适用于有大量经验数据的工程项目

续表 6-13

按工程项目组成编制资金使用计划	（1）按工程项目构成恰当分解资金使用计划总额。一般来说，将工程造价目标分解到各单项工程、单位工程比较容易，结果也比较合理可靠。按这种方式分解时，不仅要分解建筑安装工程费，而且要分解设备及工器具购置费以及工程建设其他费、预备费、建设期贷款利息等。 建筑安装工程费用中的人工费、材料费、施工机具使用费等直接费，可直接分解到各工程分项。而企业管理费、利润、规费、税金则不宜直接进行分解。措施项目费应分析具体情况，将其中与各工程分项有关的费用（如二次搬运费、检验试验费等）分离出来，按一定比例分解到相应的工程分项；其他与单位工程、分部工程有关的费用（如临时设施费、保险费等），则不能分解到各工程分项。 （2）编制各工程分项的资金支出计划。在完成工程项目造价目标的分解之后，应确定各工程分项的资金支出预算。工程分项的资金支出预算一般可按下式计算： 分项支出预算＝核实的工程量×单价 （3）编制详细的资金使用计划表。各工程分项的详细资金使用计划表应包括：工程分项编号、工程内容、计量单位、工程数量、单价、工程分项总价等内容。 在编制资金使用计划时，应在主要的工程分项中考虑适当的不可预见费。此外，对于实际工程量与计划工程量（如工程量清单）的差异较大者，还应特殊标明，以便在实施中主动采取必要的造价控制措施
按工程进度编制资金使用计划	（1）编制工程施工进度计划。应用工程网络计划技术，编制工程网络进度计划，计算相应的时间参数，并确定关键线路。 （2）计算单位时间的资金支出目标。根据单位时间（月、旬或周）拟完成的实物工程量、投入的资源数量，计算相应的资金支出额，并将其绘制在时标网络计划图中。 （3）计算规定时间内的累计资金支出额。若 q_n 为单位时间内的资金支出计划数额，t 为规定的计算时间，相应的累计资金支出数额 Q_t 可按下式计算： $$Q_t = \sum_{n=1}^{t} q_n$$ （4）绘制资金使用时间进度计划的 S 曲线。按规定的时间绘制资金使用与施工进度的 S 曲线。每一条 S 曲线都对应某一特定的工程进度计划。由于在工程网络进度计划的非关键线路中存在许多有时差的工作，因此，S 曲线（投资计划值曲线）必然包括在由全部工作均按最早开始时间（ES）开始和全部工作均按最迟开始时间（LS）开始的曲线所组成的“香蕉图”内

经典考题剖析

一、2022 年考题

在工程资金使用的“香蕉图”分络线中，实际投资支出线越靠近下方曲线的，越有利于（　　）。

A. 风险防控能力　　B. 降低工程造价

C. 保证按期竣工　　D. 降低贷款利息

答案：D

［**解析**］如图所示，所有工作都按最迟开始时间开始（实际投资支出线靠近下方曲线），对节约建设单位的建设资金贷款利息是有利的，但同时也降低了工程按期竣工的保证率。

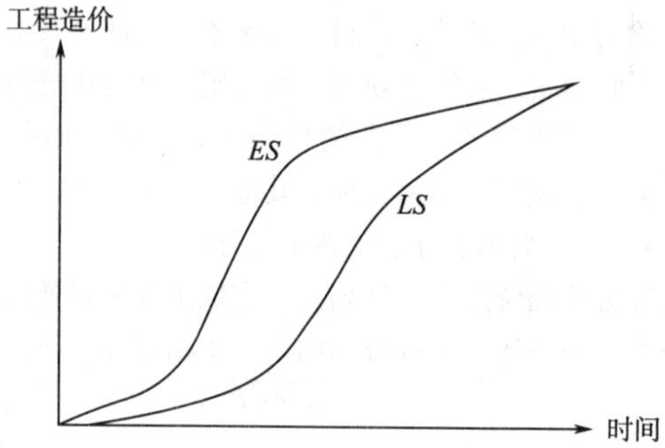

二、其他年份考题

1. 按工程造价构成编制的资金使用计划分为（　　）。

A. 单项工程、单位工程和分部分项工程资金使用计划

B. 建筑安装工程费使用计划、设备工器具费使用计划和工程建设其他费使用计划

C. 人工费、材料费、施工机具使用费资金使用计划

D. 人工费、材料费、施工机具使用费、措施费和间接费资金使用计划

答案：B

［**解析**］按工程造价构成编制的资金使用计划分为建筑安装工程费使用计划、设备工器具费使用计划和工程建设其他费使用计划。每部分费用比例根据以往经验或已建立的数据库确定，也可根据具体情况做出适当调整，每一部分还可以做进一步的划分。这种编制方法比较适合于有大量经验数据的工程项目。

2. 按工程进度编制资金使用计划包括：①编制工程施工进度计划；②计算单位时间的资金支出目标；③计算规定时间内的累计资金支出额；④绘制资金使用时间进度计划的S曲线。这些工作的正确顺序是（　　）。

A. ①②③④　　B. ②①③④　　C. ①③②④　　D. ②③①④

答案：A

［**解析**］按工程进度编制资金使用计划的程序：①编制工程施工进度计划；②计算单位时间的资金支出目标；③计算规定时间内的累计资金支出额；④绘制资金使用时间进度计划的S曲线。

3. 按工程进度编制施工阶段资金使用计划，首先要进行的工作是（　　）。

A. 计算单位时间的资金支出目标

B. 编制工程施工进度计划

C. 编制资金使用时间进度计划的S曲线

D. 计算规定时间内的累计资金支出额

答案：B

［解析］按工程进度编制施工阶段资金使用计划：①编制工程施工进度计划；②计算单位时间的资金支出目标；③计算规定时间内的累计资金支出额；④绘制资金使用时间进度计划的S曲线。

4. 按工程项目组成编制施工阶段资金使用计划时，不能分解到各个工程分项的费用有（　　）。

A. 人工费　　B. 保险费

C. 二次搬运费　　D. 临时设施费

E. 施工机具使用费

答案：B、D

［解析］建筑安装工程费中的人工费、材料费、施工机具使用费等直接费，可直接分解到各工程分项。而企业管理费、利润、规费、税金则不宜直接进行分解。措施项目费则应分析具体情况，将其中与各工程分项有关的费用（如二次搬运费、检验试验费等）分离出来，按一定比例分解到相应的工程分项；其他与单位工程、分部工程有关的费用（如临时设施费、保险费等），则不能分解到各工程分项中。

5. 按工程项目组成编制施工阶段资金使用计划时，建筑安装工程费中可直接分解到各个工程分项的费用有（　　）。

A. 企业管理费　　B. 临时设施费

C. 材料费　　D. 施工机具使用费

E. 职工养老保险费

答案：C、D

［解析］建筑安装工程费中的人工费、材料费、施工机具使用费等直接费，可直接分解到各工程分项中。

考点十三：施工成本管理

点评：本知识点2023年版教材修改内容较多，加入了施工成本分类及影响因素，删除了成本预测和成本核算的内容。2023年版教材从过去财务管理的视角变换为施工项目管理的视角。考生复习应关注施工项目成本计划、控制、分析的方法和施工成本管理绩效考核指标。

知识要点集成

表6-14　施工成本分类及影响因素

概念	施工成本是指工程项目施工过程中所发生的全部费用总和，包括所消耗的主辅材料费用、构配件费用、周转材料摊销或租赁费、施工机械台班费或租赁费，支付给生产工人的工资、奖金及施工项目经理部（工程项目经理部、分公司等）为组织和管理工程施工所发生的全部费用支出。施工成本不包括建筑企业所发生的包括管理费用、营业费用和财务费用在内的期间费用

续表 6-14

分类	（1）按成本核算科目划分，施工成本可分为直接成本和间接成本。 （2）按成本计算依据划分，施工成本可分为计划成本和实际成本。 （3）按成本性态差异划分，根据施工成本与工程量的关系（即成本性态）不同，施工成本可分为固定成本和变动成本。 （4）按成本是否可控划分，施工成本可分为可控成本和不可控成本。可控成本是指在特定期间内，特定施工生产部门通过采取措施可以控制的成本，反之即为不可控成本。 （5）按成本要素构成划分。前述传统意义上的施工成本并未考虑施工成本与工期、质量、安全、环保等目标之间的关系。从建设工程全要素成本视角考虑，传统意义上的施工成本可称为建造成本，而不同工期、质量、安全、环保水平对应的成本可称为工期成本、质量成本、安全成本和环保成本。 1）工期成本。工程项目施工工期与成本之间有着密切关系。一般情况下，直接成本会随着工期缩短而增加，间接成本会随着工期缩短而减少。 2）质量成本。质量成本是指为实现工程质量目标而采取的预防和控制措施所产生的费用，以及因不能达到质量水平而造成的各项损失费用之和。质量成本可分为控制成本和损失成本两部分。①控制成本。控制成本又可分为预防成本和鉴定成本。预防成本是指为防止工程质量缺陷和偏差出现，保证工程质量达到质量标准所采取的各项预防措施所支出的费用，包括质量规划费、工序控制费、新工艺鉴定费、质量培训费、质量信息费等；鉴定成本是指为保证工程质量而对工程本身及材料、构配件、设备等进行质量鉴定所支出的费用，包括施工图纸审查费，施工文件审查费，原材料、外购件检验试验费，工序检验费，工程质量验收费等。②损失成本。损失成本又分为内部损失成本和外部损失成本。内部损失成本是指在工程施工过程中因指挥决策失误、违反标准及操作规程、成品保护及机具设备保养不善等引起工程质量缺陷而造成的损失，以及为处理工程质量缺陷而发生的费用，包括返工损失、返修损失、停工损失、质量事故处理费用等；外部损失成本是指工程移交后，在使用过程中发现工程质量缺陷而需支付的费用总和，包括工程保修费、损失赔偿费等。 通常情况下，质量控制成本增加，工程质量水平会随之提高，质量损失成本就会减少；反之，如果减少质量控制成本，工程质量水平就会下降，质量损失成本也会增加。根据上述特点，通过绘制质量成本曲线，即可寻求使质量成本最低时的工程质量水平或在质量成本与工程质量水平之间进行权衡。 3）安全成本。安全成本是指为保证安全生产而支出的费用和因安全事故而产生的损失费用之和。安全成本可分为安全生产保障成本和安全事故损失成本两部分。安全生产保障成本包括安全防护工程费用、安全防护措施费用、安全教育培训费用等；安全事故损失成本包括企业内部损失成本和企业外部损失成本。 通过分析安全成本与安全生产水平之间的关系，可以在保证安全生产的前提下，寻求安全成本控制点。 4）环保成本。环保成本也可分为环保措施成本和环保损失成本两部分。 同样地，通过分析环保成本与环境保护水平之间的关系，可以在保护环境、实现绿色施工的前提下，寻求环保成本控制点
影响因素	影响因素主要有以下几方面：①工程范围；②资源消耗；③施工进度；④工程质量；⑤施工管理水平

表 6-15 施工成本管理流程

施工成本管理流程	施工成本管理是指施工单位以责任成本为主线，对施工成本进行计划、控制、分析，并进行施工成本管理绩效考核的过程。成本计划是开展成本控制和分析的基础，也是成本控制的主要依据；成本控制能对成本计划的实施进行监督，保证成本计划的实现；成本分析是对成本计划是否实现进行的检查，并为成本管理绩效考核提供依据；成本管理绩效考核是实现责任成本目标的保证和手段
施工成本计划方法	（1）目标利润法。是指将施工项目合同价格扣除目标利润后得到目标成本的方法。在采用正确的投标策略和方法以最理想的合同价中标后，从标价中扣除预期利润、税金、应上缴的管理费等后的余额，即为工程项目实施中所能支出的最大限额。 （2）技术进步法。是指以工程项目计划采取的技术组织措施和节约措施所能取得的经济效果为项目成本降低额，求得项目目标成本的方法。 （3）按实计算法。是指以工程项目实际资源消耗测算为基础，根据所需资源的实际价格，详细计算各项活动或各项成本形成目标成本的方法。 （4）定率估算法（历史资料法）。首先将工程项目分为若干子项目，参照同类项目的历史数据，采用算术平均法计算子项目目标成本降低率和降低额，然后再汇总整个工程项目的目标成本降低率、降低额。在确定子项目成本降低率时，可采用加权平均法或三点估算法
施工成本控制方法	（1）成本分析表法。成本分析表法是指利用各种表格进行成本分析和控制的方法。应用成本分析表法可以清晰地进行成本比较研究。常见的成本分析表有月成本分析表、成本日报或周报表、月成本计算及最终预测报告表。 （2）工期-成本同步分析法。由于施工成本是伴随着工程进展而发生的，因此，施工成本与施工进度之间有着必然的同步关系。如果施工成本支出与施工进度不对应，说明施工项目进展中出现虚盈或虚亏的不正常现象。 引起施工成本实际支出与计划不相符的原因来自两方面：一是某道工序的实际成本超出计划；二是某道工序的施工进度与计划不符。因此，要想找出成本变化的真正原因，实施有效的成本控制，必须与进度计划的适时更新相结合。 （3）挣值分析法。挣值分析法通过比较已完工程预算成本（Budget Cost of the Work Performed，BCWP）（即挣值 EV）与已完工程实际成本（Actual Cost of the Work Performed，ACWP）之间的差值，可以分析由于实际价格的变化而引起的累计成本偏差；通过比较已完工程预算成本（BCWP）与拟完工程预算成本（Budget Cost of the Work Scheduled，BCWS）之间的差值，可以分析由于进度偏差而引起的累计成本偏差，并通过计算后续未完工程的计划成本余额，预测其尚需的成本数额，从而为后续工程施工成本、进度控制及寻求降低成本挖潜途径指明方向。 （4）价值工程方法。价值工程方法是对施工成本进行事前控制的重要方法。在工程设计阶段，研究工程设计的技术合理性，探索有无改进的可能性，在提高功能的条件下，降低成本。在工程施工阶段，也可通过价值工程活动，进行施工方案的技术经济分析，确定最佳施工方案，降低施工成本

续表 6-15

施工成本分析方法	（1）施工成本分析的基本方法： 1）对比分析法。是指通过施工成本指标对比，检查施工成本目标完成情况，分析施工成本产生差异的原因，进而提出改进措施的方法。其特点是通俗易懂、简单易行、便于掌握，因而得到广泛应用。进行对比分析通常有下列形式：①本期实际施工成本与目标成本对比。以此检查目标成本完成情况，分析影响目标成本完成的积极因素和消极因素，以便及时采取有效措施，保证目标成本的实现。②本期实际施工成本与上期实际施工成本对比。通过这种对比，可以看出施工成本的变动情况，在一定程度上反映施工成本管理水平的变化。③本期实际施工成本与同类工程施工成本平均水平、先进水平对比。通过这种对比，可以反映本项目施工成本管理水平与同类工程施工成本管理平均水平和先进水平的差异。对于有差距的，可采取有效措施赶超先进水平。采用对比分析法时，可采取绝对数对比、增减差额对比或相对数对比等多种形式。 2）因素分析法。又称连环置换法。这种方法可用来分析各种因素对成本的影响程度。在进行分析时，首先要假定众多因素中的一个因素发生了变化，而其他因素则不变，在前一个因素变动的基础上分析第二个因素的变动，然后逐个替换，分别比较其计算结果，以确定各个因素的变化对成本的影响程度。并据此对企业的成本计划执行情况进行评价，并提出进一步的改进措施。 3）差额计算法。差额计算法是因素分析法的一种简化形式，利用各个因素的目标值与实际值的差额来计算其对成本的影响程度。 4）比率分析法。比率分析法是指用两个以上的指标的比例进行分析的方法。其基本特点是：先把对比分析的数值变成相对数，再观察其相互之间的关系。常用的比率法有以下几种：①相关比率法。通过将两个性质不同而相关的指标加以对比，求出比率，并以此来考察经营成果的好坏。例如：将成本指标与反映生产、销售等经营成果的产值、销售收入、利润指标相比较，就可以反映项目经济效益的好坏。②构成比率法。又称比重分析法或结构对比分析法。是指通过计算某技术经济指标中各组成部分占总体比重进行数量分析的方法。通过构成比率，可以考察项目成本的构成情况，将不同时期的成本构成比率相比较，可以观察成本构成的变动情况，同时也可看出量、本、利的比例关系（即目标成本、实际成本和降低成本的比例关系），从而为寻求降低成本的途径指明方向。③动态比率法。是指将同类指标不同时期的数值进行对比，求出比率，以分析该项指标的发展方向和发展速度的方法。动态比率的计算通常采用定基指数和环比指数两种方法。 （2）综合成本分析方法。综合成本是指涉及多种生产要素，并受多种因素影响的成本费用，如分部分项工程成本、月（季）度成本、年度成本等。 1）分部分项工程成本分析。分部分项工程成本分析是施工项目成本分析的基础。分部分项工程成本分析的对象为主要的已完分部分项工程。分析的方法是：进行预算成本、目标成本和实际成本的“三算”对比，分别计算实际成本与预算成本、实际成本与目标成本的偏差，分析偏差产生的原因，为今后的分部分项工程成本寻求节约途径。 分部分项工程成本分析的资料来源是：预算成本是以施工图和定额为依据编制的施工图预算成本，目标成本为分解到该分部分项工程上的计划成本，实际成本来自施工任务单的实际工程量、实耗人工和限额领料单的实耗材料。 2）月（季）度成本分析。月（季）度成本分析是项目定期、经常性的中间成本分析。 3）年度成本分析。由于工程项目的施工周期一般较长，除进行月（季）度成本核算和分析外，还要进行年度成本的核算和分析。 4）竣工成本综合分析。包括竣工成本分析、主要资源节超对比分析、主要技术节约措施及经济效果分析

续表 6-15

施工成本管理绩效考核	施工成本管理绩效考核可分为三个层次：企业对项目施工成本的考核；企业对项目经理部可控责任成本的考核；项目经理对所属各部门、各施工队施工成本的考核。 （1）企业对项目施工成本的考核。包括项目施工成本目标完成情况和施工成本管理工作绩效的考核。主要考核指标有： 项目施工成本降低额＝项目施工合同成本－项目实际施工成本 项目施工成本降低率＝项目施工成本降低额/项目施工合同成本×100% （2）企业对项目经理部可控责任成本的考核。考核内容包括：①项目成本目标和阶段成本目标完成情况；②以项目经理为核心的成本管理责任制落实情况；③成本计划编制和落实情况；④成本管理中责权利相结合原则的贯彻执行情况。主要考核指标有： 1）项目经理责任目标总成本降低额和降低率： 目标总成本降低额＝项目经理责任目标总成本－项目竣工结算总成本 目标总成本降低率＝目标总成本降低额/项目经理责任目标总成本×100% 2）施工责任目标成本实际降低额和降低率： 施工责任目标成本实际降低额＝施工责任目标总成本－工程竣工结算总成本 施工责任目标成本实际降低率＝施工责任目标成本实际降低额/施工责任目标总成本×100% 3）施工计划成本实际降低额和降低率： 施工计划成本实际降低额＝施工计划总成本－工程竣工结算总成本 施工计划成本实际降低率＝施工计划成本实际降低额/施工计划总成本×100% （3）项目经理对所属各部门、各施工队施工成本的考核。对各部门考核内容主要包括该部门责任成本完成情况、成本管理责任落实情况等；对各施工队考核内容主要包括劳务合同规定的承包内容执行情况、对班组施工任务单的管理情况及班组完成施工任务后的考核情况。在对各部门、各施工队责任成本考核的基础上，也要根据施工成本管理责任制相关规定或劳务分包合同兑现奖惩措施

经典考题剖析

一、2023 年考题

1. 某分项工程工程量及该分项工程所包含的甲材料消耗量与单价的计划值和实际值如下表。用因素分析法进行施工成本分析时，甲材料消耗量变动对该分项工程施工成本的影响是（　　）万元。

甲材料总成本影响因素	计划值	实际值
分项工程工程量/m^3	1 000	1 200
甲材料消耗量/（kg/m^3）	300	310
甲材料单价/（元/kg）	30	35

A. 30　　B. 35　　C. 36　　D. 42

答案：C

[解析] 1 200×（310－300）×30＝36（万元）。

2. 编制工程项目施工成本计划时，下列费用中，属于施工责任成本的是（　　）。

A. 企业管理费
B. 材料费
C. 机械设备费
D. 临时设施费
E. 现场经费

答案：B、C、D、E

[解析] 施工责任成本构成：劳务费用、材料费用、机械设备费用、临时设施费、专项费用、现场经费。

二、2022 年考题

成本控制中用作分析项目虚盈或虚亏的方法是（　　）。

A. 成本分析法
B. 工期-成本同步分析法
C. 挣值分析法
D. 价值工程法

答案：B

[解析] 工期-成本同步分析法。成本控制与进度控制之间有着必然的同步关系。因为成本是伴随工程进展而发生的。如果成本与进度不对应，说明工程项目进展中出现虚盈或虚亏的不正常现象。

三、2021 年考题

施工承包单位采用目标利润法编制施工成本计划时，项目实施中所能支出的最大限额为合同标价扣除（　　）后的余额。

A. 预期利润、税金
B. 税金、应上缴的管理费
C. 预期利润、税金、全部管理费
D. 预期利润、税金、应上缴的管理费

答案：D

[解析] 目标利润法是指根据工程项目的合同价格扣除目标利润后得到目标成本的方法。在采用正确的投标策略和方法以最理想的合同价中标后，从标价中扣除预期利润、税金、应上缴的管理费等之后的余额即为工程项目实施中所能支出的最大限额。

四、其他年份考题

1. 关于施工成本管理各项工作之间的关系说法，正确的是（　　）。

A. 成本计划能对成本控制的实施进行监督
B. 成本核算是成本计划的基础
C. 成本预算是实现成本目标的保证
D. 成本分析为成本考核提供依据

答案：D

[解析] 成本预测是成本计划的编制基础，成本计划是开展成本控制和核算的基础；

成本控制能对成本计划的实施进行监督，保证成本计划的实现，而成本核算又是成本计划是否实现的最后检查，成本核算所提供的成本信息又是成本预测、成本计划、成本控制和成本考核等的依据；成本分析为成本考核提供依据，也为未来的成本预测与成本计划指明方向；成本考核是实现成本目标责任制的保证和手段。

2. 关于分部分项工程成本分析资料来源的说法，正确的有（　　）。

A. 预算成本以施工图和定额为依据确定

B. 预算成本的各种信息是成本核算的依据

C. 计划成本通过目标成本与预算成本的比较来确定

D. 实际成本来自实际工程量、实耗人工和实耗材料

E. 目标成本是分解到分部分项工程上的计划成本

答案：A、E

[解析] 分部分项工程成本分析的资料来源是：预算成本是以施工图和定额为依据编制的施工图预算成本，目标成本为分解到该分部分项工程上的计划成本，实际成本来自施工任务单的实际工程量、实耗人工和限额领料单的实耗材料。

3. 某工程计划砌筑砖基础工程量为 150m^3，每平方米用砖 523 块，每块砖计划价格为 0.2 元。实际砌筑砖基础工程量为 160m^3，每平方米用砖 520 块，每块砖实际价格为 0.17 元。则由于砖的单价变动使施工总成本节约（　　）元。

A. 2 340.0　　B. 2 353.5　　C. 2 496.0　　D. 2 510.4

答案：C

[解析] 本题考核的是项目成本分析的基本方法中因素分析法。本题的解释过程如下：

计算顺序	砌砖工程量	每立方米空心砖消耗量	空心砖价格/元	空心砖成本/元	差异数/元	差异原因
计划数	150	523	0.2	15 690		
第一次代替	160	523	0.2	16 763	1 073	由于工程量增加
第二次代替	160	520	0.2	16 640	−123	由于空心砖节约
第三次代替	160	520	0.17	14 144	−2 496	由于价格节约
合计					−1 546	

4. 下列指标中，属于承包企业层面项目成本考核指标的有（　　）。

A. 施工计划成本实际降低额　　B. 项目设计成本降低额

C. 目标总成本降低额　　D. 项目施工成本降低率

E. 施工责任目标成本实际降低率

答案：B、D

[**解析**] 本题考核的是项目成本考核指标。

（1）企业的项目成本考核指标：

1）项目设计成本降低额和降低率：

$$项目设计成本降低额=项目设计合同成本-项目设计预算成本$$

$$项目设计成本降低率=\frac{项目设计成本降低额}{项目设计合同成本}\times 100\%$$

2）项目施工成本降低额和降低率：

$$项目施工成本降低额=项目施工合同成本-项目实际施工成本$$

$$项目施工成本降低率=\frac{项目施工成本降低额}{项目施工合同成本}\times 100\%$$

（2）项目经理部可控责任成本考核指标：

1）项目经理责任目标总成本降低额和降低率：

$$目标总成本降低额=项目经理责任目标总成本-项目竣工结算总成本$$

$$目标总成本降低率=\frac{目标总成本降低额}{项目经理责任目标总成本}\times 100\%$$

2）施工责任目标成本实际降低额和降低率：

$$施工责任目标成本实际降低额=施工责任目标总成本-工程竣工结算总成本$$

$$施工责任目标成本实际降低率=\frac{施工责任目标成本实际降低额}{施工责任目标总成本}\times 100\%$$

3）施工计划成本实际降低额和降低率：

$$施工计划成本实际降低额=施工计划总成本-工程竣工结算总成本$$

$$施工计划成本实际降低率=\frac{施工计划成本实际降低额}{施工计划总成本}\times 100\%$$

5. 工程项目施工过程中的综合成本分析包括（　　）。

A. 检验批施工成本分析

B. 分部分项工程成本分析

C. 单位工程施工成本分析

D. 月（季）度施工成本分析

E. 建设项目决算成本分析

答案：B、D

[**解析**] 综合成本的分析方法。所谓综合成本，是指涉及多种生产要素，并受多种因素影响的成本费用，综合成本的分析方法包括分部分项工程成本分析、月（季）度成本分析、年度成本分析和竣工成本的综合分析等。

考点十四：工程变更与索赔管理

点评：本考点考核频次不高，教材中有关概念定义偏离《标准施工招标文件》，提升了考生的复习难度。建议考生参照经典考题剖析的题目重点复习。

知识要点集成

表 6-16　工程变更与索赔管理

<table>
<tr><td rowspan="3">工程变更管理</td><td>工程变更管理</td><td colspan="2">根据《标准施工招标文件》中的通用合同条款，工程变更包括以下五个方面：
(1) 取消合同中任何一项工作，但被取消的工作不能转由建设单位或其他单位实施。
(2) 改变合同中任何一项工作的质量或其他特性。
(3) 改变合同工程的基线、标高、位置或尺寸。
(4) 改变合同中任何一项工作的施工时间或改变已批准的施工工艺或顺序。
(5) 为完成工程需要追加的额外工作</td></tr>
<tr><td rowspan="2">工程变更程序</td><td>监理人指示的工程变更</td><td>(1) 监理人直接指示的工程变更。监理人直接指示的工程变更属于必需的变更，如按照建设单位的要求提高质量标准、设计错误需要进行的设计修改、协调施工中的交叉干扰等情况。此时不需征求施工承包单位意见，监理人经过建设单位同意后发出变更指示，要求施工承包单位完成工程变更工作。
(2) 与施工承包单位协商后确定的工程变更。此类情况属于可能发生的变更，与施工承包单位协商后再确定是否实施变更，如增加承包范围外的某项新工作等。此时，工程变更程序如下：
1) 监理人首先向施工承包单位发出变更意向书，说明变更的具体内容和建设单位对变更的时间要求等，并附必要的图纸和相关资料。
2) 施工承包单位收到监理人的变更意向书后，如果同意实施变更，则向监理人提出书面变更建议。建议书的内容包括提交包括拟实施变更工作的计划、措施、竣工时间等内容的实施方案以及费用要求。若施工承包单位收到监理人的变更意向书后认为难以实施此项变更，也应立即通知监理人，说明原因并附详细依据。如不具备实施变更项目的施工资质、无相应的施工机具等原因或其他理由。
3) 监理人审查施工承包单位的建议书，施工承包单位根据变更意向书要求提交的变更实施方案可行并经建设单位同意后，发出变更指示。如果施工承包单位不同意变更，监理人与施工承包单位和建设单位协商后确定撤销、改变或不改变原变更意向书。
4) 变更建议应阐明要求变更的依据，并附必要的图纸和说明。监理人收到施工承包单位书面建议后，应与建设单位共同研究，确认存在变更的，应在收到施工承包单位书面建议后的 14 天内做出变更指示。经研究后不同意作为变更的，应由监理人书面答复施工承包单位</td></tr>
<tr><td>施工承包单位提出的工程变更</td><td>施工承包单位提出的工程变更。施工承包单位提出的工程变更可能涉及建议变更和要求变更两类。
(1) 施工承包单位建议的变更。施工承包单位对建设单位提供的图纸、技术要求等，提出了可能降低合同价格、缩短工期或提高工程经济效益的合理化建议，均应以书面形式提交监理人。合理化建议书的内容应包括建议工作的详细说明、进度计划和效益以及与其他工作的协调等，并附必要的设计文件。
监理人与建设单位协商是否采纳施工承包单位提出的建议。建议被采纳并构成变更的，监理人向施工承包单位发出工程变更指示。
施工承包单位提出的合理化建议使建设单位获得工程造价降低、工期缩短、工程运行效益提高等实际利益，应按专用合同条款中的约定给予奖励。</td></tr>
</table>

续表 6-16

工程变更管理	工程变更程序	施工承包单位提出的工程变更	（2）施工承包单位要求的变更。施工承包单位收到监理人按合同约定发出的图纸和文件，经检查认为其中存在属于变更范围的情形，如提高工程质量标准、增加工作内容、改变工程的位置或尺寸等，可向监理人提出书面变更建议。变更建议应阐明要求变更的依据，并附必要的图纸和说明。 监理人收到施工承包单位的书面建议后，应与建设单位共同研究，确认存在变更的，应在收到施工承包单位书面建议后的 14 天内做出变更指示。经研究后不同意作为变更的，应由监理人书面答复施工承包单位
工程索赔管理	工程索赔产生的原因	（1）业主方（包括建设单位和监理人）违约。 （2）合同缺陷。 （3）合同变更。 （4）工程环境的变化，如材料价格和人工工日单价的大幅度上涨；国家法令的修改；货币贬值；外汇汇率变化等。 （5）不可抗力或不利的物质条件。不可抗力又可以分为自然事件和社会事件。自然事件主要是工程施工过程中不可避免发生并不能克服的自然灾害，包括地震、海啸、瘟疫、水灾等；社会事件则包括国家政策、法律、法令的变更，战争、罢工等。不利的物质条件通常是指承包人在施工现场遇到的不可预见的自然物质条件、非自然的物质障碍和污染物，包括地下和水文条件	
	工程索赔的分类	（1）按索赔的合同依据分类。工程索赔可分为合同中明示的索赔和合同中默示的索赔。 1）合同中明示的索赔。是指施工承包单位所提出的索赔要求，在该工程项目施工合同文件中有文字依据。这些在合同文件中有文字规定的合同条款，称为明示条款。 2）合同中默示的索赔。是指施工承包单位所提出的索赔要求，虽然在工程项目施工合同条款中没有专门的文字叙述，但可根据该合同中某些条款的含义，推论出施工承包单位有索赔权。这种索赔要求，同样有法律效力，施工承包单位有权得到相应的经济补偿。这种有经济补偿含义的条款，被称为“默示条款”或“隐含条款”。 （2）按索赔的目的分类。工程索赔可分为工期索赔和费用索赔。 1）工期索赔。由于非施工承包单位的原因导致施工进度拖延，要求批准延长合同工期的索赔，称为工期索赔。工期索赔形式上是对权利的要求，以避免在原定合同竣工日不能完工时，被建设单位追究拖期违约责任。一旦获得批准合同工期延长后，施工承包单位不仅可免除承担拖期违约赔偿费的严重风险，而且可因提前交工获得奖励，最终仍反映在经济收益上。 2）费用索赔。费用索赔是施工承包单位要求建设单位补偿其经济损失。当施工的客观条件改变导致施工承包单位增加开支时，要求对超出计划成本的附加开支给予补偿，以挽回不应由其承担的经济损失。 （3）按索赔事件的性质分类。工程索赔可分为工程延期索赔、工程变更索赔、合同被迫终止索赔、工程加速索赔、意外风险和不可预见因素索赔及其他索赔。 1）工程延期索赔。因建设单位未按合同要求提供施工条件，如未及时交付设计图纸、施工现场、道路等，或因建设单位指令工程暂停或不可抗力事件等原因造成工期拖延的，施工承包单位对此提出索赔。这是工程实施中常见的一类索赔。 2）工程变更索赔。由于建设单位或监理人指令增加或减少工程量或增加附加工程、修改设计、变更工程顺序等，造成工期延长和费用增加，施工承包单位对此提出索赔。	

续表 6-16

工程索赔管理	工程索赔的分类	3）合同被迫终止索赔。由于建设单位违约及不可抗力事件等原因造成合同非正常终止，施工承包单位因其蒙受经济损失而向建设单位提出索赔。 4）工程加速索赔。由于建设单位或监理人指令施工承包单位加快施工速度，缩短工期，引起施工承包单位人、财、物的额外开支而提出的索赔。 5）意外风险和不可预见因素索赔。在工程实施过程中，因人力不可抗拒的自然灾害、特殊风险以及一个有经验的施工承包单位通常不能合理预见的不利施工条件或外界障碍，如地下水、地质断层、溶洞、地下障碍物等引起的索赔。 6）其他索赔。如因货币贬值、汇率变化、物价上涨、政策法令变化等原因引起的索赔
	工程索赔处理程序	（1）施工承包单位的索赔程序。施工承包单位认为有权得到追加付款和（或）延长工期的，应按以下程序向建设单位提出索赔： 1）施工承包单位应在知道或应当知道索赔事件发生后 28 天内，向监理人递交索赔意向通知书，并说明发生索赔事件的事由。施工承包单位未在前述 28 天内发出索赔意向通知书的，丧失要求追加付款和（或）延长工期的权利。 2）施工承包单位应在发出索赔意向通知书后 28 天内，向监理人正式递交索赔通知书。索赔通知书应详细说明索赔理由以及要求追加的付款金额和（或）延长的工期，并附必要的记录和证明材料。 3）索赔事件具有连续影响的，施工承包单位应按合理时间间隔继续递交延续索赔通知，说明连续影响的实际情况和记录，列出累计的追加付款金额和（或）工期延长天数。在索赔事件影响结束后的 28 天内，施工承包单位应向监理人递交最终索赔通知书，说明最终要求索赔的追加付款金额和延长的工期，并附必要的记录和证明材料。 （2）监理人处理索赔的程序。监理人收到施工承包单位提交的索赔通知书后，应按以下程序进行处理： 1）监理人收到施工承包单位提交的索赔通知书后，应及时审查索赔通知书的内容、查验施工承包单位的记录和证明材料，必要时监理人可要求施工承包单位提交全部原始记录副本。 2）监理人应商定或确定追加的付款和（或）延长的工期，并在收到上述索赔通知书或有关索赔的进一步证明材料后的 42 天内，将索赔处理结果答复施工承包单位。 3）施工承包单位接受索赔处理结果的，建设单位应在做出索赔处理结果答复后 28 天内完成赔付；施工承包单位不接受索赔处理结果的，按合同中争议解决条款的约定处理。 （3）施工承包单位提出索赔的期限。施工承包单位接受竣工付款证书后，应被认为已无权再提出在合同工程接收证书颁发前所发生的任何索赔。施工承包单位提交的最终结清申请单中，只限于提出工程接收证书颁发后发生的索赔。提出索赔的期限自接收最终结清证书时终止

经典考题剖析

一、2023 年考题

根据《标准施工招标文件》，对于建设单位提出但需要与施工承包单位协商后再确定是否实施的工程变更，变更建议书应由（　　）编制。

A. 施工承包单位　B. 项目监理机构　C. 建设单位　D. 设计单位

答案：A

［解析］施工承包单位收到监理人的变更意向书后，如果同意实施变更，则向监理人提出书面变更建议。建议书的内容包括拟实施变更工作的计划、措施、竣工时间等内容的实施方案以及费用要求。

二、2022 年考题

建设单位索赔的方式有（　　）。

A. 冲账　B. 缩短工期

C. 扣工程款　D. 提高保证金额度

E. 扣质量保证金

答案：A、C、E

［解析］索赔是双向的，既包括施工承包单位向建设单位的索赔，也包括建设单位向施工承包单位的索赔。但在工程实践中，建设单位索赔数量较小，而且可通过冲账、扣拨工程款、扣保证金等实现对施工承包单位的索赔。

三、2021 年考题

根据《标准施工招标文件》，施工承包单位认为有权得到追加付款和延长工期的，应在规定时间内首先向监理人递交的文件是（　　）。

A. 索赔意向通知书　B. 索赔工作联系单

C. 索赔通知书　D. 索赔报告

答案：A

［解析］施工承包单位应在知道或应当知道索赔事件发生后 28 天内，向监理人递交索赔意向通知书，并说明发生索赔事件的事由。

四、其他年份考题

1. 根据《标准施工招标文件》，由施工承包单位提出的索赔按程序得到了处理，且施工单位接受索赔处理结果的，建设单位应在做出索赔处理答复后（　　）天内完成赔付。

A. 14　B. 21　C. 28　D. 42

答案：C

［解析］施工承包单位接受索赔处理结果的，建设单位应在做出索赔处理结果答复后 28 天内完成赔付。施工承包单位不接受索赔处理结果的，按合同中争议解决条款的约定处理。

2. 根据我国现行合同条款，在合同履行过程中，承包人发现有变更情况的，可向监理人提出（　　）。

A. 变更指示　B. 变更意向书　C. 变更建议书　D. 变更报价书

答案：C

［解析］在合同履行过程中，监理人发出变更指示包括三种情形。承包人收到监理人按合同约定发出的图纸和文件，经检查认为其中存在变更情形的，可向监理人提出书面变更建议。变更建议应阐明要求变更的依据，并附必要的图纸和说明。

3. 下列关于工程变更的说法中，正确的是（　　）。

A. 除了受自然条件的影响外，一般不得发生变更

B. 尽管变更的起因有多种，但必须坚持一事一变更

C. 如果出现了必须变更的情况，则应抢在变更指令发出前尽快落实变更

D. 若承包人不能全面落实变更指令，则扩大的损失应当由承包人承担

答案：D

［解析］对于工程变更的处理要求：工程变更后，应当尽快落实变更。工程变更指令发出后，应当迅速落实指令，全面修改相关的各种文件。承包人也应当抓紧落实，如果承包人不能全面落实变更指令，则扩大的损失应当由承包人承担。

4. 下列可导致承包商索赔的原因中，属于业主方违约的是（　　）。

A. 业主指令增加工程量　　B. 业主要求提高设计标准

C. 监理人不按时组织验收　　D. 材料价格大幅度上涨

答案：C

［解析］本题属于工程索赔产生的原因中的内容，只是教材一家之谈的原因分类，没有任何法律、规范或合同条件的依据；按照教材的解释，选项 A、B 属于合同变更导致索赔事件发生；选项 D 属于工程环境的变化引起的索赔。

考点十五：工程费用的动态监控

点评：本考点要求掌握工程费用的动态监控的全部相关内容。

知识要点集成

表 6-17　工程费用的动态监控

费用偏差及其表示方法	偏差表示方法	(1) 费用偏差（Cost Variance，CV）。 费用偏差（CV）＝已完工程计划费用（$BCWP$）－已完工程实际费用（$ACWP$） 其中： 已完工程计划费用（$BCWP$）＝$\sum$已完工程量（实际工程量）×计划单价 已完工程实际费用（$ACWP$）＝$\sum$已完工程量（实际工程量）×实际单价 当 $CV>0$ 时，说明工程费用节约；当 $CV<0$ 时，说明工程费用超支。 (2) 进度偏差（Schedule Variance，SV）。 进度偏差（SV）＝已完工程计划费用（$BCWP$）－拟完工程计划费用（$BCWS$） 其中： 拟完工程计划费用（$BCWS$）＝$\sum$拟完工程量（计划工程量）×计划单价 当 $SV>0$ 时，说明工程进度超前；当 $SV<0$ 时，说明工程进度拖后

续表 6-17

<table>
<tr>
<td>费用偏差及其表示方法</td>
<td>偏差参数</td>
<td>（1）局部偏差与累计偏差。局部偏差有两层含义：一是对于整个工程项目而言，指各单项工程、单位工程和分部分项工程的偏差；二是相对于工程项目实施的时间而言，指每一控制周期所发生的偏差。累计偏差是指在工程项目已经实施的时间内累计发生的偏差。
（2）绝对偏差与相对偏差。绝对偏差是指实际值与计划值比较所得到的差额。相对偏差则是指偏差的相对数或比例数，通常是用绝对偏差与费用计划值的比值来表示，如：
$$费用相对偏差=\frac{绝对偏差}{费用计划值}=\frac{费用计划值-费用实际值}{费用计划值}$$
与绝对偏差一样，相对偏差可正可负，且两者符号相同。正值表示费用节约，负值表示费用超支。两者都只涉及费用的计划值和实际值，既不受工程项目层次的限制，也不受工程项目实施时间的限制，因而在各种费用比较中均可采用。
（3）绩效指数。
1）费用绩效指数（Cost Performance Index，CPI）。
$$费用绩效指数（CPI）=\frac{已完工程计划费用（BCWP）}{已完工程实际费用（ACWP）}$$
$CPI>1$，表示实际费用节约；$CPI<1$，表示实际费用超支。
2）进度绩效指数（Schedule Performance Index，SPI）。
$$进度绩效指数（SPI）=\frac{已完工程计划费用（BCWP）}{拟完工程计划费用（BCWS）}$$
$SPI>1$，表示实际进度超前；$SPI<1$，表示实际进度拖后。
这里的绩效指数是相对值，既可用于工程项目内部的偏差分析，也可用于不同工程项目之间的偏差比较。而前述的偏差（费用偏差和进度偏差）主要适用于工程项目内部的偏差分析</td>
</tr>
<tr>
<td>偏差分析方法</td>
<td colspan="2">常用偏差分析方法有横道图法、时标网络图法、表格法和曲线法</td>
</tr>
<tr>
<td rowspan="2">偏差产生的原因及控制措施</td>
<td>偏差产生原因</td>
<td>（1）客观原因。包括人工费涨价、材料涨价、设备涨价、利率及汇率变化、自然因素、地基因素、交通原因、社会原因、法规变化等。
（2）建设单位原因。包括增加工程内容、投资规划不当、组织不落实、建设手续不健全、未按时付款、协调出现问题等。
（3）设计原因。设计错误或漏项、设计标准变更、设计保守、图纸提供不及时、结构变更等。
（4）施工原因。施工组织设计不合理、质量事故、进度安排不当、施工技术措施不当、与外单位关系协调不当等</td>
</tr>
<tr>
<td>费用偏差纠正措施</td>
<td>（1）组织措施。是指从费用控制的组织管理方面采取的措施，包括：落实费用控制的组织机构和人员，明确各级费用控制人员的任务、职责分工，改善费用控制工作流程等。组织措施费用控制其他措施的前提和保障。
（2）经济措施。主要是指审核工程量和签发支付证书，包括：检查费用目标分解是否合理，检查资金使用计划有无保障，是否与进度计划发生冲突，工程变更有无必要，是否超标等。
（3）技术措施。主要是指对工程方案进行技术经济比较，包括：制定合理的技术方案，进行技术分析，针对偏差进行技术改正等。
（4）合同措施。在纠偏方面主要是指索赔管理。在施工过程中常出现索赔事件，要认真审查有关索赔依据是否符合合同规定，索赔计算是否合理等，从主动控制的角度，加强日常的合同管理，落实合同规定的责任</td>
</tr>
</table>

经典考题剖析

一、2023 年考题

已完计划费用 2 000 万元，已完实际费用 1 800 万元，拟完计划费用 1 700 万元，则费用偏差和进度偏差分别是（　　）。

A. －200 万元和－300 万元　　B. －200 万元和－100 万元

C. 200 万元和 100 万元　　D. 200 万元和 300 万元

答案：D

［**解析**］费用偏差（*CV*）＝已完工程计划费用（*BCWP*）－已完工程实际费用（*ACWP*）

＝2 000－1 800＝200（万元）

进度偏差（*SV*）＝已完工程计划费用（*BCWP*）－拟完工程计划费用（*BCWS*）

＝2 000－1 700＝300（万元）

二、2022 年考题

某拟建项目预算费用为 2 000 万元，已完工程预算费用为 2 100 万元，已完工程实际费用为 2 050 万元，以下说法正确的是（　　）。

A. 费用超支，进度滞后　　B. 费用超支，进度提前

C. 费用节约，进度超前　　D. 费用节约，进度滞后

答案：C

［**解析**］费用偏差（*CV*）＝已完工程计划费用（*BCWP*）－已完工程实际费用（*ACWP*）＝2 100－2 050＝50（万元）；*CV*＞0，费用节约。

进度偏差（*SV*）＝已完工程计划费用（*BCWP*）－拟完工程计划费用（*BCWS*）＝2 100－2 000＝100（万元）；*SV*＞0，进度超前。

三、2021 年考题

1. 某工程建设至 2020 年 10 月底，经统计可得，已完工程计划费用为 2 000 万元，已完工程实际费用为 2 300 万元，拟完工程计划费用为 1 800 万元。则该工程此刻的费用绩效指数为（　　）。

A. 0.87　　B. 0.9　　C. 1.11　　D. 1.15

答案：A

［**解析**］费用绩效指数＝2 000/2 300＝0.87。

2. 下列引起工程费用偏差的情形中，属于施工单位的原因是（　　）。

A. 设计标准变更　　B. 增加工程内容

C. 施工进度安排不当　　D. 建设手续不健全

答案：C

［**解析**］施工单位原因包括施工组织设计不合理、质量事故、进度安排不当、施工技术措施不当、与外单位关系协调不当等。

3. 下列引起工程费用偏差的情形中，属于建设单位的原因有（　　）。

A. 材料涨价　　B. 投资规划不当

C. 施工组织不合理　　D. 增加工程内容

E. 施工质量事故

答案：B、D

［**解析**］建设单位原因包括增加工程内容、投资规划不当、组织不落实、建设手续不健全、未按时付款、协调出现问题等。选项 A 属于客观原因；选项 C、E 属于施工单位的原因。

四、其他年份考题

1. 某工程施工至某月底，经统计分析得：已完工程计划费用为 1 800 万元，已完工程实际费用为 2 200 万元，拟完工程计划费用为 1 900 万元，则该工程此时的进度偏差是（　　）万元。

A. －100　　B. －200　　C. －300　　D. －400

答案：A

［**解析**］进度偏差（SV）＝已完工程计划费用（$BCWP$）－拟完工程计划费用（$BCWS$）＝1 800－1 900＝－100（万元）。

2. 进行工程费用动态监控时，可采用的偏差分析方法有（　　）。

A. 横道图法　　B. 时标网络图法

C. 表格法　　D. 曲线法

E. 分层法

答案：A、B、C、D

［**解析**］常用偏差分析方法有横道图法、时标网络图法、表格法和曲线法。

3. 在工程费用监控过程中，明确费用控制人员的任务和职责分工，改善费用控制工作流程等措施，属于费用偏差纠正的（　　）。

A. 合同措施　　B. 技术措施

C. 经济措施　　D. 组织措施

答案：D

［**解析**］组织措施，是指从费用控制的组织管理方面采取的措施，包括：落实费用控制的组织机构和人员，明确各级费用控制人员的任务、职责分工，改善费用控制工作流程等。组织措施是其他措施的前提和保障。

考点十六：工程结算及其审查

点评：相对于 2022 年版教材，2023 年版教材在分阶段结算中加入了《关于完善建设工程价款结算有关办法的通知》的相关内容。从考核的视角，要求熟悉工程结算和审查的相关内容。

知识要点集成

表 6-18　工程结算及其审查

工程结算主要方式和内容	方式	（1）按月结算。实行按月支付进度款，竣工后清算的办法。合同工期在两个年度以上的工程，在年终进行工程盘点，办理年度结算。 （2）分段结算。对于当年开工、当年不能竣工的工程，按照工程形象进度，划分不同阶段支付工程进度款。具体划分应在施工合同中明确。 除上述两种主要方式外，发承包双方还可约定其他结算方式
	内容	（1）竣工结算。工程项目完工并经验收合格后，对所完成的工程项目进行的全面结算。 （2）分阶段结算。按施工合同约定，工程项目按工程特征划分为不同阶段实施和结算。每一阶段合同工作内容完成后，经建设单位或监理人中间验收合格后，由施工承包单位在原合同分阶段价格的基础上编制调整价格并提交监理人审核签认。分阶段结算是一种工程价款的中间结算。 根据财政部、住房城乡建设部联合印发的《关于完善建设工程价款结算有关办法的通知》（财建〔2022〕183 号）规定，政府机关、事业单位、国有企业建设工程进度款支付应不低于已完成工程价款的 80%。当年开工、当年不能竣工的新开工项目可以推行过程结算。发承包双方通过合同约定，将施工过程按时间或进度节点划分施工周期，对周期内已完成且无争议的工程量（含变更、索赔等）进行价款计算、确认和支付，支付金额不得超出已完工部分对应的批复概（预）算。经双方确认的过程结算文件作为竣工结算文件的组成部分，竣工后原则上不再重复审核。 （3）专业分包结算。按分包合同约定，分包合同工作内容完成后，经总承包单位、监理人对专业分包工作内容验收合格后，由分包单位在原分包合同价格基础上编制调整价格并提交总承包单位、监理人审核签认。专业分包结算也是一种工程价款的中间结算。 （4）合同中止结算。工程实施过程中合同中止时，需要对已完成且经验收合格的合同工程内容进行结算
工程竣工结算的审查	施工承包单位内部审查	（1）审查结算的项目范围、内容与合同约定的项目范围、内容的一致性。 （2）审查工程量计算的准确性、工程量计算规则与计价规范或定额的一致性。 （3）审查执行合同约定或现行的计价原则、方法的严格性。对于工程量清单或定额缺项以及采用新材料、新工艺的，应根据施工过程中的合理消耗和市场价格审核结算单价。 （4）审查变更签证凭据的真实性、合法性、有效性，核准变更工程费用。 （5）审查索赔是否依据合同约定的索赔处理原则、程序和计算方法以及索赔费用的真实性、合法性、准确性。 （6）审查取费标准执行的严格性，并审查取费依据的时效性、相符性

续表 6-18

<table>
<tr><td rowspan="2">工程竣工结算的审查</td><td>建设单位审查</td><td>(1) 审查工程竣工结算的递交程序和资料的完备性：
1) 审查结算资料递交手续、程序的合法性，以及结算资料具有的法律效力；
2) 审查结算资料的完整性、真实性和相符性。
(2) 审查与工程竣工结算有关的各项内容：
1) 工程施工合同的合法性和有效性；
2) 工程施工合同范围以外调整的工程价款；
3) 分部分项工程、措施项目、其他项目的工程量及单价；
4) 建设单位单独分包工程项目的界面划分和总承包单位的配合费用；
5) 工程变更、索赔、奖励及违约费用；
6) 取费、税金、政策性调整以及材料价差计算；
7) 实际施工工期与合同工期产生差异的原因和责任，以及对工程造价的影响程度；
8) 其他涉及工程造价的内容</td></tr>
<tr><td>工程竣工结算的审查时限</td><td><table>
<tr><td>工程竣工结算报告金额</td><td>审查时限（从接到竣工结算报告和完整的竣工结算资料之日起）</td></tr>
<tr><td>500 万元以下</td><td>20 天</td></tr>
<tr><td>500 万元～2 000 万元</td><td>30 天</td></tr>
<tr><td>2 000 万元～5 000 万元</td><td>45 天</td></tr>
<tr><td>5 000 万元以上</td><td>60 天</td></tr>
</table></td></tr>
</table>

经典考题剖析

其他年份考题

1. 关于工程竣工结算的说法，正确的有（　　）。

A. 工程竣工结算分为单位工程竣工结算和单项工程竣工结算

B. 工程竣工结算均由总承包单位编制

C. 建设单位审查工程竣工结算的递交程序和资料的完整性

D. 施工承包单位要审查工程竣工结算的项目内容与合同约定内容的一致性

E. 建设单位要审查实际施工工期对工程造价的影响程度

答案：C、D、E

[解析] 这是一道考核内容综合性很强的题目。选项 A，工程竣工结算分为单位工程竣工结算、单项工程竣工结算和工程项目竣工总结算；选项 B，单位工程竣工结算由施工承包单位编制，建设单位审查；实行总承包的工程，由具体承包单位编制单位工程竣工结算，在总承包单位审查的基础上，由建设单位审查。单项工程竣工结算、工程项目竣工总结算由总承包单位编制，建设单位可直接进行审查，也可委托具有相应资质的

工程造价咨询机构进行审查。政府投资项目，由同级财政部门进行审查。选项 C、E 属于建设单位审查的内容，选项 D 是施工承包单位内部审查的内容。

2. 根据《建设工程价款结算暂行办法》，对于施工承包单位递交的金额为 6 000 万元的工程竣工结算报告，建设单位的审查时限是（　　）天。

A. 30　　B. 45　　C. 60　　D. 90

答案：C

［**解析**］根据财政部、建设部关于印发《建设工程价款结算暂行办法》的通知（财建〔2004〕369 号），单项工程竣工后，施工承包单位应按规定程序向建设单位递交竣工结算报告及完整的结算资料，建设单位应按下表规定的时限进行核对、审查，并提出审查意见。

工程竣工结算报告金额	审查时限 （从接到竣工结算报告和完整的竣工结算资料之日起）
500 万元以下	20 天
500 万元～2 000 万元	30 天
2 000 万元～5 000 万元	45 天
5 000 万元以上	60 天

3. 施工承包单位内部审查工程竣工结算的主要内容有（　　）。

A. 工程结算资料的完备性　　B. 工程结算的准确性

C. 取费标准执行的严格性　　D. 工程结算资料递交程序的合法性

E. 取费依据的时效性

答案：B、C、E

［**解析**］施工承包单位内部审查：

（1）审查结算的项目范围、内容与合同约定的项目范围、内容的一致性；

（2）审查工程量计算的准确性、工程量计算规则与计价规范或定额的一致性；

（3）审查执行合同约定或现行的计价原则、方法的严格性。对于工程量清单或定额缺项以及采用新材料、新工艺的，应根据施工过程中的合理消耗和市场价格审核结算单价；

（4）审查变更签证凭据的真实性、合法性、有效性，核准变更工程费用；

（5）审查索赔是否依据合同约定的索赔处理原则、程序和计算方法以及索赔费用的真实性、合法性、准确性；

（6）审查取费标准执行的严格性，并审查取费依据的时效性、相符性。

4. 施工承包单位内部审查工程竣工结算的主要内容包括（　　）。

A. 审查结算的项目范围、内容与合同约定的项目范围、内容的一致性

B. 审查工程量计算的准确性、工程量计算规则与计价规范或定额的一致性

C. 审查执行合同约定或现行的计价原则、方法的严格性

D. 审查变更签证凭据的真实性、合法性、有效性，核准变更工程费用

E. 审查工程竣工结算的递交程序和资料的完备性

答案：A、B、C、D

[**解析**] 施工承包单位内部审查工程竣工结算的主要内容：

(1) 审查结算的项目范围、内容与合同约定的项目范围、内容的一致性；

(2) 审查工程量计算的准确性、工程量计算规则与计价规范或定额的一致性；

(3) 审查执行合同约定或现行的计价原则、方法的严格性。对于工程量清单或定额缺项以及采用新材料、新工艺的，应根据施工过程中的合理消耗和市场价格审核结算单价；

(4) 审查变更签证凭据的真实性、合法性、有效性，核准变更工程费用；

(5) 审查索赔是否依据合同约定的索赔处理原则、程序和计算方法以及索赔费用的真实性、合法性、准确性；

(6) 审查取费标准执行的严格性，并审查取费依据的时效性、相符性。

考点十七：工程质量保证金预留与返还

点评：这是2017年版教材新增加的一部分内容，2019年版教材又进行了修改，根据《标准施工招标文件》的摘录，内容不多，也不存在难点。分析近几年考题，考题多集中在《建设工程质量保证金管理办法》有关质量保证金的规定考核。

知识要点集成

表6-19 工程质量保证金预留与返还

相关概念	工程质量保证金	工程质量保证金（有时也称工程质量保修金）是指建设单位与施工承包单位在工程承包合同中约定，从应付工程款中预留、用以保证施工承包单位在缺陷责任期内对建设工程出现的缺陷进行维修的资金
	缺陷责任期	缺陷责任期是指施工承包单位对已交付使用的工程承担合同约定的缺陷修复责任的期限。缺陷责任期一般为1年，最长不超过2年，具体可由发承包双方在合同中约定
缺陷责任期起算时间	根据住房城乡建设部、财政部发布的《建设工程质量保证金管理办法》（建质〔2017〕138号），缺陷责任期从工程通过竣工验收之日起计。由于承包人原因导致工程无法按规定期限进行竣工验收的，缺陷责任期从实际通过竣工验收之日起计。由于发包人原因导致工程无法按规定期限进行竣工验收的，在承包人提交竣工验收报告90天后，工程自动进入缺陷责任期	
缺陷责任期延长	根据《标准施工招标文件》（2007年版）中的通用合同条件，由于施工承包单位原因造成某项缺陷或损坏使某项工程或工程设备不能按原定目标使用而需要再次检查、检验和修复的，建设单位有权要求施工承包单位相应延长缺陷责任期，但缺陷责任期最长不超过2年	

续表 6-19

工程质量保证金预留	根据住房城乡建设部、财政部发布的《建设工程质量保证金管理办法》(建质〔2017〕138 号)，发包人应按合同约定方式预留保证金，保证金总预留比例不得高于工程价款结算总额的 3%。合同约定由承包人以银行保函替代预留保证金的，保函金额不得高于工程价款结算总额的 3%。 在工程项目竣工前，已经缴纳履约保证金的，发包人不得同时预留工程质量保证金。采用工程质量保证担保、工程质量保险等其他保证方式的，发包人不得再预留保证金
工程质量保证金的使用	在工程使用过程中发现已由建设单位接收的工程存在新的缺陷部位或部件又遭损坏的，施工承包单位应负责修复，直至检验合格为止。因施工承包单位原因造成的缺陷，施工承包单位应承担修复和查验费用。施工承包单位不能在合理时间内修复缺陷的，建设单位可自行修复或委托其他人修复，所需费用和利润应由施工承包单位承担。因建设单位原因造成的缺陷，建设单位应承担修复和查验费用，并支付施工承包单位合理利润。因他人或不可抗力原因造成的缺陷，施工承包单位不承担修复和查验费用，建设单位不得从工程质量保证金中扣除费用。建设单位委托施工承包单位修复的，建设单位应支付施工承包单位相应的修复和查验费用
工程质量保证金的返还	缺陷责任期满时，施工承包单位向建设单位申请返还工程质量保证金。发包人在接到承包人返还保证金申请后，应于 14 天内会同承包人按照合同约定的内容进行核实。如无异议，发包人应当按照约定将保证金返还给承包人。对返还期限没有约定或约定不明确的，发包人应当在核实后 14 天内将保证金返还给承包人，逾期未返还的，依法承担违约责任。发包人在接到承包人返还保证金申请后 14 天内不予答复，经催告后 14 天内仍不予答复，视同认可承包人的返还保证金申请。 缺陷责任期满时，承包人没有完成缺陷责任的，发包人有权扣留与未履行责任剩余工作所需金额相应的工程质量保证金，并有权根据合同约定要求延长缺陷责任期，直至完成剩余工作为止

经典考题剖析

一、2023 年考题

项目合同价为 5 000 万元，结算价为 4 500 万元，该项目的质量保证金应该是(　　)万元。

A. 135　　B. 150　　C. 250　　D. 225

答案：A

[**解析**] 根据住房城乡建设部、财政部发布的《建设工程质量保证金管理办法》(建质〔2017〕138 号)，发包人应按合同约定方式预留保证金，保证金总预留比例不得高于工程价款结算总额的 3%。本题目质量保证金应该是 4 500×3%=135 (万元)。

二、2022 年考题

在计算质量保证金预留时，应考虑的因素有(　　)。

A. 预付款支付与扣回　　B. 保修期限

C. 缺陷责任期　　D. 合同约定质保金和比例

答案：D

［**解析**］根据《建设工程质量保证金管理办法》（建质〔2017〕138号），发包人应当在招标文件中明确保证金预留、返还等内容，并与承包人在合同条款中对涉及保证金的下列事项进行约定：

（1）保证金预留、返还方式；

（2）保证金预留比例、期限；

（3）保证金是否计付利息，如计付利息，利息的计算方式；

（4）缺陷责任期的期限及计算方式；

（5）保证金预留、返还及工程维修质量、费用等争议的处理程序；

（6）缺陷责任期内出现缺陷的索赔方式；

（7）逾期返还保证金的违约金支付办法及违约责任。

选项A，预付款不是质量保证金；选项B，保修期限不是合同约定的内容，是法律规范规定的内容；选项C，按照《建设工程质量保证金管理办法》，确实应该考虑缺陷责任期的具体内容，显然，考题中该选项不够具体。

三、2021年考题

根据《建设工程质量保证金管理办法》，保证金总预留比例不得高于工程价款结算总额的（　　）。

A. 2%　　B. 3%　　C. 4%　　D. 5%

答案：B

［**解析**］合同约定由承包人以银行保函替代预留保证金的，保函金额不得高于工程价款结算总额的3%。

四、其他题目

1. 某工程合同约定以银行保函替代预留工程质量保证金，签约合同价为800万元。工程价款结算总额为780万元，依据《建设工程质量保证金管理办法》，该保函金额最大为（　　）万元。

A. 15.6　　B. 16.0　　C. 23.4　　D. 24.0

答案：C

［**解析**］根据《建设工程质量保证金管理办法》（建质〔2017〕138号），发包人应按合同约定方式预留保证金，保证金总预留比例不得高于工程价款结算总额的3%。合同约定由承包人以银行保函替代预留保证金的，保函金额不得高于工程价款结算总额的3%，即780×3%=23.4（万元）。

2. 根据《标准施工招标文件》，下列关于缺陷责任期的说法，正确的是（　　）。

A. 缺陷责任期就是质量保修期

B. 缺陷责任期可以由发承包双方任意约定

C. 缺陷责任期不得延长

D. 缺陷责任期是指施工承包单位对已交付使用的工程承担合同约定的缺陷修复责

任的期限

答案：D

［**解析**］选项A，缺陷责任期与工程保修期既有区别又有联系，两者概念定义的依据不同。选项B，缺陷责任期是由发承包双方约定，但不能任意约定。选项C，由于施工承包单位原因造成某项缺陷或损坏使某项工程或工程设备不能按原定目标使用而需要再次检查、检验和修复的，建设单位有权要求施工承包单位相应延长缺陷责任期。选项D，缺陷责任期是指施工承包单位对已交付使用的工程承担合同约定的缺陷修复责任的期限。

3. 根据《标准施工招标文件》，下列关于施工缺陷责任的说法，正确的是（　　）。

A. 施工承包单位应在缺陷责任期内对已交付使用的工程承担缺陷责任

B. 已由建设单位接收的工程存在新的缺陷部位，施工承包单位不负责修复

C. 已由建设单位接收由于建设单位使用原因造成的新的缺陷，施工承包单位应负责修复

D. 因不可抗力原因造成的缺陷，施工承包单位不承担修复责任

E. 因建设单位原因造成的缺陷，建设单位应承担修复和查验费用，并支付施工承包单位合理利润

答案：A、C、E

［**解析**］选项A，施工承包单位应在缺陷责任期内对已交付使用的工程承担缺陷责任。选项B、C，在工程使用过程中发现已由建设单位接收的工程存在新的缺陷部位或部件又遭损坏的，施工承包单位应负责修复，直至检验合格为止。选项D，因他人或不可抗力原因造成的缺陷，施工承包单位不承担修复和查验费用，建设单位不得从工程质量保证金中扣除费用，施工单位还应承担修复责任。选项E，因建设单位原因造成的缺陷，建设单位应承担修复和查验费用，并支付施工承包单位合理利润。

4. 缺陷责任期满时，施工承包单位向建设单位申请返还工程质量保证金。发包人在接到承包人返还保证金申请后，应于（　　）天内会同承包人按照合同约定的内容进行核实。

A. 21　　B. 14　　C. 15　　D. 30

答案：B

［**解析**］缺陷责任期满时，施工承包单位向建设单位申请返还工程质量保证金。发包人在接到承包人返还保证金申请后，应于14天内会同承包人按照合同约定的内容进行核实。

难 题 解 析

一、单项选择题

1. 工程项目策划中，需要通过项目定位策划确定工程项目的（　　）。

A. 系统框架　　B. 系统组成

C. 规格和档次　　D. 用途和性质

答案：C

［解题要点］ 选项A、B，在工程项目定义和定位明确的前提下，需要提出工程项目系统框架，进行工程项目功能分析，确定工程项目系统组成；选项C，工程项目定位是要根据市场需求，综合考虑投资能力和最有利的投资方案，决定工程项目的规格和档次；选项D，工程项目定义是指要明确界定工程项目的用途、性质。

2. 对有营业收入的非经营性项目进行财务分析时，应以营业收入抵补下列支出：①生产经营耗费；②偿还借款利息；③缴纳流转税；④计提折旧和偿还借款本金。正常的收入补偿顺序是（　　）。

A. ①②③④　　B. ①③②④

C. ③①②④　　D. ①③④②

答案：B

［解题要点］ 对有营业收入的项目，财务分析应根据收入抵补支出的程度，区别对待。收入补偿费用的顺序应为补偿人工、材料等生产经营耗费，缴纳流转税，偿还借款利息，计提折旧和偿还借款本金。

3. 财务效益与财务费用估算所遵循的“有无对比”原则是指（　　）对比。

A. 现金流入与流出的界定对等　　B. “有生产、全销售、无库存”状态

C. “有项目”和“无项目”状态　　D. 有无增值税对比一致状况

答案：C

［解题要点］“有无对比”原则。“有无对比”是指“有项目”相对于“无项目”的对比分析。“无项目”状态是指不对该项目进行投资时，在计算期内，与项目有关的资产、费用与收益的预计发展情况；“有项目”状态是指对该项目进行投资后，在计算期内，资产、费用与收益的预计情况。“有无对比”求出项目的增量效益，排除了项目实施以前各种条件的影响，突出项目活动的效果。“有项目”与“无项目”两种情况下，效益和费用的计算范围、计算期应保持一致，具有可比性。

4. 在进行融资前分析时，估算财务效益和费用时首先应估算（　　）。

A. 独立于融资方案的建设投资和营业收入　　B. 经营成本和流动资金

C. 建设期利息　　D. 固定资产原值

答案：A

［解题要点］ 财务效益和费用的估算步骤。财务效益和费用的估算步骤应该与财务分析的步骤相匹配。在进行融资前分析时，应先估算独立于融资方案的建设投资和营业收入，然后是经营成本和流动资金。在进行融资后分析时，应先确定初步融资方案，然后估算建设期利息，进而完成固定资产原值的估算，通过还本付息计算求得运营期各年利息，最终完成总成本费用的估算。

5. 下列投资方案现金流量表中，用来计算累计盈余资金、分析投资方案财务生存能力的是（　　）。

A. 投资现金流量表　　B. 资本金现金流量表

C. 投资各方现金流量表　　D. 财务计划现金流量表

答案：D

［解题要点］ 财务计划现金流量表反映投资方案计算期各年的投资、融资及经营活动的现金流入和流出，用于计算累计盈余资金，分析投资方案的财务生存能力。考生应注意四个选项的各个现金流量表的区别，鉴于内容较多，在此不一一阐述。

6. 下列工程项目策划内容中，属于工程项目实施策划的是（　　）。

A. 工程项目目标策划　　B. 工程项目系统构成

C. 工程项目的定位　　D. 工程项目建设规模

答案：A

[解题要点] 工程项目实施策划旨在将体现建设意图的工程项目构思，变成有实现可能性和可操作性的行动方案，提出带有谋略性和指导性的设想。包括工程项目组织策划、工程项目融资策划、工程项目目标策划和工程项目实施过程策划。

7. 下列工程项目经济评价参数，可用于项目经济分析的参数是（　　）。

A. 社会折现率　　B. 财务净现值

C. 净利润　　D. 市场利率

答案：A

[解题要点] 财务分析和经济分析采用的评价标准和参数不同。项目财务分析的主要标准和参数是净利润、财务净现值、市场利率等，而项目经济分析的主要标准和参数是净收益、经济净现值、社会折现率等。

8. 下列关于计算资本金财务内部收益率的说法，正确的是（　　）。

A. 以投资方案建设所需的总投资作为计算基础

B. 从投资方案全部投资者整体（即项目法人）角度出发

C. 把借款本金偿还和利息支付作为现金流出

D. 借款本金偿还作为现金流出，利息作为收入

答案：C

[解题要点] 资本金现金流量表是从投资方案权益投资者整体（即项目法人）角度出发，以投资方案资本金作为计算的基础，把借款本金偿还和利息支付作为现金流出，用以计算资本金财务内部收益率，反映在一定融资方案下投资者权益投资的获利能力，用以比选融资方案，为投资者投资决策、融资决策提供依据。

9. 初步设计阶段限额设计是应用价值工程的基本原理，通过多方案技术经济比选，创造出价值较高、技术经济性较为合理的设计方案，该阶段限额设计的依据是（　　）。

A. 项目建议书和初步投资估算

B. 最终确定的可行性研究方案和投资估算

C. 初步设计方案和设计概算

D. 施工图是设计单位的最终成果文件

答案：B

[解题要点] 初步设计阶段需要依据最终确定的可行性研究方案和投资估算，对影响投资的因素按照专业进行分解，并将规定的投资限额下达到各专业设计人员。设计人员应用价值工程的基本原理，通过多方案技术经济比选，创造出价值较高、技术经济性较为合理的初步设计方案，并将设计概算控制在批准的投资估算内。

10. 限额设计需要在投资额度不变的情况下，实现（　　）的目标。

A. 设计方案和施工组织最优化　　B. 总体布局和设计方案最优化

C. 建设规模和投资效益最大化　　D. 使用功能和建设规模最大化

答案：D

[解题要点] 限额设计需要在投资额度不变的情况下，实现使用功能和建设规模的最大化。

11. 造价控制目标分解的合理步骤是（　　）。

A. 投资限额—各专业设计限额—各专业设计人员目标

B. 投资限额—各专业设计去品目标—各专业设计限额

C. 各专业设计限额—各专业设计人员目标—设计概算

D. 各专业设计人员目标—各专业设计限额—设计概算

答案：A

[解题要点] 目标分解：首先，将上一阶段确定的投资额分解到建筑、结构、电气、给排水和

暖通等设计部门的各个专业。其次，将投资限额再分解到各个单项工程、单位工程、分部工程及分项工程。在目标分解过程中，要对设计方案进行综合分析与评价。最后，将各细化的目标明确到相应设计人员，制订明确的限额设计方案。通过层层目标分解和限额设计，实现对投资限额的有效控制。

12. 采用筛选审查法审查施工图预算的特点是（　　）。

A. 便于掌握，审查速度较快，但有局限性　　B. 应用范围广，但审查工作量大

C. 审查效果好，但时间较长　　D. 可以加快审查进度，但审查精度较差

答案：A

［**解题要点**］筛选审查法。这也属于一种对比方法，即对数据加以汇集、优选、归纳，建立基本值，并以基本值为准进行筛选，对于未被筛下去的，即不在基本值范围内的数据进行较为详尽的审查。其优点是便于掌握，审查速度较快；缺点是有局限性，较适用于住宅工程或不具备全面审查条件的工程项目。

13. 因不可抗力事件导致承包单位停工损失 8 万元，施工单位的设备损失 5 万元，已运至现场的材料损失 2 万元，第三者财产损失 4 万元，施工单位停工期间应监理要求照管现场清理和复原工作费用 12 万元，应由发包人承担的费用（　　）万元。

A. 13　　B. 15　　C. 18　　D. 31

答案：C

［**解题要点**］由发包人承担的费用：已运至现场的材料损失 2 万元，第三者财产损失 4 万元，施工单位停工期间应监理要求照管现场工作费用 12 万元。2＋4＋12＝18（万元）。不可抗力导致的施工承包单位设备损失 5 万元和停工损失 8 万元由承包单位自己承担。

14. 下列不同计价方式的合同中，建设单位最难控制工程造价的是（　　）。

A. 成本加百分比酬金合同　　B. 单价合同

C. 目标成本加奖罚合同　　D. 总价合同

答案：A

［**解题要点**］不同计价方式的合同比较见下表。

合同类型	总价合同	单价合同	成本加酬金合同			
			百分比酬金	固定酬金	浮动酬金	目标成本加奖罚
应用范围	广泛	广泛	有局限性			酌情
建设单位造价控制	易	较易	最难	难	不易	有可能
施工承包单位风险	大	小	基本没有		不大	有

15. 根据《标准施工招标文件》，出现下列情况时，应由发包人负责赔偿的是（　　）。

A. 工程或工程的任何部分对土地的占用所造成的第三者财产损失

B. 在施工场地内造成的第三者人身伤亡

C. 在施工场地毗邻地带造成的第三者人身伤亡

D. 在施工场地毗邻地带造成的第三者财产损失

答案：A

［解题要点］ 发包人的安全责任规定中，发包人应负责赔偿以下各种情况造成的第三者人身伤亡和财产损失：工程或工程的任何部分对土地的占用所造成的第三者财产损失；由于发包人原因在施工场地及其毗邻地带造成的第三者人身伤亡和财产损失。

16. 根据《标准设计施工总承包招标文件》，对承包人提供的材料和工程设备应（　　）。

A. 承包人应会同监理人进行检验和交货验收，所需费用由承包人承担

B. 由监理人进行交货验收，所需费用由承包人承担

C. 由监理人进行交货验收，所需费用由发包人承担

D. 承包人应会同监理人进行检验和交货验收，所需费用由发包人承担

答案：A

［解题要点］ 对承包人提供的材料和工程设备，承包人应会同监理人进行检验和交货验收，查验材料合格证明和产品合格证书，并按合同约定和监理人指示，进行材料的抽样检验和工程设备的检验测试，检验和测试结果应提交监理人，所需费用由承包人承担。

17. 根据《标准设计施工总承包招标文件》，下列关于预付款的说法，正确的是（　　）。

A. 发包人支付预付款的前提是承包人向发包人提交预付款保函

B. 预付款保函的担保金额应与支付时预付款金额相同

C. 预付款在颁发工程接收证书时一次性返还

D. 若预付款尚未扣清的，尚未扣清的预付款余额应作为承包人的到期应付款

答案：D

［解题要点］ 预付款。预付款的额度和支付在专用合同条款中约定。除专用合同条款另有约定外，承包人应在收到预付款的同时向发包人提交预付款保函，预付款保函的担保金额应与预付款金额相同。保函的担保金额可根据预付款扣回的金额相应递减。预付款在进度付款中扣回，扣回办法在专用合同条款中约定。在颁发工程接收证书前，由于不可抗力或其他原因解除合同时，预付款尚未扣清的，尚未扣清的预付款余额应作为承包人的到期应付款。

18. 根据《标准设计施工总承包招标文件》，发包人应在监理人出具最终结清证书后的（　　）天内，将应支付款支付给承包人。

A. 14　　B. 7　　C. 28　　D. 56

答案：A

［解题要点］ 发包人应在监理人出具最终结清证书后的 14 天内，将应支付款支付给承包人。

19. 施工招标策划主要内容不包括（　　）。

A. 施工标段的划分　　B. 合同计价方式

C. 合同类型选择　　D. 发布招标公告

答案：D

［解题要点］ 施工招标策划主要包括施工标段划分、合同计价方式及合同类型选择等内容。

20. 根据 FIDIC《施工合同条件》，下列关于指定分包商的说法，正确的是（　　）。

A. 指定分包商直接与业主签订合同

B. 发包人可以向指定分包商直接支付工程进度款

C. 对指定分包商施工过程的监督、协调工作应纳入承包商的管理之中

D. 给指定分包商的付款在最终结清时一次性支付

答案：C

［解题要点］ 选项 A，指定分包商是与承包商签订分包合同；选项 B，为了不损害承包商的利益，给指定分包商的付款应从暂定金额内开支；选项 C，指定分包商在合同关系方面与一般分包商处于同等地位，对其施工过程的监督、协调工作应纳入承包商的管理之中；选项 D，承包商在每个月末报送工程进度款支付报表时，（咨询）工程师有权要求其出示以前已按指定分包合同给指定分包商付款的

证明。

21. 采用多方案报价法，可降低投标风险，但投标工作量较大。通常不适用的情形是（　　）。

A. 招标文件中的工程范围不很明确

B. 单价与包干混合制合同中，招标人要求有些项目采用包干报价时

C. 条款不很清楚或很不公正

D. 技术规范要求过于苛刻的工程

答案：B

［**解题要点**］多方案报价法适用于招标文件中的工程范围不很明确，条款不很清楚或很不公正，或技术规范要求过于苛刻的工程。

22. 采用目标利润法编制成本计划时，目标成本的计算方法是从（　　）中扣除目标利润。

A. 概算价格　　B. 预算价格

C. 合同价格　　D. 结算价格

答案：C

［**解题要点**］目标利润法是指根据工程项目的合同价格扣除目标利润后得到目标成本的方法。在采用正确的投标策略和方法以最理想的合同价中标后，从标价中扣除预期利润、税金、应上缴的管理费等之后的余额即为工程项目实施中所能支出的最大限额。

23. 下列方法中，可用于编制工程项目成本计划的是（　　）。

A. 挣值分析法　　B. 目标利润法

C. 工期-成本同步分析法　　D. 成本分析表法

答案：B

［**解题要点**］成本计划的编制方法包括目标利润法、技术进步法、按实计算法、定率估算法（历史资料法）。

24. 下列施工成本考核指标中，属于施工企业对项目成本考核的是（　　）。

A. 项目施工成本降低率　　B. 目标总成本降低率

C. 施工责任目标成本实际降低率　　D. 施工计划成本实际降低率

答案：A

［**解题要点**］企业的项目成本考核指标：

项目施工成本降低额＝项目施工合同成本－项目实际施工成本。

项目施工成本降低率＝项目施工成本降低额/项目施工合同成本×100％。

25. 某工程计划外购商品混凝土 3 000m^3，计划单价为 420 元/m^3，实际采购 3 100m^3，实际单价为450 元/m^3，则由于采购量增加而使外购商品混凝土成本增加（　　）万元。

A. 4.2　　B. 4.5　　C. 9.0　　D. 9.3

答案：A

［**解题要点**］成本分析见下表。

计算顺序	计划量/m^3	计划单价/(元/m^3)	混凝土成本/元	差异数/元	差异原因
计划数	3 000	420	1 260 000		
第一次代替	3 100	420	1 302 000	42 000	由于采购量增加
第二次代替	3 100	450	1 395 000	93 000	由于价格增加
合　计				135 000	

26. 施工项目成本分析的基本方法是（　　）。

A. 双倍余额法　　B. 平均年限法

C. 比较法　　D. 指数平滑法

答案：C

[解题要点] 成本分析的基本方法包括：比较法、因素分析法、差额计算法、比率法等。

27. 下列关于工程变更的说法中，正确的是（　　）。

A. 除了受自然条件的影响外，一般不得发生变更

B. 工程变更指令发出后，应当迅速落实指令

C. 如果出现了必须变更的情况，则应抢在变更指令发出前尽快落实变更

D. 若承包人不能全面落实变更指令，则扩大的损失应当由发包人承担

答案：B

[解题要点] 对于工程变更的处理要求：工程变更后，应当尽快落实变更。工程变更指令发出后，应当迅速落实指令，全面修改相关的各种文件。承包人也应当抓紧落实，如果承包人不能全面落实变更指令，则扩大的损失应当由承包人承担。

28. 施工承包单位应在知道或应当知道索赔事件发生后（　　）天内，向监理工程师递交索赔意向通知书。

A. 7　　B. 14　　C. 28　　D. 42

答案：C

[解题要点] 施工承包单位应在知道或应当知道索赔事件发生后 28 天内，向监理人递交索赔意向通知书，并说明发生索赔事件的事由。

29. 在工程项目成本管理中，由进度偏差引起的累计成本偏差可以用（　　）的差值度量。

A. 已完工程预算成本与拟完工程预算成本

B. 已完工程预算成本与已完工程实际成本

C. 已完工程实际成本与拟完工程预算成本

D. 已完工程实际成本与已完工程预算成本

答案：A

[解题要点] 挣值分析法是对工程项目成本/进度进行综合控制的一种分析方法。通过比较已完工程预算成本（*BCWP*）与已完工程实际成本（*ACWP*）之间的差值，可以分析由于实际价格的变化而引起的累计成本偏差；通过比较已完工程预算成本（*BCWP*）与拟完工程预算成本（*BCWS*）之间的差值，可以分析由于进度偏差而引起的累计成本偏差。

30. 某工程施工至 2013 年 9 月底，已完工程计划费用（*BCWP*）为 800 万元，已完工程实际费用（*ACWP*）为 600 万元，拟完工程计划费用（*BCWS*）为 700 万元，则该工程此时的偏差情况是（　　）。

A. 费用节约，进度提前　　B. 费用超支，进度拖后

C. 费用节约，进度拖后　　D. 费用超支，进度提前

答案：A

[解题要点] 费用偏差（*CV*）＝已完工程计划费用（*BCWP*）－已完工程实际费用（*ACWP*）＝800－600＝200＞0；当 *CV*＞0 时，说明工程费用节约。

进度偏差（*SV*）＝已完工程计划费用（*BCWP*）－拟完工程计划费用（*BCWS*）＝800－700＝100＞0；当 *SV*＞0 时，说明工程进度提前。

31. 下列引起投资偏差的原因中，属于业主原因的是（　　）。

A. 结构变更　　B. 地基因素

C. 进度安排不当　　D. 投资规划不当

答案：D

［**解题要点**］在引起投资偏差的原因中，业主原因主要包括投资规划不当；组织不落实；建设手续不健全；未及时付款；协调不佳；其他。

32. 根据《建设工程价款结算暂行办法》（财建〔2004〕369 号），单项工程竣工后，施工承包单位应按规定程序向建设单位递交竣工结算报告及完整的结算资料，建设单位针对 500 万元以下和 500 万元～2 000 万元的审查时限分别是（　　）。

A. 20 天和 30 天
B. 30 天和 40 天
C. 20 天和 45 天
D. 30 天和 60 天

答案：A

［**解题要点**］根据《建设工程价款结算暂行办法》（财建〔2004〕369 号），单项工程竣工后，施工承包单位应按规定程序向建设单位递交竣工结算报告及完整的结算资料，建设单位应按下表规定的时限进行核对、审查，并提出审查意见。

工程竣工结算报告金额	审查时限 （从接到竣工结算报告和完整的竣工结算资料之日起）
500 万元以下	20 天
500 万元～2 000 万元	30 天
2 000 万元～5 000 万元	45 天
5 000 万元以上	60 天

33. 根据《标准施工招标文件》中的通用合同条件，由于施工承包单位原因造成某项缺陷不能按原定目标使用而需要再次检查、检验和修复的，建设单位有权要求施工承包单位相应延长缺陷责任期，但缺陷责任期最长不超过（　　）年。

A. 1
B. 2
C. 3
D. 5

答案：B

［**解题要点**］根据《标准施工招标文件》中的通用合同条件，由于施工承包单位原因造成某项缺陷或损坏使某项工程或工程设备不能按原定目标使用而需要再次检查、检验和修复的，建设单位有权要求施工承包单位相应延长缺陷责任期，但缺陷责任期最长不超过 2 年。

二、多项选择题

1. 工程项目构想策划的主要内容包括（　　）策划。

A. 工程项目的定义
B. 工程项目的定位
C. 工程项目组织
D. 工程项目的系统构成
E. 其他

答案：A、B、D、E

［**解题要点**］工程项目构想策划的主要内容包括：

（1）工程项目的定义。即描述工程项目的性质、用途和基本内容。

（2）工程项目的定位。即描述工程项目的建设规模、建设水准，工程项目在社会经济发展中的地位、作用和影响力，并进行工程项目定位依据及必要性和可能性分析。

（3）工程项目的系统构成。描述系统的总体功能，系统内部各单项工程、单位工程的构成，各自作用和相互联系，内部系统与外部系统的协调、协作和配套的策划思路及方案的可行性分析。

（4）其他。与工程项目实施及运行有关的重要环节策划，均可列入工程项目构思策划的范畴。

2. 项目经济分析与项目财务分析比较，项目经济分析是指（ ）。

A. 当项目的投入或产出能够给国民经济带来贡献时才被当作项目的费用或效益进行评价

B. 分析的对象是企业或投资人的财务收益和成本

C. 主要标准和参数是净收益、经济净现值、社会折现率等

D. 必须随着国家财务制度的变更而做出相应的变化

E. 分析的对象是由项目带来的国民收入增值情况

答案：A、C、E

[解题要点]（1）两种分析的出发点和目的不同。项目财务分析是站在企业或投资人的立场上，从其利益角度分析评价项目的财务收益和成本，而项目经济分析则是从国家或地区的角度分析评价项目对整个国民经济乃至整个社会所产生的收益和成本。

（2）两种分析中费用和效益的组成不同。在项目财务分析中，凡是流入或流出的项目货币收支均视为企业或投资者的费用和效益，而在项目经济分析中，只有当项目的投入或产出能够给国民经济带来贡献时才被当作项目的费用或效益进行评价。

（3）两种分析的分析对象不同。项目财务分析的对象是企业或投资人的财务收益和成本，而项目经济分析的对象是由项目带来的国民收入增值情况。

（4）两种分析中衡量费用和效益的价格尺度不同。项目财务分析关注的是项目的实际货币效果，它根据预测的市场交易价格去计量项目投入和产出物的价值，而项目经济分析关注的是对国民经济的贡献，采用体现资源合理有效配置的影子价格去计量项目投入和产出物的价值。

（5）两种分析的内容和方法不同。项目财务分析主要采用企业成本和效益的分析方法，项目经济分析需要采用费用和效益分析、成本和效益分析和多目标综合分析等方法。

（6）两种分析采用的评价标准和参数不同。项目财务分析的主要标准和参数是净利润、财务净现值、市场利率等，而项目经济分析的主要标准和参数是净收益、经济净现值、社会折现率等。

（7）两种分析的时效性不同。项目财务分析必须随着国家财务制度的变更而做出相应的变化，而项目经济分析多数是按照经济原则进行评价。

3. 工程项目经济评价应遵循的基本原则包括（ ）。

A. 效益与费用计算口径对应一致的原则

B. 经济分析与财务分析采用价格相一致的原则

C. 收益与风险权衡的原则

D. 定量分析与定性分析相结合，以定性分析为主的原则

E. 动态分析与静态分析相结合，以动态分析为主的原则

答案：A、C、E

[解题要点] 工程项目经济评价应遵循的基本原则：

（1）"有无对比"原则。"有无对比"是指"有项目"相对于"无项目"的对比分析。"无项目"状态是指不对该项目进行投资时，在计算期内，与项目有关的资产、费用与收益的预计发展情况；"有项目"状态是指对该项目进行投资后，在计算期内，资产、费用与收益的预计情况。"有无对比"求出项目的增量效益，排除了项目实施以前各种条件的影响，突出项目活动的效果。"有项目"与"无项目"两种情况下，效益和费用的计算范围、计算期应保持一致，具有可比性。

（2）效益与费用计算口径对应一致的原则。将效益与费用限定在同一个范围内，才有可能进行比较，计算的净效益才是项目投入的真实回报。

（3）收益与风险权衡的原则。投资人关心的是效益指标，但是，对于可能给项目带来风险的因素考虑得不全面，对风险可能造成的损失估计不足，结果往往有可能使得项目失败。收益与风险权衡的原则提示投资者，在进行投资决策时，不仅要看到效益，也要关注风险，权衡得失利弊后再进行

决策。

（4）定量分析与定性分析相结合，以定量分析为主的原则。经济评价的本质就是要对拟建项目在整个计算期的经济活动，通过效益与费用的计算，对项目经济效益进行分析和比较。一般来说，项目经济评价要求尽量采用定量指标，但对一些不能量化的经济因素，不能直接进行数量分析，为此，需要进行定性分析，并与定量分析结合起来进行评价。

（5）动态分析与静态分析相结合，以动态分析为主的原则。动态分析是指考虑资金的时间价值对现金流量进行分析。静态分析是指不考虑资金的时间价值对现金流量进行分析。项目经济评价的核心是动态分析，静态指标与一般的财务和经济指标内涵基本相同，比较直观，但只能作为辅助指标。

4. 分析项目投资的经济效率，具体可以采用的经济费用效益分析指标包括（　　）。

A. 经济净现值　　B. 经济内部收益率

C. 标准折现率　　D. 经济效益费用比

E. 社会折现率

答案：A、B、D

［**解题要点**］计算经济费用效益分析指标，分析项目投资的经济效率，具体可以采用经济净现值（*ENPV*）、经济内部收益率（*EIRR*）、经济效益费用比（*RBC*）等指标。

5. 区域经济与宏观经济影响分析应遵循系统性、综合性、定性分析与定量分析相结合的原则。分析的指标体系由（　　）构成。

A. 总量指标　　B. 结构指标

C. 社会与环境指标　　D. 国力适应性指标

E. 各年分解指标

答案：A、B、C、D

［**解题要点**］区域经济与宏观经济影响分析指标。区域经济与宏观经济影响分析应遵循系统性、综合性、定性分析与定量分析相结合的原则。分析的指标体系宜由总量指标、结构指标、社会与环境指标和国力适应性指标构成。

6. 下列关于资本金内部收益率的说法，正确的是（　　）。

A. 资本金内部收益率反映在一定融资方案下投资者权益投资的获利能力

B. 资本金内部收益率为各个方案进行比较建立共同的基础

C. 资本金内部收益率用以比选融资方案

D. 资本金内部收益率为投资者投资决策、融资决策提供依据

E. 资本金内部收益率用于考察投资方案融资前的盈利能力

答案：A、C、D

［**解题要点**］资本金现金流量表是从投资方案权益投资者整体（即项目法人）角度出发，以投资方案资本金作为计算的基础，把借款本金偿还和利息支付作为现金流出，用以计算资本金财务内部收益率，反映在一定融资方案下投资者权益投资的获利能力，用以比选融资方案，为投资者投资决策、融资决策提供依据。

7. 在财务分析的项目投资现金流量表中，属于现金流出构成内容的有（　　）。

A. 建设投资　　B. 总成本费用

C. 流动资金　　D. 所得税

E. 销售税金及附加

答案：A、C、E

［**解题要点**］项目投资现金流量表是项目融资前分析其盈利能力的报表，表中现金流出主要包括建设投资、流动资金、经营成本、销售税金及附加。

8. 下列关于建设工程限额设计的说法，正确的有（　　）。

A. 限额设计应遵循全寿命期费用最低原则

B. 限额设计的重要依据是批准的投资总额

C. 限额设计时工程使用功能不能减少

D. 限额设计应追求技术经济合理的最佳整体目标

E. 限额设计可分为限额初步设计和限额施工图设计

答案：B、C、D

[解题要点] 选项A，限额设计是在投资额度不变的情况下，实现使用功能和建设规模最大化，不是遵循全寿命期费用最低的原则。选项B，对政府工程而言，投资决策阶段的可行性研究报告是政府部门核准投资总额的主要依据，而批准的投资总额则是进行限额设计的重要依据。选项C，限额设计中，工程使用功能不能减少，技术标准不能降低，工程规模也不能削减。选项D，限额设计的目标制订阶段应统筹兼顾，全面考虑，追求技术经济合理的最佳整体目标。选项E，限额设计包括目标制订、目标分解、目标实施和成果评价四个阶段。

9. 常用的设计概算审查方法包括（　　）。

A. 对比分析法

B. 查询核实法

C. 分类整理法

D. 联合会审法

E. 筛选审查法

答案：A、B、C、D

[解题要点] 采用适当方法对设计概算进行审查，是确保审查质量、提高审查效率的关键。常用的设计概算审查方法有以下五种：

（1）对比分析法。通过对比分析建设规模、建设标准、概算编制内容和编制方法、人材机单价等，发现设计概算存在的主要问题和偏差。

（2）主要问题复核法。对审查中发现的主要问题以及有较大偏差的设计进行复核，对重要、关键设备和生产装置或投资较大的项目进行复查。

（3）查询核实法。对一些关键设备和设施、重要装置以及图纸不全、难以核算的较大投资进行多方查询核对，逐项落实。

（4）分类整理法。对审查中发现的问题和偏差，对照单项工程、单位工程的顺序目录分类整理，汇总核增或核减的项目及金额，最后汇总审核后的总投资及增减投资额。

（5）联合会审法。在设计单位自审、承包单位初审、咨询单位评审、邀请专家预审、审批部门复审等层层把关后，由有关单位和专家共同审核。

10. 根据《标准施工招标文件》，在招标方式中，邀请招标与公开招标比较，其缺点主要有（　　）。

A. 选择面窄，有可能排除某些在技术上或报价上有竞争力的承包商参与投标

B. 投标竞争的激烈程度较差

C. 招标时间长

D. 对投标申请者进行评标的工作量大

E. 招标费用高

答案：A、B

[解题要点] 邀请招标方式的缺点是，由于投标竞争的激烈程度较差，有可能会提高中标合同价；也有可能排除某些在技术上或报价上有竞争力的承包商参与投标。

11. 根据《标准施工招标文件》，在按宣布的开标顺序当众开标时，应公布的内容包括（　　）。

A. 投标人名称

B. 唱标人名称

C. 标段名称

D. 投标报价

E. 履约保证金的递交情况

答案：A、C、D

［**解题要点**］开标时，应当众公布的内容包括：投标人名称、标段名称、投标保证金的递交情况、投标报价、质量目标、工期及其他内容，并记录在案。

12. 根据《标准施工招标文件》，承包人向监理人报送竣工验收申请报告的情形是指（　　）。

A. 承包人收到解除缺陷责任证书

B. 已按合同约定的内容和份数备齐了符合要求的竣工资料

C. 承包人收到履约保函

D. 监理人要求在竣工验收前应完成的其他工作

E. 监理人要求提交的竣工验收资料清单

答案：B、D、E

［**解题要点**］当工程具备以下条件时，承包人即可向监理人报送竣工验收申请报告：

（1）除监理人同意列入缺陷责任期内完成的尾工（甩项）工程和缺陷修补工作外，合同范围内的全部单位工程以及有关工作，包括合同要求的试验、试运行以及检验和验收均已完成，并符合合同要求；

（2）已按合同约定的内容和份数备齐了符合要求的竣工资料；

（3）已按监理人的要求编制了在缺陷责任期内完成的尾工（甩项）工程和缺陷修补工作清单以及相应施工计划；

（4）监理人要求在竣工验收前应完成的其他工作；

（5）监理人要求提交的竣工验收资料清单。

13. 根据《标准施工招标文件》，承包人暂停施工的责任是指（　　）。

A. 承包人违约引起的暂停施工

B. 由于承包人原因为工程合理施工和安全保障所必需的暂停施工

C. 承包人擅自暂停施工

D. 承包人其他原因引起的暂停施工

E. 不利的物质条件引起暂停施工

答案：A、B、C、D

［**解题要点**］承包人暂停施工的责任。因下列暂停施工增加的费用和（或）工期延误由承包人承担：

（1）承包人违约引起的暂停施工；

（2）由于承包人原因，为工程合理施工和安全保障所必需的暂停施工；

（3）承包人擅自暂停施工；

（4）承包人其他原因引起的暂停施工；

（5）专用合同条款约定由承包人承担的其他暂停施工。

14. 根据《标准施工招标文件》，下列事件中，承包人向发包人既可索赔工期又可索赔费用的有（　　）。

A. 提供图纸延误

B. 承包人遇到不利物质条件

C. 监理人对承包人的检验结果有疑问，重新检验结果证明该项材料符合合同要求

D. 施工过程发现文物

E. 承包人遇到异常恶劣的气候条件

答案：A、B、C、D

［**解题要点**］选项A，属于发包人的工期延误，承包人可以申请索赔费用和工期。在履行合同过程中，由于发包人的下列原因造成工期延误的，承包人有权要求发包人延长工期和（或）增加费用，

并支付合理利润：①增加合同工作内容；②改变合同中任何一项工作的质量要求或其他特性；③发包人迟延提供材料、工程设备或变更交货地点的；④因发包人原因导致的暂停施工；⑤提供图纸延误；⑥未按合同约定及时支付预付款、进度款；⑦发包人造成工期延误的其他原因。

选项B，承包人遇到不利物质条件时，承包人因采取合理措施而增加的费用和（或）工期延误，由发包人承担。

选项C，监理人对承包人的试验和检验结果有疑问的，重新试验和检验结果证明该项材料、工程设备和工程符合合同要求，由发包人承担由此增加的费用和（或）工期延误，并支付承包人合理利润。

选项D，施工场地发掘的所有文物、古迹以及具有地质研究或考古价值的其他遗迹、化石、钱币或物品属于国家所有。一旦发现上述文物，承包人应采取有效合理的保护措施，由此导致费用增加和（或）工期延误由发包人承担。

选项E，属于不可抗力。除专用合同条款另有约定外，不可抗力导致的人员伤亡、财产损失、费用增加和（或）工期延误等后果，由合同双方按以下原则承担：①永久工程，包括已运至施工场地的材料和工程设备的损害，以及因工程损害造成的第三者人员伤亡和财产损失由发包人承担；②承包人设备的损坏由承包人承担；③发包人和承包人各自承担其人员伤亡和其他财产损失及其相关费用；④承包人的停工损失由承包人承担，但停工期间应监理人要求照管工程和清理、修复工程的金额由发包人承担；⑤不能按期竣工的，应合理延长工期，承包人不需支付逾期竣工违约金。发包人要求赶工的，承包人应采取赶工措施，赶工费用由发包人承担。

15. 根据《标准施工招标文件》，除专用合同条款另有约定外，因不可抗力导致后果，下列关于合同双方承担原则的说法，正确的是（　　）。

A. 因工程损害造成的第三者人员伤亡和财产损失由发包人和承包人共同承担

B. 发包人承担所有人员伤亡的损失

C. 承包人的停工损失由发包人承担

D. 合同一方当事人延迟履行，在延迟履行期间发生不可抗力的，不免除其责任

E. 不能按期竣工的，应合理延长工期，承包人不需支付逾期竣工违约金

答案：D、E

［**解题要点**］除专用合同条款另有约定外，不可抗力导致的人员伤亡、财产损失、费用增加和（或）工期延误等后果，由合同双方按以下原则承担：

（1）永久工程，包括已运至施工场地的材料和工程设备的损害，以及因工程损害造成的第三者人员伤亡和财产损失由发包人承担；

（2）承包人设备的损坏由承包人承担；

（3）发包人和承包人各自承担其人员伤亡和其他财产损失及其相关费用；

（4）承包人的停工损失由承包人承担，但停工期间应监理人要求照管工程和清理、修复工程的金额由发包人承担；

（5）不能按期竣工的，应合理延长工期，承包人不需支付逾期竣工违约金。发包人要求赶工的，承包人应采取赶工措施，赶工费用由发包人承担。

合同一方当事人延迟履行，在延迟履行期间发生不可抗力的，不免除其责任。

16. 根据我国《标准施工招标文件》，下列情形中，承包人可以得到费用和利润补偿而不能得到工期补偿的事件有（　　）。

A. 法律变化引起的价格调整

B. 发包人的原因导致试运行失败

C. 发包人原因导致的工程缺陷和损失

D. 承包人遇到不利物质条件

E. 不可抗力

答案：B、C

[解题要点] 在我国的《标准施工招标文件》中，能够获得费用和利润补偿的通常是“发包人原因”引起的损失，不能得到工期补偿的原因是某些“发包人原因”的事件对工期没有影响。

17. 根据《标准设计施工总承包招标文件》，承包人有权暂停施工，并通知监理人，发包人应承担由此增加的费用和（或）工期延误责任，并支付承包人合理利润的情形是指（　　）。

A. 发包人未能按合同约定支付价款，或拖延、拒绝批准付款申请和支付证书，导致付款延误的

B. 监理人无正当理由没有在约定期限内发出复工指示，导致承包人无法复工的

C. 发包人无法继续履行或明确表示不履行或实质上已停止履行合同的

D. 不可抗力发生后承包人无法正常施工的

E. 采购的材料未到施工现场，导致承包人无法正常施工的

答案：A、B、C

[解题要点] 合同履行过程中发生下列情形之一的，承包人可向发包人发出通知，要求发包人采取有效措施予以纠正。发包人收到承包人通知后的28天内仍不履行合同义务，承包人有权暂停施工，并通知监理人，发包人应承担由此增加的费用和（或）工期延误责任，并支付承包人合理利润：

(1) 发包人未能按合同约定支付价款，或拖延、拒绝批准付款申请和支付证书，导致付款延误的；

(2) 监理人无正当理由没有在约定期限内发出复工指示，导致承包人无法复工的；

(3) 发包人无法继续履行或明确表示不履行或实质上已停止履行合同的；

(4) 发包人不履行合同约定其他义务的。

18. 依据项目结构分解方法不同，常见的资金使用计划的编制方法有（　　）。

A. 按工程造价构成编制资金使用计划

B. 按工程项目组成编制资金使用计划

C. 按工程施工周期编制资金使用计划

D. 按工程进度编制资金使用计划

E. 按工程费用估算编制资金使用计划

答案：A、B、D

[解题要点] 依据项目结构分解方法不同，资金使用计划的编制方法也有所不同，常见的有按工程造价构成编制资金使用计划，按工程项目组成编制资金使用计划和按工程进度编制资金使用计划。这三种不同的编制方法可以有效地结合起来，组成一个详细完备的资金使用计划体系。

19. 根据FIDIC《施工合同条件》，下列关于DAAB对争端的裁决的说法，正确的是(　　)。

A. DAAB在收到书面报告后28天内对争端做出裁决，并说明理由

B. 如果合同一方对DAAB的裁决不满，则应在收到裁决后的84天内向合同对方发出表示不满的通知，并说明理由

C. 如果双方接受DAAB的裁决，则该裁决将成为最终的决定并对合同双方均具有约束力

D. DAAB的裁决做出后，在未通过友好解决或仲裁改变该裁决之前，双方应当执行该裁决

E. DAAB的裁决做出后，如果合同一方对DAAB的裁决不满，可暂缓执行该裁决

答案：C、D

[解题要点] DAAB在收到书面报告后84天内对争端做出裁决，并说明理由。如果合同一方对DAAB的裁决不满，则应在收到裁决后的28天内向合同对方发出表示不满的通知，并说明理由，表明准备提请仲裁。如果DAAB未在84天内对争端做出裁决，则双方中的任何一方均有权在84天期满后的28天内向对方发出要求仲裁的通知。如果双方接受DAAB的裁决，或者没有按规定发出表示不满的通知，则该裁决将成为最终的决定并对合同双方均具有约束力。DAAB的裁决做出后，在未通过友好解决或仲裁改变该裁决之前，双方应当执行该裁决。

20. 下列工程，适宜无利润报价法的情形是（　　）。

A. 能够早日结算的项目

B. 专业要求高的技术密集型工程且投标单位在这方面有专长

C. 有可能在中标后，将大部分工程分包给索价较低的一些分包商

D. 先以低价获得首期工程，而后赢得机会创造第二期工程中的竞争优势

E. 较长时期内，投标单位没有在建工程项目

答案：C、D、E

［**解题要点**］对于缺乏竞争优势的承包单位，在不得已时可采用根本不考虑利润的报价方法，以获得中标机会。无利润报价法通常在下列情形时采用：

(1) 有可能在中标后，将大部分工程分包给索价较低的一些分包商；

(2) 对于分期建设的工程项目，先以低价获得首期工程，而后赢得机会创造第二期工程中的竞争优势，并在以后的工程实施中获得盈利；

(3) 较长时期内，投标单位没有在建工程项目，如果再不中标，就难以维持生存。因此，虽然本工程无利可图，但只要能有一定的管理费维持公司的日常运转，就可设法渡过暂时困难，以图将来东山再起。

21. 下列关于施工标段划分的说法，正确的有（　　）。

A. 标段划分多，业主协调工作量小

B. 承包单位管理能力强，标段划分宜多

C. 业主管理能力有限，标段划分宜少

D. 标段划分少，会减少投标者数量

E. 标段划分多，有利于施工现场布置

答案：C、D

［**解题要点**］选项A，标段划分多，业主协调工作量大；选项B，承包单位管理能力强弱不是标段划分的原因；选项C，对于工程规模大、专业复杂的工程项目，建设单位的管理能力有限时，应考虑采用施工总承包的招标方式选择施工队伍，或者标段划分少有利于业主协调管理；选项D，按照标段投标，标段划分少，会减少投标者数量；选项E，从现场布置的角度看，承包单位越少越好，应考虑少划分标段。

22. 在评标时，属于重大偏差的情形是（　　）。

A. 投标文件没有投标单位项目经理签字

B. 大写金额与小写金额不一致

C. 明显不符合技术规格、技术标准的要求

D. 投标文件载明的招标项目完成期限超过招标文件规定的期限

E. 投标文件载明的货物包装方式、检验标准和方法等不符合招标文件的要求

答案：C、D、E

［**解题要点**］下列情况属于重大偏差：

(1) 没有按照招标文件要求提供投标担保或者所提供的投标担保有瑕疵；

(2) 投标文件没有投标单位授权代表签字和加盖公章；

(3) 投标文件载明的招标项目完成期限超过招标文件规定的期限；

(4) 明显不符合技术规格、技术标准的要求；

(5) 投标文件载明的货物包装方式、检验标准和方法等不符合招标文件的要求；

(6) 投标文件附有招标单位不能接受的条件；

(7) 不符合招标文件中规定的其他实质性要求。

投标文件有上述情形之一的，为未能对招标文件做出实质性响应，除招标文件对重大偏差另有规定外，应作废标处理。

23. 施工成本管理中，企业对项目经理部可控责任成本进行考核的指标有（　　）。

A. 直接成本降低率

B. 预算总成本降低率

C. 责任目标总成本降低率

D. 施工责任目标成本实际降低率

E. 施工计划成本实际降低率

答案：C、D、E

［解题要点］施工成本考核包括企业对项目成本的考核和企业对项目经理部可控责任成本的考核。项目经理部可控责任成本考核指标：①项目经理责任目标总成本降低额和降低率；②施工责任目标成本实际降低额和降低率；③施工计划成本实际降低额和降低率。选项 A、B 是随意添加的干扰项，不是施工成本考核指标。

24. 按工程项目组成编制施工阶段资金使用计划时，能分解到各个工程分项的费用有（　　）。

A. 二次搬运费
B. 检验试验费
C. 施工机具使用费
D. 临时设施费
E. 保险费

答案：A、B、C

［解题要点］建筑安装工程费中的人工费、材料费、施工机具使用费等直接费，可直接分解到各工程分项。而企业管理费、利润、规费、税金则不宜直接进行分解。措施项目费应分析具体情况，将其中与各工程分项有关的费用（如二次搬运费、检验试验费等）分离出来，按一定比例分解到相应的工程分项；其他与单位工程、分部工程有关的费用（如临时设施费、保险费等），则不能分解到各工程分项。

25. 分部分项工程成本分析中，“三算对比”主要是进行（　　）的对比。

A. 实际成本与投资估算
B. 实际成本与预算成本
C. 实际成本与竣工决算
D. 实际成本与目标成本
E. 施工预算与设计概算

答案：B、D

［解题要点］分部分项工程成本分析。分部分项工程成本分析是施工项目成本分析的基础。分部分项工程成本分析的对象为主要的已完分部分项工程。分析的方法是：进行预算成本、目标成本和实际成本的“三算对比”，分别计算实际成本与预算成本、实际成本与目标成本的偏差，分析偏差产生的原因，为今后的分部分项工程成本寻求节约途径。

26. 下列关于工程竣工结算的说法，正确的有（　　）。

A. 工程竣工结算分为单位工程竣工结算和单项工程竣工结算
B. 工程竣工结算均有总承包单位编制
C. 建设单位审查工程竣工结算的递交程序和资料的完整性
D. 施工承包单位要审查工程竣工结算的项目内容与合同约定内容的一致性
E. 建设单位要审查实际施工工期对工程造价的影响程度

答案：C、D、E

［解题要点］选项 A，工程竣工结算分为单位工程竣工结算、单项工程竣工结算和工程项目竣工总结算。选项 B，单位工程竣工结算由施工承包单位编制，建设单位审查；实行总承包的工程，由具体承包单位编制单位工程竣工结算，在总承包单位审查的基础上，由建设单位审查。单项工程竣工结算、工程项目竣工总结算由总承包单位编制，建设单位可直接进行审查，也可委托具有相应资质的工程造价咨询机构进行审查。政府投资项目，由同级财政部门进行审查。选项 C、E，属于建设单位的审查。选项 D，属于施工单位的内部审查。

模拟自测题一

一、单项选择题（每题只有一个正确答案，每题 1 分，共 60 分）

1. 投资估算是进行（　　）的主要依据。

A. 项目决策、编制工程概算文件和合理控制造价

B. 项目决策、筹集资金和合理控制造价

C. 初步设计、可行性分析和合理控制造价

D. 初步设计、筹集资金和项目决策

2. 关于工程造价管理，下列说法中，正确的是（　　）。

A. 建设工程全寿命周期造价是指工程策划决策及建设实施各阶段的造价

B. 全要素造价管理就是实现工程成本、工期、质量、安全、环境的集成管理

C. 工程造价管理的组织系统包括建设行政管理系统、企事业单位管理系统、行业行政部门管理系统

D. 全过程造价管理是指有效利用专业知识与技术，对资源、成本、盈利和风险进行筹划和控制

3. 按照我国现行规定，属于一级造价工程师执业范围的是（　　）。

A. 可行性研究投资估算与审核

B. 工程保险理赔

C. 建设工程施工预算编制和审批

D. 建设工程造价的编制与审批

4. 根据《注册造价工程师管理办法》，工程造价咨询成果文件应（　　）。

A. 由二级造价工程师加盖执业印章

B. 由一级造价工程师审核

C. 由二级造价工程师签章，一级造价工程师审核

D. 由一级造价工程师审核并加盖执业印章

5. 工程造价咨询企业有转包承接的工程造价咨询业务行为的，应处以（　　）的罚款。

A. 5 000 元以上 2 万元以下

B. 1 万元以上 2 万元以下

C. 5 000 元以上 3 万元以下

D. 1 万元以上 3 万元以下

6. 下列关于建筑工程发包的说法，正确的是（　　）。

A. 建筑工程对不适于招标发包的可以直接发包

B. 建筑工程的发包单位可以将由一个承包单位完成的建筑工程肢解成若干部分发包给几个承包单位

C. 建筑材料、建筑构配件和设备由工程承包单位采购的，发包单位也可以指定承包单位购入用于工程的建筑材料

D. 建筑工程实行招标发包的，发包单位可以将建筑工程发包给排名前三的中标候选人中的任意一个承包单位

7. 根据《招标投标法实施条例》，下列关于招标和投标的说法，正确的是（　　）。

A. 资格预审文件或者招标文件的发售期不得少于 15 日

B. 对招标文件有异议，应当在投标截止时间 20 日前提出

C. 投标保证金有效期应当与投标有效期一致

D. 投标人撤回已提交的投标文件，应当在投标有效期截止时间前书面通知招标人

8. 根据《政府采购法》，政府采购的主要采购方式应为（　　）。

A. 单一来源采购

B. 邀请招标

C. 公开招标

D. 竞争性谈判

9.《民法典》规定，执行政府定价的，在合同约定的交付期限内政府价格调整时，按照（　　）计价。

A. 交付时的价格　　B. 合同订立时的价格

C. 合同生效时的价格　　D. 合同成立时的价格

10. 根据《价格法》，政府不需要建立听证会制度的是（　　）。

A. 公用事业价格　　B. 公益性服务价格

C. 自然垄断经营的商品价格　　D. 价格波动过大的农产品价格

11. 具备独立施工条件并能形成独立使用功能的建筑物及构筑物称为（　　）。

A. 单项工程　　B. 单位工程

C. 分部工程　　D. 分项工程

12. 建设工程项目后评价采用的基本方法是（　　）。

A. 对比分析法　　B. 效应判断法

C. 影响评价法　　D. 效果梳理法

13. 竣工验收的准备工作不包括（　　）。

A. 整理技术资料　　B. 绘制竣工图

C. 编制竣工决算　　D. 组织验收委员会

14. 对于中等技术复杂程度且建设周期较长的工程项目，宜采用的项目组织形式是（　　）组织形式。

A. 直线式　　B. 弱矩阵式

C. 中矩阵式　　D. 强矩阵式

15. 下列各项中属于建设项目总经理的职权的是（　　）。

A. 审核上报项目初步设计和概算文件　　B. 负责提出项目竣工验收申请报告

C. 提出项目开工报告　　D. 负责组织项目试生产和单项工程预验收

16. 下列关于建设工程等步距异节奏流水施工特点的说法，正确的是（　　）。

A. 施工过程数大于施工段数　　B. 流水步距等于流水节拍

C. 施工段之间可能有空闲时间　　D. 专业工作队数大于施工过程数

17. 下列流水施工参数中，属于空间参数的是（　　）。

A. 施工过程数　　B. 施工段数

C. 流水步距　　D. 流水节拍

18. 某工程划分为 3 个施工过程，4 个施工段，组织成倍节拍流水施工，流水节拍分别为 4 天、4 天和 2 天，则应派（　　）个专业工作队参与施工。

A. 2　　B. 3　　C. 4　　D. 5

19. 某双代号网络计划见下图（时间单位：天），其关键线路有（　　）条。

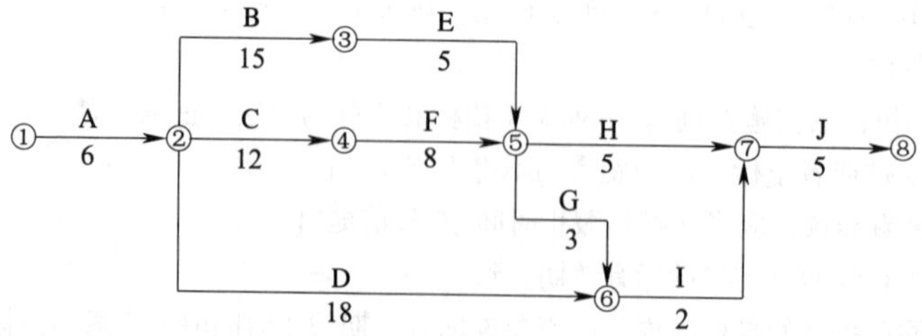

A. 2　　B. 3　　C. 5　　D. 4

20. 双代号时标网络计划中，当某工作之后有虚工作时，则该工作的自由时差为（　　）。

A. 该工作的波形线的水平长度

B. 该工作与紧后工作间波形线水平长度和的最大值

C. 该工作与紧后工作间波形线水平长度和的最小值

D. 后续所有线路段中波形线水平长度和的最小值

21. 某工程项目由A、B、C、D、E、F、G工作组成，逻辑关系和持续时间见下表。当计划工期等于计算工期时，工作D的自由时差和总时差分别是（　　）。

项目	A	B	C	D	E	F	G
紧前工作	—	—	A	A、B	B	C、D	D、E
持续时间	5	7	8	9	13	10	8

A. 2和2　　B. 1和2　　C. 0和2　　D. 0和1

22. 根据《标准勘察招标文件》（2017年版），下列合同文件存在矛盾或不一致之处时，应以（　　）为准。

A. 发包人要求　　B. 勘察费用清单

C. 投标函及投标函附录　　D. 专用合同条款

23. 某企业在1月初向银行借贷一笔资金，月利率为1%，则在6月底偿还时，按单利和复利计算的利息应分别是本金的（　　）。

A. 5%和5.10%　　B. 6%和5.10%

C. 5%和6.15%　　D. 6%和6.15%

24. 某建设项目建设期为5年，建设期内每年年初贷款300万元，年利率为10%。若在运营期第3年底和第6年底分别偿还500万元，则在运营期第9年底全部还清贷款本利和尚需偿还（　　）万元。

A. 2 059.99　　B. 3 199.24　　C. 3 318.65　　D. 3 750.52

25. 在下列投资方案评价指标中，考虑资金时间价值的盈利性指标是（　　）。

A. 利息备付率和内部收益率　　B. 动态投资回收期和净现值率

C. 利息备付率和借款偿还期　　D. 净年值和内部收益率

26. 投资收益率是指投资方案建成投产并达到设计生产能力后一个正常生产年份的（　　）的比率。

A. 年净收益额与方案固定资产投资　　B. 年销售收入与方案固定资产投资

C. 年净收益额与方案总投资　　D. 年销售收入与方案总投资

27. 净现值（Net Present Value，NPV）是反映投资方案在计算期内获利能力的动态评价指标。其特点为（　　）。

A. 可以衡量项目在整个计算期各年的经济状况

B. 全面考虑了项目在整个计算期内的经济状况

C. 可以反映项目投资中单位投资的使用效率

D. 可以直接用于各种类型经济方案的评价

28. 某项目现金流量表见下表。

年　　度	1	2	3	4	5	6	7	8
净现金流量/万元	−1 000	−1 200	800	900	950	1 000	1 100	1 200
折现系数（i_c=10%）	0.909	0.826	0.751	0.683	0.621	0.564	0.513	0.467
折现净现金流量/万元	−909.0	−991.2	600.8	614.7	589.95	564.0	564.3	560.4

该项目的净现值率和动态投资回收期分别是（　　）。

A. 2.45%和4.53年　　B. 83.88%和5.17年

C. 170.45%和4.53年　　D. 197.35%和5.17年

29. 某项目预计投产后第5年的息税前利润为160万元，应还借款本金为25万元，应付利息为11万元，应缴企业所得税为18.5万元，折旧和摊销为9.5万元，该项目当年偿债备付率为（　　）。

A. 4.19　　B. 4.44　　C. 3.93　　D. 4.71

30. 某工程施工有两个技术方案可供选择，甲方案投资180万元，年生产成本为45万元，乙方案需投资220万元，年生产成本为40万元。设基准投资收益率为12%，若采用增量投资收益率评价两方案，则（　　）。

A. 甲方案优于乙方案　　B. 甲、乙两个方案的效果相同

C. 乙方案优于甲方案　　D. 甲、乙两个方案的折算费用相同

31. 在进行寿命期不同的投资方案经济效果评价时，增量投资内部收益率是指两个方案（　　）。

A. 净现值相等时的折现率　　B. 净现值相等时的内部收益率

C. 净年值相等时的折现率　　D. 内部收益率相等时的投资报酬率

32. 项目敏感性分析方法的主要局限是（　　）。

A. 计算过程比盈亏平衡分析复杂

B. 不能说明不确定性因素发生变动的可能性大小

C. 需要主观确定不确定因素变动的概率

D. 不能找出不确定性因素变动的临界点

33. 进行对象的选择是价值工程活动的关键环节之一，适用于价值工程对象选择的方法是（　　）。

A. 香蕉曲线法　　B. 经验分析法

C. 目标管理法　　D. 决策树法

34. 某产品各零部件功能重要程度采用0—4评分法评分的结果见下表。

零部件	Ⅰ	Ⅱ	Ⅲ	Ⅳ	Ⅴ
Ⅰ	×				
Ⅱ		×			
Ⅲ	3	×			
Ⅳ	0	1	2	×	
Ⅴ	4	3	0	1	×

在不修正各功能累计得分的前提下，零部件Ⅳ和Ⅴ的功能重要性系数分别为（　　）。

A. 0.15和0.20　　B. 0.20和0.15

C. 0.23和0.20　　D. 0.28和0.23

35. 在价值工程活动中，功能整理需要完成下列工作：①选出最基本的功能；②编制功能卡片；③明确各功能之间的关系；④绘制功能系统图；⑤补充、修改功能定义。进行上述工作的正确顺序是（　　）。

A. ③—①—⑤—④—②　　B. ②—①—③—⑤—④

C. ⑤—②—①—③—④　　D. ①—③—②—④—⑤

36. 在工程寿命周期成本分析中，进行系统设置费与该系统的开发、设置所用全部时间之间的权衡分析时采用的主要方法是（　　）。

A. 计划评审技术　　B. 价值分析法
C. 赢得值分析法　　D. 因素分析法

37. 实行资本金制度的投资项目，资本金的筹措情况应当在（　　）中做出详细说明。

A. 项目建议书　　B. 项目可行性研究报告
C. 初步设计文件　　D. 施工招标文件

38. 在公司融资和项目融资中最基本和最简单，也是比重最大的债务融资形式是指（　　）。

A. 信贷方式　　B. 发行债券
C. 融资租赁　　D. 发行股票

39. 在下列筹资方式中，可能改变企业控制权，不能将资金使用代价计入产品成本的是（　　）。

A. 发行股票和债券　　B. 银行贷款和发行债券
C. 合作经营和发行债券　　D. 发行股票和合作经营

40. 某公司发行总面额为 800 万元的债券，票面利率为 12%，发行费用率为 4%，发行价格为 900 万元，公司所得税税率为 33%，则该债券的发行成本率为（　　）。

A. 12.50%　　B. 11.11%
C. 8.38%　　D. 7.44%

41. 在项目融资过程中，选择项目融资方式和发出项目融资建议书分别属于（　　）阶段。

A. 融资决策分析和融资结构设计　　B. 融资决策分析和融资谈判
C. 融资结构设计和融资谈判　　D. 融资结构设计和融资执行

42. 采用 ABS 融资方式进行项目融资的物质基础是（　　）。

A. 债券发行机构的注册资金　　B. 项目原始权益人的全部资产
C. 债券承销机构的担保资产　　D. 具有可靠未来现金流量的项目资产

43. 在项目融资活动中，SPC 是指具有特定用途的公司。在下列融资方式中需要组建 SPC 的是（　　）方式。

A. BOT 和 TOT　　B. ABS 和 TOT
C. BOT 和 PFI　　D. ABS 和 BOT

44. 对于投保安装工程一切险的工程，保险人应对（　　）承担责任。

A. 工人上班时间突发疾病死亡　　B. 因超负荷烧坏电器用具本身的损失
C. 因铸造缺陷更换铸件造成的损失　　D. 因风暴造成工地临时设施损坏的损失

45. 下列关于契税计税依据的说法，错误的是（　　）。

A. 国有土地使用权出让，以成交价格为计税依据
B. 土地使用权交换，以所交换的土地使用权差额为计税依据
C. 划拨取得的土地使用权，以土地评估价为计税依据
D. 房屋赠予，由征收机关参照土地使用权出售的市场价格核定

46. 由于风险较集中，试车期安装工程一切险的保险费大约占整个工程保险费的（　　）。

A. 1/5　　B. 1/3　　C. 1/2　　D. 2/3

47. 工程项目策划的首要任务是根据建设意图进行（　　）。

A. 工程项目的定义和定位　　B. 项目目标定义
C. 确定建设方案　　D. 制定项目融资方案

48. 下列经济效果评价方法中，属于动态评价方法的是（　　）。

A. 净现值法　　B. 增量投资收益率
C. 增量投资回收期　　D. 年折算费用

49. 财务效益和费用的估算应遵守“有无对比”的原则。其基本目的是（　　）。

A. 要求财务效益和费用的识别和估算在总体上与会计准则及税收制度相适应

B. 避免高估或低估项目的净效益

C. 真正体现项目投资的净效益

D. 明确相关政策和其他依据、选取适宜的方法

50. 在工程寿命周期成本分析方法中的权衡分析法中，进行权衡分析时，可以运用（　　）。

A. 计划审议技术　　B. 计划评审技术

C. 成本评审技术　　D. 成本审议技术

51. 进行工程项目财务分析时，营业收入应包括（　　）。

A. 提供服务获得的收入　　B. 与收益相关的政府补助

C. 与资产相关的政府补助　　D. 可得到的增值税返还

52. 初步设计阶段限额设计是应用价值工程的基本原理，通过多方案技术经济比选，创造出价值较高、技术经济性较为合理的设计方案，该阶段限额设计的依据是（　　）。

A. 项目建议书和初步投资估算　　B. 最终确定的可行性研究方案和投资估算

C. 初步设计方案和设计概算　　D. 施工图是设计单位的最终成果文件

53. 采用适当方法对设计概算进行审查，是确保审查质量、提高审查效率的关键。其中，对审查中发现的主要问题以及有较大偏差的设计进行复核，对重要、关键设备和生产装置或投资较大的项目进行复查的方法是（　　）。

A. 对比分析法　　B. 查询核实法

C. 主要问题复合法　　D. 分类整理法

54. 下列关于施工图预算审查法所采用的分组计算审查法特点的描述，正确的是（　　）。

A. 优点是全面、细致，审查的质量高；缺点是工作量大，审查时间较长

B. 优点是审查时间较短，审查效果好；缺点是应用范围较小

C. 优点是可加快工程量审查的速度；缺点是审查的精度较差

D. 优点是便于掌握，审查速度较快；缺点是有局限性

55. 针对不同计价方式的合同比较，建设单位造价控制最难的计价方式的合同是（　　）。

A. 总价合同　　B. 单价合同

C. 百分比酬金合同　　D. 固定酬金合同

56. 根据 FIDIC《施工合同条件》，付给指定分包商的款项来源应是（　　）。

A. 暂定金额　　B. 项目管理费

C. 零星用工费　　D. 总承包服务费

57. 工伤保险基金由（　　）三部分构成。

A. 企业缴纳的工伤保险费、工伤保险基金的利息和其他资金

B. 个人缴纳的工伤保险费、工伤保险基金和其他资金

C. 个人缴纳的工伤保险费、工伤保险基金的税费和其他资金

D. 个人缴纳的工伤保险费、工伤保险税费和其他资金

58. 根据施工成本与工程量的关系（即成本性态）不同，施工成本可分为（　　）。

A. 可控成本和不可控成本　　B. 目标成本和实际成本

C. 固定成本和变动成本　　D. 质量成本和工期成本

59. 下列方法中，属于成本控制方法的是（　　）。

A. 定率估算法　　B. 比率分析法

C. 成本分析表法　　D. 技术进步法

60. 在合同履行过程中，监理人认为可能发生变更的，可向承包人发出变更意向书。下列内容

中，变更意向书可不包括的是（　　）。

A. 变更的具体内容说明　　B. 必要的变更图纸

C. 发包人对变更的时间要求　　D. 变更所涉及的费用清单

二、多项选择题（每题2分，共40分，每题至少2个答案正确，至少有1个错项，错选，本题不得分，少选，所选的每个选项得0.5分）

61. 根据《注册造价工程师管理办法》，下列关于职业资格考试的说法，正确的是（　　）。

A. 具有通过工程教育专业评估的工程管理本科学历，并且从事工程造价业务工作满3年，可以申请参加一级造价工程师职业资格考试

B. 具有工程造价专业大学专科（或高等职业教育）学历，从事工程造价业务工作满1年，可以申请参加二级造价工程师职业资格考试

C. 中华人民共和国一级造价工程师职业资格证书全国范围内有效

D. 具有土木建筑、水利大学专科学历，从事工程造价业务工作满4年，可以申请参加一级造价工程师职业资格考试

E. 具有工学、管理学、经济学门类大学本科及以上学历或学位，从事工程造价业务工作满2年，可以申请参加二级造价工程师职业资格考试

62. 根据《政府采购法》，可采用邀请招标方式采购货物或服务的有（　　）。

A. 采购的货物规格、标准统一、现货货源充足且价格变化幅度小的政府采购项目

B. 技术复杂或性质特殊，不能确定详细规格或具体要求的

C. 具有特殊性，只能从有限范围的供应商处采购的

D. 采用招标所需时间不能满足用户紧急需要的

E. 采用公开招标方式的费用占政府采购项目总价值的比例过大的

63. 根据《建筑法》，建筑工程安全生产管理应建立健全（　　）制度。

A. 责任　　B. 追溯

C. 保证　　D. 群防群治

E. 监督

64. 根据《招标投标法实施条例》，下列关于资格预审的说法，正确的是（　　）。

A. 资格预审应当按照资格预审文件载明的标准和方法进行

B. 通过资格预审的申请人少于3个的，可以进行邀请招标

C. 未通过资格预审的申请人不具有投标资格

D. 招标人可以对已发出的资格预审文件进行必要的澄清或者修改

E. 国有资金占控股项目，由建设主管部门组织资格预审

65. 下列关于工程代建制与项目法人责任制的说法，正确的是（　　）。

A. 对于实施工程代建制的项目，工程代建单位不负责建设资金的筹措

B. 对于实施项目法人责任制的项目，项目法人的责任范围只是在工程项目建设实施阶段

C. 对于实施工程代建制的项目不负责项目运营期间的资产保值增值

D. 对于实施项目法人责任制的项目，项目法人需要在项目全寿命期内负责资产的保值增值

E. 工程代建制适用于政府投资的经营性项目

66. 下列关于流水施工参数的说法，错误的是（　　）。

A. 流水强度属于工艺参数

B. 流水步距决定了施工速度和施工的节奏性

C. 施工过程属于空间参数

D. 流水节拍属于时间参数

E. 基础开挖后的验槽时间为工艺间歇时间

67. 下列关于网络图关键线路的说法，正确的是（　　）。

A. 双代号网络图中持续时间最长的线路是关键线路

B. 双代号网络图中由关键节点连接而成的线路是关键线路

C. 双代号时标网络图中自始至终没有虚箭线的线路是关键线路

D. 单代号网络图中自始至终 $LAG=0$ 的线路是关键线路

E. 单代号网络图中持续时间最长的线路是关键线路

68. 下列关于网络图绘制规则的说法，正确的是（　　）。

A. 网络图应避免出现循环回路，如出现应具体说明

B. 单代号网络图严禁箭线交叉，否则容易引起混乱

C. 双代号时标网络图的中部竖向刻度线可少画或不画

D. 双代号时标网络图中的波形线需注明自由时差

E. 单代号搭接网络图中相邻两工作的搭接关系可表示在箭线上方

69. 下列关于利息和利率的说法，正确的有（　　）。

A. 社会平均利润率是利率的最高界限

B. 在平均利润率不变的情况下，借贷资本供过于求，利率便下降

C. 同一笔借款，在利率和计息周期均相同的情况下，用复利计算出的利息金额数比用单利计算出的利息金额数大

D. 利息是占用资金所付的代价或者是放弃使用资金所得的补偿

E. 利率是单位时间内所获得的利息与借贷金额的现值之比

70. 下面关于资金时间价值的论述中，正确的有（　　）。

A. 资金时间价值是资金随着时间推移而产生的一种增值，因而它是由时间创造的

B. 资金作为生产要素，在任何情况下都能产生时间价值

C. 资金投入生产经营才能增值，因此其时间价值是在生产经营中产生的

D. 一般而言，资金时间价值应按间断复利计算方法计算

E. 资金时间价值常采用连续复利计算方法计算

71. 投资项目财务评价中的不确定性分析有（　　）。

A. 盈亏平衡分析　　B. 增长率分析

C. 敏感性分析　　D. 发展速度分析

E. 均值分析

72. 某产品目标总成本为 1 000 元，各功能区现实成本及功能重要性系数见下表，则应降低成本的功能区有（　　）。

功　能　区	F_1	F_2	F_3	F_4	F_5
功能重要性系数	0.36	0.25	0.03	0.28	0.08
现实成本/元	340	240	40	300	100

A. F_1　　B. F_2

C. F_3　　D. F_4

E. F_5

73. 与发行普通股相比，企业通过发行债券筹集资金的特点包括（　　）。

A. 企业的融资风险低　　B. 企业少纳所得税

C. 企业筹资的资金成本较低
D. 可降低企业的负债比率
E. 企业原有投资者的控制权不变

74. 与 BOT 方式相比，ABS 方式的优点有（　　）。

A. 便于引入先进技术
B. 融资成本低
C. 适用范围广
D. 融资风险与项目未来收入无关
E. 风险分散度高

75. 计算土地增值税时，允许从房地产转让收入中扣除的项目有（　　）。

A. 取得土地使用权支付的金额
B. 用房及建筑物的评估价格
C. 与转让房地产有关的税金
D. 房地产开发利润
E. 房地产开发成本

76. 用于技术方案比选的现代方法主要包括（　　）。

A. 目标规划法
B. 经济计算法
C. 层次分析法
D. 模糊数学综合评价法
E. 灰色理论分析法

77. 设计方案的评价方法主要有（　　）。

A. 多指标法
B. 单指标法
C. 多因素评分法
D. 因素分析法
E. 对比分析法

78. 按工程项目组成编制施工阶段资金使用计划时，能分解到各个工程分项的费用有（　　）。

A. 人工费
B. 保险费
C. 二次搬运费
D. 临时设施费
E. 施工机具使用费

79. 根据《标准施工招标文件》，下列因不可抗力导致的后果中，由发包人承担责任的有（　　）。

A. 已运至施工场地的材料的损害
B. 承包人的停工损失
C. 因工程损害造成的第三者财产损失
D. 停工期间承包人应监理人要求照管工程的费用
E. 承包人设备的损坏

80. 施工合同签订后，工程项目施工成本计划的常用编制方法有（　　）。

A. 专家意见法
B. 功能指数法
C. 目标利润法
D. 技术进步法
E. 定率估算法

答案

一、单项选择题

1. B	2. B	3. A	4. D	5. D	6. A	7. C	8. C	9. A
10. D	11. B	12. A	13. D	14. C	15. D	16. D	17. B	18. D
19. D	20. C	21. D	22. C	23. D	24. B	25. D	26. C	27. B
28. B	29. A	30. C	31. C	32. B	33. B	34. A	35. B	36. A
37. B	38. A	39. D	40. D	41. B	42. D	43. B	44. D	45. C
46. C	47. A	48. A	49. C	50. B	51. A	52. B	53. C	54. C
55. C	56. A	57. A	58. C	59. C	60. D			

二、多项选择题

61. A、B、C、E	62. C、E	63. A、D	64. A、C、D
65. A、C、D	66. A、D	67. A、D、E	68. C、E
69. A、B、C、D	70. C、D	71. A、C	72. C、D、E
73. B、C、E	74. B、C、E	75. A、B、C、E	76. A、C、D、E
77. A、B、C	78. A、C、E	79. A、C、D	80. C、D、E

模拟自测题二

一、单项选择题（每题只有一个正确答案，每题 1 分，共 60 分）

1. 下列有关工程造价的基本概念的说明中，正确的是（　　）。

A. 工程造价就是建设项目总投资

B. 静态投资就是建设项目的设备工器具购置费

C. 动态投资包括静态投资

D. 生产性工程项目的工程造价包括流动资产投资

2. 按照我国现行规定，经有关部门批准，可作为拟建工程项目的控制造价的是（　　）。

A. 投资估算　　B. 施工图预算

C. 工程概算　　D. 招标控制价

3. 在英国建设工程标准合同体系中，主要通用于房屋建筑工程的是（　　）合同体系。

A. ACA　　B. AIA

C. JCT　　D. ICE

4. 下列工作中，属于工程竣工阶段造价管理内容的是（　　）。

A. 处理工程变更和索赔　　B. 编制和审核工程量清单

C. 编制和审核工程结算　　D. 进行工程计量及工程款支付管理

5. 工程造价咨询企业跨省、自治区、直辖市承接工程造价咨询业务的，应当在（　　）建设工程所在地省、自治区、直辖市人民政府建设主管部门备案。

A. 承接业务之日起 30 日内　　B. 成立分支机构起 30 日内

C. 承接业务之日起 60 日内　　D. 成立分支机构起 60 日内

6. 根据《政府采购法》，政府采购合同履行中，采购人需追加与合同标的相同的货物、工程或服务的，在不改变合同其他条款的前提下，与供应商协商签订所有补充合同的采购金额不得超过原合同采购金额的（　　）。

A. 5%　　B. 10%　　C. 15%　　D. 20%

7. 根据《建筑法》，建设单位应当自领取施工许可证之日起（　　）个月内开工。

A. 1　　B. 2　　C. 3　　D. 6

8. 根据《招标投标法》，招标人对已发出的招标文件进行修改的，应当在招标文件要求提交投标文件截止时间至少（　　）日前，通知所有招标文件收受人。

A. 15　　B. 20　　C. 30　　D. 60

9. 根据《民法典》，合同生效后，当事人就价款约定不明确又未能补充协议的，履行地点应按（　　）执行。

A. 给付货币的，在接受货币一方所在地　　B. 交付不动产的，在订立合同时所在地

C. 其他标的，在履行权力一方所在地　　D. 标的物交付在订立合同时所在地

10 下列关于要约和承诺的说法，正确的是（　　）。

A. 要约邀请是要约的必要准备工作　　B. 要约发出时生效，承诺到达时生效

C. 要约可以撤销但不得撤回　　D. 承诺可以对要约的内容做出非实质性变更

11. 对于实行项目法人责任制的项目，属于总经理职权的是（　　）。

A. 审核项目概算文件　　B. 组织工程招标工作

C. 负责筹措建设资金　　D. 提出项目竣工验收申请报告

12. 根据《房屋建筑和市政基础设施工程施工图设计文件审查管理办法》，施工图审查机构对施工图设计文件审查的内容有（　　）。

A. 是否按限额设计标准进行施工图设计　　B. 施工图预算是否超过批准的工程概算

C. 地基基础和主体结构的安全性　　D. 危险性较大的工程是否有专项施工方案

13. 根据《国务院关于投资体制改革的决定》，对于采用投资补助方式的政府投资项目，政府需要审批的文件是（　　）。

A. 项目建议书　　B. 可行性研究报告

C. 资金申请报告　　D. 初步设计和概算

14. 按照我国《关于实行建设项目法人责任制的暂行规定》的要求，项目总经理的职权包括（　　）。

A. 编制项目年度投资计划　　B. 提出项目竣工验收申请报告

C. 提出项目开工报告　　D. 筹措建设资金

15. 下列对于平行承包模式的描述中，不恰当的是（　　）。

A. 平行承包模式有利于业主选择承包商　　B. 平行承包模式有利于控制工程质量

C. 平行承包模式有利于控制工程造价　　D. 平行承包模式有利于缩短建设工期

16. 下列关于强矩阵式组织形式的说法，错误的是（　　）。

A. 项目经理直接向最高领导负责　　B. 需要配备训练有素的协调人员

C. 适用于技术复杂且对时间紧迫的项目　　D. 项目组织成员绩效完全由项目经理考核

17. 下列控制措施中，属于工程项目目标主动控制措施的是（　　）。

A. 说明和揭示影响目标实现和计划实施的潜在风险因素

B. 应用现代化管理方法跟踪目标实施情况，发现目标偏离时及时采取纠偏措施

C. 建立有效的信息反馈系统，及时反馈偏离计划目标值的情况

D. 明确项目管理组织中过程控制人员的职责，发现情况及时采取措施进行处理

18. 某项目组成甲、乙、丙、丁共4个专业队在5个段上进行非节奏流水施工，各队的流水节拍分别是：甲队为3周、5周、3周、2周、2周，乙队为2周、3周、1周、4周、5周，丙队为4周、1周、3周、2周、5周，丁队为5周、3周、4周、2周、1周，该项目总工期为（　　）周。

A. 31　　B. 30　　C. 26　　D. 24

19. 根据《标准设计招标文件》（2017年版），下列合同文件存在矛盾或不一致之处时，应以（　　）为准。

A. 发包人要求　　B. 设计费用清单

C. 设计方案　　D. 通用合同条款

20. 下列工程项目信息管理实施模式中，适用于复杂性程度高的工程项目的实施模式是（　　）。

A. 联合开发　　B. 租用服务

C. 直接购买　　D. 自行开发

21. 某工程项目由A、B、C、D、E、F、G、H工作组成。逻辑关系和持续时间见下表。关键线路有（　　）条。

项目	A	B	C	D	E	F	G	H
紧前工作	—	—	A	A	A、B	C、D	D	D、E
持续时间	2	4	3	5	6	7	8	5

A. 2　　B. 3　　C. 4　　D. 1

22. 某双代号网络计划如下图所示，其关键线路有（　　）条。

A. 1　　B. 2　　C. 3　　D. 4

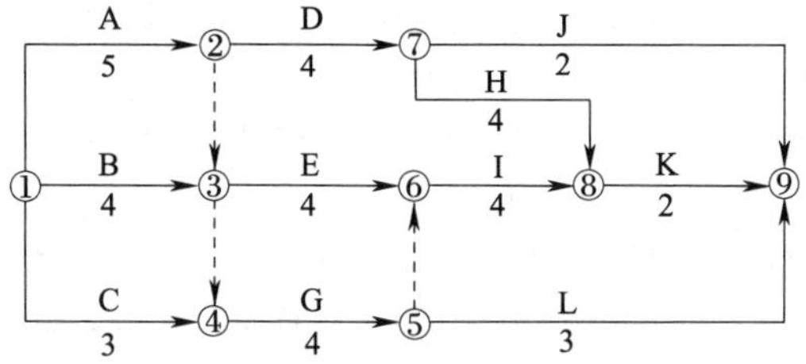

23. 年利率为12%，复利半年计息一次，第5年年末的本利和为1 000元，现在存款为（　　）元。

A. 558　　B. 567　　C. 582　　D. 625

24. 企业从银行借入资金1 000万元，年利率3%，期限半年，按月复利计息，到期还本付息，该项借款的年有效利率是（　　）。

A. 3.000%　　B. 3.090%

C. 3.121%　　D. 3.038%

25. 某项目建设期为2年，建设期内每年年初投资1 000万元，运营期为8年，运营期每年年末净收益为600万元，基准收益率为10%，则该项目的静态投资回收期和净现值分别是（　　）。

A. 5.33年和736.33万元　　B. 5.33年和1 000.87万元

C. 4.33年和736.33万元　　D. 4.33年和1 000.87万元

26. 在投资方案评价中，投资回收期只能作为辅助评价指标的主要原因是（　　）。

A. 只考虑投资回收前的效果，不能准确反映投资方案在整个计算期内的经济效果

B. 忽视资金具有时间价值的重要性，在回收期内未能考虑投资收益的时间点

C. 只考虑投资回收的时间点，不能系统反映投资回收之前的现金流量

D. 基准投资回收期的确定比较困难，从而使方案选择的评价准则不可靠

27. 下列关于基准收益率的表述，正确的是（　　）。

A. 基准收益率是以动态的观点所确定的投资资金应当获得的平均盈利率水平

B. 基准收益率应等于单位资金成本与单位投资的机会成本之和

C. 基准收益率是以动态的观点所确定的、可接受的投资项目最低标准的收益水平

D. 平价风险小、盈利大的项目时，应适当提高基准收益率

28. 内部收益率是考察投资项目盈利能力的主要指标，对于具有常规现金流量的投资项目，下列关于其内部收益率的表述，正确的是（　　）。

A. 利用内插法求得的内部收益率近似解要小于该指标的精确解

B. 内部收益率受项目初始投资规模和项目计算期内各年净收益大小的影响

C. 内部收益率是使投资方案在计算期内各年净现金流量累计为零时的折现率

D. 内部收益率反映项目自身的盈利能力，它是项目初期投资的收益率

29. 某投资方案建设期为2年，建设期内每年年初投资400万元，运营期每年年末净收益为150万元，若基准收益率为12%，运营期为18年，残值为零，并已知（P/A，12%，18）＝7.249，则该投资方案的净现值和静态投资回收期分别为（　　）。

A. 213.80万元和7.33年　　B. 213.80万元和6.33年

C. 109.77万元和7.33年　　D. 109.77万元和6.33年

30. 建筑意外伤害保险期限应（　　）。

A. 从施工工程项目被批准正式开工，并且投保人已交付保险费的次日（或约定起保日）零时起，至施工合同规定的工程竣工之日24时止

B. 从施工工程项目首层施工，并且投保人已交付保险费的次日（或约定起保日）零时起，至施工合同规定的工程竣工之日 24 时止

C. 从施工工程项目被批准正式开工，并且投保人已交付保险费的次日（或约定起保日）12 时起，至施工合同规定的工程竣工之日 24 时止

D. 从施工工程项目被批准正式开工，并且投保人已交付保险费的当日（或约定起保日）零时起，至施工合同规定的工程竣工之日 24 时止

31. 某企业拟新建一项目，有两个备选方案技术均可行。甲方案投资 5 000 万元，计算期为 15 年，财务净现值为 200 万元；乙方案投资 8 000 万元，计算期为 20 年，财务净现值为 300 万元。则下列关于两方案的比选说法，正确的是（　　）。

A. 甲、乙方案必须构造一个相同的分析期限才能比选

B. 甲方案投资少于乙方案，净现值大于零，故甲方案较优

C. 乙方案净现值大于甲方案，且都大于零，故乙方案较优

D. 甲方案计算期短，说明甲方案的投资回收速度快于乙方案

32. 以生产能力利用率表示的项目盈亏平衡点越低，表明项目建成投产后的（　　）越小。

A. 盈利的可能性　　B. 适应市场能力

C. 抗风险能力　　D. 盈亏平衡总成本

33. 在单因素敏感性分析中，当产品价格下降幅度为 6.81%、项目投资额降低幅度为 23.78%、经营成本上升幅度为 15.26%时，该项目净现值为 0，按净现值对产品价格、投资额、经营成本的敏感程度由大到小排序，依次为（　　）。

A. 产品价格—投资额—经营成本　　B. 产品价格—经营成本—投资额

C. 投资额—经营成本—产品价格　　D. 经营成本—投资额—产品价格

34. 某产品划分为四个功能区，采用环比评分法得到的功能暂定重要性系数见下表。

F_1	F_2	F_3	F_4
2.0	1.5	2.5	

功能区 F_4 的重要性系数为（　　）。

A. 0.17　　B. 0.35

C. 0.36　　D. 0.42

35. 某产品的功能现实成本为 4 000 元，目标成本为 3 600 元，该产品分为三个功能区，各功能区的重要性系数和现实成本见下表。

功能区	功能重要性系数	功能现实成本/元
F_1	0.34	1 600
F_2	0.42	1 520
F_3	0.24	880

应用价值工程时，优先选择的改进对象依次为（　　）。

A. F_1—F_2—F_3　　B. F_1—F_3—F_2

C. F_2—F_3—F_1　　D. F_3—F_1—F_2

36. 进行有效的权衡分析是工程寿命周期成本评价的重要特点，某企业在进行生产设备系统维持费中的各项费用之间的权衡分析时，为了提高费用效率可采取的措施是（　　）。

A. 进行节省劳力设计，减少操作人员的费用

B. 培训操作人员，减少维修人员的劳务费

C. 装入预知维修系统，减少备件购置费

D. 节能设计，减少运行所需动力费用

37. 下列关于项目资本金的说法，错误的是（　　）。

A. 投资者可以转让项目资本金

B. 投资者可以抽回项目资本金

C. 项目资本金是指在项目总投资中由投资者认缴的出资额

D. 对项目来说，项目资本金是非债务性资金

38. 偿债备付率是指投资方案在借款偿还期内各年（　　）的比值。

A. 可用于偿还利息的资金与当期应付利息

B. 可用于还本付息的资金与当期应付利息

C. 可用于偿还利息的资金与当期应还本付息金额

D. 可用于还本付息的资金与当期应还本付息金额

39. 某企业发行面额为 5 000 万元的 5 年期债券，票面利率为 7%，发行费用率为 5%；向银行贷款 3 000 万元，贷款期限为 5 年，年利率为 8%，贷款手续费费率为 2%，企业所得税税率为 33%。则该企业此次筹资的资金成本率为（　　）。

A. 4.94%　　B. 5.14%

C. 5.47%　　D. 7.67%

40. 与传统的贷款融资方式不同，项目融资的担保来源主要是（　　）。

A. 项目资产和预期收益　　B. 项目投资者的资信水平

C. 项目第三方担保　　D. 长期供货协议

41. 在融资的每股收益分析中，根据每股收益的无差别点，可以分析判断（　　）。

A. 企业长期资金的加权平均资金成本　　B. 市场投资组合条件下股东的预期收益率

C. 不同销售水平下适用的资本结构　　D. 债务资金比率的变化所带来的风险

42. BOT 方式、ABS 方式、TOT 方式、PFI 方式等均是项目融资的有效方式，其中能够通过融资获得国外先进技术和管理经验的方式是（　　）方式。

A. ABS 和 PFI　　B. ABS 和 TOT

C. ABS 和 BOT　　D. BOT 和 TOT

43. 采用 PFI 方式的特点是（　　）。

A. 可能降低公共项目投资效率　　B. 私营企业与政府签署服务合同

C. 特许经营期满后将项目移交政府　　D. 私营企业不参与项目设计

44. 下列情形中，以从租计征方式征收房产税的是（　　）。

A. 以房产联营投资并共担经营风险的　　B. 以房产联营投资不承担经营风险的

C. 房地产开发企业出售前自用商品房的　　D. 融资租赁房屋的

45. 根据国家有关规定，下列有关增值税纳税地点的说法，错误的是（　　）。

A. 固定业户应当向其机构所在地或者居住地主管税务机关申报纳税

B. 非固定业户应当向应税行为发生地主管税务机关申报纳税

C. 其他个人销售或者租赁不动产，应向其机构所在地主管税务机关申报纳税

D. 扣缴义务人应当向其机构所在地或者居住地主管税务机关申报缴纳扣缴的税款

46. 下列关于建筑工程一切险赔偿处理的说法，正确的是（　　）。

A. 被保险人的索赔期限，从损失发生之日起，不得超过 1 年

B. 保险人的赔偿必须采用现金支付方式

C. 保险人对保险财产造成的损失赔付后，保险金额应相应减少

D. 被保险人为减少损失而采取措施所发生的全部费用，保险人应予赔偿

47. 工程项目管理工作的中心任务是进行（　　）。

A. 明确建设意图　　B. 项目目标定义

C. 奠定建设基础　　D. 工程项目目标控制

48. 用于技术方案比选的经济计算法的优点是（　　）。

A. 客观、全面评价　　B. 适用性强，决策灵活

C. 通过指标的大小来判断方案的优劣　　D. 定量判断方案的优劣

49. 下列关于财务分析的说法，正确的是（　　）。

A. 融资前财务分析是从息前税后角度进行的分析

B. 融资后财务分析是从息后税前角度进行的分析

C. 融资前财务分析包括盈利能力分析和财务生存能力分析

D. 融资后财务分析包括盈利能力分析、偿债能力分析和财务生存能力分析

50. 根据我国的现行规定，下列选项中不需要做经济费用效益分析的项目是（　　）。

A. 行政干预不到的项目　　B. 具有垄断特征的项目

C. 产出具有公共产品特征的项目　　D. 资源开发项目

51. 设计方案的评价方法主要包括（　　）。

A. 多指标法、单指标法以及单因素评分法　　B. 单指标法、多因素评分法以及功能成本法

C. 多指标法、单指标法以及多因素评分法　　D. 多指标法、功能成本法以及多因素评分法

52. 下列关于施工图预算审查法所采用的筛选审查法的特点描述，正确的是（　　）。

A. 优点是全面、细致，审查的质量高；缺点是工作量大，审查时间较长

B. 优点是审查时间较短，审查效果好；缺点是应用范围较小

C. 优点是可加快工程量审查的速度；缺点是审查的精度较差

D. 优点是便于掌握，审查速度较快；缺点是有局限性

53. 根据 FIDIC《施工合同条件》，下列关于履约保函的说法，正确的是（　　）。

A. 履约保函应担保承包商圆满完成施工和保修的义务

B. 履约保函应担保到（咨询）工程师颁发工程接收证书为止

C. 业主应在收到工程接收证书副本后 21 天内，将履约担保退还承包商

D. 业主应在合同终止后 21 天内，将履约担保退还承包商

54. 下列关于缺陷责任与保修责任的说法，正确的是（　　）。

A. 缺陷责任期从合同竣工日期起计算

B. 缺陷责任期一般为 6 个月，最长不超过 2 年

C. 发包人在接到承包人返还保证金申请后，应于 14 天内会同承包人按照合同约定的内容进行核实

D. 由于发包人原因导致工程无法按规定期限进行竣工验收的，在承包人提交竣工验收报告 60 天后，工程自动进入缺陷责任期

55. 下列关于 FIDIC《施工合同条件》中争端解决的说法，正确的是（　　）。

A. DAAB 在收到书面报告后 36 天内对争端作出裁决，并说明理由

B. DAAB 至少有 3 人

C. 合同双方应当共同商定对 DAAB 成员的支付条件，并由双方各支付酬金的一半

D. DAAB 不可以非正式地参与或尝试进行合同双方潜在问题或分歧的处理

56. 某工程施工至月底时的情况为：已完工程量为 150m，实际单价为 7 000 元/m，计划工程量为 100m，计划单价为 7 500 元/m。该工程在当月底的费用偏差为（　　）。

A. 超支 7.5 万元　　B. 节约 7.5 万元

C. 超支 5 万元　　D. 节约 5 万元

57. 某公司 2011 年 3 月新购入一项固定资产，4 月安装调试完成，5 月投入使用。该项固定资产

应从当年（　　）月开始计提折旧。

A. 3　　B. 4

C. 5　　D. 6

58. 根据《标准施工招标文件》中合同条款的规定，承包人可以索赔工期的事件是（　　）。

A. 发包人原因导致的工程缺陷和损失　　B. 发包人要求向承包人提前交付工程设备

C. 施工过程发现文物　　D. 政策变化引起的价格调整

59. 下列关于工程变更的说法，正确的是（　　）。

A. 除了受自然条件的影响外，一般不得发生变更

B. 尽管变更的起因有多种，但必须坚持一事一变更

C. 如果出现了必须变更的情况，则应抢在变更指令发出前尽快落实变更

D. 若承包人不能全面落实变更指令，则扩大的损失应当由承包人承担

60. 进行施工阶段偏差分析时，反映进度偏差的正确计算式是（　　）。

A. 进度偏差＝实际工程量×（实际单价－计划单价）

B. 进度偏差＝计划单价×（拟完工程量－实际工程量）

C. 进度偏差＝（拟完工程量－实际工程量）×实际单价

D. 进度偏差＝拟完工程计划时间－已完工程实际时间

二、多项选择题（每题 2 分，共 40 分，每题至少 2 个答案正确，至少有 1 个错项，错选，本题不得分，少选，所选的每个选项得 0.5 分）

61. 下列属于二级造价工程师可独立开展具体工作的有（　　）。

A. 建设工程最高投标限价、投标报价编制

B. 建设工程工料分析、计划、组织与成本管理

C. 建设工程竣工决算价款的编制

D. 建设工程设计概算编制

E. 建设工程审计、仲裁、诉讼、保险中的造价鉴定

62. 下列关于《建筑法》的说法，正确的是（　　）。

A. 所有大、中型工程在开工前必须领取施工许可证

B. 因故不能按期开工超过 1 年的，应当重新办理开工报告的批准手续

C. 我国境内的建筑工程必须依法进行招标发包

D. 施工现场安全由建筑施工企业负责

E. 禁止承包单位将其承包的全部建筑工程转包给他人

63. 根据《民法典》，合同当事人违约责任的特点有（　　）。

A. 违约责任以合同成立为前提

B. 违约责任主要是一种赔偿责任

C. 违约责任以违反合同义务为要件

D. 违约责任由当事人按法律规定的范围自行约定

E. 违约责任按损益相当的原则确定

64. 根据《建设工程质量管理条例》，建设工程竣工验收应具备的条件有（　　）。

A. 有完整的技术档案和施工管理资料

B. 有勘察、设计、施工、监督单位分别签署的质量合格文件

C. 有建设行政主管部门备案工程保修书

D. 有工程结清证明文件

E. 有工程使用的主要建筑材料的进场试验报告

65. 工程项目年度计划包括文字和表格两部分内容，其中，表格部分包括（　　）。

A. 年度计划项目表
B. 年度竣工投产交付使用计划表
C. 年度建设资金平衡表
D. 年度设备平衡表
E. 投资计划年度分配表

66. 施工方案技术准备工作应包括（　　）。

A. 施工所需技术资料的准备
B. 工程材料和设备配置计划
C. 样板制作计划以及与相关单位进行现场交接的计划
D. 试验检验和调试工作计划
E. 生产、生活临时设施的准备以及与相关单位进行现场交接的计划

67. 下列关于流水施工参数的说法，错误的是（　　）。

A. 流水强度属于工艺参数
B. 流水步距决定了施工速度和施工的节奏性
C. 施工过程属于空间参数
D. 流水节拍属于时间参数
E. 基础开挖后的验槽时间为工艺间歇时间

68. 某工程双代号网络计划如下图所示，图中已标出各项工作的最早开始时间和最迟开始时间，该计划表明（　　）。

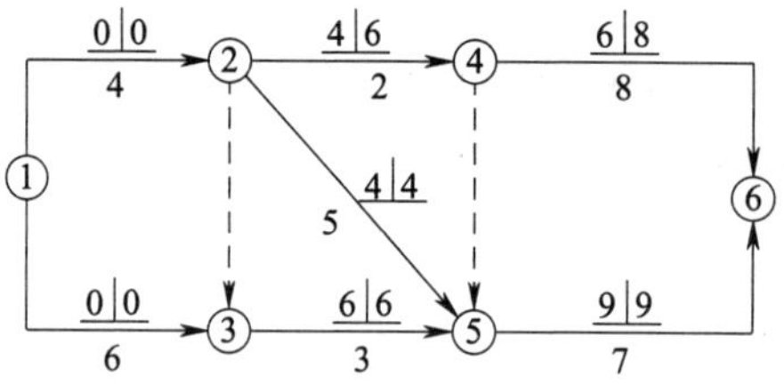

A. 工作 1—3 的自有时差为 2
B. 工作 2—4 的自有时差为 2
C. 1—3—5—6 是关键线路
D. 工作 3—5 的总时差为零
E. 工作 4—6 的总时差为 2

69. 在工程经济学中，作为衡量资金时间价值的绝对尺度，利息是指（　　）。

A. 占用资金所付的代价
B. 放弃使用资金所得的补偿
C. 考虑通货膨胀所得的补偿
D. 资金的一种机会成本
E. 投资者应获得的利润

70. 下列关于基准收益率的表述，正确的有（　　）。

A. 基准收益率是投资资金应获得的最低盈利水平
B. 测定基准收益率应考虑资金成本因素
C. 测定基准收益率不考虑通货膨胀因素
D. 对债务资金比例高的项目应降低基准收益率取值
E. 基准收益率体现了对项目风险程度的估计

71. 项目盈亏平衡分析中，若其债务条件不变，可以降低盈亏平衡点产量的有（　　）。

A. 提高设计生产能力
B. 降低固定成本
C. 降低产品售价
D. 降低单位产品变动成本
E. 提高销售税金及附加率

72. 在价值工程活动中，对象选择的方法有（　　）。

A. 强制确定法　　B. 价值指数法
C. 重点选择法　　D. 因素分析法
E. 环比评分法

73. 项目融资的框架结构中所包括的基本模块有（　　）。
A. 资产所有权结构　　B. 融资结构
C. 管理组织结构　　D. 资金结构
E. 信用保证结构

74. 企业计算应纳税所得额时，下列项目中，允许从收入中扣除的是（　　）。
A. 向投资者支付的股息
B. 向银行支付的短期借款利息
C. 非公益性赞助支出
D. 税收滞纳金
E. 企业发生的公益性捐赠支出，在年度利润总额 12%以内的部分

75. 建筑工程一切险的保险项目包括（　　）。
A. 物质损失部分　　B. 施工人员意外伤害保险
C. 第三者责任　　D. 专业责任险
E. 附加险

76. 下列关于经济效益比选的说法，正确的是（　　）。
A. 筛选备案方案实际上就是单方案检验
B. 筛选备案方案利用经济评价指标的判断准则剔除不可行方案
C. 比选要遵循效益和费用计算口径一致的原则，保证各个方案之间的可比性
D. 对于不同结构类型的方案，要选用不同的比较方法和评价指标
E. 按方案的全部因素计算多个方案的全部经济效益和费用，进行重点分析对比

77. 多指标法就是采用多个指标，将各个对比方案的相应指标值逐一进行分析比较，按照各种指标数值的高低对其做出评价。其评价指标包括（　　）。
A. 工程造价指标　　B. 主要材料消耗指标
C. 劳动消耗指标　　D. 工期指标
E. 技术参数指标

78. 进行工程寿命周期成本分析时，应将（　　）列入设置费。
A. 研发费　　B. 设计费
C. 试运转费　　D. 运行费
E. 维修费

79. 根据我国《标准施工招标文件》，下列情形中承包人可以得到费用和利润补偿而不能得到工期补偿的事件有（　　）。
A. 法律变化引起的价格调整　　B. 发包人的原因导致试运行失败
C. 发包人原因导致的工程缺陷和损失　　D. 承包人遇到不利物质条件
E. 不可抗力

80. 分部分项工程成本分析中，“三算对比”主要是进行（　　）的对比。
A. 实际成本与投资估算　　B. 实际成本与预算成本
C. 实际成本与竣工决算　　D. 实际成本与目标成本
E. 施工预算与设计概算

答案

一、单项选择题

1. C	2. A	3. C	4. C	5. A	6. B	7. C	8. A	9. A
10. D	11. B	12. C	13. C	14. A	15. C	16. B	17. A	18. A
19. D	20. D	21. A	22. C	23. A	24. D	25. A	26. A	27. C
28. B	29. C	30. A	31. A	32. D	33. B	34. A	35. B	36. B
37. B	38. D	39. B	40. A	41. C	42. D	43. B	44. B	45. C
46. C	47. D	48. C	49. D	50. A	51. C	52. D	53. A	54. C
55. C	56. B	57. D	58. C	59. D	60. B			

二、多项选择题

61. A、B、C、D	62. D、E	63. C、D、E	64. A、B、E
65. A、B、C、D	66. A、C、D	67. A、D	68. D、E
69. A、B、D	70. A、B、E	71. B、D	72. A、B、C、D
73. A、B、D、E	74. B、E	75. A、C、E	76. A、B、C、D
77. A、B、C、D	78. A、B、C	79. B、C	80. B、D

模拟自测题三

一、单项选择题（每题只有一个正确答案，每题1分，共60分）

1. 工程造价中一种重要的，也是较为典型的价格交易形式是（　　）。

A. 建设项目总投资　　B. 建设项目固定资产投资

C. 建设项目承发包价格　　D. 建设项目流动资产投资

2. 按照优先性原则，协调和平衡工期、质量、安全、环保与成本之间的对立统一关系是（　　）造价管理的核心。

A. 全寿命期　　B. 全过程

C. 全要素　　D. 全方位

3. 根据我国现行的规定，下列关于造价工程师执业过程中行为的说法，正确的是（　　）。

A. 造价工程师可以同时受聘于两个或两个以上单位执业

B. 造价工程师可以出租注册证书

C. 造价工程师不得允许他人以本人名义执业

D. 工程造价咨询成果文件应由二级造价工程师加盖执业印章

4. 根据我国现行的规定，下列工作属于一级造价工程师执业范围的是（　　）。

A. 竣工决算价款的编制与审批　　B. 造价指标的编制与管理

C. 可行性研究投资估算的编制与审批　　D. 工程经济纠纷的调解与仲裁

5. 建设工程全要素造价管理是指要实现（　　）的集成管理。

A. 人工费、材料费、施工机具使用费

B. 直接成本、间接成本、规费、利润

C. 建筑安装工程费用、设备工器具费用、工程建设其他费用

D. 工程成本、工期、质量、安全、环保

6. 根据《政府采购法实施条例》，采购文件要求中标或者成交供应商提交履约保证金的履约保证金的数额不得超过政府采购合同金额的（　　）。

A. 5%　　B. 10%

C. 15%　　D. 20%

7. 依法批准开工报告的建设工程，建设单位应当自开工报告批准之日起（　　）日内，将保证安全施工的措施报送建设工程所在地的县级以上地方人民政府建设行政主管部门或者其他有关部门备案。

A. 5　　B. 10

C. 15　　D. 20

8. 招标人应当在招标文件中载明投标有效期。投标有效期从（　　）。

A. 提交投标文件的截止之日起算

B. 发出招标文件之日起算

C. 发布招标公告或投寄投标邀请函之日起算

D. 确定中标人之日起算

9. 根据《民法典》，当事人在订立合同过程中给对方造成损失的，应当承担损害赔偿责任的情形是（　　）。

A. 故意隐瞒与订立合同有关的重要事实或者提供虚假情况
B. 一方胁迫对方订立合同
C. 损害社会公共利益
D. 以合法形式掩盖非法目的

10. 合同当事人违约责任的特点有（　　）。
A. 违约责任以合同成立为前提
B. 违约责任主要是一种赔偿责任
C. 违约责任以违反合同义务为要件
D. 违约责任必须以支付违约金的方式承担

11. 根据《建筑工程施工质量验收统一标准》GB 50300，下列工程中属于分项工程的是（　　）。
A. 铝合金结构工程
B. 模板工程
C. 屋面工程
D. 砌体结构工程

12. 根据《国务院关于投资体制改革的决定》，下列关于项目投资决策审批制度的说法，正确的是（　　）。
A. 政府投资项目实行审批制和核准制
B. 采用资本金注入方式的政府投资项目，需要审批项目建议书、可行性研究报告和开工报告
C. 对于企业不使用政府资金投资建设的项目，一律实行备案制
D. 按规定应实行备案的项目由企业按照属地原则向地方政府投资主管部门备案

13. 根据《关于实行建设项目法人责任制的暂行规定》，项目法人应在（　　）正式成立。
A. 项目建议书被批准后
B. 项目施工图设计文件审查通过后
C. 项目可行性研究报告被批准后
D. 项目初步设计文件被批准后

14. 某一大型建设项目中项目的每一名成员都接受项目经理和职能部门经理的双重领导，该项目的组织机构采用的是（　　）组织形式。
A. 直线制
B. 职能制
C. 矩阵制
D. 直线职能制

15. 下列关于发承包模式的说明中，正确的是（　　）。
A. 总分包模式由于总包商和分包商签合同，因此，不利于业主方的合同管理
B. 平行发包模式由于是业主和多个分包商分别签订合同，因此有利于工程造价的控制
C. 合作体承包模式，承包商的风险较大
D. EPC 承包模式，承包商的风险较大

16. 下列项目管理组织机构形式中，项目负责人的角色只是一个项目协调者或监督者，而不是一个管理者角色的是（　　）组织机构。
A. 职能式
B. 弱矩阵式
C. 平衡矩阵式
D. 强矩阵式

17. 某项目组成甲、乙、丙、丁共 4 个专业队在 5 个段上进行无节奏流水施工，各队的流水节拍分别是：甲队为 3 周、5 周、3 周、2 周、2 周，乙队为 2 周、3 周、1 周、4 周、5 周，丙队为 4 周、1 周、3 周、2 周、5 周，丁队为 5 周、3 周、4 周、2 周、1 周，该项目总工期为（　　）周。
A. 31
B. 30
C. 26
D. 24

18. 下列关于关键工作和关键线路的说法，正确的是（　　）。
A. 关键线路上的工作全部是关键工作
B. 关键工作不能在非关键线路上
C. 关键线路上不允许出现虚工作
D. 关键线路上的工作总时差均为零

19. 某分部工程单代号网络计划如下图所示，节点中下方数字为该工作的持续时间（单位：天），其关键线路有（　　）条。
A. 1　　B. 2　　C. 3　　D. 4

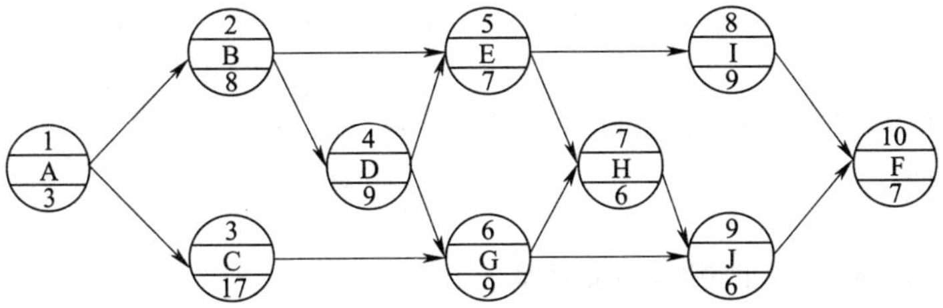

20. 工程网络计划费用优化是通过（　　）寻求工程总成本最低时的工期安排。

A. 调整组合直接费用率最小的关键工作的逻辑关系

B. 缩短组合直接费用率最大的关键工作的持续时间

C. 缩短组合直接费用率最小的关键工作的持续时间

D. 调整组合直接费用率最大的关键工作的逻辑关系

21. 根据《建筑施工组织设计规范》GB/T 50502—2009，按编制对象不同，施工组织设计的三个层次是指（　　）。

A. 施工总平面图、施工总进度计划和资源需求计划

B. 施工组织总设计、单项工程施工组织设计和施工作业计划

C. 施工总平面图、施工总进度计划和专项施工方案

D. 施工组织总设计、单位工程施工组织设计和施工方案

22. 根据《最高人民法院关于审理建设工程施工合同纠纷案件适用法律问题的解释（一）》，下列关于工程竣工日期确定的说法，正确的是（　　）。

A. 建设工程经竣工验收合格的，以提交竣工结算文件为竣工日期

B. 承包人已经提交竣工验收报告，发包人拖延验收的，以承包人提交验收报告之日为竣工日期

C. 建设工程未经竣工验收，发包人擅自使用的，以承包人提交验收报告之日为竣工日期

D. 承包人已经提交竣工验收报告，发包人拖延验收的，以提交竣工结算文件为竣工日期

23. 某企业在年初向银行借贷一笔资金 100 万元，季利率为 2%，则在年底偿还时，按单利和复利计算的利息分别是（　　）。

A. 8 万元和 8.24 万元　　B. 12 万元和 12.61 万元

C. 8.24 万元和 12.61 万元　　D. 8 万元和 12 万元

24. 某企业于年初向银行借款 1 500 万元，其年有效利率为 10%，若按月复利计息，则该年第三季度末借款利息是本金的（　　）。

A. 7.5%　　B. 7.41%　　C. 7.75%　　D. 1.75%

25. 某项目财务现金流量表的数据见下表，则该项目的静态投资回收期为（　　）年。

计算期	0	1	2	3	4	5	6	7	8
净现金流量/万元	—	−800	−1 000	400	600	600	600	600	600
累计净现金流量/万元	—	−800	−1 800	−1 400	−800	−200	400	1 000	1 600

A. 5.33　　B. 5.67

C. 6.33　　D. 6.67

26. 偿债备付率表示可用于还本付息的资金偿还借款本息的保证倍率，正常情况下（　　）。

A. 应当大于 1　　B. 应当大于 2

C. 应当大于 i_c　　D. 根据企业财务情况而定

27. 下列各项中属于反映项目盈利能力的动态指标是（　　）。

A. 投资收益率　　B. 利息备付率

C. 偿债备付率　　D. 净现值率

28. 下列关于内部收益率的说明，正确的是（　　）。

A. 内部收益率就是项目初期投资的收益率

B. 任何项目的内部收益率都存在

C. 内部收益率能够反映项目投资过程的收益程度

D. 内部收益率能够用于互斥方案的比选

29. 下列影响因素中，用来确定基准收益率的基础因素是（　　）。

A. 资金成本　　B. 时间成本

C. 投资风险　　D. 通货膨胀

30. 在下列给出的投资方案评价方法中，可用于计算期不同的互斥型方案评价的动态方法是（　　）。

A. 年折算费用法和增量内部收益率法　　B. 综合总费用法和无限期计算法

C. 研究期法和最小公倍数法　　D. 增量投资收益率法和年费用法

31. 敏感性分析中，影响 NPV 指标的三个要素投资额、价格和经营成本分别变动 12.5%、－15.8%、16.3%，NPV 的值变为 0，则这三个要素敏感度由大到小的排序为（　　）。

A. 投资额、价格、经营成本　　B. 经营成本、价格、投资额

C. 价格、投资额、经营成本　　D. 价格、经营成本、投资额

32. 下列关于盈亏平衡分析的说法中，正确的是（　　）。

A. 盈亏平衡点越高，项目抗风险能力越强

B. 盈亏平衡分析揭示了有效控制风险的途径

C. 盈亏平衡分析虽然能够度量项目风险的大小，但并不能揭示产生项目风险的根源

D. 盈亏平衡分析可分为单因素盈亏平衡分析和多因素盈亏平衡分析

33. 进行投资方案敏感性分析的目的是（　　）。

A. 分析不确定因素在未来发生变动的概率

B. 揭示不确定因素的变动对投资效果的影响

C. 度量不确定因素对投资效果的影响程度

D. 说明不确定因素在未来发生变动的范围

34. 某轻轨工程，原计划采用甲工艺进行施工，计划工期为 835 天，后经价值工程优化，决定采用乙工艺代替甲工艺，达到了同样的施工质量，且工程成本未变，但工期提前了 250 天，同时减少业主贷款利息数千万元。根据价值工程原理，该提高建设项目价值的途径属于（　　）。

A. 功能提高，成本降低　　B. 功能不变，成本降低

C. 功能提高，成本不变　　D. 功能不变，成本不变

35. 价值工程活动中，确定功能重要性系数的关键是（　　）。

A. 对功能进行打分　　B. 分析产品功能特性

C. 编制功能关联表　　D. 确定产品功能名称

36. 价值工程应用中，如果评价对象的价值系数 $V>1$，则下列策略正确的是（　　）。

A. 剔除过剩功能及降低现实成本　　B. 提高成本或剔除不必要功能

C. 提高成本或提高功能水平　　D. 降低成本或提高功能水平

37. 以工业产权、非专利技术作价出资的比例不得超过投资项目资本金总额的（　　）。

A. 20%　　B. 25%
C. 30%　　D. 15%

38. 根据《国务院关于决定调整固定资产投资项目资本金比例的通知》（国发〔2009〕27号），水泥项目资本金占项目总投资的最低比例为（　　）。

A. 35%　　B. 40%
C. 30%　　D. 25%

39. 某企业账面反映的长期资金共500万元，其中应付长期债券为200万元，普通股为300万元，普通股预计年股利率为10%，估计年增长率为12%，筹资费用率为股票市价的9%；债券票面利率为12%，发行费用率为5%，公司所得税税率为33%。该企业的加权平均资金成本率为（　　）。

A. 18.45%　　B. 17.18%
C. 22.99%　　D. 8.46%

40. 资本结构是指企业各种长期资金筹集来源的构成和比例关系。企业运用融资的每股收益分析方法时，（　　）的资本结构是选择的资本结构。

A. 每股收益最大　　B. 公司的总价值最高
C. 总杠杆系数最大　　D. 经营杠杆系数最大、财务杠杆系数最小

41. 项目融资的特点包括（　　）。

A. 项目投资者承担项目风险　　B. 项目融资成本较高
C. 用于支持贷款的信用结构固定　　D. 贷款人可以追索项目以外的任何资产

42. 与BOT方式相比，ABS方式的特点之一是（　　）。

A. 实际运作难度大　　B. 能够获得国外先进技术
C. 投资者承担的风险较大　　D. 融资成本较低

43. 项目融资过程中，设计和选择合适的融资结构前应完成的工作是（　　）。

A. 建立项目的信用保证结构　　B. 决定项目的资金结构
C. 确定项目的投资结构　　D. 选择项目的组织结构

44. 根据现有规定，下列项目中进项税额不得从销项税额中抵扣的是（　　）。

A. 用于集体福利或者个人消费的购进货物、劳务、服务、无形资产和不动产
B. 正常损失的购进货物，以及相关的劳务和交通运输服务
C. 正常损失的在产品、产成品所耗用的购进货物（不包括固定资产）、劳务和交通运输服务
D. 自境外单位或者个人购进劳务、服务、无形资产或者境内的不动产

45. 目前当采用一般计税方法计算增值税时，税前工程造价应为（　　）。

A. 人工费、材料费、施工机具使用费之和
B. 人工费、材料费、施工机具使用费、企业管理费之和
C. 人工费、材料费、施工机具使用费、企业管理费和利润之和
D. 人工费、材料费、施工机具使用费、企业管理费、利润和规费之和

46. 建筑工程一切险中，安装工程项目的保险金额超过总保险金额的（　　）的，按安装工程一切险费率计收保费。

A. 10%　　B. 20%
C. 30%　　D. 50%

47. 描述系统的总体功能，系统内部各单项工程、单位工程的构成，各自作用和相互联系，内部系统与外部系统的协调、协作和配套的策划思路及方案的可行性分析是（　　）。

A. 明确建设意图　　B. 项目目标定义
C. 工程项目的定义　　D. 工程项目的系统构成定义

48. 项目财务分析必须随着国家财务制度的变更而做出相应的变化，而项目经济分析多数是按照

经济原则进行评价。这说明（ ）。

A. 两种分析中衡量费用和效益的价格尺度不同

B. 两种分析的内容和方法不同

C. 两种分析采用的评价标准和参数不同

D. 两种分析的时效性不同

49. 项目财务分析必须随着国家财务制度的变更而做出相应的变化，而项目经济分析多数是按照经济原则进行评价。这说明（ ）。

A. 两种分析中衡量费用和效益的价格尺度不同

B. 两种分析的内容和方法不同

C. 两种分析采用的评价标准和参数不同

D. 两种分析的时效性不同

50. 下列财务评价指标中，属于融资后盈利能力分析的指标是（ ）。

A. 项目资本金净利润率　　B. 项目投资回收期

C. 项目投资财务净现值　　D. 项目投资财务内部收益率

51. 方案优化不能孤立、片面地考虑某一目标而忽略其他目标，是在保证（ ）。

A. 工程质量和安全、保护环境的基础上，追求全寿命周期成本最低的设计方案

B. 工程质量和工期、保护环境的基础上，追求全寿命周期成本最低的设计方案

C. 工程质量和安全、成本的基础上，追求工期最短的设计方案

D. 工程质量和安全、工期的基础上，追求全寿命周期成本最低的设计方案

52. 下列关于施工图预算审查法所采用的全面审查法的特点描述，正确的是（ ）。

A. 优点是全面、细致，审查的质量高；缺点是工作量大，审查时间较长

B. 优点是审查时间较短，审查效果好；缺点是应用范围较小

C. 优点是可加快工程量审查的速度；缺点是审查的精度较差

D. 优点是便于掌握，审查速度较快；缺点是有局限性

53. 施工招标过程在组建招标组织紧后需要完成的工作是（ ）。

A. 申请审批、核准招标　　B. 策划招标方案

C. 发布招标公告　　D. 编制资格预审文件

54. 根据《标准施工招标文件》，下列合同文件的内容不一致时，除专用合同条款另有约定外，应以（ ）为准。

A. 投标函　　B. 专用合同条款

C. 技术标准和要求　　D. 图纸

55. 对施工承包单位而言，承担风险大的合同计价方式是（ ）方式。

A. 总价　　B. 单价

C. 成本加百分比酬金　　D. 成本加固定酬金

56. 按工期-成本同步分析法，造成工程项目实施中出现虚盈现象的原因是（ ）。

A. 实际成本开支等于计划，实际施工进度落后计划

B. 实际成本开支小于计划，实际施工进度落后计划

C. 实际成本开支大于计划，实际施工进度等于计划

D. 实际成本开支小于计划，实际施工进度等于计划

57. 下列施工成本考核指标中，属于施工企业对项目成本考核的是（ ）。

A. 项目施工成本降低率　　B. 目标总成本降低率

C. 施工责任目标成本实际降低率　　D. 施工计划成本实际降低率

58. 某分部分项工程 5 月拟完成工程量 100m，实际完成 160m，计划单价 60 元/m，实际单价

48 元/m。其费用偏差是（　　）。

A. −0.60　　B. 0.20

C. 0.25　　D. 0.60

59. 根据《标准施工招标文件》，下列关于材料和工程设备验收的说法，正确的是（　　）。

A. 对承包人提供的材料，监理人应单独进行检验和交货验收

B. 监理人应进行材料的抽样检验，所需费用由承包人承担

C. 对发包人提供的材料和工程设备，监理人应在到货 7 天前通知承包人验收

D. 发包人提供的材料和工程设备验收后，一般由承包人负责保管

60. 根据《建设工程价款结算暂行办法》（财建〔2004〕369 号），单项工程竣工后，施工承包单位应按规定程序向建设单位递交竣工结算报告及完整的结算资料，建设单位针对 5 000 万元以上的审查时限是（　　）。

A. 30 天　　B. 40 天

C. 45 天　　D. 60 天

二、多项选择题（每题 2 分，共 40 分，每题至少 2 个答案正确，至少有 1 个错项，错选，本题不得分，少选，所选的每个选项得 0.5 分）

61. 建设工程全寿命期造价是指建设工程的（　　）之和。

A. 初始建造成本　　B. 建筑安装成本

C. 报废拆除成本　　D. 基本建设投资

E. 建成后的日常使用成本

62. 根据《建设工程安全生产管理条例》，下列关于施工机械设施安装单位的安全责任的说法，正确的是（　　）。

A. 在施工现场安装施工起重机械应当编制拆装方案

B. 施工起重机械安装完毕后，安装单位应当自检，出具自检合格证明

C. 施工起重机械的使用达到国家规定的检验检测期限，应当自行检测，办理验收手续

D. 在施工现场安装施工起重机械，应当有专业技术人员现场监督

E. 在施工现场安装施工起重机械，应当有建设单位代表现场监督

63. 工程造价咨询企业被处以 1 万元以上 3 万元以下的罚款的行为有（　　）。

A. 跨地区承接业务不备案

B. 同时接受招标人和投标人或两个以上投标人对同一工程项目的工程造价咨询业务

C. 转包承接的工程造价咨询业务

D. 没有按照规定提交工程造价成果文件

E. 以给予回扣、恶意压低收费等方式进行不正当竞争

64. 根据《建设工程安全生产管理条例》，施工单位对列入建设工程概算的安全作业环境及安全施工措施所需费用，应当用于（　　）。

A. 采购施工安全防护用具　　B. 缴纳职工工伤保险费

C. 支付从事危险作业人员津贴　　D. 更新施工安全防护设施

E. 改善安全生产条件

65. 下列各项中，属于项目董事会职权的是（　　）。

A. 负责筹措建设资金　　B. 审核项目初步设计

C. 审核年度投资计划　　D. 组织项目后评价

E. 组织项目试生产

66. 下列对工程项目前期工作计划和工程项目建设总进度计划的认识中，正确的是（　　）。

A. 工程项目前期工作计划可使工程项目前期决策阶段各项工作的时间得到控制

B. 工程项目前期工作计划是对工程决策和实施阶段工作和工程进度的安排

C. 工程项目总进度计划应在施工图设计完成后编制

D. 工程项目总进度计划将具体安排各单位工程的开工和竣工日期

E. 投资计划年度分配表根据工程项目总进度计划安排各个年度的投资

67. 下列工程项目目标控制方法中，可用来找出工程质量影响因素的是（　　）。

A. 直方图法　　B. 鱼刺图法

C. 排列图法　　D. S曲线法

E. 控制图法

68. 某工程双代号网络计划如下图所示，图中已标出各项工作的最早开始时间和最迟开始时间，该计划表明（　　）。

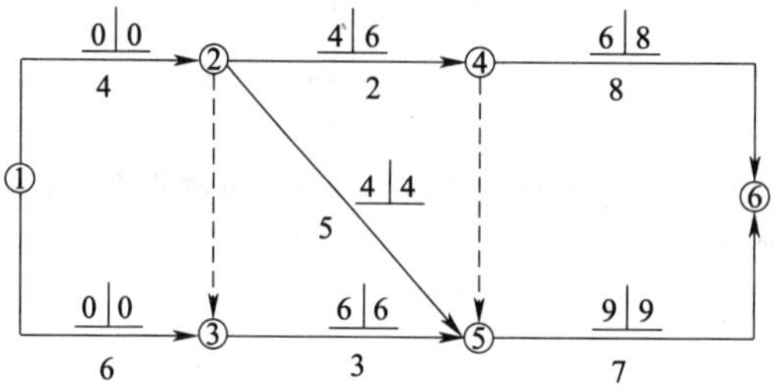

A. 工作1—3的自由时差为零　　B. 工作2—4的自由时差为2

C. 工作2—5为关键工作　　D. 工作3—5的总时差为零

E. 工作4—6的总时差为2

69. 下列关于资金时间价值和利率的说法，正确的是（　　）。

A. 利率要大于或等于社会平均利润率

B. 在平均利润率不变的情况下，借贷资本供不应求时，利率便下降

C. 利率是衡量资金时间价值的绝对尺度

D. 利息可以看作资金的一种机会成本

E. 风险越大，利率就越高

70. 净现值和内部收益率作为评价投资方案经济效果的主要指标，二者的共同特点有（　　）。

A. 均考虑了项目在整个计算期内的经济状况

B. 均取决于投资过程的现金流量而不受外部参数影响

C. 均可用于独立方案的评价，并且结论是一致的

D. 均可用于互斥方案的评价，并且结论是一致的

E. 均能直接反映项目在运营期间各年的经营成果

71. 限额设计需要在投资额度不变的情况下，实现（　　）的目标。

A. 施工组织最优化　　B. 设计方案最优化

C. 投资效益最大化　　D. 使用功能

E. 建设规模最大化

72. 投资方案经济效果评价指标中，未考虑资金的时间价值及项目在整个计算期内经济状况的指标有（　　）。

A. 净现值　　B. 投资回收期

C. 净年值　　D. 投资收益率

E. 内部收益率

73. 与发行股票相比，债券融资的优点是（　　）。

A. 利息允许在所得税后支付，债券成本一般低于股票成本

B. 债券发行费用较低，其利息允许在所得税前支付

C. 利息固定，降低融资企业的风险

D. 更多的收益可用于分配给股东，同时分散股东对企业的控制权

E. 便于调整资本结构

74. ABS方式与BOT方式相比，其特点是（　　）。

A. 操作复杂，难度大

B. 项目的所有权、运营权在特许期内属于项目公司

C. 极大地分散了投资风险

D. 在债券的发行期间，项目的资产所有权虽然归SPC所有，但项目的经营决策权依然归原始权益人所有

E. 有利于引进先进的管理方式

75. 下列实物项目中，可投保建筑工程一切险的有（　　）。

A. 工地内现成的建筑物

B. 业主采购并已运抵工地范围内的材料

C. 工地范围内施工用的推土机

D. 工地范围内施工用的规范、文件

E. 工程设计文件及有关批复文件

76. 工程项目多方案比选中，技术方案比选现代方法包括（　　）。

A. 目标规划法

B. 层次分析法

C. 模糊数学综合评价法

D. 人工神经网络法

E. 经济计算法

77. 单指标法是以单一指标为基础对建设工程技术方案进行综合分析与评价的方法，常用的有（　　）。

A. 综合费用法

B. 全寿命期费用法

C. 价值工程法

D. 对比分析法

E. 多因素评分法

78. 按索赔目的不同，工程索赔可分为（　　）。

A. 合同中明示的索赔

B. 合同中默示的索赔

C. 工期索赔

D. 费用索赔

E. 工程变更索赔

79. 下列关于施工标段划分的说法，正确的是（　　）。

A. 标段划分多，业主协调工作量大

B. 承包单位管理能力强，标段划分宜多

C. 业主管理能力有限，标段划分宜少

D. 标段划分多，会减少投标者数量

E. 标段划分少，有利于施工现场布置

80. 施工承包单位内部审查工程竣工结算的主要内容有（　　）。

A. 工程结算资料的完备性

B. 工程量计算规则与计价规范或定额的一致性

C. 取费依据的时效性、相符性

D. 工程结算资料递交程序的合法性

E. 核准变更工程费用

答案

一、单项选择题

1. C　2. C　3. C　4. B　5. D　6. B　7. C　8. A　9. A

10. B	11. B	12. D	13. C	14. C	15. D	16. B	17. A	18. A
19. B	20. C	21. D	22. B	23. A	24. B	25. A	26. A	27. D
28. C	29. A	30. C	31. A	32. C	33. B	34. B	35. A	36. B
37. A	38. A	39. B	40. A	41. B	42. D	43. C	44. A	45. D
46. B	47. D	48. D	49. D	50. A	51. A	52. A	53. B	54. A
55. A	56. B	57. A	58. B	59. D	60. D			

二、多项选择题

61. A、E	62. A、B、D	63. B、C、E	64. A、D、E
65. A、B、C	66. A、D、E	67. B、C	68. A、C、D、E
69. D、E	70. A、C	71. D、E	72. B、D
73. B、E	74. C、D	75. A、B、C	76. A、B、C、D
77. A、B、C	78. C、D	79. A、C、E	80. B、C、E